普通高等教育"十二五"规划教材

数字电子技术

主　编　刘联会　陈建锋
副主编　王亚亚　贾亚娟　谢国坤
　　　　田孟敏　郑　凯

北京邮电大学出版社
www.buptpress.com

内 容 简 介

本书共分两篇。第1篇是教材主体，共由8章组成，主要介绍了数制与编码、逻辑门电路、逻辑代数基础、集成触发器、脉冲信号的产生与波形变换等基本功能电路；组合逻辑电路、时序逻辑电路、数/模和模/数转换器、半导体存储器等基本数字部件。第2篇为本教材配套实验。全书合理融合现代数字系统设计方法和VHDL。

本书可作为高等院校电气、电子、信息及自动化等专业"数字电子技术"课程教材，也可作供相关专业工程技术人员参考。

图书在版编目(CIP)数据

数字电子技术 / 刘联会，陈建铎主编. -- 北京：北京邮电大学出版社，2017.1(2017.8重印)
ISBN 978-7-5635-4544-5

Ⅰ. ①数… Ⅱ. ①刘…②陈… Ⅲ. ①数字电路—电子技术 Ⅳ. ①TN79

中国版本图书馆CIP数据核字（2017）第007183号

书　　名：数字电子技术
著作责任者：刘联会　陈建铎　主编
责 任 编 辑：刘　颖
出 版 发 行：北京邮电大学出版社
社　　址：北京市海淀区西土城路10号(100876)
发 行 部：电话：010-62282185　传真：010-62283578
E-mail：publish@bupt.edu.cn
经　　销：各地新华书店
印　　刷：保定市中画美凯印刷有限公司
开　　本：787 mm×1 092 mm　1/16
印　　张：17.25
字　　数：407千字
版　　次：2017年1月第1版　2017年8月第2次印刷

ISBN 978-7-5635-4544-5　　定价：36.00元

前　言

数字电子技术是电子、电气、信息、自动化等专业的一门重要的专业基础及技术基础课，同时又是一门实践性和应用性很强的课程。为更好地实现理论和实践相结合，培养学生的工程应用能力，特编写本教材。

全教材由两篇组成。第1篇是本教材的主体，其又可分为两个部分：第1部分介绍了数制与编码、逻辑门电路、逻辑代数基础、集成触发器、脉冲信号的产生与波形变换等基本功能电路及与之对应的基本技能训练。基本功能电路着重介绍其基本工作原理、逻辑功能及其使用；基本技能训练侧重于培养学生对电路功能的测试和运用所学知识进行简单逻辑设计，正确使用仪表进行测试调整，初步熟悉排除实验故障的方法。第2部分介绍了组合逻辑电路、时序逻辑电路、数/模和模/数转换器、半导体存储器等基本数字部件及与之配合使用的综合技能训练。基本数字部件主要介绍了其逻辑功能及其扩展运用。综合技能训练侧重于培养学生综合运用所学知识正确选用集成器件进行逻辑设计和解决较复杂问题的能力，并结合介绍常见数字系统的故障诊断方法。第2篇为本教材配套实验。

本教材在内容选取方面，突出了中、大规模集成电路的外部特性和应用。在理论与实践结合方面，除了注重培养学生的工程应用能力外，还注意了对学生设计能力的开发，每章都设有技能题，学生做完这类题后，可到实验室搭试验证。

本教材可作为高等院校电气、电子、通信及自动化等专业的“数字电子技术”课程教材，也可作为“电子技术基础”数字电路部分教材，还可供从事电子技术工作的工程技术人员参考。

本教材由西安交通工程学院数字电子技术教研组教师共同完成。王亚亚编写第1、8章，贾亚娟编写第2、3章，谢国坤编写第4、5章，田孟敏编写第6、7章，郑凯编写实验部分。刘联会和陈建铎任主编并统稿。

对本教材参考文献的著作者，我们致以真诚的感谢。限于编者水平，书中难免有错误和不妥之处，敬请同行和读者批评指正。

编　者

2017年1月

目　录

第1篇　原理、功能和设计应用

第2篇 实验

第 1 篇　原理、功能和设计应用

第 1 章　数字电路基础

1.1 概　　述

我们知道，数字电路需要处理的是各种数字信号，那么这种数字信号有什么特点呢？

留心观察一下自然界中形形色色的物理量，不难发现，就其变化规律的特点而言，它们不外乎两大类。其中一类物理量的变化在时间上或在数值上则是连续的。我们把这一类物理量称为模拟量，把表示模拟量的信号称为模拟信号，并把工作在模拟信号下的电子电路称为模拟电路。例如，热电偶工作时输出的电压或电流信号就是一种模拟信号，因为被测的温度不可能发生突跳，所以测得的电压或电流无论在时间上还是在数量上都是连续的。而且，这个信号在连续变化过程中的任何一个取值都有具体的物理意义，即表示一个相应的温度。另外一类物理量的变化在时间上和数量上都是离散的，也就是说，它们的变化在时间上是不连续的，总是发生在一系列离散的瞬间。而且，它们数值的大小和每次的增减变化都是某一个最小数量单位的整数倍，而小于这个最小数量单位的数值没有任何物理意义。我们把这一类物理量称为数字量，把表示数字量的信号称为数字信号，并把工作在数字信号下的电子电路称为数字电路。例如，我们统计通过某一个桥梁的汽车数量，得到的就是一个数字量，最小数量单位的"1"代表"一辆"汽车，小于 1 的数值已经没有任何物理意义。

模拟信号是表示模拟量的信号，模拟量是时间上和数值上都连续的物理量。模拟信号包括正弦波信号和脉冲信号，常见的脉冲信号有方波、矩形波、尖脉冲锯齿波、梯形波等，如图 1-1 所示。

(a) 正弦波　(b) 矩形波（方波）　(c) 尖脉冲　(d) 锯齿冲

图 1-1　几种模拟信号的波形

数字信号是表示数字量的信号，数字量是时间上和数值上都离散的物理量。数字信号包括电平型(不归零型)和脉冲型(归零型)，如图 1-2 所示。

(a) 电平型数字信号

(b) 脉冲型数字信号

图 1-2 两种数字信号波形

数字信号是用数码表示的，其数码中只有“1”和“0”两个数字，而“1”和“0”没有数量的意义，表示事物的两个对立面。

数字技术是一门应用学科，它的发展可分为 6 个阶段。

(1) 第一阶段：20 世纪 30 年代在通信技术（电报、电话）首先引入二进制的信息存储技术。在 1847 年由英国科学家乔治·布尔(George Boole)创立布尔代数，并在电子电路中得到应用，形成开关代数，并具有一套完整的数字逻辑电路的分析和设计方法。

(2) 第二阶段：20 世纪 40 年代数字技术在电子计算机中得到应用，此时的电子计算机以电子管（真空管）作为基本器件。此时期，数字技术在电话交换和数字通信方面也有应用。

(3) 第三阶段：20 世纪 60 年代晶体管的出现，使得数字技术有了飞跃性的发展，除了在计算机、通信领域应用外，数字技术在其他（如测量）领域同样得到了应用。

(4) 第四阶段：20 世纪 70 年代中期集成电路的出现，使得数字技术有了更广泛的应用，在各行各业（如医疗、雷达、卫星等领域）都得到应用。

(5) 第五阶段：20 世纪 70 年代中期到 80 年代中期，微电子技术的发展，使得数字技术得到迅猛的发展，产生了大规模和超大规模的集成数字芯片，应用在各行各业和我们的日常生活之中。

(6) 第六阶段：20 世纪 80 年代中期以后，一些专用和通用的集成芯片以及一些可编程的数字芯片应运而生，并且制作技术日益成熟，使得数字电路的设计呈现出模块化和可编程的特点，从而提高了设备的性能、适用性，降低了成本，这是数字电路今后发展的趋势。

随着计算机科学与技术突飞猛进的发展，用数字电路进行信号处理的优势也更加突出。为了充分发挥和利用数字电路在信号处理上的强大功能，我们可以先将模拟信号按比例转换成数字信号，然后采用数字电路（可以是专用的数字信号处理电路，也可以是通用的计算机）进行处理，最后再将处理结果根据需要转换为相应的模拟信号输出。自 20 世纪 70 年代开始，这种用数字电路处理模拟信号的所谓“数字化”浪潮已经席卷了电子技术几乎所有的应用领域。

数字信号通常都是用数码形式给出的。不同的数码可以用来表示数量的不同大小。用数码表示数量大小时，仅一位数码往往不够用，因此经常需要用进位计数制的方法组成多位数码使用。我们把多位数码中每一位的构成方法以及从低位到高位的进位规则称为数制。在数字电路中经常使用的计数进制除了我们最熟悉的十进制以外，使用更多的是二进制和十六进制，有时也会用到八进制。

当两个数码分别表示两个数量大小时，它们可以进行数量间的加、减、乘、除等运算。这种运算称为算数运算。由于目前数字电路中的算数运算最终都是以二进制运算进行的，所以在这一章里我们还将比较详细地讨论在数字电路中是采取什么方式完成二进制算数运算的。

不同的数码不仅可以用来表示数量的不同大小，而且可以用来表示不同的事物或事物的不同状态。在用于表示不同事物的情况下，这些数码已经不再具有表示数量大小的含义了，它们只是不同事物的代号而已。这些数码称为代码。例如，在举行长跑比赛时，为了便于识别运动员，通常要给每一位运动员编一个号码。显然，这些号码仅仅表示不同的运动员而已，没有数量大小的含义。

为了便于记忆和查找，在编制代码时总要遵循一定的规则，这些规则就称为码制。每个人都可以根据自己的需要选定编码规则，编制出一组代码。考虑到信息交换的需要，还必须制定一些大家共同使用的通用代码。例如，目前国际上通用的美国信息交换标准代码(ASCII 码)就属于这一种。

1.2 几种常用的数制

1. 十进制

十进制是日常生活和工作中最常使用的进位计数制。在十进制数中，每一位有 0～9 十个数码，所以计数的基数是 10。超过 9 的数必须用多位数表示，其中低位和相邻高位之间的关系是“逢十进一”，故称为十进制。例如：

$$143.75=1\times10^2+4\times10^1+3\times10^0+7\times10^{-1}+5\times10^{-2}$$

所以任意一个十进制数 D 均可展开为

$$\begin{aligned}(D)_{10} &= k_{n-1}k_{n-2}\cdots k_0k_{-1}\cdots k_{-m}\\ &= k_{n-1}\times10^{n-1}+\cdots+k_0\times10^0+k_{-1}\times10^{-1}+\cdots+k_{-m}\times10^{-m}=\sum_{i=-m}^{n-1}k_i\times10^i\end{aligned}$$

其中，k_i 是第 i 位的系数，它可以是 0～9 这十个数码中的任何一个。若整数部分的位数是 n，小数部分的位数为 m，则 i 包含从 $n-1$ 到 0 的所有正整数和从 -1 到 $-m$ 的所有负整数。

若用 N 表示任意进制(称为 N 进制)的基数，则展成十进制数的通式为

$$\begin{aligned}(D)_N &= k_{n-1}k_{n-2}\cdots k_0k_{-1}\cdots k_{-m}\\ &= k_{n-1}\times N^{n-1}+\cdots+k_0\times N^0+k_{-1}\times N^{-1}+\cdots+k_{-m}\times N^{-m}=\sum_{i=-m}^{n-1}k_i\times N^i\end{aligned}$$

例如，$N=10$ 为十进制，$N=2$ 为二进制，$N=8$ 为八进制，$N=16$ 为十六进制。其中 N 为基数，k_i 为第 i 位的系数，N_i 表示第 i 位的权值。

2. 二进制

进位规则是“逢二进一”，任意一个 n 位整数、m 位小数的二进制可表示为

$$\begin{aligned}(D)_2 &= k_{n-1}k_{n-2}\cdots k_0k_{-1}\cdots k_{-m}\\ &= k_{n-1}\times2^{n-1}+\cdots+k_0\times2^0+k_{-1}\times2^{-1}+\cdots+k_{-m}\times2^{-m}=\sum_{i=-m}^{n-1}k_i\times2^i\end{aligned}$$

其中，k_i 取值只有两个数码(0 和 1)；2_i 为二进制的权，基数为 2；n,m 为正整数。例如：

$$(11011.101)_2=1\times2^4+1\times2^3+0\times2^2+1\times2^1+1\times2^0+1\times2^{-1}+0\times2^{-2}+1\times2^{-3}$$

$$(27.625)_{10}=(11011.101)_2$$

一个数码的进制表示，可用下标。例如$(N)_2$ 表示二进制；$(N)_{10}$表示十进制；$(N)_8$ 表示八进制，$(N)_{16}$表示十六进制。

有时也用字母做下标。例如，$(N)_B$ 表示二进制，B—Binary；$(N)_D$ 表示十进制，D—

Decimal；$(N)_O$ 表示八进制，O—Octal；$(N)_H$ 表示十六进制，H—Hexadecimal。

3. 八进制

进位规则是"逢八进一"，其基数为 8。任意一个 n 位整数、m 位小数的八进制可表示为

$$(N)_8 = k_{n-1}k_{n-2}\cdots k_0 k_{-1}\cdots k_{-m}$$
$$= k_{n-1}\times 8^{n-1} + \cdots + k_0\times 8^0 + k_{-1}\times 8^{-1} + \cdots + k_{-m}\times 8^{-m} = \sum_{i=-m}^{n-1} k_i \times 8^i$$

其中，k_i 的取值有 8 个数码(0～7)；8^i 为八进制的权，基数为 8；n,m 为正整数。例如：

$$(13.74)_8 = 1\times 8^1 + 3\times 8^0 + 7\times 8^{-1} + 4\times 8^{-2} = (11.9375)_{10}$$

4. 十六进制

进位规则是"逢十六进一"，其基数为 16。任意一个 n 位整数、m 位小数的十六进制可表示为

$$(N)_{16} = k_{n-1}k_{n-2}\cdots k_0 k_{-1}\cdots k_{-m}$$
$$= k_{n-1}\times 16^{n-1} + \cdots + k_0\times 16^0 + k_{-1}\times 16^{-1} + \cdots + k_{-m}\times 16^{-m} = \sum_{i=-m}^{n-1} k_i \times 16^i$$

其中，k_i 的取值为 16 个数码〔0～9、A(10)、B(11)、C(12)、D(13)、E(14)、F(15)〕；16^i 为十六进制的权，基数为 16；n,m 为正整数。例如：

$$(F9.1A)_{16} = 15\times 16^1 + 9\times 16^0 + 1\times 16^{-1} + 10\times 16^{-2} = (249.101\,562\,5)_{10}$$

目前在计算机上常用的是 8 位、16 位和 32 位二进制数表示和计算，由于 8 位、16 位和 32 位二进制数都可以用 2 位、4 位和 8 位十六进制数表示，故在编程时用十六进制书写非常方便。

表 1-1 不同进制数的对照表

十进制(Decimal)	二进制(Binary)	八进制(Octal)	十六进制(Hexadecimal)
00	0000	00	0
01	0001	01	1
02	0010	02	2
03	0011	03	3
04	0100	04	4
05	0101	05	5
06	0110	06	6
07	0111	07	7
08	1000	10	8
09	1001	11	9
10	1010	12	A
11	1011	13	B
12	1100	14	C
13	1101	15	D
14	1110	16	E
15	1111	17	F

1.3 不同数制间的转换

不同进制的数码之间的转换称为数制转换。

1. 二进制数、八进制数和十六进制数转换成十进制数

将二进制数、八进制数和十六进制数转换成十进制数，方法是将二进制数、八进制数和十六进制数按下列公式进行展开即可：

$$\begin{aligned}(D)_N &= k_{n-1}k_{n-2}\cdots k_0 k_{-1}\cdots k_{-m}\\ &= k_{n-1}\times N^{n-1}+\cdots+k_0\times N^0+k_{-1}\times N^{-1}+\cdots+k_{-m}\times N^{-m}\\ &= \sum_{i=-m}^{n-1} k_i\times N^i\end{aligned}$$

例如：

$$\begin{aligned}(11011.11)_B &= 1\times 2^4+1\times 2^3+0\times 2^2+1\times 2^1+1\times 2^0+1\times 2^{-1}+1\times 2^{-2}\\ &= 16+8+2+1+0.5+0.25=(27.75)_D\end{aligned}$$

2. 十进制数转换成二进制数

将十进制数转换成二进制数，原则是“整数除 2，小数乘 2”。

(1) 十进制的整数转换

将十进制的整数部分用基数 2 去除，保留余数，再用商除 2，依次下去，直到商为 0 为止，其余数即为对应的二进制数的整数部分。

(2) 十进制的小数转换

将小数用基数 2 去乘，保留积的整数，再用积的小数继续乘 2，依次下去，直到乘积是 0 为止或达到要求的精度，其积的整数部分即为对应的二进制数的小数部分。

例 1-1 将 $(173.39)_D$ 转化成二进制数，要求精度为 1%。

解：其过程如下。

(1) 整数部分

除数	被除数	余数	
2	173	……1(k_0)	低 ↑
2	86	……0(k_1)	
2	43	……1(k_2)	
2	21	……1(k_3)	
2	10	……0(k_4)	
2	5	……1(k_5)	
2	2	……0(k_6)	
2	1	……1(k_7)	高
	0		

即 $(173)_D=(10101101)_B$。

(2) 小数部分

由于精度要求为 1%，故应该令 $2^{-m}\leqslant 1\%$，即 $2^{-m}\leqslant 1\%=10^{-2}$ 取对数，可得 $2^m\geqslant 100$，$m\lg 2\geqslant \lg 100=2$，$m\geqslant 6.6$，取 $m=7$ 满足精度要求，过程如下：

$$
\begin{aligned}
0.39\times2&=0.78\cdots\cdots0(k_{-1})\quad \text{高}\\
0.78\times2&=1.56\cdots\cdots1(k_{-2})\\
0.56\times2&=1.12\cdots\cdots1(k_{-3})\\
0.12\times2&=0.24\cdots\cdots0(k_{-4})\\
0.24\times2&=0.48\cdots\cdots0(k_{-5})\\
0.48\times2&=0.96\cdots\cdots0(k_{-6})\\
0.97\times2&=1.92\cdots\cdots1(k_{-7})\quad \text{低}
\end{aligned}
$$

即$(0.39)_D=(0.0110001)_B$,(故$(173.39)_D=(10101101.0110001)_B$。

依此类推,对于十进制转换成其他进制,只要把基数 2 换成其他进制的基数即可。

3. 二进制转换成八进制和十六进制

由于 3 位二进制数可以有 8 个状态,000～111,正好是八进制,而 4 位二进制数可以有 16 个状态,0000～1111,正好是十六进制,故可以把二进制数进行分组。八进制三位分为一组,不够补零,十六进制四位分为一组。

若将八进制或十六进制转换成二进制,即按三位或四位转成二进制数展开即可。

例 1-2 将$(1011110.1011001)_2$转换成八进制和十六进制。

解:

$$(1011110.1011001)_B=(001\quad 011\quad 110.101\quad 100\quad 100)_2=(136.544)_O$$

$$(1011110.1011001)_B=(0101\quad 1110.1011\quad 0010)_2=(5E.B2)_H$$

例 1-3 将$(703.65)_O$和$(9F12.04A)_H$转换成二进制数。

解:

$$(703.65)_O=(111000011.110101)_B$$

$$(9F12.04A)_H=(1001111100010010.00000100101)_B$$

若要将十进制转换成八进制或十六进制,可先转换成二进制,再分组,转换成八进制或十六进制。

例 1-4 将$(87)_D$转换成八进制数和十六进制数。

解:先将 87 转化成二进制,过程如下:

$$
\begin{array}{r|ll}
2 & 87 & \cdots\cdots1(k_0)\quad \text{低}\\
2 & 43 & \cdots\cdots1(k_1)\\
2 & 21 & \cdots\cdots1(k_2)\\
2 & 10 & \cdots\cdots0(k_3)\\
2 & 5 & \cdots\cdots1(k_4)\\
2 & 2 & \cdots\cdots0(k_5)\\
2 & 1 & \cdots\cdots1(k_6)\quad \text{高}\\
 & 0 &
\end{array}
$$

$$(87)_D=(1010111)_B=(001\quad 010\quad 111)_B=(127)_O$$

$$(87)_D=(0101\quad 0111)_B=(57)_H$$

1.4 二进制的算术运算

1.4.1 二进制算术运算的特点

当两个二进制数码表示两个数的大小，并且这两个数进行数值运算，这种运算称为算术运算。其规则是“逢二进一、借一当二”。算术运算包括加、减、乘、除，但减、乘、除最终都可以化为带符号的加法运算。

例如，两个数 1001 和 0101 的算术运算如下。

```
                                              1.11…
                                 1001       ________
  1001        1001             ×0101    0100/1001
 +0101       -0101            ------         0101
 -----       -----               1001        ----
  1110        0100              0000          1000
                               1001           0101
                              0000            ----
                             -------           0110
                             0101101           0101
                                               ----
                                                0010
```

1.4.2 反码、补码和补码运算

1. 原码

在用二进制数码表示一个数值时，其正负是怎么区别的呢？二进制数的正负数值的表述是在二进制数码前加一位符号位，用“0”表示正数，用“1”表示负数，这种带符号位的二进制数码称为原码。

例如，+17 的原码为 010001，−17 的原码为 110001。

2. 反码

反码是为了在求补码时不做减法运算。二进制的反码求法是：正数的反码与原码相同，负数的原码除了符号位外的数值部分按位取反，即“1”改为“0”，“0”改为“1”。

例如，+7 和 −7 的原码和补码如下：

+7 的原码为 0 111，反码为 0 111

−7 的原码为 1 111，反码为 1 000

注：0 的反码有两种表示，+0 的反码为 0 000，−0 的反码为 1 111。

3. 补码

当做二进制减法时，可利用补码将减法运算转换成加法运算。在讲补码之前先介绍模（或模数）的概念。

（1）模（模数）的概念

将一个事件的循环周期的长度称为这个事件的模或模数。例如，如一年 365 天，其模数为 365；钟表是以 12 为一循环计数的，故模数为 12。十进制计数就是 10 个数码 0～9 的循环，故模为 10。

以钟表为例来介绍补码运算的原理。

对于图 1-3 所示的钟表，当在 5 点时发现表停在 10 点，若想拨回有两种方法：

① 逆时针拨 5 个格，即

10－5＝5(这是做减法)

② 顺时针拨 7 个格，即

10＋7＝17(这是做加法)

由于模是 12，故 1 相当于进位 12，1 溢出，故为 7 格，也是 17－12＝5，这是做加法。

由此可见，10＋7 和 10－5 的效果是一样的，而 5＋7＝12，故将 7 称为－5 的补数，即补码，也可以说减法可以由补码的加法来代替。

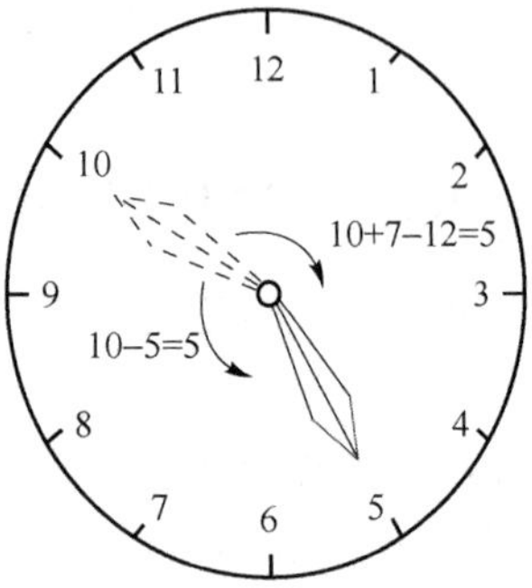

图 1-3 补码的原理

(2) 补码的表示

正数的补码和原码相同，负数的补码是符号位为“1”，数值位按位取反加“1”，即“反码加 1”。

例如：	原码	反码	补码
[＋7]	0 111	0 111	0 111
[－7]	1 111	1 000	1 001

注意：

① 采用补码后，可以方便地将减法运算转换成加法运算，而乘法和除法通过移位和相加也可实现，这样可以使运算电路结构得到简化。

②正数的补码即是它所表示的数的真值，负数的补码部分不是它所示的数的真值。

③ 与原码和反码不同，“0”的补码只有一个，即$(00000000)_B$。

④ 已知原码，求补码和反码：正数的原码和补码、反码相同；负数的反码是符号位不变，数值位取反，而补码是符号位不变，数值位取反加“1”。

例如，原码为 10110100，其反码为 11001011，补码为 1100100。

⑤ 已知补码，求原码：正数的补码和原码相同；负数的补码应该是数值位减“1”再取反，但对于二进制数来说，先减“1”取反和先取反再加“1”的结果是一样的。故由负数的补码求原码就是数值位取反加“1”。

例如，已知某数的补码为$(11101110)_B$，其原码为$(10010010)_B$。

⑥ 如果二进制的位数为 n，则可表示的有符号位数的范围为$(-2^n \sim 2^n-1)$，如 $n=8$，则可表示(－128～127)，故在做加法时，注意两个数的绝对值不要超出它所表示数的范围。

例 1-5 用二进制补码计算：75＋28、75－28、－75＋28、－75－28。

解：先求两个数的二进制原码和补码(用 8 位代码)

$$\text{原码}\Rightarrow\begin{cases}(+75)_D=(01001011)_B\\(+28)_D=(00011100)_B\\(-75)_D=(11001011)_B\\(-28)_D=(10011100)_B\end{cases}$$

$$\text{补码}\Rightarrow\begin{cases}(-75)_D=(10110101)_B\\(-28)_D=(11100100)_B\end{cases}$$

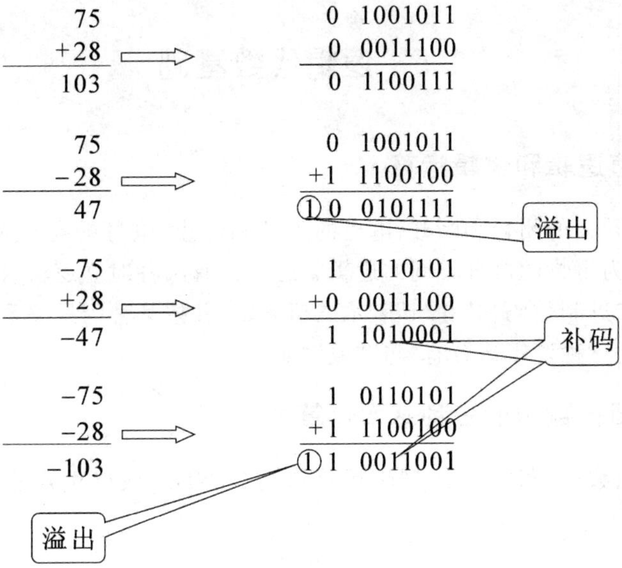

表 1-2 为 4 位带符号位二进制代码的原码、反码和补码对照表。

表 1-2 原码、反码和补码对照表

十进制数	二进制数		
	原码(带符号数)	反码	补码
+7	0111	0111	0111
+6	0110	0110	0110
+5	0101	0101	0101
+4	0100	0100	0100
+3	0011	0011	0011
+2	0010	0010	0010
+1	0001	0001	0001
+0	0000	000	0000
−1	1001	1110	1111
−2	1010	1101	1110
−3	1011	1100	1101
−4	1100	1011	1100
−5	1101	1010	1011
−6	1110	1001	1010
−7	1111	1000	1001

1.5 逻辑代数基础

1.5.1 二值逻辑和逻辑运算

电平的高低、开关的闭合和断开、电机的起动和停止、电灯的亮和灭，以及好和坏、真和伪、有和无等均为事物的两种不同的逻辑状态。只有两种对立逻辑状态的逻辑关系，称为二值逻辑。当二进制数码“0”和“1”表示二值逻辑，并按某种因果关系进行运算时，称为逻辑运算。基本的三种逻辑运算有“与”“或”“非”。

1.5.2 逻辑代数中的三种基本运算

在二值逻辑函数中，最基本的逻辑运算有与(AND)、或(OR)、非(NOT)三种逻辑运算。

1. 与运算

与运算也叫逻辑乘、逻辑与，即当所有的条件都满足时，事件才会发生，即“缺一不可”。

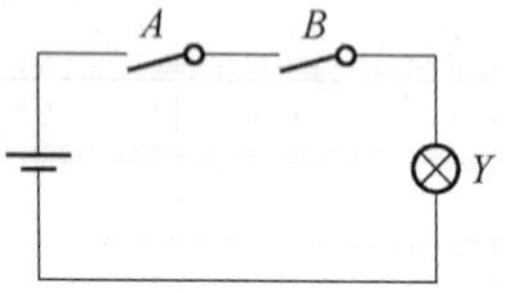

图 1-4 与运算逻辑电路图

表 1-3 与运算的真值表

A	B	Y
0	0	0
0	1	0
1	0	0
1	1	1

设开关闭合用“1”表示，断开用“0”表示；灯亮用“1”表示，灯灭用“0”表示(逻辑赋值)，则可得到表 1-3 所示的输入输出的逻辑关系，此真值表体现出的输入输出逻辑关系是“有 0 出 0，全 1 为 1”。这种与逻辑可以写成下面的表达式：$Y=A \cdot B$，称为“与”逻辑式。

2. 或运算

或运算也叫逻辑加、逻辑或。即当其中一个条件满足时，事件就会发生。

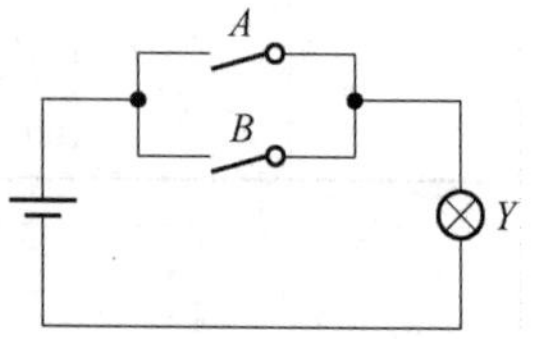

图 1-5 或运算逻辑电路图

表 1-4 或运算的真值表

A	B	Y
0	0	0
0	1	1
1	0	1
1	1	1

只要开关 A、B 有一个闭合时灯就会亮。“有 1 出 1，全 0 为 0”。A 和 B 进行或逻辑运算时可写成 $Y=A+B$。上式说明：当逻辑变量 A、B 有一个为 1 时，逻辑函数输出 Y 就为 1。只有 A、B 全为 0，Y 才为 0。

3. 非逻辑运算

条件具备时，事件不发生；条件不具备时，事件发生，这种因果关系称为逻辑非，也称逻辑求反。

非逻辑运算也叫逻辑非、非运算、反相运算，即输出变量是输入变量的相反状态。其逻辑式为 $Y=\overline{A}$。非逻辑运算逻辑电路如图 1-6 所示，真值表如表 1-5 所示。

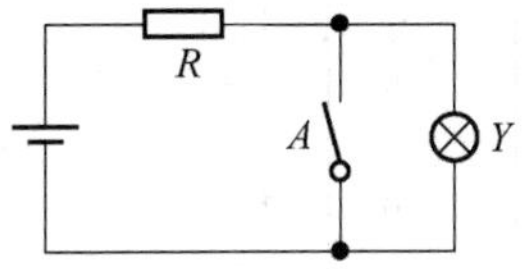

图 1-6 非逻辑运算逻辑电路图

表 1-5 非逻辑运算的真值表

A	Y
0	1
1	0

1.5.3 复合逻辑运算

1. 与非(NAND)逻辑运算

与非运算是先与运算后非运算的组合。以二变量为例，布尔代数表达式为 $Y=\overline{A \cdot B}$，“有 0 出 1，全 1 为 0”。与非逻辑符号如图 1-7(b)所示，真值表如表 1-6 所示。

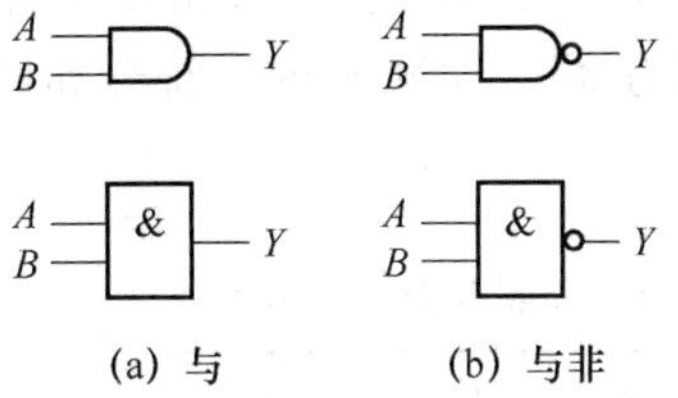

图 1-7 与的逻辑符号

表 1-6 非逻辑的真值表

A	B	Y
0	0	1
0	1	1
1	0	1
1	1	0

2. 或非(NOR)运算

或非运算是先或运算后非运算的组合。以二变量 A、B 为例，布尔代数表达式为 $Y=\overline{A+B}$，“有 1 出 0，全 0 出 1”。或非的逻辑符号如图 1-8(b)所示，真值表如表 1-7 所示。

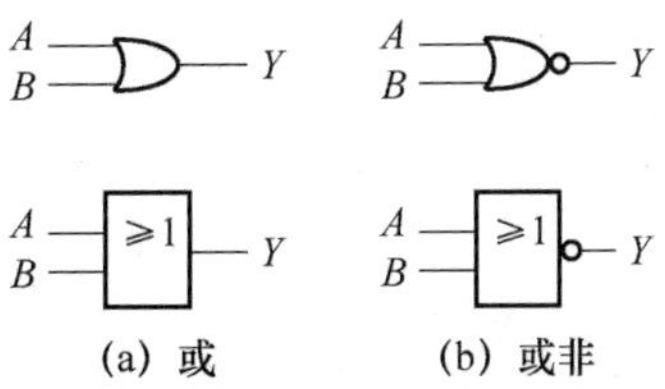

图 1-8 或非的逻辑符号

表 1-7 或非逻辑的真值表

A	B	Y
0	0	1
0	1	0
1	0	0
1	1	0

3. 与或非运算

与或非运算是先与后或再非，是三种运算的组合。以四变量为例，逻辑表达式为 $Y=(\overline{AB+CD})$。与或非的逻辑符号如图 1-9 所示，真值表如表 1-8 所示。

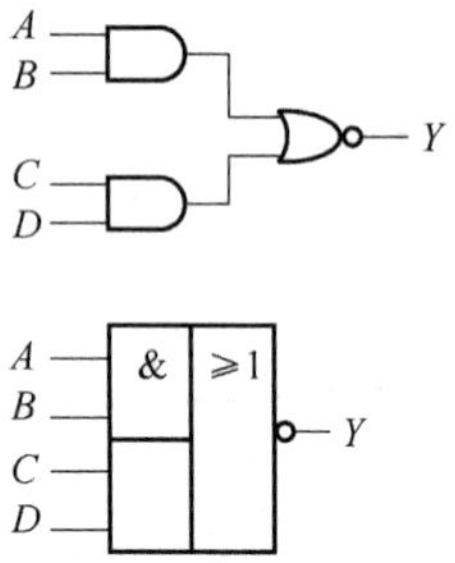

图 1-9 与或非的逻辑符号

表 1-8 与或非逻辑的真值表

A	B	C	D	Y
0	0	0	0	1
0	0	0	1	1
0	0	1	0	1
0	0	1	1	0
0	1	0	0	1
0	1	0	1	1
0	1	1	0	1
0	1	1	1	0
1	0	0	0	1
1	0	0	1	1
1	0	1	0	1
1	0	1	1	0
1	1	0	0	0
1	1	0	1	0
1	1	1	0	0
1	1	1	1	0

4. 异或运算

布尔表达式(逻辑函数式)为 $Y=A\oplus B=A\overline{B}+\overline{A}B$。符号“$\oplus$”表示异或运算，即两个输入逻辑变量取值不同时 $Y=1$，即“不同为 1，相同为 0”。异域的逻辑符号如图 1-10 所示，真值表如表 1-9 所示。

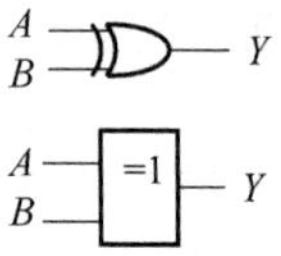

图 1-10 异或的逻辑符号

表 1-9 异或逻辑的真值表

A	B	Y
0	0	0
0	1	1
1	0	1
1	1	0

异或运算的性质：

① (交换律)$A\oplus B=B\oplus A$

② (结合律)$A\oplus(B\oplus C)=(A\oplus B)\oplus C$

③ (分配律)$A(B\oplus C)=AB\oplus AC$

④ (与常数异或)$A\oplus A=1, A\oplus A=0$

$$A\oplus 1=A, A\oplus 0=A$$

5. 同或运算

布尔表达式为 $Y=A\odot B=A\oplus B=AB+\overline{A}B$

符号"⊙"表示同或运算，即两个输入变量值相同时 $Y=1$，即"相同为 1，不同为 0"，同或运算用同或门电路来实现，它等价于异或门输出加非门。同或的逻辑符号如图 1-11 所示，真值表如表 1-10 所示。

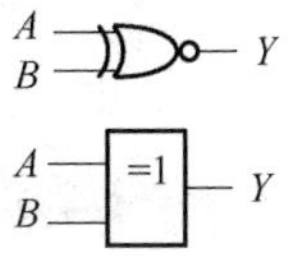

图 1-11　同或的逻辑符号

表 1-10　同或逻辑的真值表

A	B	Y
0	0	1
0	1	0
1	0	0
1	1	1

1.6　逻辑函数及其描述方法

1.6.1　逻辑函数

如果以逻辑变量作为输入，以运算结果作为输出，则输出与输入之间是一种函数关系，这种函数关系称为逻辑函数。任何一个具体的因果关系都可以用逻辑函数来描述它的逻辑功能。

1.6.2　逻辑函数的描述方法

逻辑函数的描述方法有真值表、函数表达式、卡诺图、逻辑图及硬件描述语言。有关卡诺图及硬件描述语言将在后面叙述。

1. 真值表

求出逻辑函数输入变量的所有取值下所对应的输出值，并列成表格，称为真值表。

例 1-6　有 a、b、c 三个输入信号，只有当 a 为 1，且 b、c 至少有一个为 1 时输出为 1，其余情况输出为 0。

解： a、b、c 三个输入信号共有 8 种可能，如表 1-11 左边所列。对应每一个输入信号的组合均有一个确定输出。根据题意，如表 1-11 右边所列，则表 1-11 即为例 1-6 所述问题的真值表。

表 1-11　例 1-6 真值表

a	b	c	F
0	0	0	0
0	0	1	0
0	1	0	0
0	1	1	0
1	0	0	0
1	0	1	1
1	1	0	1
1	1	1	1

2. 逻辑函数表达式

将输出和输入之间的关系写成与、或、非运算的组合式就得到逻辑函数表达式。

根据例 1-6 中的要求及与、或逻辑的基本定义，"b，c 中至少有一个为 1"可以表示为或逻辑关系 $(b+c)$，同时还要 a 为 1，可以表示为与逻辑关系，写成 $a(b+c)$。因此可以得到例 1-6 的逻辑函数表达式：

$$F=a(b+c)$$

3. 逻辑图

将逻辑函数表达式中各变量之间的与、或、非等逻辑关系用逻辑图形符号表示，即得到表示函数关系的逻辑图。

例 1-7 例 1-6 的逻辑图如图 1-12 所示。

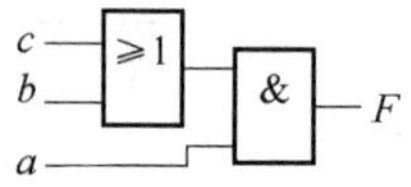

图 1-12 例 1-6 的逻辑图

4. 各种描述方法之间的相互转换

(1) 由真值表写出逻辑函数表达式

一般方法如下：

① 在真值表中找出使逻辑函数输出为 1 的对应输入变量取值组合。

② 每个输入变量取值组合状态以逻辑乘形式表示，用原变量表示变量取值 1，用反变量表示变量取值 0。

③ 将所有使输出为 1 的输入变量取值逻辑乘进行逻辑加，即得到逻辑函数表达式。

例 1-8 由表 1-12 写出逻辑函数表达式。

解： 由表 1-12 可见，使 $F=1$ 的输入组合有 abc 为 000、001、010、100 和 111，对应的逻辑乘为 abc、abc、abc、abc 和 abc，所以逻辑函数表达式为

$$F=\bar{a}\,\bar{b}\,\bar{c}+\bar{a}\,\bar{b}\,c+\bar{a}\,b\,\bar{c}+a\,\bar{b}\,\bar{c}+abc$$

(2) 由逻辑函数表达式列真值表

将输入变量取值的所有状态组合逐一列出，并将输入变量组合取值代入表达式，求出函数值，列成表，即为真值表。

(3) 由逻辑函数表达式画逻辑图

用逻辑图符号代替函数表达式中的运算符号，即可画出逻辑图。

例 1-9 已知逻辑函数表达式为 $F=\overline{\overline{A\,\overline{AB}}\cdot\overline{B\,\overline{AB}}}$，试画出相应逻辑图。

解： 用与、或、非等逻辑图符号代替表达式中的运算符号，按运算的优先顺序连接起来，如图 1-13 所示。

表 1-12 例 1-8 真值表

a	b	c	F
0	0	0	1
0	0	1	1
0	1	0	1
0	1	1	0
1	0	0	1
1	0	1	0
1	1	0	0
1	1	1	1

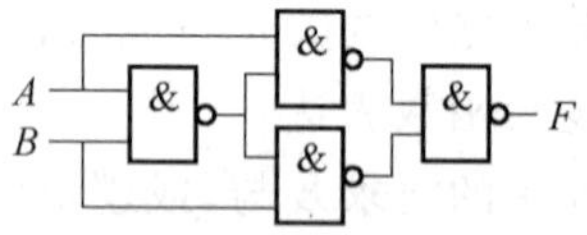

图 1-13 例 1-9 逻辑图

(4) 由逻辑图写逻辑函数表达式

从输入端开始逐级写出每个逻辑图形符号对应的逻辑运算，直至输出，就可以得到逻辑函数表达式。

1.6.3 逻辑函数的标准形式

逻辑函数的标准形式有最小项表达式(标准与-或式)和最大项表达式(标准或-与式)。

1. 最小项表达式(标准与-或式)

在一个逻辑函数的与-或表达式中，每一个乘积项(与项)都包含了全部输入变量，每个输入变量或以原变量形式，或以反变量形式在乘积项中出现，并且仅仅出现一次，这样的函数表达式称为标准与-或式。由于包含全部输入变量的乘积项称为最小项，所以全部由最小项逻辑加构成的与-或表达式又称为最小项表达式。

(1) 最小项的性质

由于最小项包含了全部输入变量，且每个输入变量均以原变量或反变量形式出现一次，所以有以下性质：

① 在输入变量的任何取值下必有一个最小项，而且只有一个最小项的值为 1。

② 全部最小项之和为 1。

③ 任意两个最小项的乘积为 0。

(2) 最小项编号

假设一个 3 变量函数，ABC 为其最小项，只有当 $A=1,B=0,C=1$ 时才会使最小项 $ABC=1$，如果将 ABC 取值 101 看作二进制数，那么它所表示的十进制数为 5，为了以后书写及使用方便，记作 m_5。据此，可以得到 3 变量最小项编号表，如表 1-13 所示。

表 1-13 3 变量最小项和最大项

ABC	对应的最小项及编号		对应的最大项及遍号	
000	$\overline{A}\,\overline{B}\,\overline{C}$	m_0	$A+B+C$	M_0
001	$\overline{A}\,\overline{B}C$	m_1	$A+B+\overline{C}$	M_1
010	$\overline{A}B\,\overline{C}$	m_2	$A+\overline{B}+C$	M_2
011	$\overline{A}BC$	m_3	$A+\overline{B}+\overline{C}$	M_3
100	$A\overline{B}\,\overline{C}$	m_4	$\overline{A}+B+C$	M_4
101	$A\overline{B}C$	m_5	$A+B+\overline{C}$	M_5
110	$AB\overline{C}$	m_6	$\overline{A}+\overline{B}+C$	M_6
111	ABC	m_7	$\overline{A}+\overline{B}+\overline{C}$	M_7

(3) 如何求最小项表达式

① 由真值表写出的逻辑函数表达式为最小项表达式，因此对一个任意的逻辑函数表达式可以先转换成真值表，再写出最小项表达式。

例 1-10 将 $F=AB+BC$ 转换成最小项表达式。

解： $F=AB+BC$ 的真值表如表 1-14 所示。

表 1-14 例 1-10 真值表

A	B	C	F
0	0	0	0
0	0	1	0
0	1	0	1
0	1	1	0
1	0	0	1
1	0	1	1
1	1	0	1
1	1	1	0

$$F = \overline{A}B\,\overline{C} + A\,\overline{B}\,\overline{C} + A\,\overline{B}C + AB\,\overline{C}$$
$$= \sum m(2,4,5,6)$$

② 利用 $A=AB+AB$ 把非标准与-或式中每一个乘积项所缺变量补齐，展开成最小项表达式。

如例 1-10 中，F 是包含 A、B、C 三变量的函数，则

$$F = A\overline{B} + B\overline{C}$$
$$= A\,\overline{B}\,\overline{C} + A\,\overline{B}C + \overline{A}B\,\overline{C} + AB\,\overline{C}$$
$$= \sum m(4,5,2,6)$$
$$= \sum m(2,4,5,6)$$

2. 最大项表达式(标准或-与式)

(1) 最大项的性质

最大项是指这样的和项，它包含了全部变量，每个变量或以原变量或以反变量的形式出现，且仅仅出现一次，因此：

① 在输入变量的任何取值下，必有一个最大项，而且只有一个最大项的值为 0。

② 全体最大项之积为 0。

③ 任意两个最大项之和为 1。

(2) 最大项编号

见表 1-13 最右列。全部由最大项组成的逻辑表达式为标准或-与表达式，又称为最大项表达式。

(3) 如何求最大项表达式

① 由真值表可以直接写出最大项表达式。将真值表中输出为 0 的一组输入变量组合状态(用原变量表示变量取值 0，用反变量表示变量取值 1)用逻辑加形式表示，再将所有的逻辑加进行逻辑乘，就得到标准或-与表达式。对于任意一个函数表达式均可先列真值表，再写出标准或-与式(最大项表达式)。

例如，由表 1-13 可以写出例 1-10 函数 F 的最大项表达式为

$$F=(A+B+C)(A+B+\overline{C})(A+\overline{B}+\overline{C})(\overline{A}+\overline{B}+\overline{C})=\prod M(0,1,3,7)$$

② 利用 $A=(A+B)(A+B)$，将每个和项所缺变量补齐，展开成最大项表达式。

(4) 最小项表达式与最大项表达式的关系

如果有一个函数的最小项表达式为

$$F = \sum_i m_i$$

则其最大项表达式为

$$F = \prod_j m_j$$

$j \neq i$，j 为 2^n 个编号中除去 i 以外的号码。

如上例中

$$F=\sum m(2,4,5,6)=\prod M(0,1,3,7)$$

1.6.4 逻辑函数公式、规则和常用表达式形式

1. 逻辑代数运算的基本规律

表 1-15 列出了逻辑代数的基本公式和基本规律。

表 1-15 逻辑代数基本公式

序号	公式	序号	公式	说明
1	$A+0=A$	1	$A\cdot 1=A$	变量与常量之间关系
2	$A+1=1$	2	$A\cdot 0=0$	
3	$A+\overline{A}=1$	3	$A\cdot \overline{A}=A$	互补律
4	$A+A=A$	4	$A\cdot A=A$	重叠律
5	$A+B=B+A$	5	$A\cdot B=B\cdot A$	交换律
6	$A+B+C=(A+B)+C$	6	$A\cdot B\cdot C=(A\cdot B)\cdot C$	结合律
7	$A+BC=(A+B)\cdot(A+C)$	7	$A(B+C)=AB+AC$	分配律
8	$\overline{A+B}=\overline{A}\cdot\overline{B}$	8	$\overline{A\cdot B}=\overline{A}+\overline{B}$	反演律
9	$\overline{\overline{A}}=A$			还原律

以上基本公式也叫布尔恒等式，其正确性均可用真值表证明。对于异或、同或逻辑运算也有相类似的基本运算公式，如表 1-16 所示。

表 1-16 异或和同或逻辑运算的基本公式和基本规律

序号	公式	序号	公式	说明
1	$A\odot 0=\overline{A}$	1′	$A\oplus 1=\overline{A}$	变量与常量之间关系
2	$A\odot 1=A$	2′	$A\oplus 0=A$	
3	$A\odot\overline{A}=0$	3′	$A\oplus\overline{A}=1$	互补律
4	$A\odot A=1$	4′	$A\oplus A=0$	重叠律
5	若 $A\odot B=C$，则 $A\odot C=B, C\odot B=A$	5′	若 $A\oplus B=C$，则 $A\oplus C=B, C\oplus B=A$	调换律

必须说明的是，调换律是同或、异或的特殊规律，它说明等式两边的变量是可以调换的。

利用调换律可以证明：

$$A\cdot B=A\odot B\odot(A+B)$$
$$A+B=A\oplus B\oplus(A\cdot B)$$
$$A+B=A\odot B\odot(A\cdot B)$$
$$A\cdot B=A\oplus B\oplus(A+B)$$

例 1-11 证明 $A\cdot B=A\odot B\odot(A+B)$。

证明:

$$\begin{aligned}右式&=A\odot B\odot(A+B)\\&=(A\odot B)(A+B)+\overline{A\odot B}\cdot\overline{A+B}\\&=A(A\odot B)+B(A\odot B)+(A\odot B)\overline{A}\,\overline{B}\\&=A\odot AB+AB\odot B+0\\&=A(1\odot B)+B(A\odot 1)\\&=A\cdot B=左式\end{aligned}$$

对于同或和异或函数,非运算也可以调换,即

$$A\odot\overline{B}=\overline{A}\odot B=\overline{A\odot B}=A\oplus B$$

$$A\oplus\overline{B}=\overline{A}\oplus B=\overline{A\oplus B}=A\odot B$$

根据同或和异或重叠律可以推广为

(1) 奇数个 A 重叠同或运算得 A,偶数个 A 重叠同或运算得 1。

(2) 奇数个 A 重叠异或运算得 A,偶数个 A 重叠异或运算得 0。

2. 逻辑代数的常用运算公式

表 1-17 列出了逻辑代数的常用公式。

表 1-17 逻辑代数的常用公式

序号	公式	序号	公式
1	$AB+A\overline{B}=A$	1′	$(A+B)(A+\overline{B})=A$
2	$A+AB=A$	2′	$A(A+B)=A$
3	$A+\overline{A}B=A+B$	3′	$A(\overline{A}+B)+AB$
4	$AB+\overline{A}C+BCD\cdots=AB+\overline{A}C$	4′	$(A+B)(\overline{A}+C)(B+C+D+\cdots)$ $=(A+B)(\overline{A}+C)$
5	$AB+\overline{A}C=(A+C)(\overline{A}+B)$	5′	$(A+B)(\overline{A}+C)=AC+\overline{A}B$

以上各公式在公式法化简中可以消去多余变量和多余乘积项。

1.6.5 逻辑代数的三个规则

1. 代入规则

任何一个含有变量 A 的等式,如果将所有出现变量 A 的地方都代之以一个逻辑函数 F,则等式仍然成立。

利用代入规则可以扩大逻辑代数等式的应用范围。

2. 反演规则

对于任意一个逻辑函数表达式 F,如果将 F 中所有的"·"换为"+",所有的"+"换为"·",所有的 0 换为 1,所有的 1 换为 0,所有的原变量换为反变量,所有的反变量换为原变量,则得到一个新的函数式为 $\overline{F}$。$\overline{F}$ 为原函数 F 的反函数,它是反演律的推广。

利用反演规则可以很方便地求出反函数。

例 1-12 求逻辑函数 F 的反函数：

$$F=\overline{A+B+\overline{\overline{C+D}}}(\overline{X}+\overline{Y})$$

解：(1) 根据反演规则

$$\overline{F}=\overline{\overline{A}\cdot\overline{B}\cdot\overline{\overline{C}\cdot\overline{\overline{D}}}}+X\cdot Y$$

(2) 如果将$\overline{A+B+\overline{C+D}}$作为一个整体,则

$$\overline{F}=A+B+\overline{C+D}+X\cdot Y$$

(3) 如果将$\overline{C+D}$作为一个变量,则

$$\overline{F}=\overline{\overline{A}\cdot\overline{B}\cdot(C+D)}+X\cdot Y$$

以上三式等效,但繁简程度不同。

3. 对偶规则

对于任意一个逻辑函数表达式 F,如果将 F 中所有的"·"换为"+",所有的"+"换为"·";所有的 0 换为 1,所有的 1 换为 0,则得到一个新的函数表达式 F^*,F^* 称为 F 的对偶式。

在证明或化简逻辑函数时,有时通过对偶式来证明或化简更方便。逻辑代数中逻辑运算的规则是"先括号,然后乘,最后加"的运算优先次序。在以上三个规则应用时,都必须注意与原函数的运算顺序不变。

1.7 逻辑函数化简

1.7.1 公式法化简

所谓化简就是使逻辑函数中所包含的乘积项最少,而且每个乘积项所包含的变量因子最少,从而得到逻辑函数的最简与-或逻辑表达式。

逻辑函数化简通常有以下三种方法：

- 公式化简法。又称代数法,利用逻辑代数公式进行化简。它可以化简任意逻辑函数,但取决于经验、技巧、洞察力和对公式的熟练程度。
- 卡诺图法。又称图解法。卡诺图化简比较直观、方便,但对于 5 变量以上的逻辑函数就失去直观性。
- Q-M 法。又称为列表法。这种方法适合于机器运算,已有数字电路计算机辅助分析程序。

公式法化简常用以下四种方法。

(1) 合并法

常用公式 $AB+AB=A$,两项合并为一项。

(2) 吸收法

常用公式 $A+AB=A$ 及 $AB+AC+BCD\cdots=AB+AC$,消去多余项。

(3) 消去法

常用公式 $A+AB=A+B$,消去多余因子。

(4) 配项法

常用公式 $A+A=1$，将某乘积项乘以 $(A+A)$，一项展开成两项，或利用公式 $AB+AC=AB+AC+BC$，配 BC 项。配项的目的是和其他乘积项合并，以达到最简的目的。

例 1-13 化简函数 $F=\overline{(\overline{A+B}+\overline{A+C})\cdot\overline{\overline{(B\oplus C)(A\oplus B)}}}$。

解：

$$
\begin{aligned}
F &=\overline{(\overline{A+B}+\overline{A+C})\overline{\overline{(B\oplus C)(A\oplus B)}}} \\
&=(A+B)(A+C)+(B\oplus C)(A\oplus B) && \text{（反演律）} \\
&=A+BC+(\overline{B}C+B\,\overline{C})(\overline{A}B+A\,\overline{B}) && \text{（分配律、异或运算）} \\
&=\underline{A}+BC+\underline{\overline{A}B\,\overline{C}}+\underline{A\,\overline{B}C} && \text{（吸收、消去）} \\
&=A+BC+B\,\overline{C} && \text{（合并）} \\
&=A+B
\end{aligned}
$$

例 1-14 化简函数 $F=(A+\overline{B})(\overline{A}+B)(B+C)(\overline{A}+C)$。

解： 求 F 的对偶式：

$$
\begin{aligned}
F* &=A\,\overline{B}+\overline{A}B+BC+\overline{A}C \\
&=A\,\overline{B}+\overline{A}B+BC+\overline{A}C+\underline{AC} && \text{（配项）} \\
&=A\,\overline{B}+\overline{A}B+BC+C && \text{（合并）} \\
&=A\,\overline{B}+\overline{A}B+C && \text{（吸收）}
\end{aligned}
$$

再求 $F*$ 的对偶式：

$$F=(A+\overline{B})(\overline{A}+B)C$$

例 1-15 化简函数

$$F=(A+\overline{AB+\overline{B}+CD}+\overline{B\,\overline{AD}})(A(\overline{A}C+BD)+B(C+DE)+B\,\overline{C})$$

解：

$$
\begin{aligned}
F &=(A+\overline{AB+\overline{B}+CD}+\overline{B\,\overline{AD}})(A(\overline{A}C+BD)+B(C+DE)+B\,\overline{C}) \\
&=(\underline{A}+\underline{\overline{\overline{AB}\cdot B\cdot\overline{CD}}}+\underline{\overline{B}}+\underline{AD})(ABD+\underline{BC}+BDE+\underline{B\,\overline{C}}) && \text{（反演律、分配律）} \\
&=(A+\overline{AB}\cdot\overline{CD}+\overline{B})(\underline{ABD}+\underline{BDE}+\underline{B}) && \text{（合并、吸收）} \\
&=(A+(\overline{A}+\overline{B})(\overline{C}+\overline{D})+\overline{B})\cdot B && \text{（吸收、反演）} \\
&=(A+\overline{A}\,\overline{C}+\overline{A}\,\overline{D}+\overline{B}\,\overline{C}+\overline{B}\,\overline{D}+\overline{B})B && \text{（分配律）} \\
&=(A+\overline{C}+\overline{D}+\overline{B})B && \text{（吸收）} \\
&=AB+B\,\overline{C}+B\,\overline{D}
\end{aligned}
$$

1.7.2 卡诺图化简法

1. 逻辑函数的卡诺图表示法

将 n 变量的全部最小项各用一个小方块表示，并使具有逻辑相邻性的最小项在几何位置上也相邻地排列起来，所得到的图形称为 n 变量最小项的卡诺图。因为这种表示方法是由美国工程师卡诺（M. Karnaugh）首先提出的，所以将这种图形称为卡诺图（Karnaugh Map）。

图 1-14 中画出了二到五变量最小项的卡诺图。图形两侧标注的 0 和 1 表示使对应小方格内的最小项为 1 的变量取值。同时,这些 0 和 1 组成的二进制数所对应的十进制数大小也就是对应的最小项的编号。

A \ B	0	1
0	$A'B'$ m_0	$A'B$ m_1
1	AB' m_2	AB m_3

(a) 两变量(A、B)最小项的卡诺图

A \ BC	00	01	11	10
0	m_0	m_1	m_3	m_2
1	m_4	m_5	m_7	m_6

(b) 三变量(A、B、C)最小项的卡诺图

AB \ CD	00	01	11	10
00	m_0	m_1	m_3	m_2
01	m_4	m_5	m_7	m_6
11	m_{12}	m_{13}	m_{15}	m_{14}
10	m_8	m_9	m_{11}	m_{10}

(c) 四变量(A、B、C、D)最小项的卡诺图

AB \ CDE	000	001	011	010	110	111	101	100
00	m_0	m_1	m_3	m_2	m_6	m_7	m_5	m_4
01	m_8	m_9	m_{11}	m_{10}	m_{14}	m_{15}	m_{13}	m_{12}
11	m_{24}	m_{25}	m_{27}	m_{26}	m_{30}	m_{31}	m_{29}	m_{28}
10	m_{16}	m_{17}	m_{19}	m_{18}	m_{22}	m_{23}	m_{21}	m_{20}

(d) 五变量(A、B、C、D、E)最小项的卡诺图

图 1-14　二到五变量最小项的卡诺图

为了保证图中几何位置相邻的最小项在逻辑上也具有相邻性,这些数码不能按自然二进制数从小到大地顺序排列,而必须按图中的方式排列,以确保相邻的两个最小项仅有一个变量是不同的。

从图 1-14 所示的卡诺图上还可以看到,处在任何一行或一列两端的最小项也仅有一个变量不同,所以它们也具有逻辑相邻性。因此,从几何位置上应当将卡诺图看成是上下、左右闭合的图形。

在变量数大于、等于五以后,仅仅用几何图形在两维空间的相邻性来表示逻辑相邻性已经不够了。例如,在图 1-14(d)所示的五变量最小项的卡诺图中,除了几何位置相邻的最小项具有逻辑相邻性以外,以图中双竖线为轴左右对称位置上的两个最小项也具有逻辑相邻性。

既然任何一个逻辑函数都能表示为若干最小项之和的形式,那么自然也就可以设法用卡诺图来表示任意一个逻辑函数。具体的方法是:首先将逻辑函数化为最小项之和的形式,然后在卡诺图上与这些最小项对应的位置上填入 1,在其余的位置上填入 0,就得到了表示该逻辑函数的卡诺图。也就是说,任何一个逻辑函数都等于它的卡诺图中填入 1 的那些最小项之和。

例 1-16　用卡诺图表示逻辑函数:

$$Y=\overline{A}\,\overline{B}\,\overline{C}D+\overline{A}B\,\overline{D}+ACD+A\,\overline{B}$$

解:首先将 Y 化为最小项之和的形式

$$Y=\overline{A}\,\overline{B}\,\overline{C}D+\overline{A}B(C+\overline{C})\overline{D}+A(B+\overline{B})CD+A\overline{B}(C+\overline{C})(D+\overline{D})$$

$$=\overline{A}\,\overline{B}\,\overline{C}D+\overline{A}BC\overline{D}+\overline{A}B\overline{C}\,\overline{D}+ABCD+A\overline{B}CD+A\overline{B}C\overline{D}+A\overline{B}\,\overline{C}D+A\overline{B}\,\overline{C}\,\overline{D}$$

$$=m_1+m_4+m_6+m_8+m_9+m_{10}+m_{11}+m_{15}$$

画出四变量最小项的卡诺图，在对应于函数式中各最小项的位置上填入 1，其余位置上填入 0，就得到如图 1-15 所示的函数 Y 的卡诺图。

AB \ CD	00	01	11	10
00	0	1	0	0
01	1	0	0	1
11	0	0	1	0
10	1	1	1	1

图 1-15　例 1-16 卡诺图

A \ BC	00	01	11	10
0	0	1	0	1
1	1	0	1	0

图 1-16　例 1-17 卡诺图

例 1-17　已知逻辑函数 Y 的卡诺图如图 1-16 所示，试写出该函数的逻辑式。

解：因为函数 Y 等于卡诺图中填入 1 的那些最小项之和，所以有

$$Y=A\overline{B}\,\overline{C}+\overline{A}\,\overline{B}C+ABC+\overline{A}B\overline{C}$$

2. 用卡诺图化简逻辑函数

利用卡诺图化简逻辑函数的方法称为卡诺图化简法或图形化简法。化简时依据的基本原理就是具有相邻性的最小项可以合并，并消去不同的因子。由于在卡诺图上几何位置相邻与逻辑上的相邻性是一致的，因而从卡诺图上能直观地找出那些具有相邻性的最小项并将其合并化简。

(1) 合并最小项的原则

若两个最小项相邻，则可合并为一项并消去一对因子。合并后的结果中只剩下公共因子。

在图 1-17(a)和(b)中画出了两个最小项相邻的几种可能情况。例如，图(a)中 $\overline{A}BC(m_3)$和 $ACD(m_7)$相邻，故可合并为$\overline{A}BC+ABC=(A+\overline{A})BC=BC$ 合并后将 A 和$\overline{A}$一对因子消掉了，只剩下公共因子 B 和 C。

若四个最小项相邻并排列成一个矩形组，则可合并为一项并消去两对因子。合并后的结果中只包含公共因子。

例如，在图 1-17 (d)中，$\overline{A}B\overline{C}D(m_5)$、$\overline{A}BCD(m_7)$、$AB\overline{C}D(m_{13})$和相邻，故可合并。合并后得到

$$\begin{aligned}&\overline{A}B\overline{C}D+\overline{A}BCD+AB\overline{C}D+ABCD\\=&\overline{A}BD(C+\overline{C})+ABD(C+\overline{C})\\=&BD(A+\overline{A})=BD\end{aligned}$$

可见，合并后消去了 A、$\overline{A}$和 C、$\overline{C}$两对因子，只剩下四个最小项的公共因子 B 和 D。

若八个最小项相邻并且排列成一个矩形组，则可合并为一项并消去三对因子。合并后的结果中只包含公共因子。

例如，在图 1-17(e)中，上边两行的八个最小项是相邻的，可将它们合并为一项$\overline{A}$。其他的因子都被消去了。

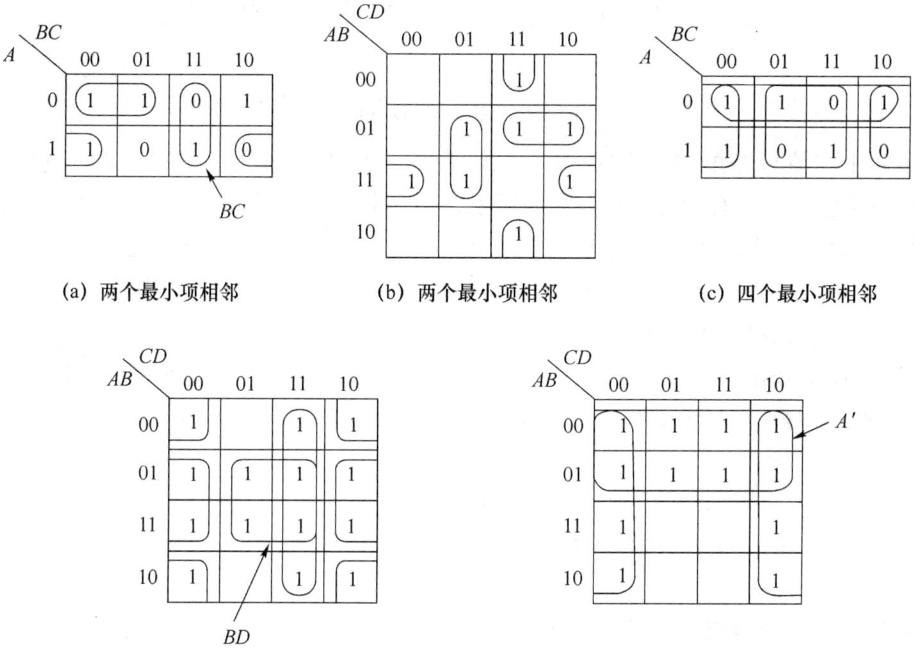

(a) 两个最小项相邻　(b) 两个最小项相邻　(c) 四个最小项相邻

(d) 四个最小项相邻　(e) 八个最小项相邻

图 1-17　最小项相邻的几种情况

至此，可以归纳出合并最小项的一般规则，这就是：如果有 2^n 个最小项相邻($n=1,2,\cdots$)并排列成一个矩形组，则它们可以合并为一项，并消去 n 对因子。合并后的结果中仅包含这些最小项的公共因子。

(2) 卡诺图化简法的步骤

用卡诺图化简逻辑函数时可按如下步骤进行：

① 将函数化为最小项之和的形式。

② 画出表示该逻辑函数的卡诺图。

③ 找出可以合并的最小项。

④ 选取化简后的乘积项。选取的原则是：

- 这些乘积项应包含函数式中所有的最小项(应覆盖卡诺图中所有的 1)。
- 所用的乘积项数目最少。也就是可合并的最小项组成的矩形组数目最少。
- 每个乘积项包含的因子最少。也就是每个可合并的最小项矩形组中应包含尽量多的最小项。

例 1-18　用卡诺图化简法将下式化简为最简与或函数式

$$Y=A\overline{C}+\overline{A}C+B\overline{C}+\overline{B}C$$

解:首先画出表示函数 Y 的卡诺图,如图 1-18 所示。

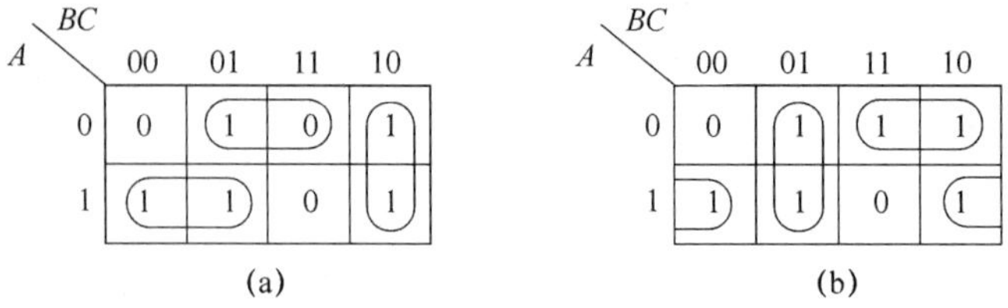

图 1-18 例 1-18 的卡诺图

事实上在填写 Y 的卡诺图时,并不一定要将 Y 化为最小项之和的形式。例如,式中的 $A\overline{C}$一项包含了所有含有 $A\overline{C}$因子的最小项,而不管另一个因子是 B 还是$\overline{B}$。从另外一个角度讲,也可以理解为 $A\overline{C}$是 $AB\overline{C}$和 $A\overline{B}\,\overline{C}$两个最小项相加合并的结果。因此,在填写 Y 的卡诺图时,可以直接在卡诺图上所有对应 $A=1,C=0$ 的空格里填入 1。按照这种方法,就可以省去将 Y 化为最小项之和这一步骤了。

其次,需要找出可以合并的最小项。将可能合并的最小项用线圈出。由图 1-18(a)和(b)可见,有两种可取的合并最小项的方案。如果按图 1-18(a)的方案合并最小项,则得到

$$Y=A\overline{B}+\overline{A}C+B\overline{C}$$

而按图 1-18(b)的方案合并最小项得到

$$Y=A\overline{C}+\overline{B}C+\overline{A}B$$

两个化简结果都符合最简与或式的标准。

此例说明,有时一个逻辑函数的化简结果不是唯一的。

例 1-19 用卡诺图化简法将下式化为最简与或逻辑式

$$Y=ABC+ABD+A\overline{C}D+\overline{C}\,\overline{D}+A\overline{B}C+\overline{A}C\overline{D}$$

解:首先画出 Y 的卡诺图,如图 1-19 所示。然后将可能合并的最小项圈出,并按照前面所述的原则选择化简后与或式中的乘积项。由图可见,应将图中下边两行的 8 个最小项合并,同时将左、右两列最小项合并,于是得到

$$Y=A+\overline{D}$$

从图 1-19 中可以看到,A 和$\overline{D}$中重复包含了 m_8、m_{10}、m_{12}、m_{14}这 4 个最小项。但据 $A+A=A$ 可知,在合并最小项的过程中允许重复使用函数式中的最小项,以利于得到更简单的化简结果。

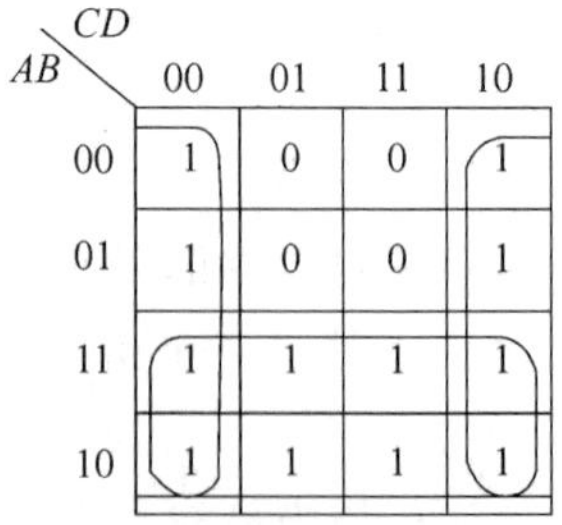

图 1-19 例 1-19 的卡诺图

另外，还要补充说明一个问题。在以上的两个例子中，我们都是通过合并卡诺图中的1求得化简结果的。但有时也可以通过合并卡诺图一中的0先求出$\overline{Y}$的化简结果，然后再将$\overline{Y}$求反而得到Y。

因为全部最小项之和为1，所以若将全部最小项之和分成两部分，一部分（卡诺图中填入1的那些最小项）之和记作Y，则根据$Y+\overline{Y}=1$可知，剩余部分（卡诺图中填入0的那些最小项）之和必为$\overline{Y}$。

在多变量逻辑函数的卡诺图中，当0的数目远小于1数目时，采用合并0的方法有时会比合并1来得简单。例如，在图1-19所示的卡诺图中，如果将0合并，则可立即写出

$$\overline{Y}=\overline{A}D,\quad Y=\overline{\overline{Y}}=\overline{\overline{A}D}=A+\overline{D}$$

与合并1得到的化简结果一致。

此外，在需要将函数化为最简的与或非式时，采用合并0的方式最为适宜，因为得到的结果正是与或非形式。如果要求得到$\overline{Y}$的化简结果，则采用合并0的方式就更简便了。

本章小结

这一章所讲的内容主要是常用的几种数制，逻辑代数的公式和定理、逻辑函数的表示方法、逻辑函数的化简方法这三部分。

为了进行逻辑运算，必须熟练掌握表1-15中的基本公式及表1-1中的基本公式和基本规律。在逻辑函数的表示方法中一共介绍了4种方法，即真值表、逻辑函数式、逻辑图和卡诺图。这几种方法之间可以任意地互相转换。根据具体的使用情况，可以选择最适当的一种方法表示所研究的逻辑函数。

本章习题

1-1 判断以下逻辑关系（正确打√，错误打×）。

(1) 若$A=B$，则$AB=A$。 （ ）

(2) 若$AB=AC$，则$B=C$。 （ ）

(3) 若$A+B=A+C$，则$B=C$。 （ ）

(4) 若$A+B=A+C$且$AB=AC$，则$B=C$。 （ ）

1-2 判断下列函数F_1和F_2有何关系？为什么？

$$F_1=\overline{A}\,\overline{B}\,\overline{C}+AC+AB$$

$$F_2=\overline{A}B+\overline{B}(A\oplus C)$$

1-3 以下情况中，哪一种是正确的？

(1) 一个逻辑函数全部最小项之和恒等于0；

(2) 一个逻辑函数全部最大项之和恒等于0；

(3) 一个逻辑函数全部最小项之和恒等于1；

(4) 一个逻辑函数全部最大项之和恒等于1。

1-4 试求F函数的反函数G，并写出G的最简与-或式和标准与-或式。

$$F=AB+(\overline{C}D\oplus AC)$$

1-5 用代数法化简下列函数：

(1) $F(A,B,C,D)=A\overline{B}+\overline{A}CD+B+\overline{C}+\overline{D}$

(2) $F(A,B,C)=(A+\overline{B})(\overline{A}+B)(B+C)(\overline{A}+C)$（要求结果仍为或-与式）

1-6 用代数法化简函数：

$$F(A,B,C,D,E,F,G)=AB+A\overline{C}+\overline{B}C+ADE(F+G)+B\overline{D}+B\overline{C}$$

1-7 化简下列函数(方法不限)。

(1) $F_1(A,B,C,D)=\overline{A}\,\overline{B}\,\overline{C}\,\overline{D}+A\overline{C}\,\overline{D}+\overline{B}C\overline{D}+\overline{A}BCD+B\overline{C}D$

(2) $F_2(A,B,C,D)=\sum m(6,7,8,12,13,14)+\sum d(5,9,15)$（要求写出最简或-与式）

1-8 用代数法化简函数 $F=(A\oplus B)+(B\odot C)$ 。

1-9 试证明下列关系成立：

(1) $x_1x_2\oplus\overline{x_1}x_3=x_1x_3+\overline{x_1}x_3$。

(2) 若 x_1+x_2-1，则有 $x_1\oplus x_2=\overline{x_1x_2}$。

(3) 若 x_1x_2-0，则有 $x_1\oplus x_2=x_1+x_2$。

1-10 根据图 1-20 所示 F 函数的波形：

(1) 写出 F 函数的逻辑表达式；

(2) 简化成最简与-或式；

(3) 简化成最简或-与式。

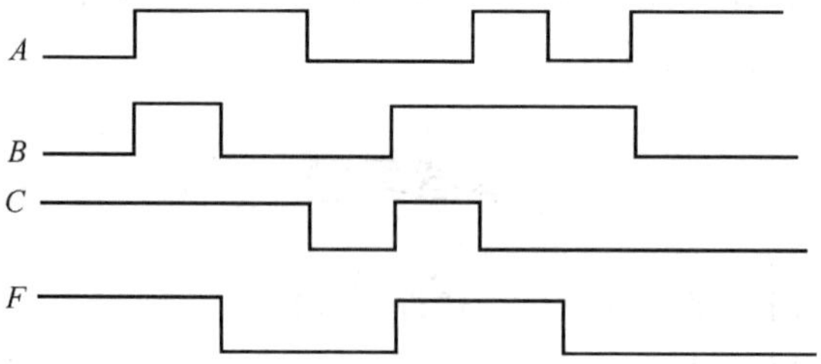

图 1-20 题 1-10 图

第 2 章　逻辑门电路

逻辑符号表示的电路功能须通过具体器件才能实现，各种类型的门电路就是实现逻辑功能的基本单元。门电路既有双极型晶体管（BJT）组成的三极管-三极管逻辑（TTL）集成门电路，亦有单极型金属氧化物绝缘栅型场效应管（MOSFET）构成的互补型（CMOS）集成门电路。两种最常用的晶体三极管是双极型晶体三极管和绝缘栅型场效应晶体三极管。双极型晶体三极管是晶体管-晶体管逻辑电路（TTL）的基础，金属氧化物绝缘栅型场效应管则是 CMOS 集成电路的基础。实现与、或、非三种基本逻辑运算以及复合逻辑运算的数字电路称为与门、或门、非门、与非门、或非门等。本章通过介绍常用基本门内部电路，特别是它的外部特性，力求使读者能正确而有效地了解和掌握集成逻辑门电路的基本原理。

2.1　半导体器件的开关特性

不同于模拟器件，数字逻辑器件中的半导体器件一般都工作在开关状态。掌握和了解这些半导体器件的开关特性，对于掌握和了解门电路的组成和工作原理，正确选择和使用门电路是很重要的。

2.1.1　二极管的开关特性

二极管是一种非线性器件，静态分析二极管电路时可采用理想化模型，恒压模型和折线模型来近似分析。逻辑器件中，一般用理想化模型来分析二极管电路，图 2-1 为理想化二极管的伏安特性。当二极管承受正向电压，即二极管阳极电位大于阴极电位时，二极管导通，二极管管压降 v_D（近似）为 0 V，相当于开关 S 合上，如图 2-2(a)所示，二极管电流 i_D 由外电路决定，$i_D=I=V_I/R$。当二极管承受反向电压，即二极管阳极电位小于阴极电位时，二极管截止，二极管电流 i_D（近似）为 0，相当于开关 S 打开，如图 2-2(b)所示，二极管管压降 V_D 由外电路决定，$v_D=-V_I$。

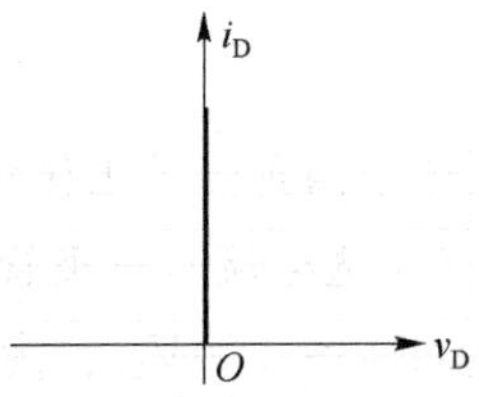

图 2-1　理想化二极管的伏安特性

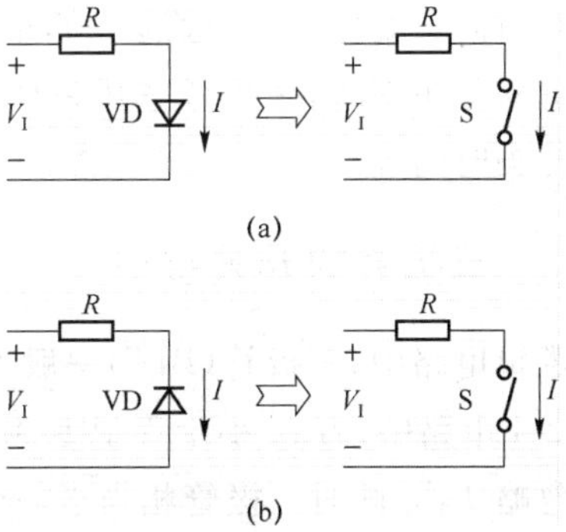

图 2-2　二极管等效开关

上述分析可知，二极管的通（导通）和断（截止）取决于加到二极管上的电压极性。但二极管从一种开关工作状态变为另一种开关工作状态，即从截止变为导通，以及从导通变为截止，都需要时间，即二极管具有相应的开关特性。这里所指的二极管开关特性是一种动态特性。如图 2-3 所示，二极管从截止变为导通至少需要经过 t_{on} 时间，二极管电流 i_D 才能达到最大值 $I_F(=V_F/R)$，t_{on} 称为（二极管开关）开通时间。二极管从导通变为截止至少需要经过 t_{off} 时间，二极管电流 i_D 才能从最大反向电流 I_R 恢复到零，二极管真正变为截止，t_{off} 称为（二极管开关）关断时间。开通时间和关断时间之和 $t_{on}+t_{off}$ 称为（二极管开关的）开关时间。

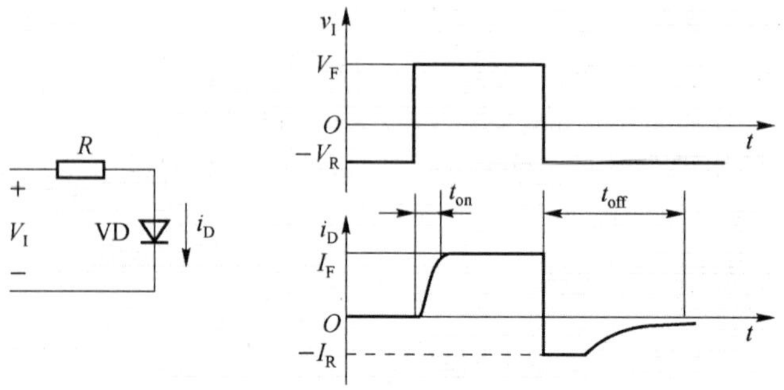

图 2-3 二极管开关特性

二极管从截止变为导通，其内部空间电荷区要由宽变薄，P 型区和 N 型区要形成与 I_F 相对应的注入载流子浓度分布，这些都等效为 PN 结电容。此时，PN 结扩散电容起主要作用，由于正向（扩散）电流较大，所以 PN 结电容效应引起的开通时间（v_I 跳到 i_D 上升到 $0.9I_F$）t_{on} 很小，与关断时间 t_{off} 相比可以忽略，可以认为二极管从截止变为导通几乎不需要时间。而二极管从导通变为截止，其内部空间电荷区要由薄变宽，导通时 I_F 相对应的注入载流子浓度分布在 P 型区和 N 型区形成的电荷积累要泄放，因而 v_I 下跳后二极管并不立即变为截止，而是形成一较大的反向电流 I_R。随空间电荷区变宽，反向电流逐渐减小，反向电流从 I_R 下降到 $0.1I_R$ 所需时间称为反向恢复时间（t_{re}）。二极管开关的关断时间 t_{off} 主要取决于二极管反向恢复时间（t_{re}）。由于反向电流小，反向恢复时间（t_{re}）相对较长，一般约为几至几十 ns。开关二极管参数中一般给出反向恢复时间或开关频率。在开关速度（即 v_I 变化频率）远远小于开关频率时，可以不考虑开关时间的影响；但在开关速度接近开关频率时，必须考虑开关时间对门电路的影响（例如，选择高速开关，用电路方法减小开关时间等）。

2.1.2 三极管的开关特性

数字逻辑电路中，三极管（BJT）一般工作在饱和导通或截止两种开关工作状态。

在图 2-4 电路中，若 i_B 小于等于零，则 i_C 小于等于 I_{CEO}（穿透电流），三极管工作在截止状态。忽略 I_{CEO}，此时三极管相当于一个开关打开，$i_C=0$，$v_{CE}=v_O=V_{CC}$。为使三极管可靠截止，必须满足三极管截止条件 $i_B\leqslant 0$。i_B 越小，称三极管截止深度越深。因此输入

电压 v_I 必须小于或等于三极管死区电压 V_{BE}，即 $v_I \leqslant V_{BE}$。

在图 2-4 电路中，若 i_B 足够大，则 i_C 受集电极负载电阻 R_C 影响达到饱和值 I_{CS}（集电极饱和电流）。此时，三极管相当于一个开关合上，忽略三极管饱和压降 V_{CES}，有 $i_C = I_{CS} = V_{CC}/R_C$，$v_{CE} = v_O = V_{CES} = 0$。将 $I_{BS} = I_{CS}/\beta = V_{CC}/\beta R_C$ 称为基极临界饱和电流，则三极管饱和条件为 $i_B > I_{BS}$。$i_B = I_{BS}$ 称为临界饱和，i_B 越大则称为饱和深度越深。显然，为满足饱和条件 $i_B = \frac{v_I - V_{BES}}{R_B} > I_{BS}$，输入电压 v_I 必须满足：$v_I > R_B I_{BS} + V_{BES}$。

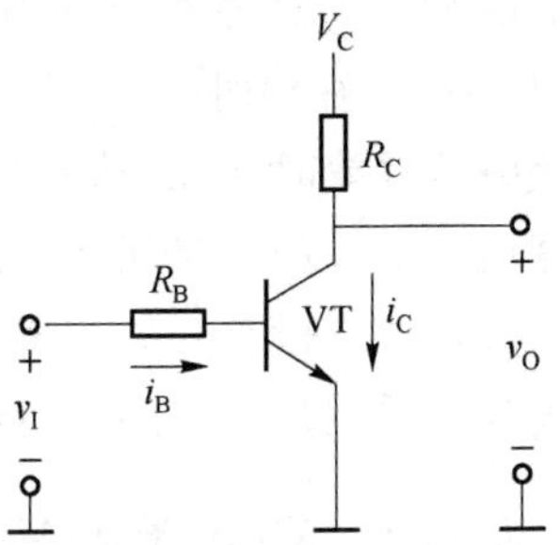

图 2-4 三极管用作开关

由以上分析可知，三极管具有可控的稳态开关特性，三极管的开与关和控制电压（v_I）有关，v_I 大于某一电平，三极管开关合上；v_I 小于某一电平，三极管开关打开。三极管作为开关，与二极管开关类似，也有相应的动态开关特性，即也有开关时间等动态参数，如图 2-5 所示。

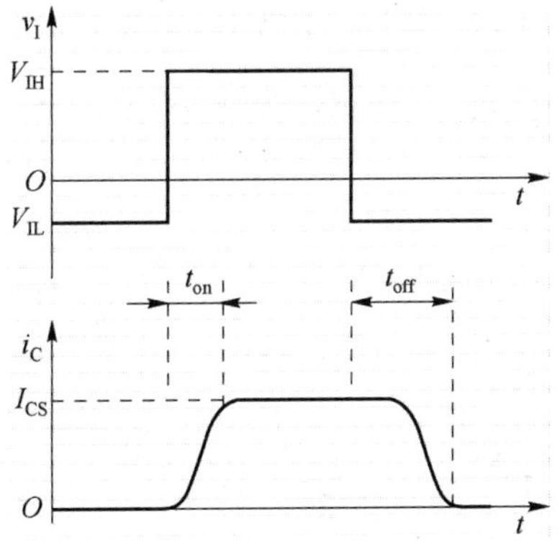

图 2-5 三极管开关特性

由图 2-5 可见，当 v_I 从低电平 V_{IL}（三极管截止）跳变为高电平 V_{IH}，三极管并不马上饱和导通，而是需要经过一段开通时间 t_{on}（I_C 从 0 上升到 $0.9I_{CS}$），三极管才能真正饱和导通，三极管开关才算合上。产生这一段时间的原因有两个。一是 $v_I = V_{IL}$ 时发射极反偏，空间电荷区较宽，有较多的空间电荷，当 v_I 跳变为 V_{IH}，便形成正向基极电流流入基区，抵消势垒区中的电荷，空间电荷区变窄，发射极逐渐正偏，发射到基区并扩散到集电极的载流子被集电极收集，形成集电极电流。将 v_I 跳变为 V_{IH}，i_C 由 0 上升到 $0.1I_{CS}$ 这段时间称为延迟时间 t_d。二是注入基区载流子有一电荷积累过程，才能形成 $I_C = 0.9I_{CS}$ 所需载流子浓度分布，将 i_C 由 $0.1I_{CS}$ 上升到 $0.9I_{CS}$ 这段时间称为上升时间 t_r。所以开通时间 t_{on} 是这两个时间之和。

同理，当 v_I 从高电平 V_{IH}（三极管饱和）跳变为低电平 V_{IL}，三极管也并不马上截止，而是需要经过一段关断时间 t_{off}（i_C 从 I_{CS} 下降到 $0.1I_{CS}$），三极管才能真正截止，三极管开关才算关断。造成这一段时间的原因也有两个。一是 $v_I = V_{IH}$ 时集电极正偏，基区，集电区

具有 $i_C=I_{CS}$所需的载流子浓度分布，饱和越深由浓度分布形成的存储电荷越多。v_I 跳变为低电平 V_{IL}，这些存储电荷首先需要释放，将这存储电荷释放时间（i_C 从 I_{CS}下降到 $0.9I_{CS}$）称为存储时间 t_s。二是基区中对应于 $i_C=0.9I_{CS}$的存储电荷也需要释放，将这些存储电荷释放时间（i_C 从 $0.9I_{CS}$下降到 $0.1I_{CS}$）称为下降时间 t_f。显而易见，关断时间 t_{off} 是这两个电荷释放时间之和。

为加快三极管开关的工作速度，减小开关时间，一是选用开关频率高的器件，二是电路设计时采用加速电路，选择恰当的截止和饱和深度。

2.1.3 MOS 管的开关特性

金属氧化物绝缘栅增强型场效应（MOS）管有 N 沟道和 P 沟道之分，其电路符号和特性曲线如图 2-6 和 2-7 所示。不同于 BJT，MOS 管有极高的输入电阻，栅极不取电流，是一种电压控制开关器件。在图 2-8 所示的 NMOS 开关电路中，当输入电压 v_I 小于 NMOS 管开启电压 V_T 时，由 NMOS 管的转移特性可知，VT_N 管截止，$i_D=0$，$v_O=V_{DD}$。当输入电压 v_I 大于 NMOS 管开启电压 V_T 时，VT_N 管导通，且应工作在可变电阻区，由 NMOS 管的输出特性可知，此时 VT_N 管具有沟道电阻（又称导通电阻）R_{ON}，$v_O=\frac{R_{ON}}{R_{ON}+R_D}\times V_{DD}$。显然导通电阻越小，输出电压越小，而沟道电阻与 V_{GS}有关，即与输入 v_I 有关，v_I 越大 R_{ON}越小。

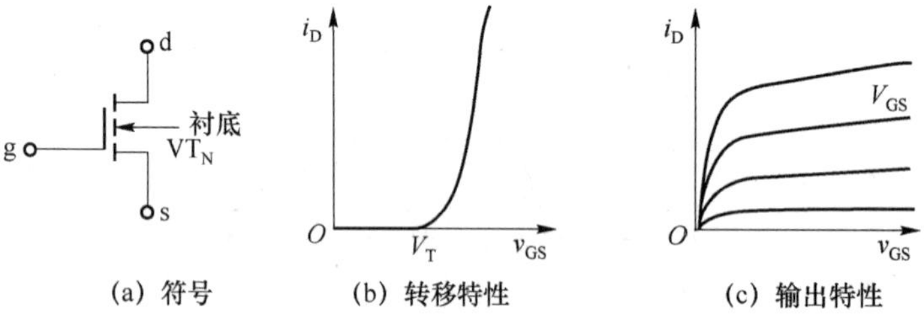

图 2-6 N 沟道增强型 MOS 管

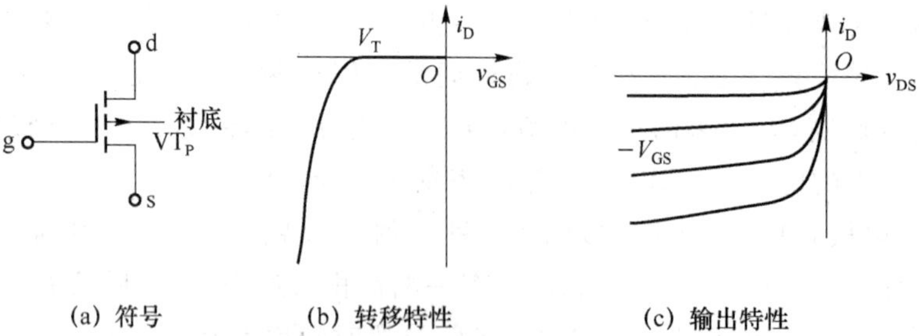

图 2-7 P 沟道增强型 MOS 管

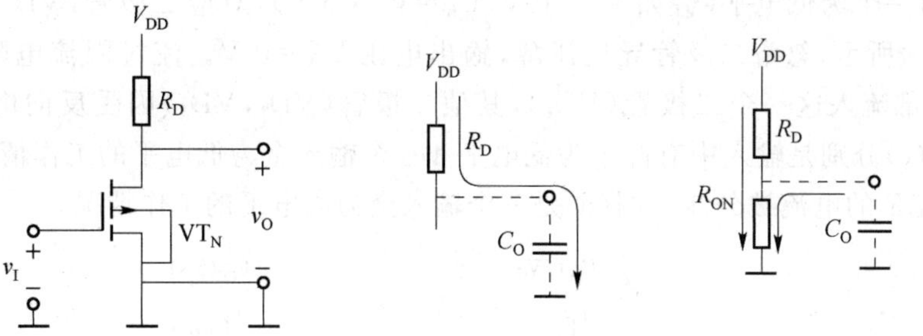

(a) MOS管开关　　(b) $v_I<V_T$等效电路　　(c) $v_I<V_T$等效电路

图 2-8　MOS 管开关工作状态

为使 MOS 管导通时输出电压小，一般 R_D 远远大于 R_{ON}，因此 MOS 管开关特性主要表现为分布电容 C_O（或负载电容）的充放电特性，如图 2-9 所示。MOS 管开关时间则主要取决于充电时间常数 R_DC_O。为减小开关时间，用 P 沟道 MOS 管来替代 R_D，就构成所谓的 CMOS 开关。

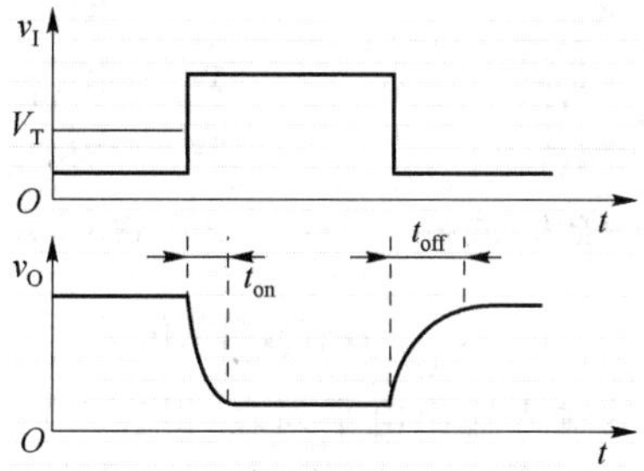

图 2-9　MOS 管开关特性

2.2　分立元件门电路

2.2.1　二极管与门电路

采用二极管开关组成的与门电路如图 2-10(a)所示。图中三个二极管 VD_1、VD_2、VD_3 的阳极连接在一起，称为二极管共阳极，这些二极管的阳极经同一个限流电阻 R 接电源 V_{CC}，并作为门电路的输出端 L，输出电压 V_O。三个输入 A、B、C 分别接二极管阴极，输入电压分别为 V_A、V_B、V_C。在二极管共阳极结构中，二极管阴极电位最低的二极管优先导通，即 V_A、V_B、V_C 中哪个电压最小哪个二极管导通。

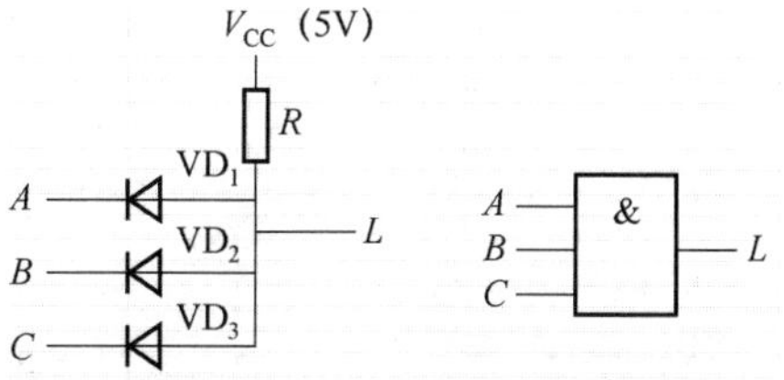

(a) 电路组成　　(b) 与门逻辑符号

图 2-10　二极管构成的与门

设输入电压（V_A、V_B、V_C）高电平为 5 V，低电平为 0 V，电源电压（V_{CC}）为 5 V。

当输入中有一个为低电平(譬如 $V_A=0$ V,$V_B=V_C=5$ V),对应二极管(VD_1)优先导通,如图 2-11(a)所示,忽略二极管导通压降,输出电压 $V_O=0$ V。流过限流电阻 R 的电流(V_{CC}/R)全部流入这一个二极管(VD_1),其他二极管(VD_2,VD_3)因受反向电压而截止。图(b)和图(c)分别是输入中有两个为低电平和三个输入全为低电平的工作情况。此时流过限流电阻 R 的电流被分流。图(d)是三个输入全为高电平的工作情况。

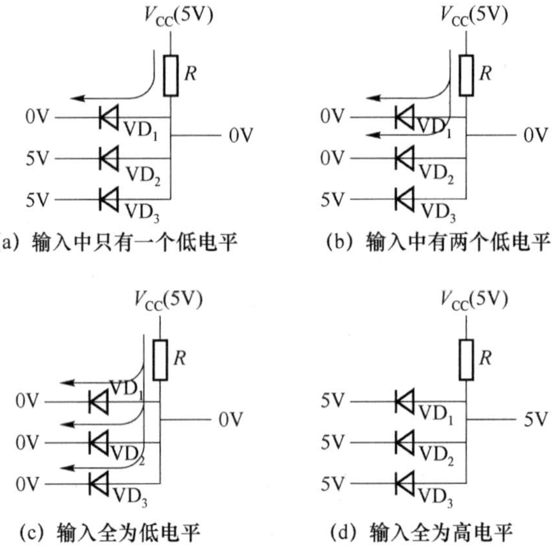

图 2-11 二极管与门工作原理

将以上各种工作情况下的输入输出电平列表,得表 2-1。若将表 2-1 中电平用逻辑值表示,所得到的表称为真值表。在正逻辑体制下,0 表示低电平,1 表示高电平,得图 2-10(a)所示电路正逻辑体制下的真值表,如表 2-2。由表 2-2 可知,输入中有 0(低电平)输出就为 0(低电平),只有输入全部是 1(高电平)输出才是 1(高电平),即具有“见 0 为 0,全 1 为 1”的与逻辑特点。显然,这是一个(三输入)与门电路,图 2-10(b)给出了(三输入)与门的逻辑符号。

表 2-1 二极管与门输入输出电平列表 单位:V

V_A	V_B	V_C	V_O
0	0	0	0
0	0	5	0
0	5	0	0
0	5	5	0
5	0	0	0
5	0	5	0
5	5	0	0
5	5	5	5

表 2-2 与真值表

A	B	C	L
0	0	0	0
0	0	1	0
0	1	0	0
0	1	1	0
1	0	0	0
1	0	1	0
1	1	0	0
1	1	1	1

如果将表 2-1 的电平用负逻辑表示,0 代表高电平,1 代表低电平,可得结果如表 2-3

所示。表 2-3 是或逻辑真值表,也就是说同一个门电路,在正逻辑体制下是与门,在负逻辑体制下则是(负)或门,这一结果也印证了摩根定律。

表 2-3 或真值表

A	B	C	L
0	0	0	0
0	0	1	1
0	1	0	1
0	1	1	1
1	0	0	1
1	0	1	1
1	1	0	1
1	1	1	1

2.2.2 二极管或门电路

采用二极管开关组成的或门电路如图 2-12(a)所示,(b)图为或门逻辑符号。图中三个二极管 VD_1、VD_2、VD_3 的阴极连接在一起,称为二极管共阴极,这些二极管的阴极经同一个限流电阻 R 接地,公共阴极作为门电路的输出端 L,输出电压 V_O。三个输入 A、B、C 分别接二极管阳极,输入电压分别为 V_A、V_B、V_C。在二极管共阴极结构中,二极管阳极电位最高的二极管优先导通,即 V_A、V_B、V_C 中哪个电压最高哪个二极管导通。

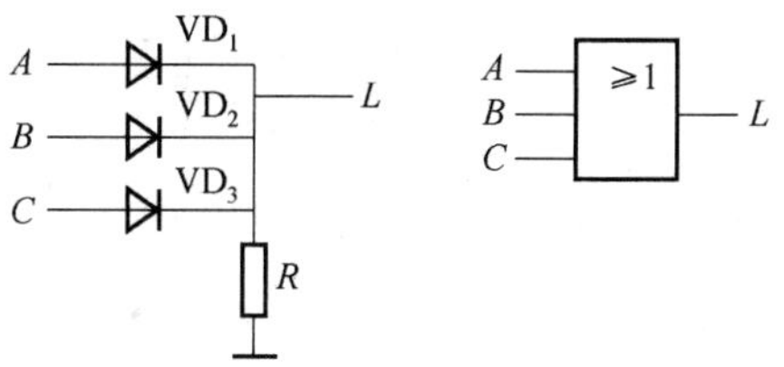

(a) 电路组成　　(b) 或门逻辑符号

图 2-12 二极管构成的或门

当 A、B、C 中有一个高电平(譬如,$V_A=5$ V,$V_B=V_C=0$ V),高电平对应的二极管(VD_1)导通,低电平对应的二极管(VD_2、VD_3)截止,忽略二极管导通压降,输出高电平($V_O=5$ V)。当 A、B、C 中有两个高电平(譬如,$V_A=V_B=5$ V,$V_C=0$ V),高电平对应的二极管(VD_1,VD_2)导通,低电平对应的二极管(VD_3)截止,忽略二极管导通压降,输出高电平($V_O=5$ V)。当 A、B、C 全为高电平($V_A=V_B=V_C=5$ V),所有的二极管(VD_1,VD_2,VD_3)均导通,输出高电平($V_O=5$ V)。以上输入中至少有一个是高电平,输出是高电平。

当 A、B、C 全为低电平($V_A=V_B=V_C=0$ V),则所有的二极管(VD_1、VD_2、VD_3)均截止,输出低电平($V_O=0$ V)。将各种输入输出电平情况列表,得表 2-4 所示的电平表。用正逻辑体制表示逻辑电平，表 2-4 转化为表 2-3 所示的真值表，即图 2-12(a)所示电路是一个正或门电路。若采用负逻辑体制，表 2-4 转化为表 2-2 所示的真值表，即图 2-12(a)所示电路是一个负与门电路。

表 2-4 单位：V

V_A	V_B	V_C	V_O
0	0	0	0
0	0	5	5
0	5	0	5
0	5	5	5
5	0	0	5
5	0	5	5
5	5	0	5
5	5	5	5

2.2.3 三极管反相器(非门)

由三极管构成的反相器(非门)如图 2-13 所示。

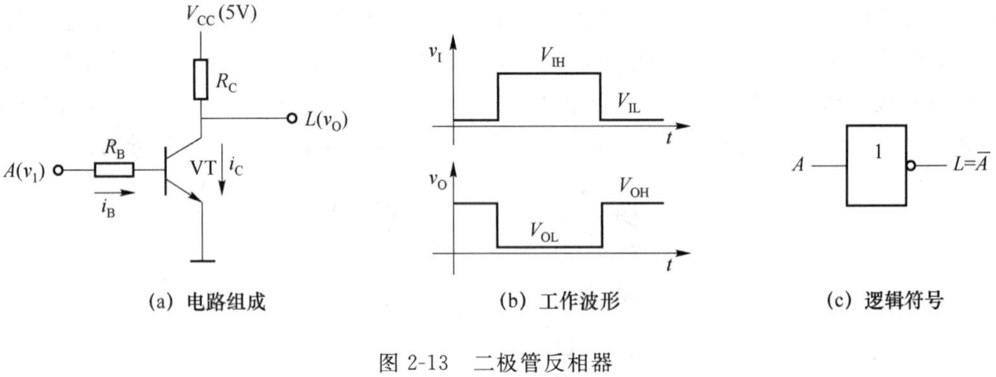

(a) 电路组成 (b) 工作波形 (c) 逻辑符号

图 2-13 二极管反相器

当输入电压为高电平 $v_I=V_{IH}$ 时，三极管 VT 饱和导通，输出为低电平 $v_O=V_{OL}=V_{CES}$。对小功率管来说，三极管饱和压降 $V_{CES}\approx 0.3$ V。而当输入电压为低电平 $v_I=V_{IL}$ 时，三极管 T 截止，输出为高电平 $v_O=V_{OH}=V_{CC}=5$ V。忽略三极管开关时间，输入输出电压具有反相关系，如图 2-13(b)所示。图(c)所示逻辑符号中输出端的小圈就是表示反相关系。低电平用逻辑值“0”表示，高电平用逻辑值“1”表示，以上分析结果可用真值表(表 2-5)表示。

表 2-5 非门真值表

A	L
0	1
1	0

在图 2-14 中，给出了 v_I 变化时 v_O 发生相应变化的关系曲线，称之为电压传输特性。输入不同电压，三极管工作在三种不同工作状态。图中 V_1,V_2 是这三种工作状态的分界线。输入电压小于 V_1，三极管工作在截止状态，此时输入电压称为输入低电平，记为 V_{IL}。输入电压大于 V_2，三极管工作在饱和状态，此时输入电压称为输入高电平，记为 V_{IH}。为

使三极管工作在开关状态，必须满足以下关系：

$$V_{IL} \leqslant V_1$$
$$V_{IH} \geqslant V_2$$

否则，输出电平的逻辑值会变得含混不清。

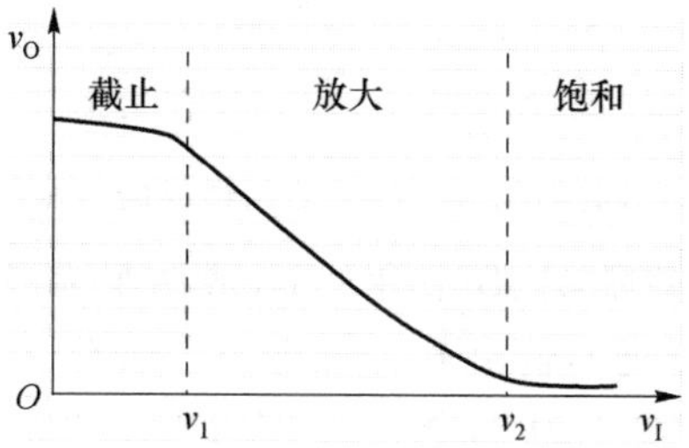

图 2-14　三极管反相器的电压传输特性

反相器在不同负载条件下有不同的带负载能力。如图 2-15 所示，三极管工作在截止状态时，电流流出(非)门电路称为拉电流，对应负载称为拉电流负载。决定图示电路带拉电流负载能力(即输出高电平电流 I_{OH})的主要因素是输出电阻和高电平值。随拉电流增大，R_C 上电压增大，输出(高电平)电压下降。

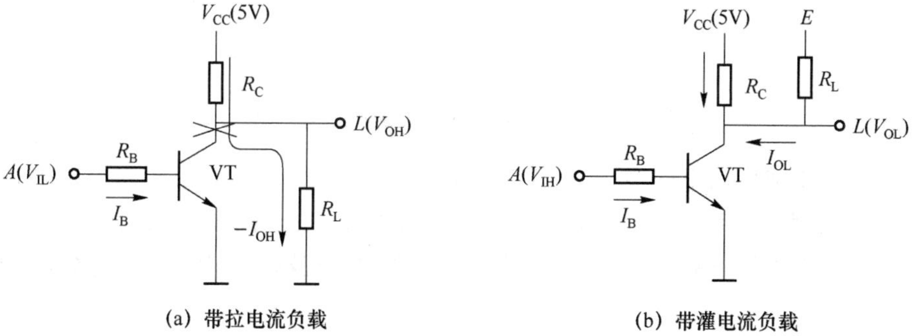

图 2-15　三极管反相器带负载能力

三极管工作在饱和状态时，电流流入(非)门电路称为灌电流，对应负载称为灌电流负载。决定图示电路带灌电流负载能力(即输出低电平电流 I_{OL})的主要因素是三极管基极电流和低电平值。随灌电流增大，三极管饱和程度减小，甚至脱离饱和，进入放大状态，从而使管压降增大，输出(低电平)电压上升。

2.2.4 复合门电路

用二极管与门，或门及三极管非门可以组成分立元件复合门。图 2-16 给出了二极管与门和三极管非门组成的与非门电路及符号。图中，VD_4 是用于抵消 VD_1(或 VD_2 或 VD_3)导通电压的电平搬移二极管。A、B、C 中有一个或一个以上为低电平，(经与门)L' 为低电平，经非门反相，输出 L 为高电平。A,B,C 全为高电平，L'为高电平，输出 L 为低电平。实现“见 0 为 1，全 1 为 0”的与非功能。

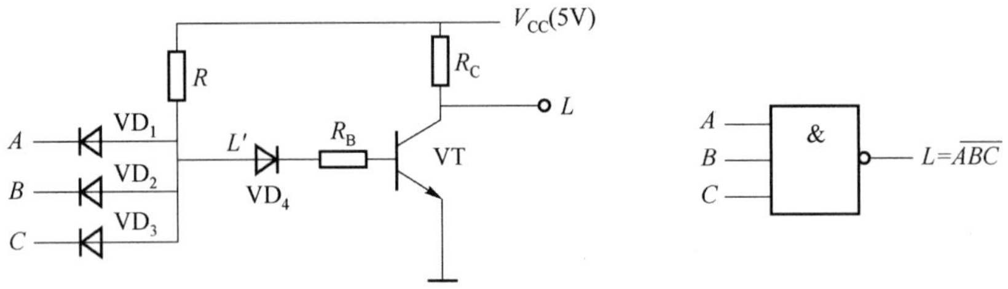

图 2-16　二极管与门和三极管非门组成的与非门及其符号

图 2-17 中，两个三极管并联，A、B 中有一个，或两个为高电平，则至少有一个三极管导通（以后讲导通都指饱和导通），输出 L 为低电平。只有 A、B 全为低电平，三极管都截止，输出 L 为高电平。实现“见 1 为 0，全 0 为 1”的或非功能。当然也可以采用二极管或门和三极管非门串接组成或非门。

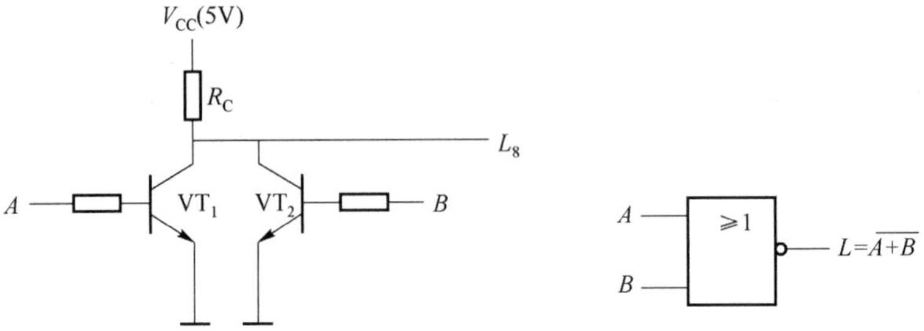

图 2-17　三极管组成的或非门及其符号

分立元件组成的门电路中，一般具有以下的特点：在二极管组成的门电路中，二极管共阳极实现与逻辑关系，二极管共阴极实现或逻辑关系。在三极管组成的门电路中，三极管并联实现或逻辑关系，三极管串联实现与逻辑关系，但输出逻辑电平由于负载的关系要取非。

2.3　TTL 逻辑门电路

三极管-三极管逻辑（TTL）电路是用 BJT 工艺制造的数字集成电路，目前国内产品型号为 CT74 和 54 系列，对应以前产品型号 CT1000 系列。本节以 TTL 与非门为例，介绍 TTL 电路的一般组成、原理、特性和参数。

2.3.1　TTL 与非门内部结构和工作原理

TTL 与非门内部基本结构如图 2-18(a)所示，多发射极管 VT_1 为输入级，VT_2 为中间级，VT_3 和 VT_4 组成输出级。NPN 型多发射极管 VT_1 的基极类似于图 2-16 中多个二极管（发射结）的共阳极，当 A、B、C 中有一个或一个以上为低电平，对应发射结正偏导通，V_{CC} 经 R_1 为 VT_1 提供基极电流。设输入低电平 $V_{IL}=0.3$ V，输入高电平 $V_{IH}=3.6$ V，$V_{BE}=0.7$ V，则 VT_1 基极电位 $V_{B1}=1$ V，VT_2 因没有基极电流而截止，因此 VT_3 也截止。因为 VT_2 截止，V_{CC} 经 R_2 为 VT_4 提供基极电流，VT_4 导通输出高电平 V_{OH}（$=V_{CC}-$

$I_{B4}R_2-V_{BE4}-V_D$)，由于 I_{B2} 很小，忽略该电流在 R_2 上直流压降，则 $V_{OH}=5\ V-0.7\ V-0.7\ V\approx3.6\ V$。当 A、B、C 全为高电平或全部悬空，V_{CC} 经 R_1 经 VT_1 集电结(类似于图 2-16中 VD_4)为 VT_2 提供基极电流，VT_2 导通。此时，VT_1 基极电位 V_{B1}(为 VT_1 集电结、VT_2 发射结、VT_3 发射结三个 PN 结正向压降之和)=2.1 V。VT_2 导通一方面为 VT_3 提供基极电流，使 VT_3 也导通，另一方面因 VT_2 集电极电位 $V_{C2}(=V_{BE3}+V_{CES2})\approx1\ V$，使 VT_4 截止。VT_3 导通，VT_4 截止输出低电平 $V_{OL}(=V_{CES3})\approx0.3\ V$。由此可见，图 2-18 所示电路实现了"见 0 为 1，全 1 出 0"的与非逻辑功能，是 TTL 与非门。

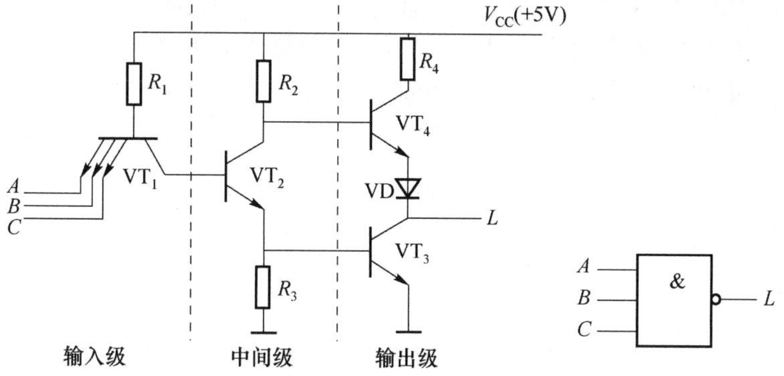

(a) 内部基本结构　　(b) 逻辑符号

图 2-18　TTL 集成与非门

输入级多发射极管 VT_1 不仅起到图 2-16 中 $VD_1\sim VD_4$ 的作用，而且具有加快门电路开关速度的作用。在输入由低电平变为高电平(三输入接一起，或多余端悬空)时，VT_2 要由截止变为导通。输入变为高电平后，VT_1 相当于一倒置应用的三极管(发射结反偏，集电结正偏，输入高电平相当于电源)，为 VT_2 从截止变为导通提供较大的正向基极电流，加快 VT_2 状态转换速度。在输入由高电平变为低电平时，VT_2 要由导通变为截止。输入变为低电平后，由于 VT_2、VT_3 存储的电荷尚未泄放，$V_{C1}=1.4\ V$(相当于电源)，而 $V_{B1}=1\ V$，$V_{E1}=0.3\ V$(VT_1 发射结正偏，集电结反偏，处于放大状态)，VT_1 将从 VT_2 抽取较大的反向基极电流，加快存储电荷的泄放，加快 VT_2 状态转换速度。

VT_3、VT_4 组成的推挽式输出级不仅具有提高开关速度的作用，而且具有提高带负载能力的作用。由于 VT_3、VT_4 工作状态相反，VT_3 截止、VT_4 导通，输出高电平，因为 VT_3 截止，所以 VT_4 导通所流过的电流全部流向负载，而不会被 VT_3 分流，即带负载的能力提高了。同时此较大的电流，又可以减小输出电压上升时间；VT_4 截止、VT_3 导通，输出低电平，VT_3 导通能为负载电容提供较大的放电电流，减小了输出电压的下降时间。

由于采用以上措施，TTL 门电路有较高的工作速度，输出电压有较陡直的变化边沿。

2.3.2　TTL 反相器的特性和主要参数

1. 电压传输特性

(1) 电压传输特性

将 TTL 与非门连接成反相器形式，如图 2-19(a)，输入 v_I 和输出 v_O 之间具有图 2-19(b)

所示的电压传输特性。曲线可分解成四部分：

AB 段——截止区。输入小于标准低电平(V_{SL})，约为 0 V$<v_i<$0.6 V，VT_1 饱和导通，VT_2、VT_3 截止，对应的输出为高电平($V_{OH}=3.6$ V)。

BC 段——线性区。随着输入电压的增加(0.6 V$\leqslant v_i<$1.3 V，i_{B1} 将有一部分流向 VT_2，进入线性区，从而使 VT_2、VT_4 处于放大状态，输出电压随输入电压作线性变化，此时 VT_3 管仍然截止。

CD 段——转折区。随着输入电压的进一步增加(1.3 V$\leqslant v_i<$1.4 V)，将使 VT_3 管进入放大状态，此时 VT_2、VT_3、VT_4、VD 管均导通。输入电压的任何微小变化，都将引起输出电压急剧变化。转折区相当于 VT_3 管从开始进入放大至饱和导通为止的区域。

DE 段——饱和区。此时 VT_3 管进入饱和区，输入电压 $v_i\geqslant$1.4 V，输出低电平。

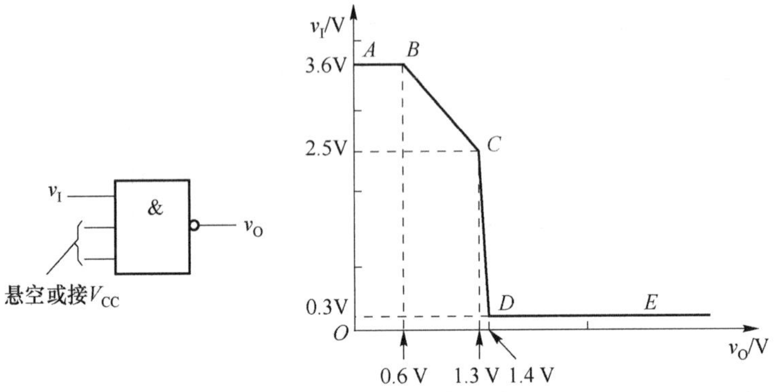

(a) 与非门连接成反相器 (b) 电压传输特性

图 2-19 TTL 与非门的电压传输特性

(2) 由电压传输特性定义的参数

由 TTL 与非门的电压传输特性曲线可知，在不同输入电压条件下，有不同的输出电压。在数字系统中就存在一个问题，几伏电压可认为是高电平，作为逻辑值 1；几伏电压可认为是低电平，作为逻辑值 0。因此，数字系统通常规定一个标准高电平和一个标准低电平予以认定。

标准高电平 V_{SH} 定义为数字系统高电平的下限值(V_{OHmin})，凡是大于标准高电平 V_{SH} 的电平都是高电平，用逻辑值 1 表示，74 系列 TTL 电路的标准参数规定 $V_{SH}=2.4$ V。

标准低电平 V_{SL} 定义为数字系统低电平的上限值(V_{OLmax})，凡是小于标准低电平 V_{SL} 的电平都是低电平，用逻辑值 0 表示，74 系列 TTL 电路的标准参数规定 $V_{SL}=0.4$ V。

开门电平 V_{ON} 定义为输入高电平的下限值(V_{IHmin})，只要门电路的输入电压大于开门电平，门电路的输出电压小于标准低电平 V_{SL}，输出就是低电平“0”；若输入电压小于开门电平，则门电路的输出电压大于标准低电平 V_{SL}，输出就不是低电平“0”。74 系列 TTL 电路的标准参数规定 $V_{ON}=2.0$ V。

关门电平 V_{OFF} 定义为输入低电平的上限值(V_{ILmax})，只要门电路的输入电压小于关门电平，门电路的输出电压大于标准高电平 V_{SH}，输出就是高电平“1”；若输入电压大于关门电平，则门电路的输出电压小于标准高电平 V_{SH}，输出就不是高电平“1”。74 系列 TTL

电路的标准参数规定 $V_{OFF}=0.8\ V$。

输入电压大于关门电平 V_{OFF} 小于开门电平 V_{ON} 时输出即不是高电平“1”，也不是低电平“0”，因此输入电压不能落在此范围内，否则系统会无法判断逻辑值，发生逻辑错误。当门电路输入低电平而且是标准低电平 V_{SL}，此时能在输入低电平上迭加的最大正向干扰电压幅度称为低电平抗干扰能力（低电平噪声容限）V_{NL}，由图 2-20 可知：

$$V_{NL}=V_{OFF}-V_{SL}=0.8\ V-0.4\ V=0.4\ V$$

当门电路输入高电平而且是标准高电平 V_{SH}，此时能在输入高电平上迭加的最大反向干扰电压幅度称为高电平抗干扰能力（高电平噪声容限）V_{NH}，由图 2-20 可知：

$$V_{NH}=V_{SH}-V_{ON}=2.4\ V-2.0\ V=0.4\ V$$

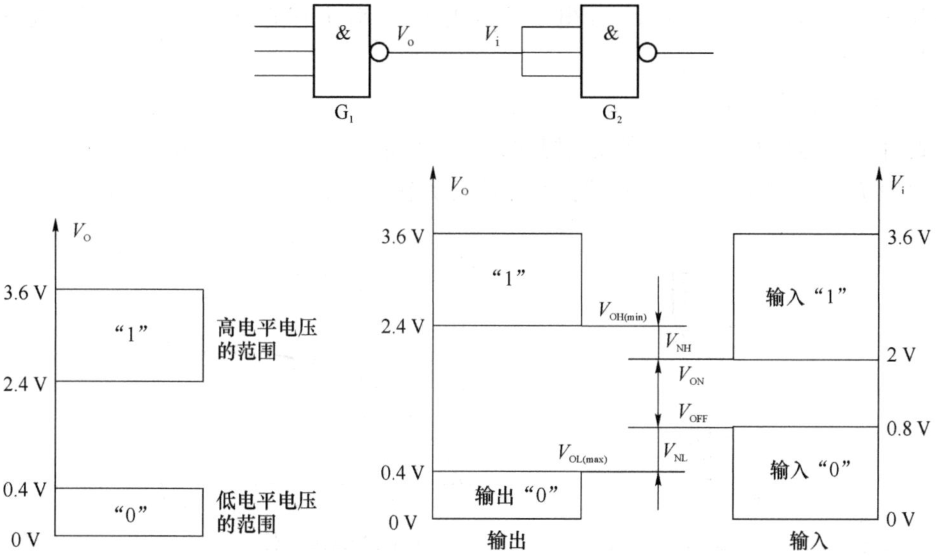

图 2-20　门电路的抗干扰能力

由此可见，TTL 电路对正反向干扰都有 0.4 V 左右的抗干扰能力。显然，V_{OFF}，V_{ON} 越接近，抗干扰能力越强。实际测试 74LS 系列门电路的 V_{ON} 和 V_{OFF} 非常接近，理想情况下，认为门电路阈值电压（门槛电压）$V_{th}=V_{ON}=V_{OFF}=1.4\ V$。

输出高电平 V_{OH} 是电压传输特性曲线 AB 段对应的电压，实测输出高电平 $V_{OH}=3.6\ V$。

输出低电平 V_{OL} 是电压传输特性曲线 DE 段对应的电压，实测输出低电平 $V_{OL}=0.2\ V$。

2. 输入特性

(1) 输入特性

TTL 门电路的输入特性是指输入电压 v_I 输入电流 i_I 的关系曲线，也称输入伏安特性。典型的输入特性如图 2-21 所示，图中输入电流 i_I 正方向为流入门电路。

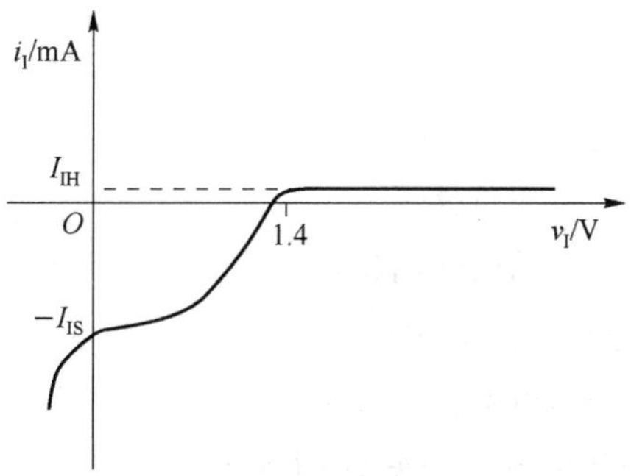

图 2-21　TTL 门电路输入特性

低电平输入电流 I_{IL} 是输入端接低电平时通过 TTL 与非门内部电阻 R_1 流向外部接低电平端处的电流，输入短路电流 I_{IS} 是输入端接低电平(0 V)时通过 TTL 与非门内部电阻 R_1 流向接地处的电流，由图 2-18 可知，低电平输入电流 I_{IL} 和输入短路电流 I_{IS} 近似相等：

$$I_{IL}=(V_{CC}-V_{BE1}-V_{IL})/R_1=(5-0.7-03)/2.8=1.4\text{ mA}$$

$$I_{IS}=(V_{CC}-V_{BE1})/R_1=(5-0.7)/2.8=1.5\text{ mA}$$

输入短路电流 I_{IS} 对于它的前级门(输出为低电平时)形成灌电流负载。

高电平输入电流 I_{IH} 是输入端接高电平时流入门电路的输入电流，此时 VT_1 管是倒置应用的三极管，但倒置应用时的电流放大系数 β 很小(约 0.01 倍左右)，所以高电平输入电流 I_{IH} 很小，约 20～40 μA。高电平输入电流 I_{IH} 对于它的前级门(输出为高电平时)形成拉电流负载。

(2) 输入负载特性

此外，门电路输入端经常有经电阻接地的应用情况，如图 2-22(a)所示，输入端负载电阻 R_I 与输入电压 v_I 之间的关系曲线称为输入负载特性，如图 2-22(b)所示。

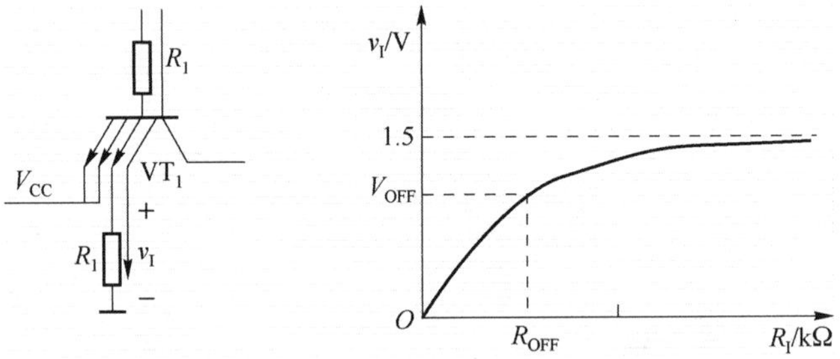

(a) 输入端接电阻　　(b) 输入负载特性

图 2-22　TTL 门电路输入负载特性

由图可见，随电阻 R_I 增大，等效加到门电路输入端的输入电压 v_I 增大，但这个输入电压不会超过 1.5 V。当 $R_I=R_{OFF}(\approx 1\text{ k}\Omega)$ 时，$v_I=V_{OFF}$。若电阻 R_I 小于 R_{OFF}，输入电压小于关门电平，输出高电平。若输入电压等于开门电平 $v_I=V_{ON}$，即电阻 R_I 大于 $R_{ON}(\approx 3\text{ k}\Omega)$，输出低电平。若 $R_{OFF}(1\text{ k}\Omega)\leqslant R_I\leqslant R_{ON}(3\text{ k}\Omega)$，门电路输出电压将处于标准高电平 V_{SH} 和标准低电平 V_{SL} 之间。

3. 输出特性

门电路的输出特性反映了门电路输出电压 v_O 和输出电流 i_O 的关系，图 2-23(a)和(b)分别给出了 TTL 门电路输出低电平和输出高电平时的输出特性，输出电流 i_O 正方向为流入门电路。

由图 2-23 可知，门电路输出低电平时，灌电流不能大于低电平最大输出电流 I_{OLmax}；门电路输出高电平时，拉电流不能大于高电平最大输出电流 I_{OHmax}。集成门电路的带负载能力通常用扇出系数 N_O 表示。

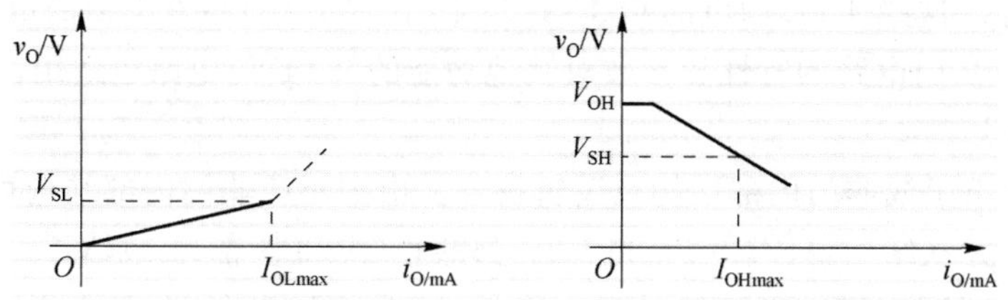

(a) 低电平输出特性　　(b) 高电平输出特性

图 2-23　TTL 门电路输出特性

扇出系数 N_O 是指门电路能带同类负载门的个数，TTL 门扇出系数 N_O 的大小主要取决于 TTL 门内部输出级开关管 VT_3 饱和时所允许的最大输出电流 I_{OLmax}（取集电极临界饱和电流 I_{CS}或集电极最大允许电流 I_{CM}中小的一个电流，典型值 15 mA）与单个负载门的 I_{IS}的比值，即：

$$N_O = I_{CS}/I_{IS} = 15\ \text{mA}/1.5\ \text{mA} = 10$$

4. 动态特性

平均传输延迟时间 t_{pd}是用来描述门电路开关速度的动态参数，门电路在动态脉冲信号作用下，输出脉冲相对于输入脉冲延迟了多长时间，如图 2-24 所示。图中 t_{PHL}表示输出电压由高变低，输出脉冲的延迟时间；t_{PLH}表示输出电压由低变高，输出脉冲的延迟时间。这两个延迟时间的平均值称为平均传输延迟时间 t_{pd}（$=(t_{PHL}+t_{PHL})/2$），TTL 门电路的平均传输延迟时间 t_{pd}一般在 20 ns 左右，即门电路的最高工作频率 f_{max}在 20～30 MHz。

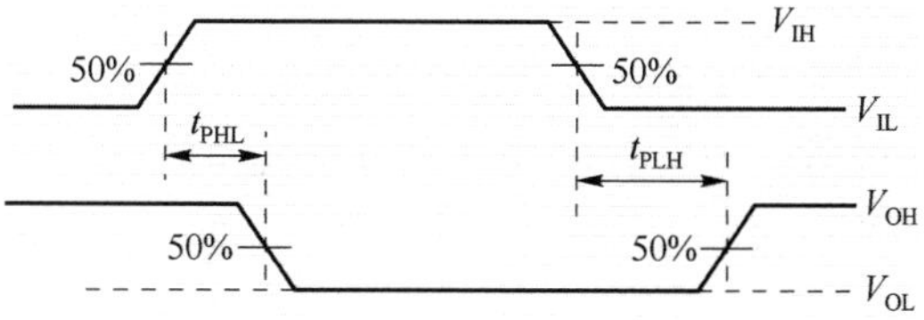

图 2-24　TTL 反相器传输延迟时间

5. 其他参数

除了以上输入特性，输出特性和传输特性决定的参数外，门电路还有表示其功率消耗的参数，如空载导通功耗 P_{ON}，空载截止功耗 P_{OFF}和延迟功耗积。

空载导通功耗 P_{ON}是指门电路输入端悬空，与非门处于导通状态，电源电压和电源电流的乘积。空载截止功耗 P_{OFF}是指门电路输入低电平，输出端开路时电源消耗的静态功率。

一般空载导通功耗 P_{ON}（典型值 50 mW）大于空载截止功耗 P_{OFF}（典型值 25 mW）。门电路的空载功耗显然越小越好，但功耗（包括动态功耗和静态功耗）与门电路开关速度有关，可用延迟功耗积（$DP=t_{pd}P_D$）综合描述两者性能。

2.3.3　其他功能和类型的 TTL 路门电路

1. 其他功能的 TTL 门电路

TTL 门电路除了与非门（反相器）之外，还有其他逻辑功能的门电路，如或非门、异或门、与或非门等。这些 TTL 门电路和 TTL 与非门(图 2-18)有着类似的电路结构,因此,前面介绍的 TTL 门电路的特性和参数对其他功能的 TTL 门电路也适用。

(1) 或非门

图 2-25 给出了或非门内部结构及逻辑符号。由图示或非门内部结构可以知道,中间级 VT_2 采用了并联结构,只有 VT_{2A} 和 VT_{2B} 都截止(A 和 B 都为 0),VT_3 才截止,输出高电平,即 $L=1$。只要 VT_{2A} 和 VT_{2B} 中有一个导通(A 和 B 中有 1),VT_3 就导通,输出低电平 $L=0$。可见,中间级并联使图示门电路具有或非逻辑功能,$L=\overline{A+B}$。

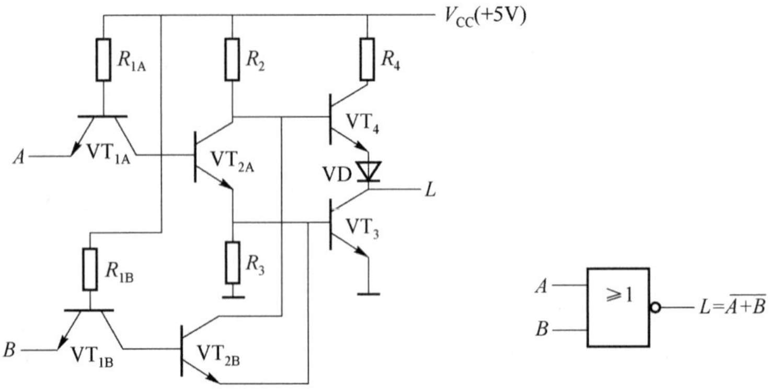

(a) 或非门内部结构 (b) 或非门逻辑符号

图 2-25 TTL 或非门

(2) 与或非门

与图 2-25 相似,图 2-26 所示的与或非门中间级也采取 VT_{2A} 和 VT_{2B} 并联方式,所不同的是输入级为多发射极管。多发射极管具有与逻辑功能,仅 A、B 都为 1 或 C、D 都为 1,VT_{2A} 或 VT_{2B} 导通时,VT_3 才截止,输出为 1。即 $L=\overline{AB+CD}$。

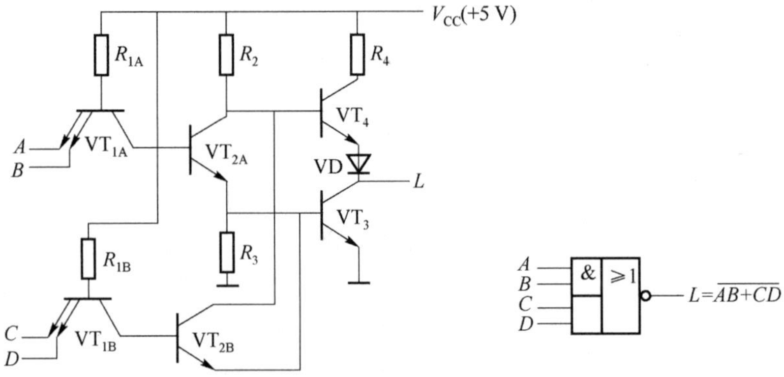

(a) 与或非门内部结构 (b) 与或非门逻辑符号

图 2-26 TTL 与或非门

2. TTL 集电极开路门

(1) 关于"线与"的概念

"线与"是指将两个以上门电路的输出端直接并联连接。在总线传输等实际应用中需要多个门的输出端并联连接使用,而一般 TTL 集成门输出端并不能直接并接使用,否则这些门的输出管之间由于低阻抗形成很大的短路电流,而烧坏器件。由图 2-27 可知,门电路 1 输出低电平时门电路 1 的 VT_3 导通,门电路 2 输出高电平时门电路 2 的 VT_4 导通,电源 V_{CC}和地之间有一低阻抗电流通路,V_{CC}→(G2)R_4,VT_4→线与→(G1)VT_3→地。由于 G2 输出电阻仅 100 Ω 左右,从而会产生很大的回路电流。要能够实现"线与"工作,不能采用这种推挽输出,必须采用集电极开路门(OC 门)或三态门(ST 门)。

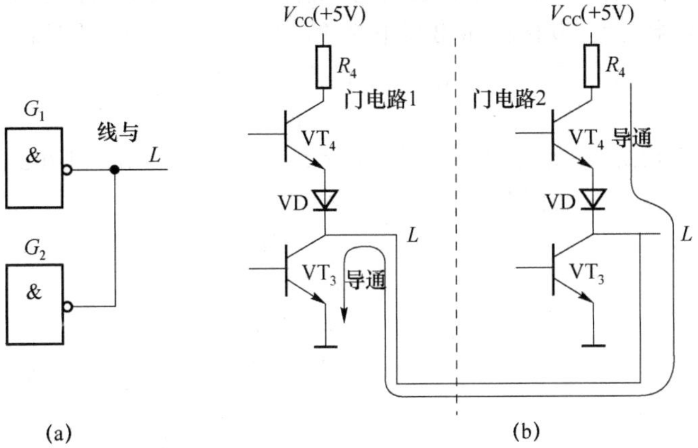

图 2-27 TTL 门"线与"工作

(2) TTL 集电极开路门(OC 门)

TTL 集电极开路与非门如图 2-28 所示,与普通 TTL 与非门相比,OC 门的输出级三极管 VT_3 集电极不是接有源负载 VT_4 而是悬空的。由于 VT_3 管集电极悬空,VT_3 管截止时输出(高电平)电压由其所接外电路决定。

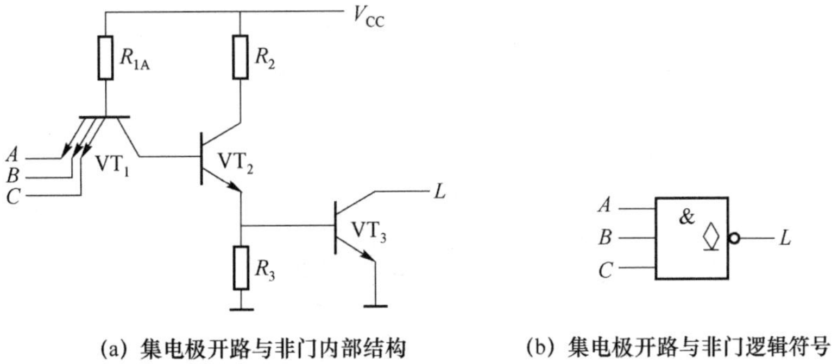

图 2-28 TTL 集电极开路与非门

一般 OC 门的输出通过上拉电阻 R_L 接电源,该电源可以是+5 V 的 TTL 工作电源 V_{CC},也可以是其他电压值的电源 V'_{CC},以实现逻辑电平的转换,如图 2-29 所示。

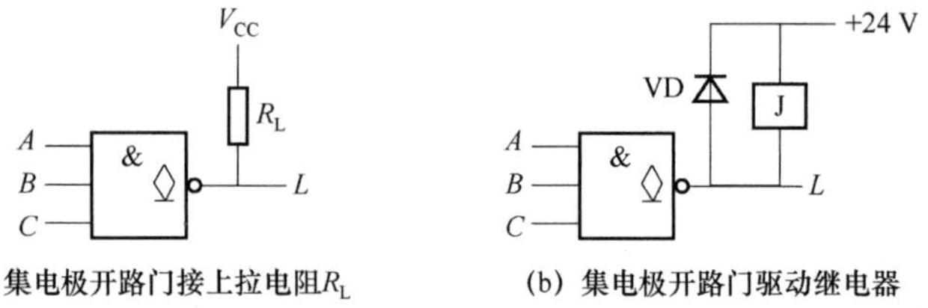

图 2-29　TTL 集电极开路门应用

集电极开路门所接上拉电阻 R_L 其作用之一是限制低电平输出时灌入门电路的电流，保证输出低电平 V_{OL} 小于标准低电平 V_{SL}，因此，所接上拉电阻 R_L 不能太小，有一个电阻下限 R_{Lmin}。同时上拉电阻 R_L 又起高电平输出时为负载提供拉电流的作用，因此，所接上拉电阻 R_L 不能太大，以保证输出高电平 V_{OH} 大于标准高电平 V_{SH}，有一个电阻上限 R_{Lmax}。根据以上两方面的考虑上拉电阻 R_L 的选定应满足下列不等式

$$R_{Lmin} \leqslant R_L \leqslant R_{Lmax}$$

在 OC 门带 TTL 门电路条件下，R_{Lmin} 和 R_{Lmax} 分别由图 2-30 和图 2-31 计算确定。其中，n 个门线与，带 m 个负载门共接入 p 个输入端。

$$R_{Lmin} = \frac{V_{CC} - V_{SL}}{I_{OLmax} - mI_{IS}}$$

$$R_{Lmax} = \frac{V_{CC} - V_{SH}}{nI_{OH} - pI_{IH}}$$

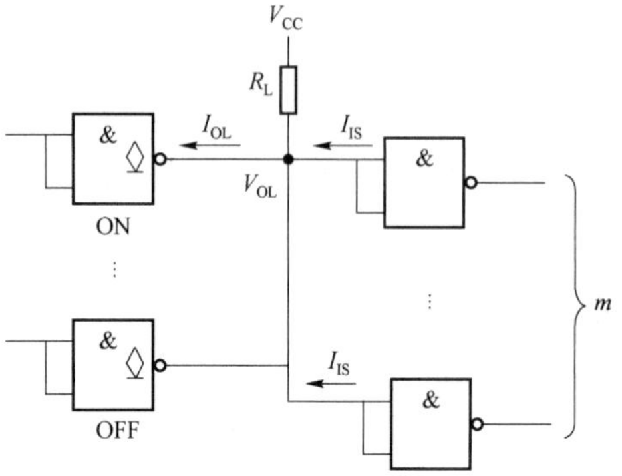

图 2-30　计算 OC 门上拉电阻 R_L 下限 R_{Lmin} 电路

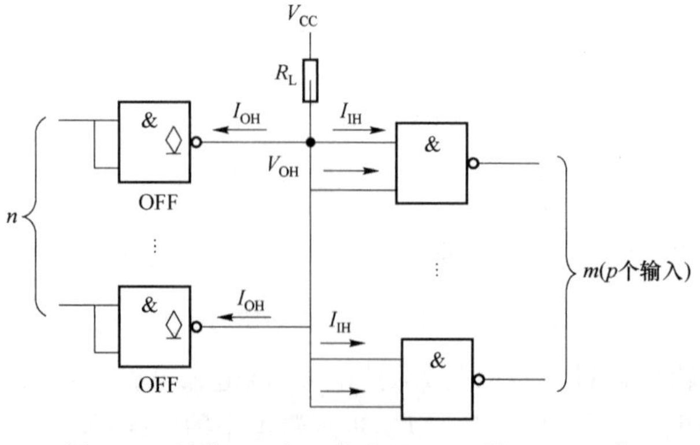

图 2-31　计算 OC 门上拉电阻 R_L 上限 R_{Lmax} 电路

(3) TTL 三态门(TSL 门)

TTL 三态与非门电路和逻辑符号如图 2-32 所示。由图 2-32(a)可知,使能输入端 EN 为高电平时,二极管 VD 截止(开关断开),与其相连的多发射极管的相应发射结反偏截止,此时门电路相当于二输入的与非门;使能输入端 EN 为低电平时,二极管 VD 导通(开关合上),与之相连的 VT_1 相应的发射结正偏,使 V_{B1} 被箝位在低电平,从而 VT_2、VT_5 管均截止,同时 VT_2 集电极电位为低电平,VT_3 和 VT_4 组成的有源负载管也截止,输出端呈现高阻抗(Z 状态)。即使能端 EN 高电平有效,EN=1,$L=\overline{AB}$;EN=0,$L=Z$。图 2-32(b)是高电平有效的三态与非门逻辑符号。

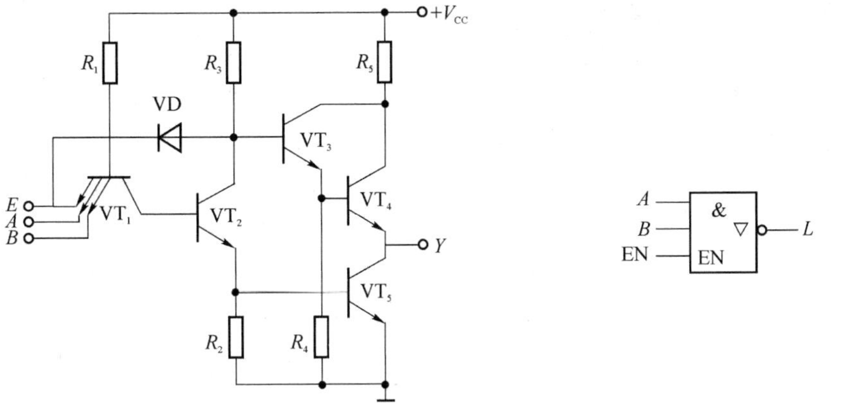

(a) TTL三态与非门电路　　(b) TTL三态与非门逻辑符号

图 2-32　TTL 三态与非门

低电平有效的三态与非门逻辑符号见图 2-33,表 2-6 为该三态与非门电路的真值表。

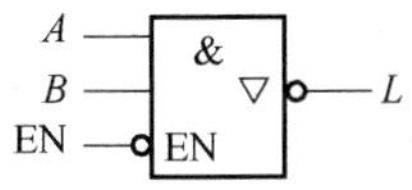

图 2-33　低电平有效三态与非门逻辑符号

表 2-6　三态与非门真值表

EN	A	B	L
0	0	0	1
	0	1	1
	1	0	1
	1	1	0
1	×	×	Z

门电路的三态输出主要应用于多个门输出共享数据总线,为避免多个门输出同时占用数据总线,这些门的使能信号(EN)中只允许有一个为有效电平(如高电平),如图 2-34 所示。当 $EN_0=1$,$EN_1=EN_2=0$ 时,门电路 G_0 接到数据总线,$D=L_0$;当 $EN_1=1$,$EN_0=EN_2=0$ 时,门电路 G_1 接到数据总线,$D=L_1$;当 $EN_2=1$,$EN_0=EN_1=0$ 时,门电路 G_2 接到数据总线,$D=L_2$。

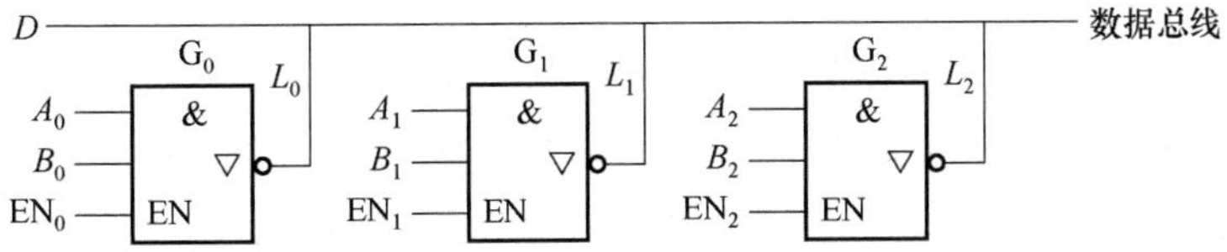

图 2-34　高电平有效三态输出门共用一根总线

(4) TTL门电路的其他改进系列

TTL门电路除基本型集成门电路CT54/74系列外，为提高集成产品性能，对基本型集成门电路进行改进，从而有CT54/74H(CT2000)、CT54/74S(CT3000)、CT54/74LS(CT4000)等系列产品。CT54/74H高速系列主要在工作速度方面进行了改善，平均传输延迟时间约为普通型的二分之一，10 ns左右，但平均功耗增大。CT54/74S肖特基系列在电路中采用肖特基势垒二极管(SBD)和有源泄放回路，工作速度明显提高，延迟功耗积减小。CT54/74LS低功耗肖特基系列在CT54/74S肖特基系列基础上，进一步减小门电路功耗，成为比较理想的TTL门电路。

① CT54/74S肖特基系列

CT54/74S肖特基系列在结构上一是采用肖特基势垒二极管(SBD)，如图2-35所示，构成肖特基三极管或称为抗饱和三极管。

肖特基势垒二极管(SBD)的开启电压比较小，约为0.4 V。当三极管集电结正偏后，SBD首先导通，将bc结正偏电压钳位于0.4 V，对流入三极管基极电流进行分流，减小三极管饱和深度。由于三极管饱和深度不深，因而三极管开关的关断时间t_{off}减小。

CT54/74S肖特基系列在结构上二是采用有源泄放回路，如图2-36所示。

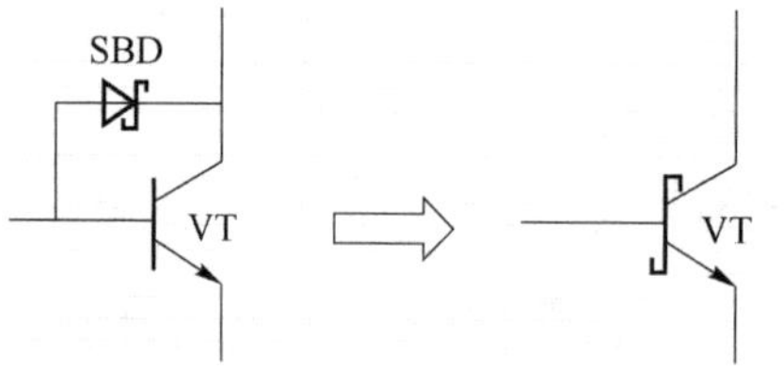

图2-35 抗饱和三极管

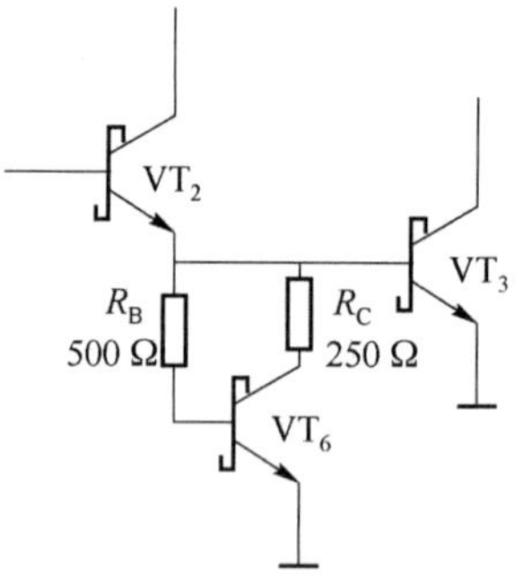

图2-36 CT54/74S有源泄放回路

图2-36中，由VT_6、R_B、R_C组成的有源泄放电路替代原先电阻R_3。VT_2管由截止变为导通时，由于VT_6管基极接有电阻R_B，VT_3必先于VT_6管导通，VT_2管发射极电流几乎全部流入VT_3管基极，使VT_3管快速进入饱和导通，减小VT_3管从截止状态到饱和状态所需的开关时间。VT_3管进入饱和导通后，VT_6管也跟着饱和导通，对VT_3管基极电流进行分流，减轻VT_3管饱和程度，有利于VT_3管脱离饱和。VT_2管由导通变为截止时，由于VT_6管仍然导通，从而为VT_3管脱离饱和状态提供低电阻的泄放通路，加速了VT_3管从饱和状态到截止状态的转换，减小VT_3管从饱和状态到截止状态所需的开关时间。

总之，SBD和有源泄放电路的引入减小了门电路的平均传输延迟时间。同时，有源泄放电路的引入还改善了门电路的电压传输特性，使电压传输特性更加陡直，没有了普通型电压传输特性中的BC段。但由于VT_3管饱和程度不深，因此，导致输出低电平V_{OL}略有增加。

② CT54/74LS低功耗肖特基系列

在 CT54/74LS 低功耗肖特基系列门电路中依然采用抗饱和三极管和有源泄放电路技术，但同时大大增加了电阻值，采用 SBD 代替多发射极管等措施。CT54/74LS 低功耗肖特基系列门电路的平均延迟时间和平均功耗得以进一步减小。

2.4 CMOS 门电路

由金属氧化物绝缘栅型场效应（MOS）管构成的单极型集成电路称为 MOS 电路。MOS 门电路主要有三种类型：NMOS 门电路、PMOS 门电路和 CMOS 门电路。随电子技术发展，目前广泛应用的 CC4000 系列是 CMOS 门电路及逻辑器件。

CMOS 集成电路与 TTL 集成电路相比较，除了具有静态功耗低（＜100 mW）、电源电压范围宽（3～18 V）、输入阻抗高（＞100 MΩ）、抗干扰能力强、温度稳定性好等优点外，还具有制作工艺简单、实现某些功能的电路结构简单，适宜于大规模集成的特点。CMOS 器件的不足之处在于其工作速度比 TTL 器件低，且随工作频率升高，其功耗显著增大。但 74HCT 系列的 CMOS 集成电路平均传输延迟时间已接近相同功能的 TTL 电路，而且具有与 TTL 兼容的逻辑电平，相同功能型号的 74HCT 和 74LS 器件有相同的管脚分布，因而可以互换。

2.4.1 CMOS 反相器

1. CMOS 反相器组成和工作原理

CMOS 反相器，如图 2-37 所示，由两个管型互补的场效应管 VT_N 和 VT_P 组成。VT_N 管为工作管，是 N 沟道 MOS 增强型场效应管，开启电压 V_{TN}。VT_P 管为负载管（起图 2-8 中漏极负载 R_D 作用），是 P 沟道 MOS 增强型场效应管，开启电压 V_{TP}。工作管和负载管的栅极（g）接在一起，作为输入端 $A(v_I)$；工作管和负载管的漏极（d）接在一起，作为输出端 $L(v_O)$。负载管的源极（s）接电源 V_{DD}，工作管的源极（s）接地。

设 $V_{DD}=5$ V，$V_{TN}=V_{DD}/2=2.5$ V，$V_{TP}=-V_{DD}/2=-2.5$ V。在输入电压 $v_I=V_{IL}<V_{TN}$时，工作管 VT_N 因其 V_{GS}小于开启电压 V_{TN}而截止，负载管 VT_P 因其 V_{GS}小于开启电压 V_{TP}而导通。工作管 VT_N 截止漏极电流近似为零，等效内阻 $10^8\sim10^9$ Ω，负载管 VT_P 导通沟道电阻小于 1 kΩ，输出电压 $v_O=V_{OH}\approx V_{DD}$。即输入低电平（$A=0$）输出高电平（$L=1$）。在输入电压 $v_I=V_{IH}>V_{TN}$时，工作管 VT_N 因其 V_{GS}大于开启电压 V_{TN}而导通，负载管 VT_P 因其 V_{GS}大于开启电压 V_{TP}而截止，输出电压 $v_O=V_{OL}\approx$ 0 V。即输入高电平（$A=1$）输出低电平（$L=0$）。由此可见，图 2-37 所示电路实现反相器功能，工作管 VT_N 和负载管 VT_P 总是工作在互补的开关工作状态，即 VT_N 和 VT_P 的工作状态互补。CMOS 电路称为互补型 MOS 电路的原因也在于此。

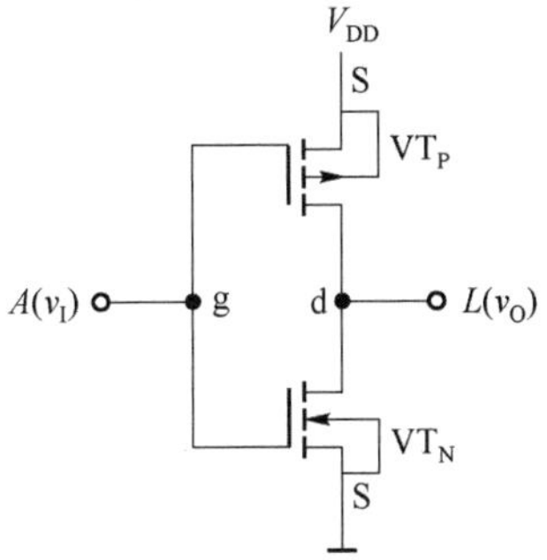

图 2-37 CMOS 反相器

2. CMOS 反相器特性和参数

(1)电压传输特性和电流传输特性

前面分析 CMOS 反相器时,假设 $V_{DD}=V_{TN}+|V_{TP}|$。实际应用时,CMOS 器件电源范围较宽,电源电压应该满足 $V_{DD}\geqslant V_{TN}+|V_{TP}|$ 条件。在输入电压变化过程中,VT_N 和 VT_P 的工作状态并不总是互补的。通过测量,可得如图 2-38 所示的电压传输特性。

CMOS 反相器的电压传输特性由五段曲线组成:

AB 段——输入电压 v_I 小于 VT_N 开启电压 V_{TN},VT_N 截止,v_I-V_{DD}小于 V_{TP},VT_P 导通,$v_O=V_{OH}\approx V_{DD}$。

BC 段——输入电压 v_I 大于 VT_N 开启电压 V_{TN},VT_N 导通,v_I-V_{DD}小于 V_{TP},VT_P 导通。由于 v_I 不够大,VT_N 沟道电阻远大于 VT_P 沟道电阻,输出电压下降。

CD 段——输入电压 v_I 大于 VT_N 开启电压 V_{TN},VT_N 导通,v_I-V_{DD}小于 V_{TP},VT_P 导通,两管栅源电压绝对值近似,VT_N 沟道电阻和 VT_P 沟道电阻的比发生显著变化,引起输出电压急剧下降。

DE 段——输入电压 v_I 大于 VT_N 开启电压 V_{TN},VT_N 导通,v_I-V_{DD}小于 V_{TP},VT_P 导通。由于 v_I 比较大,VT_N 沟道电阻远小于 VT_P 沟道电阻,输出电压进一步下降。

EF 段——输入电压 v_I 大于 VT_N 开启电压 V_{TN},VT_N 导通,v_I-V_{DD}大于 V_{TP},VT_P 截止。输出 $v_O=V_{OL}\approx 0$ V。

由 CMOS 反相器的电压传输特性可知,反相器状态转换时,电压变化率比较大,阈值电压 V_{th}较高($=V_{DD}/2$)。因而,CMOS 器件有较高的抗干扰容限。对应于电压传输特性,CMOS 反相器的电流传输特性是指输入电压 v_I 和漏极电流 i_D 之间的关系曲线,如图 2-39 所示。根据电压传输特性分析可以知道,输入电压在 $V_{TN}<v_I<V_{DD}-|V_{TP}|$ 范围内,即电压传输特性 BE 段,工作管和负载管同时导通,因此形成漏极电流 i_D。电压传输特性 CD 段非常陡直,且在 $v_I=V_{th}=V_{DD}/2$ 时两管沟道电阻之和最小,所以,此时漏极电流 i_D 达到最大值。

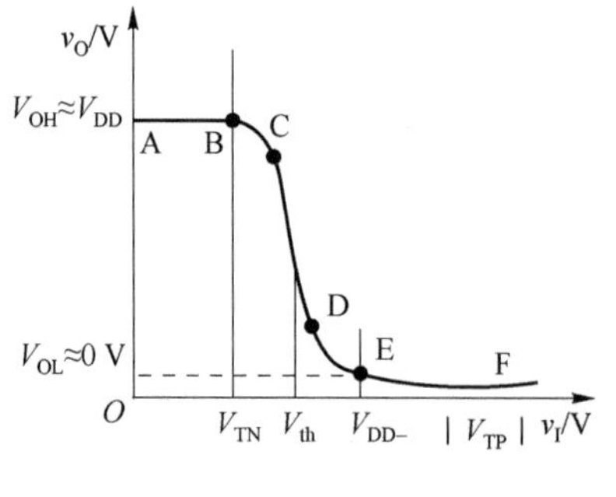

图 2-38 CMOS 反相器电压传输特性

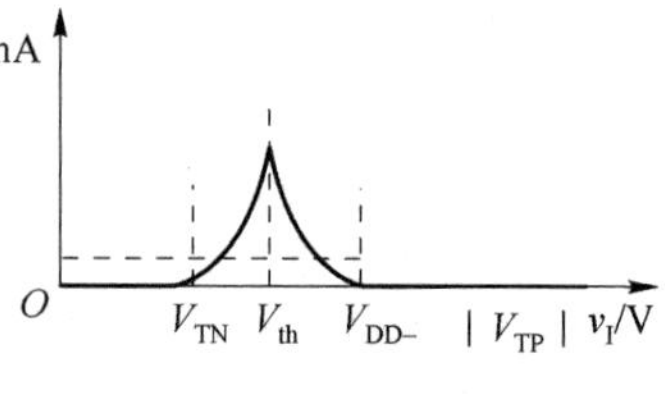

图 2-39 CMOS 反相器电流传输特性

(2) CMOS 反相器的输入保护电路和输入特性

金属氧化物绝缘栅型场效应(MOS)管因其栅极极高的输入阻抗,会因电磁感应产生过高的感应电压而使 CMOS 器件损坏。一般，CMOS 器件的输入端都有保护电路，具有输入保护电路的 CMOS 反相器如图 2-40 所示。

保护二极管 VD_1、VD_2 的正向导通压降为 0.5～0.7 V，反向击穿电压为 30 V 左右。若输入电压 v_I 大于 $V_{DD}+0.5$ V，VD_2 导通，栅极电压被钳制在 $V_{DD}+0.7$ V。若输入电压 v_I 小于 -0.7 V，VD_1 导通，栅极电压被钳制在 -0.7 V。由此，可得 CMOS 反相器输入特性，如图 2-41 所示。图 2-40 中 C_1 和 C_2 分别是 VT_N 和 VT_P 的栅极等效电容，若加到 C_1、C_2 上的噪声电压大于 30 V，VD_1 或 VD_2 反向击穿使栅极和衬底之间电压小于 30 V，避免绝缘栅击穿而造成永久性损坏。

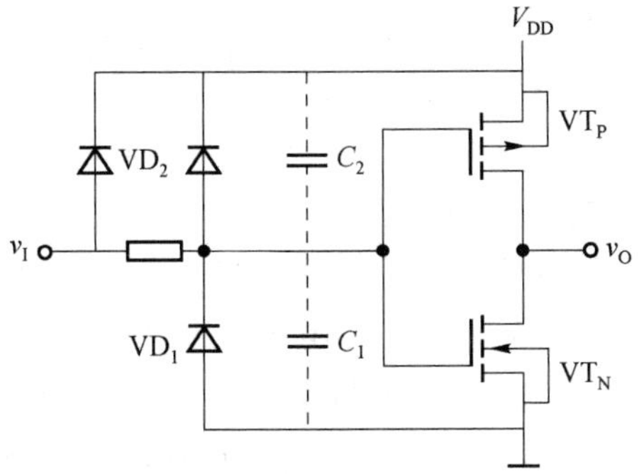

图 2-40　CMOS 反相器的输入保护电路

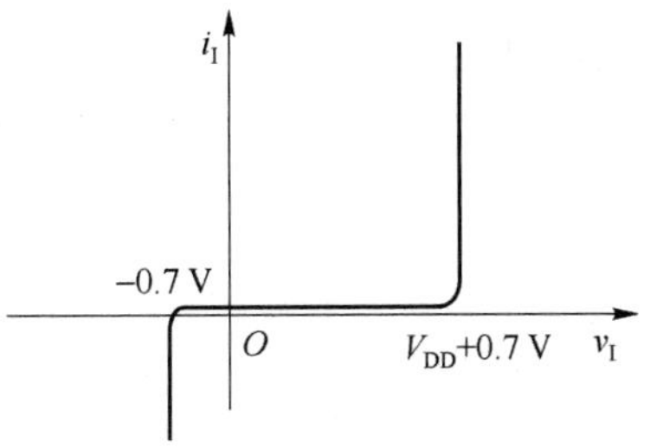

图 2-41　带有输入保护电路的 CMOS 反相器的输入特性

（3）输出特性

CMOS 反相器的输出特性分为高电平输出特性和低电平输出特性，分别如图 2-42(b)和图 2-43(b)所示。

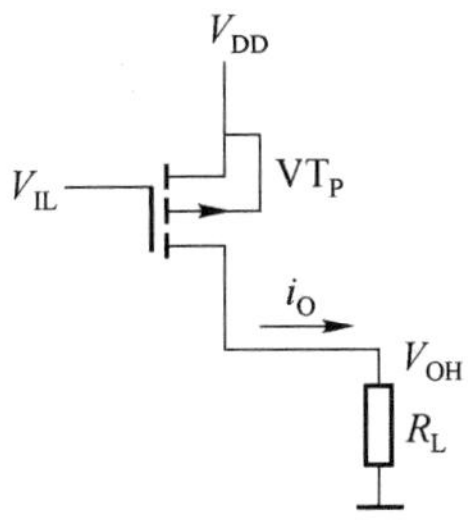

(a) 反相器高电平输出工作情况

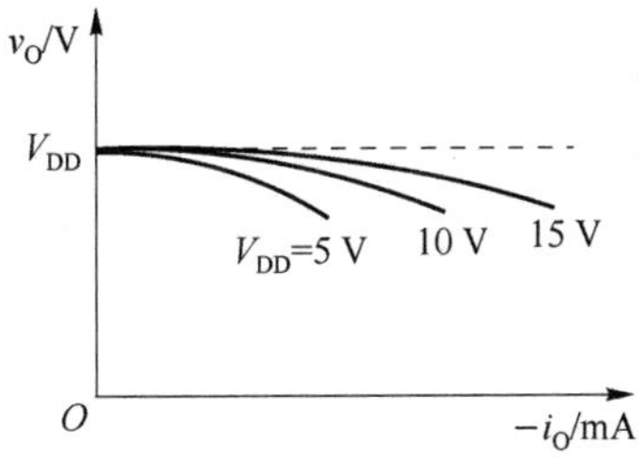

(b) 反相器高电平输出特性

图 2-42　反相器高电平输出

输入 $v_I=V_{IL}$时，工作管 VT_N 截止，负载管 VT_P 导通，输出 $v_O=V_{OH}$，如图 2-42(a)所示。空载时 $V_{OH}=V_{DD}$，随拉电流增加(方向与 i_O 相同)输出电压下降。V_{DD}越大，VT_P 管沟道电阻越小，输出电压下降越缓慢，如图 2-42(b)所示。输入 $v_I=V_{IH}$时，工作管 VT_N 导通，负载管 VT_P 截止，输出 $v_O=V_{OL}$，如图 2-43(a)所示。空载时 $V_{OL}=0$ V，随灌电流增加(方向与 i_O 相反)，输出电压上升。V_{DD}越大，VT_N 管沟道电阻越小，输出电压上升越缓慢，如图 2-43(b)所示。

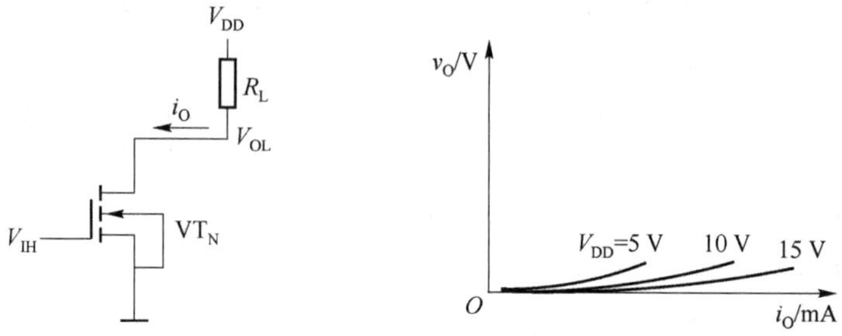

(a) 反相器低电平输出工作情况　　(b) 反相器低电平输出特性

图 2-43　反相器低电平输出

(4) 动态特性

① 传输延迟时间

MOS 管作为开关虽然没有电荷存储效应引起的传输延迟，但由于集成电路内部电阻，电容的存在以及负载电容的影响，输出信号的变化还是要滞后与输入信号的变化，产生传输延迟。由于 CMOS 电路的输出电阻要比 TTL 电路的输出电阻大得多，所以负载电容对输出电压的上升时间、下降时间和传输延迟时间的影响更为显著。此外，CMOS 反相器的输出电阻还受输入电压大小的影响，输入电平不同 MOS 管沟道电阻也不同，因此传输延迟时间与输入电平有关。一般情况下，$V_{IH}=V_{DD}$，所以传输延迟时间与电源电压有关。图 2-44 给出了一定电源电压条件下传输延迟时间 t_{PHL} 和 t_{PLH} 与负载电容 C_L 的关系曲线。

② 交流噪声容限

在 TTL 电路中介绍了门电路的抗干扰能力，这是一种静态参数。同样 CMOS 电路也有抗干扰能力，或称为输入端噪声容限。由于 CMOS 电路的输出高电平高，接近 V_{DD}，输出低电平低，接近 0 V，所以 CMOS 门电路的抗干扰能力远大于 TTL 电路。

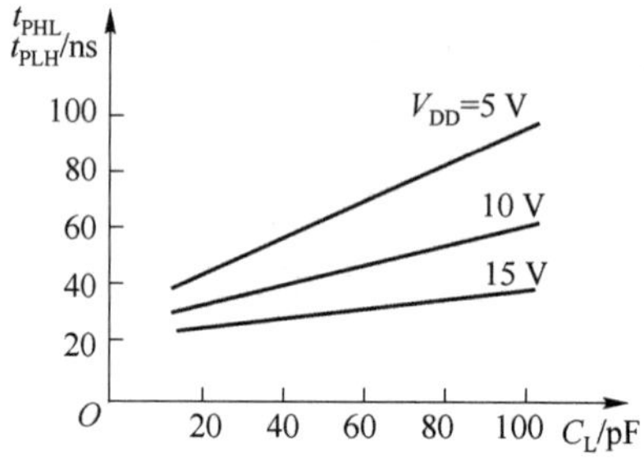

图 2-44　C_L 和 V_{DD} 对传输延迟时间的影响

这里介绍的交流噪声容限 V_{NA} 是一种动态参数，其定义对 TTL 电路也适用。在门电路输入端接窄脉冲信号，当输入脉冲宽度 t_W 可以和门电路的传输延迟时间相比拟时，门电路能否产生相应的输出不仅与门电路的传输延迟时间有关，而且与输入脉冲的幅度有关。若在门电路输入端加图 2-45(a)所示脉冲宽度为 t_W 的正脉冲，输出不产生负脉冲(输出逻辑值不变)允许的最大脉冲幅度称为正脉冲噪声容限。若在门电路输入端加图 2-45(b)所示脉冲宽度为 t_W 的负脉冲，输出不产生正脉冲(输出逻辑值不变)允许的最大脉冲幅度称为负脉冲噪声容限。CMOS 门电路的交流噪声容限 V_{NA} 是电源电压 V_{DD} 和脉宽 t_W 的函数，图 2-46 给出了 CMOS 反相器的交流噪声容限 V_{NA} 与 V_{DD} 和 t_W 的函数曲线。

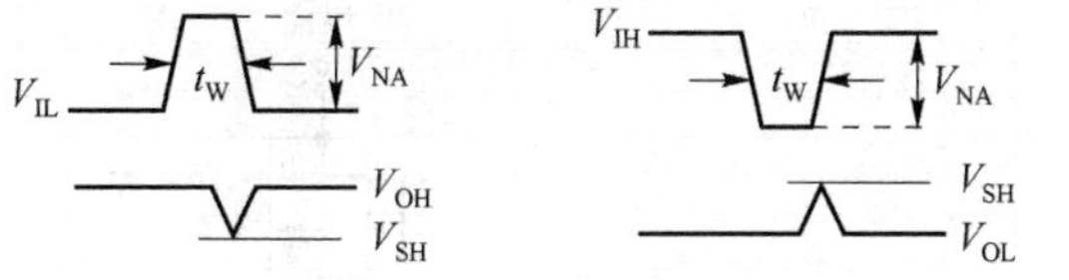

(a) 正脉冲噪声容限　　(b) 负脉冲噪声容限

图 2-45　交流噪声容限

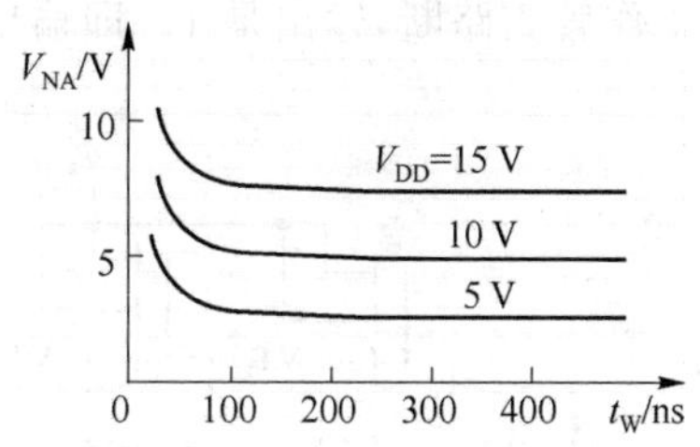

图 2-46　CMOS 反相器交流噪声容限

③ 动态功耗

所谓动态功耗 P_D 是指门电路从一种输出状态转变为另一种输出状态过程中消耗的附加平均功率。CMOS 反相器在输出状态转换时，工作管和负载管同时导通，电源提供的漏极电流在 MOS 管上产生平均耗散功率 P_T。P_T 的大小不仅和反相器的最大漏极电流有关，而且和状态转换频率有关。开关频率 f 越高，在 MOS 管上产生的动态耗散功率 P_T 越大。除了动态功耗 P_T 外，CMOS 反相器在输出状态转换时，负载电容 C_L 的充放电也要耗散掉一部分电源功率 P_C。经分析，P_C 的大小不仅与负载电容容量 C_L 成正比，也与充放电（开关）频率 f 成正比，而且还与电源电压 V_{DD} 平方成正比。因此，门电路的动态功耗等于 P_T 与 P_C 之和，即

$$P_D = P_T + P_C$$

且随工作频率增大而增大。COMS 反相器的静态功耗几乎为零，所以 CMOS 门电路的功耗主要是动态功耗。而 TTL 门电路在开关频率比较低时，功耗主要是静态功耗。

2.4.2　其他 CMOS 门电路

1. 与非门

二输入 CMOS 与非门如图 2-47 所示，图中两个 N 沟道工作管 VT_{N1}、VT_{N2} 串联连接，其衬底接电位最低点（地），两个 P 沟道负载管 VT_{P1}、VT_{P2} 并联连接，其衬底接电位最高点（V_{DD}）。工作管 VT_{N1}、VT_{N2} 串联情况下，只有两管都导通，工作管支路才能导通。即 A 和 B 全为 1，工作管支路导通；A 和 B 中有 0 时，工作管支路截止。负载管 VT_{P1}、VT_{P2} 并联连接，A 和 B 中有 0，则负载管支路就导通；A 和 B 全为 1，负载管支路才截止。工作管支路截止负载管支路导通，输出高电平 1，实现见 0 为 1 逻辑功能。工作管支路导通负载管支路截止，输出低电平 0，实现全 1 为 0 逻辑功能。因此，这是一与非门电路，要实现多输入与非只要相应增加串联工作管和并联负载管数目，但串联工作管数目越多输出低电平会越高，一般串联工作管数目有限制，最多为 4 个。

从电路结构上来说，工作管和负载管是成对出现在 CMOS 电路中，且工作管支路的状态与负载管支路的状态相反，因此，工作管支路的连接形式与负载管支路的连接形式也相反（互补），工作管串联负载管并联。

2. 或非门

图 2-48 给出了二输入 CMOS 或非门电路，图中工作管并联，负载管串联，工作管支路的通断与 A、B 状态是或逻辑关系。只要 A、B 中有 1，工作管支路通，输出是 0；A、B 全

0,工作管支路断,输出是 1。即输出电平和 A、B 之间是或非逻辑关系。

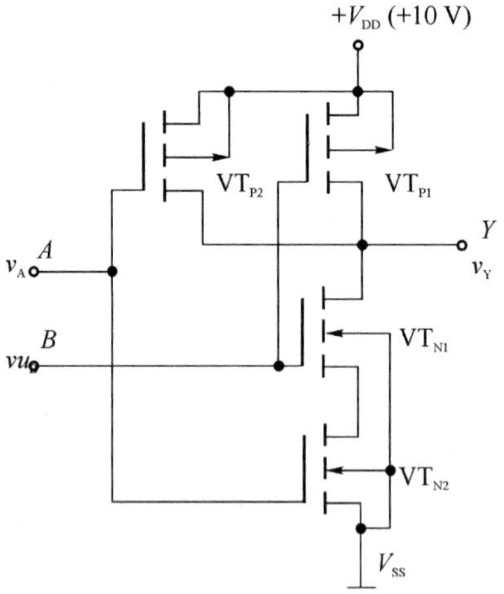

图 2-47　CMOS 与非门

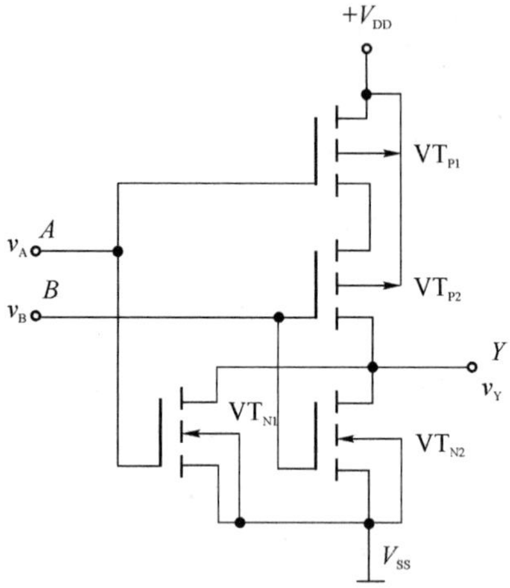

图 2-48　CMOS 或非门

3. 异或门

图 2-49 给出了 CMOS 异或门电路,图中 N 沟道增强型 MOS 工作管和 N 沟道增强型 MOS 负载管采用了简化画法。其中 X 是第一级或非输出,即

$$X=\overline{A+B}$$

L 是第二级与或非输出,即

$$L=\overline{AB+X}=\overline{AB+\overline{A+B}}=\overline{AB+\overline{A}\,\overline{B}}=A\oplus B$$

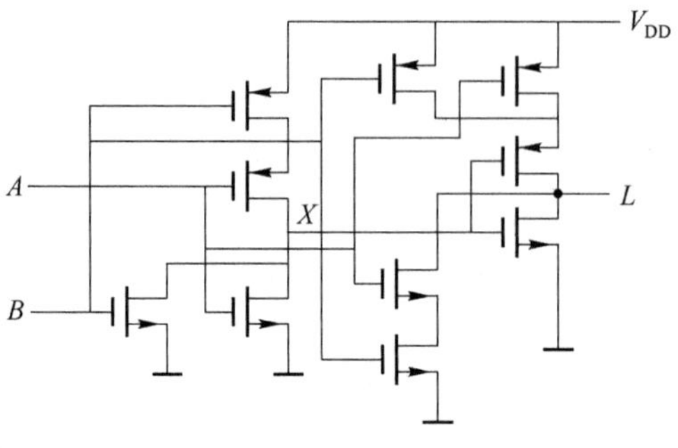

图 2-49　CMOS 异或门

4. 传输门

传输门是 CMOS 门电路特有的一种门电路,传输门既可以传输数字信号,也可以传输模拟信号,在信号的传输、选择和分配中有广泛的应用。图 2-50 给出了 CMOS 传输门的组成和逻辑符号。

传输门由两个互补的增强型 MOS 管并联连接构成,两管的栅极分别接互补的控制逻辑信号 C 和 $\overline{\mathrm{C}}$,两管的衬底接最低电平(V_{EE})和最高电平(V_{DD})。因为当场效应管的衬底内部未连接时,漏极(d)和源极(s)可以互换,所以,既可以将漏极作为输入端,也可以将源极作为输入端,即传输门的信号传输方向是双向的。

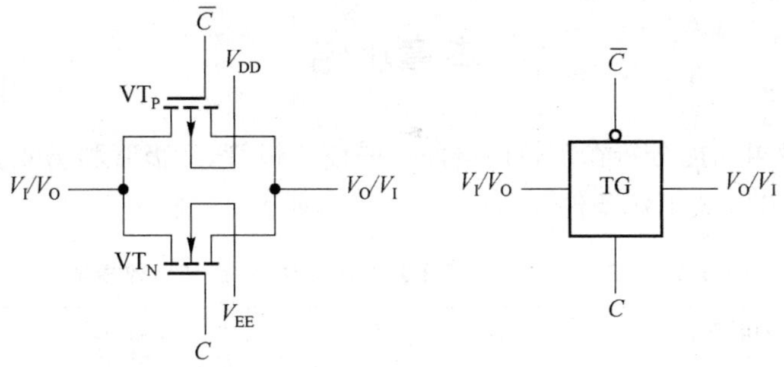

(a) 传输门结构　　(b) 传输门符号

图 2-50　CMOS 传输门

为便于分析，设 $V_{DD}=+5\ \mathrm{V}$，$V_{EE}=-5$，$V_I=-5\sim+5\ \mathrm{V}$，$C=0$ 的电平值为 $-5\ \mathrm{V}$，$C=1$ 的电平值为 $+5\ \mathrm{V}$，VT_N 管开启电压 $V_{TN}=3\ \mathrm{V}$，VT_P 管开启电压 $V_{TP}=-3\ \mathrm{V}$。

在 $C=0$ 时，VT_N 栅极接 $-5\ \mathrm{V}$ 电压，VT_P 栅极接 $+5\ \mathrm{V}$ 电压。在输入信号范围内，VT_N 的栅源电压 $V_{GS}(=-5\ \mathrm{V}-V_I)\leqslant 0\ \mathrm{V}$，$VT_N$ 截止；VT_P 的栅源电压 $V_{GS}(=+5\ \mathrm{V}-V_I)\geqslant 0\ \mathrm{V}$，$VT_P$ 也截止。也就是说，$C=0$ 时，传输门关闭，输入和输出之间呈现出高阻抗状态，是两个场效应管截止时的漏源电阻，输入和输出之间不能进行信号传输。

在 $C=1$ 时，VT_N 栅极接 $+5\ \mathrm{V}$ 电压，VT_P 栅极接 $-5\ \mathrm{V}$ 电压。在输入信号不同范围内，VT_N 和 VT_P 的工作状态不尽相同。

$V_I=-5\sim-2\ \mathrm{V}$ 时，VT_N 管的 $V_{GS}(=+5\ \mathrm{V}-V_I=10\sim7\ \mathrm{V})>V_{TN}=3\ \mathrm{V}$，$VT_N$ 导通。VT_P 管的 $V_{GS}(=-5\ \mathrm{V}-V_I=0\sim-3\ \mathrm{V})\geqslant V_{TP}=-3\ \mathrm{V}$，$VT_P$ 截止。

$V_I=-2\sim+2\ \mathrm{V}$ 时，VT_N 管的 $V_{GS}(=+5\ \mathrm{V}-V_I=7\sim3\ \mathrm{V})\geqslant V_{TN}=3\ \mathrm{V}$，$VT_N$ 导通。VT_P 管的 $V_{GS}(=-5\ \mathrm{V}-V_I=-3\sim-7\ \mathrm{V})\leqslant V_{TP}=-3\ \mathrm{V}$，$VT_P$ 导通。

$V_I=+2\sim+5\ \mathrm{V}$ 时，VT_N 管的 $V_{GS}(=+5\ \mathrm{V}-V_I=3\sim0\ \mathrm{V})\leqslant V_{TN}=3\ \mathrm{V}$，$VT_N$ 截止。VT_P 管的 $V_{GS}(=-5\ \mathrm{V}-V_I-7\sim-10\ \mathrm{V})<V_{TP}=-3\ \mathrm{V}$，$VT_P$ 导通。

由此可见，在整个输入电压范围 $-5\ \mathrm{V}\sim+5\ \mathrm{V}$ 内，至少有一个场效应管是导通的。场效应管导通，漏源间的沟道导通电阻（R_{ON}）小于 1 kΩ，典型值为 80 Ω，漏极和源极之间相当于短路，输出等于输入。即 $C=1$ 时，传输门打开，$V_O=V_I$。

5. 双向模拟开关

用传输门和反相器可构成双向模拟开关，其原理图和符号见图 2-51。

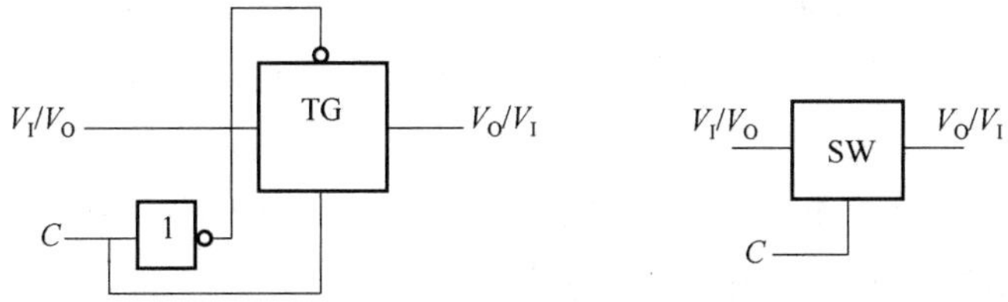

(a) 双向模拟开关结构　　(b) 双向模拟开关符号

图 2-51　双向模拟开关

本章小结

1. 门电路逻辑功能分析在逻辑门电路内晶体二极管、三极管和场效应管都是作为开关元件使用的。其开关工作条件、特点和等效模型如表 2-7 所示。

表 2-7　二极管、三极管开关工作条件、特点和等效模型

器件	作为开关时的电路形式	开关工作条件		特点	模型
二极管	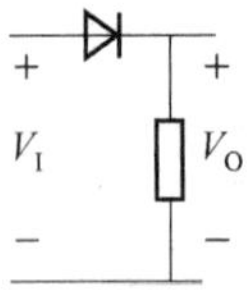	开通	两端加正向电压（硅管>0.6 V，锗管>0.2 V）	等效电阻很小，两端近似短路，需要开通时间 t_{ON}	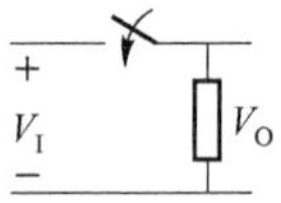
		关断	两端加反向电压	等效电阻很大，两端近似开路，需要关断时间 t_{OFF}	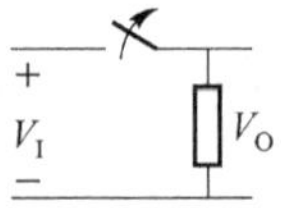
三极管	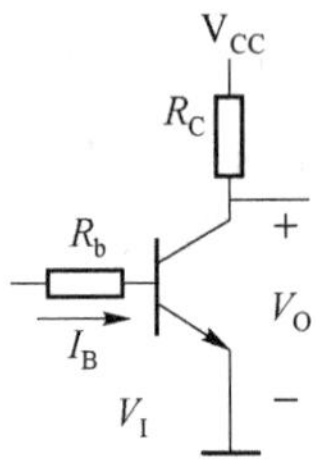	开通	发射结正编，选择元件参数使 $I_B \geq I_{BS} = (V_{CC} - V_{CES})/\beta R_C$	c、e 之间等效电阻很小，相当于短路。$V_o \approx V_{ces} = 0.3$ V	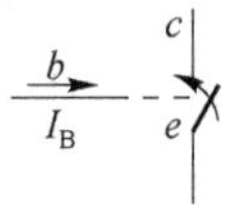
		关断	发射结反偏。$I_C = 0$	c、e 之间等效电阻很大，相当于开路	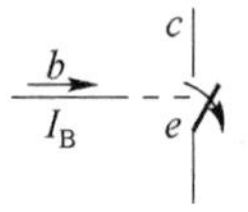

分析门电路逻辑功能的方法：一是对不同的输入逻辑电平，判断门电路内开关元件的逻辑状态，从而得到输出逻辑电平。在给定逻辑体制下，列出门电路的真值表，得到门电路的逻辑功能。二是按逻辑开关的连接方式直接写出输出逻辑函数表达式。三极管、场效应管开关并联相当于“或”逻辑，串联相当于“与”逻辑，这里“与”和“或”是指开关的通断。二极管共阳极相当于“与”逻辑，二极管共阴极相当于“或”逻辑。

2. 门电路的开关应用。门电路本身也是一个逻辑开关，在一定的逻辑条件下输出低电平（开门），在一定的逻辑条件下输出高电平（关门）。本节不是分析由门电路组成更复杂的逻辑电路，而是从门电路参数角度考虑门电路的应用问题。

就门电路输入端而言，既要从输入特性考虑输入信号，也要从传输特性考虑输入信号。譬如，TTL 门电路输入端接电阻，由输入特性可以知道随接入电阻增大，电阻上电压增大，与非门会从关门状态变为开门状态；而 CMOS 门电路输入端接电阻，由于输入端几乎没有电流，输入端接电阻相当于接低电平。因此，必须根据门电路特性参数、工作状态和门电路类型等诸因素来确定接入电阻阻值。

就门电路输出端而言，要从负载的电气要求考虑门电路输出特性。譬如，TTL 门电路驱动 CMOS 门电路，需要考虑 TTL 门电路输出高电平 V_{OH} 是否大于后级 CMOS 门电路的门槛电压 V_{th}。因此，必须根据门电路的负载要求确定门电路输出形式和类型。

又譬如，四输入门电路只用到两个输入端，多余输入端如何处理，也应根据门电路类型和特性来确定。TTL 与非门可以悬空（相当于接高电平），CMOS 与非门则不可以悬空，必须经电阻接 V_{CC}，或非门则应接低电平。总之，逻辑图仅反映输入输出间的逻辑关系，按逻辑图，用逻辑器件能否实现该逻辑功能，还需满足对逻辑器件特性和参数的要求。

本章习题

2-1 分析图 2-52 所示二极管电路，二极管正向压降可忽略。已知 $R_1 = 10\ \text{k}\Omega$，$R_2 = 10\ \text{k}\Omega$，u_I 为峰值 10 V 的三角波画出输出电压 u_O 波形，并标明电压值。

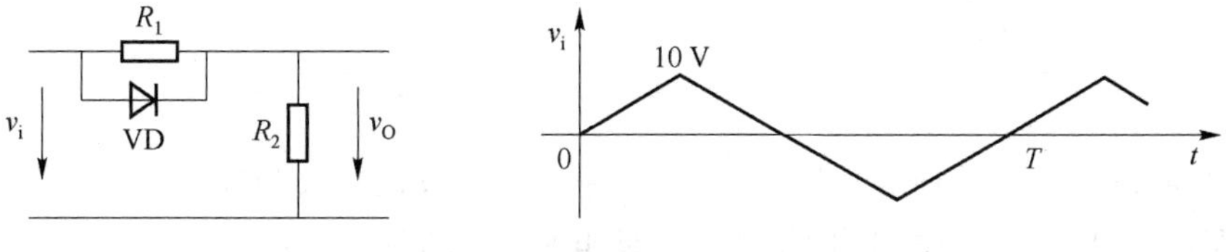

图 2-52 题 2-1 图

2-2 分析图 2-53 所示电路，写出 F_1 和 F_2 的逻辑表达式。

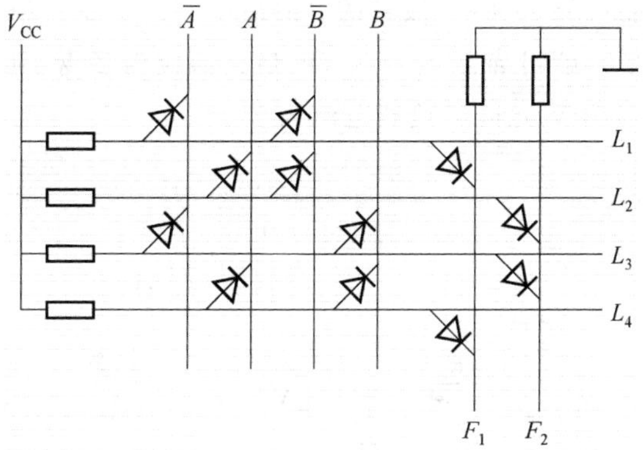

图 2-53 题 2-2 图

2-3 二极管门电路如图 2-54 所示。已知二极管 VD_1、VD_2 的导通压降为 0.7 V，试回答下列问题：

(1) A 接 10 V，B 接 0.3 V 时，输出 V_O 为多少伏？

(2) A、B 均接 10 V 时，输出 V_O 为多少伏？

(3) A 接 10 V，B 悬空时，用万用表测量 B 端电位，V_B 为多少伏？

(4) A 接 0.3 V，B 悬空，测量 V_B 电位时应为多少伏？

(5) A 接 5 kΩ 电阻，B 悬空，测量 V_B 电位时应为多少伏？

2-4 二极管门电路如图 2-55 所示。已知二极管 VD_1、VD_2 的导通压降为 0.7 V，试回答下列问题：

(1) A 接 10 V,B 接 0.3 V 时,输出 V_O 为多少伏?

(2) A、B 均接 10 V 时,输出 V_O 为多少伏?

(3) A 接 10 V,B 悬空时,用万用表测量 B 端电位,V_B 为多少伏?

(4) A 接 0.3 V,B 悬空,测量 V_B 电位时应为多少伏?

(5) A 接 5 kΩ 电阻,B 悬空,测量 V_B 电位时应为多少伏?

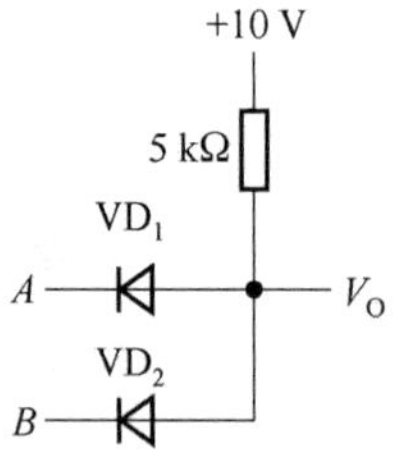

图 2-54 题 2-3 图

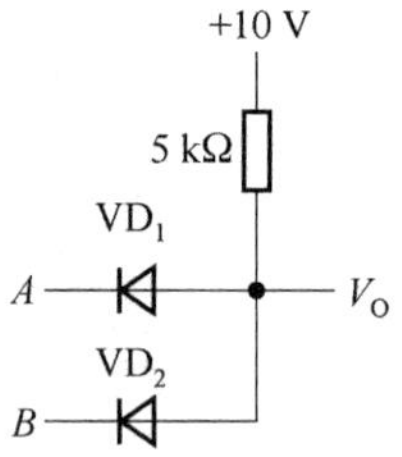

图 2-55 题 2-4 图

2-5 电路如图 2-56 所示。$R_1=4.3\ \text{k}\Omega$,$R_2=16\ \text{k}\Omega$,$R_C=1.5\ \text{k}\Omega$,$V_{CC}=12$ V,$V_{BB}=8$ V,$V_{C1}=5$ V,输入信号 v_I 的高电平为 5.5 V,低电平为 0.3 V,二极管导通压降 $V_D=0.5$ V。试问:

(1) 三极管 $\beta=30$ 时,三极管能否可靠地饱和与截止?(2)为了保证半导体三极管在输入信号为高电平时能可靠饱和,三极管的 β 值最小应为多少?(3)为了保证半导体三极管在输入信号为低电平时能可靠截止,$-V_{BB}$的最大值应为多少?(4) 为了保证输出高电平为 5.5 V,低电平为 0.3 V 允许的负载电流为多少?

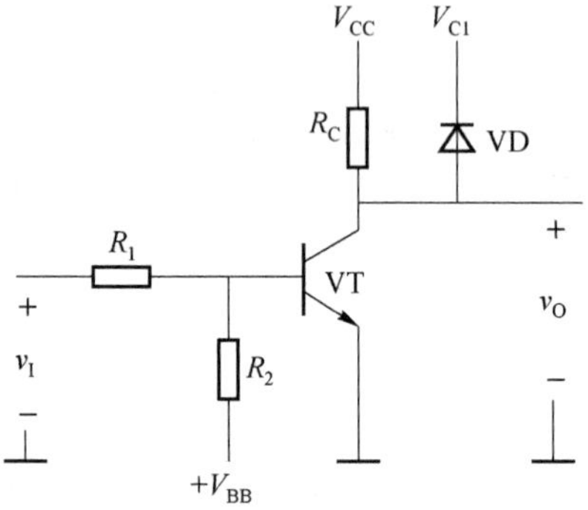

图 2-56 题 2-5 图

2-6 TTL 与非门电路如图 2-57(a)所示,TTL 与非门内部输入级电路如图 2-57(b)所示,试问:

(1) 若使与非门输出 $F=1$,R 的阻值应为多少?

(2) 若使与非门输出 $F=0$,R 的阻值应为多少?

2-7 假设 n 个 OC 门并接实施线与,带有 m 个 TTL 门电路共 p 个输入端,如图 2-31 所示。如果要求输出高电平不低于 V_{OH},门的输出低电平电流不大于 I_{OL},外接负载电阻

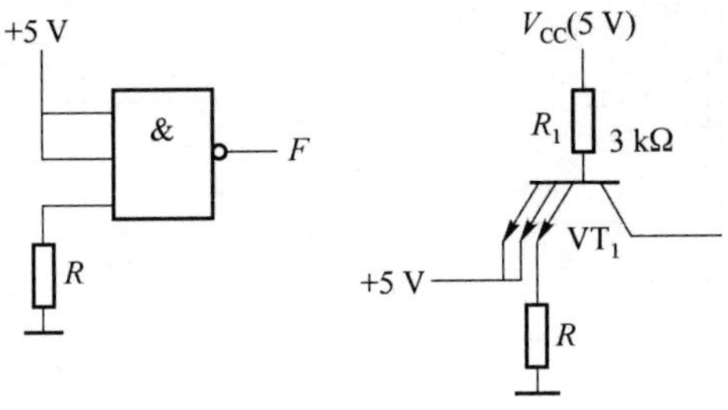

(a) (b)

图 2-57 题 2-6 图

R_L。已知 OC 门关闭时输出端漏电流为 I_{OH}，负载门的输入低电平电流为($-I_{IL}$)，输入高电平电流为 I_{IH}。试问：为使电路正常工作，应如何选取 R_L？

2-8 写出图 2-58(a)所示逻辑电路的表达式。当输入波形如图 2-58(b)所示时，画出各逻辑电路的输出波形。

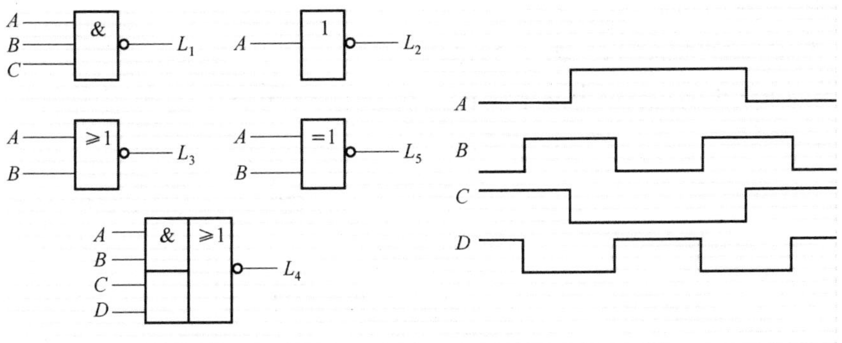

(a) (b)

图 2-58 题 2-8 图

2-9 CMOS 电路如图 2-59 所示，A、B、C 为加在其输入端的输入信号，$R=100\ \mathrm{k\Omega}$，请画出该电路的输出波形。

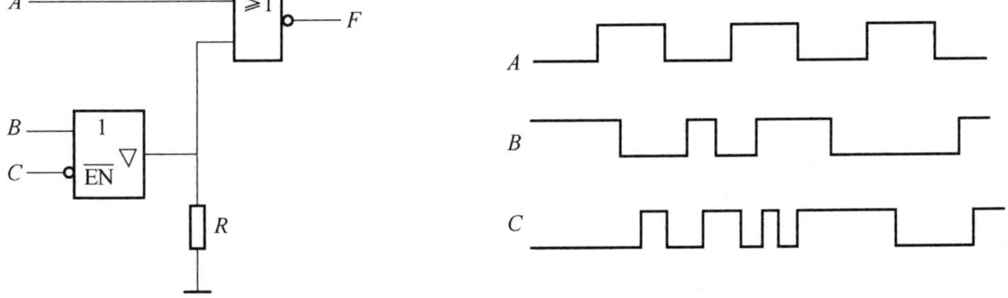

图 2-59 题 2-9 图

2-10 在 CMOS 门电路中，有时采用图 2-60 所示方法扩展输入端。试分析图 2-60(a)、(b)所示电路的逻辑功能，写出 Y_1、Y_2 的逻辑表达式。这种扩展输入端的方法能否用于 TTL 电路？假设 $V_{DD}=10$ V。二极管的正向导通压降 $V_D=0.7$ V。

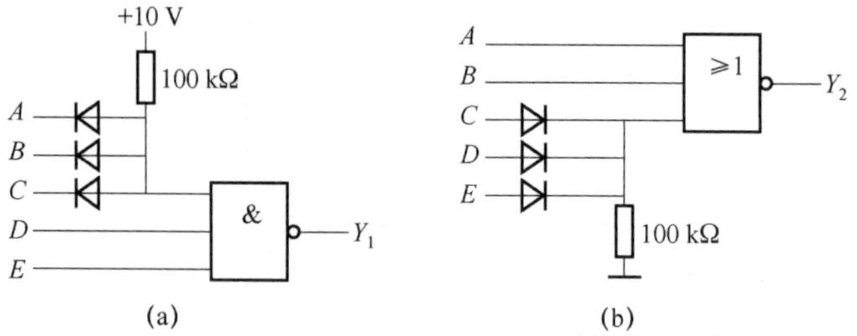

图 2-60　题 2-10 图

2-11　电路如图 2-61 所示，其中 G_1 是 TTL 与非门，输出高电平为 $V_{OH}=3.0$ V，输出低电平是 $V_{OL}=0.3$ V，最大允许拉电流 $I_{OH}\leqslant 0.4$ mA，最大允许灌电流 $I_{OL}=30$ mA。三极管参数 $\beta=40$，$V_{BE}=0.7$ V，$V_{CES}=0.3$ V，$I_{CM}=100$ mA。发光二极管 VD 正向导通压降为 $V_D=1.4$ V，发光时的电流 I_D 为 5～10 mA。求：

(1) 输入 A、B 在何种状态时，VD 能发光？

(2) 求 RC 的取值范围。

(3) 若 $R_C=0.2$ kΩ，则 R_b 选多少合适？

(4)若要求输出端并接两个发光管工作，则怎样修改电路？

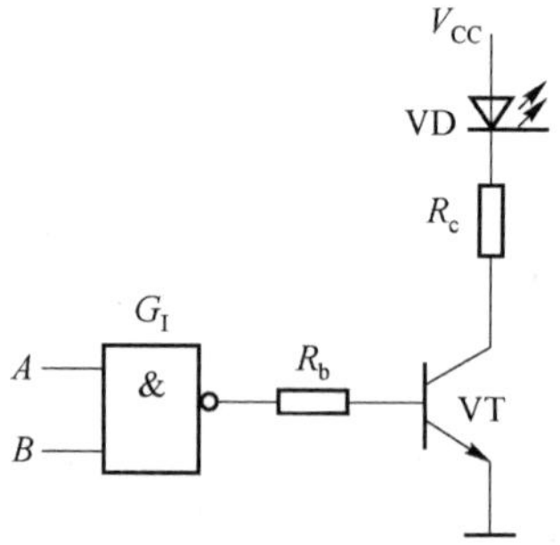

图 2-61　题 2-11 图

2-12　分析图 2-62 所示电路，说明该电路逻辑功能。

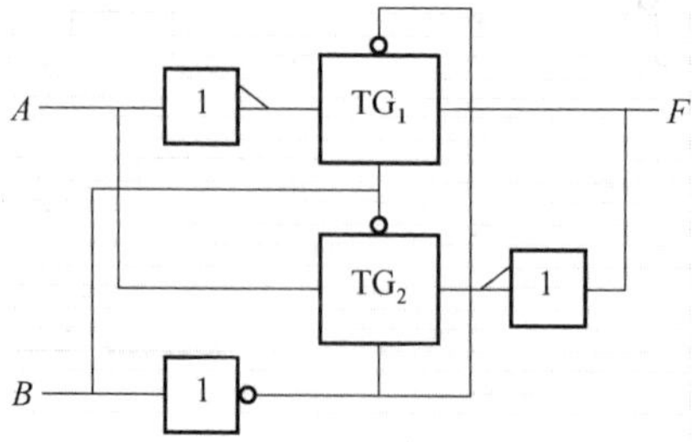

图 2-62　题 2-12 图

第3章　组合逻辑电路

3.1 概　　述

对于数字逻辑电路，任何时刻输出信号的逻辑状态仅取决于该时刻输入信号的逻辑状态，而与输入信号和输出信号过去状态无关，则称该电路为组合逻辑电路，简称组合电路。由于组合逻辑电路的输出逻辑状态与电路的历史情况无关，所以它的电路中不包含记忆性电路或器件。门电路是组合逻辑电路的基本单元。当前组合逻辑电路都已制成标准化、系列化的中、大规模集成电路可供选用。

3.1.1 组合逻辑电路的方框图及特点

组合逻辑电路示意框图如图 3-1 所示。

图 3-1　组合逻辑电路示意框图

组合逻辑电路基本构成单元为门电路，组合逻辑电路没有输出端到输入端的信号反馈网络。假设组合电路有 n 个输入变量为 $I_0, I_1, \cdots, I_{n-1}$，$m$ 个输出变量为 $Y_0, Y_1, \cdots, Y_{m-1}$，根据图 3-1 可以列出 m 个输出函数表达式：

$$\left.\begin{aligned} Y_0 &= F_0(I_0, I_1, \cdots, I_{n-1}) \\ Y_1 &= F_1(I_0, I_1, \cdots, I_{n-1}) \\ &\vdots \\ Y_m &= F_{m-1}(I_0, I_1, \cdots, I_{n-1}) \end{aligned}\right\} \tag{3-1}$$

从输出函数表达式可以看出，当前输出变量只与当前输入变量有关，也就是说，组合逻辑电路无记忆性。所以组合电路是无记忆性电路。

组合逻辑电路逻辑功能是指输出变量与输入变量之间的函数关系，表示形式有输出函数表达式、逻辑电路图、真值表、卡诺图等。

3.1.2 组合逻辑电路的分析方法

由给定的组合逻辑电路图通过一定的步骤推导出其功能的过程，称为组合逻辑电路的分析。这里所讨论的是小规模集成组合电路的分析步骤。组合逻辑电路的分析步骤：

① 根据给定的逻辑电路图分析电路有几个输入变量、输出变量，写出输出变量与输入变量的逻辑表达式，有若干个输出变量就要写若干个逻辑表达式；

② 对所写出的逻辑表达式进行化简，求出最简逻辑表达式；

③ 根据最简的逻辑表达式列出真值表；

④ 根据真值表说明组合电路的逻辑功能。

组合逻辑电路分析举例如下。

例 3-1 试分析图 3-2 所示组合电路的逻辑功能。

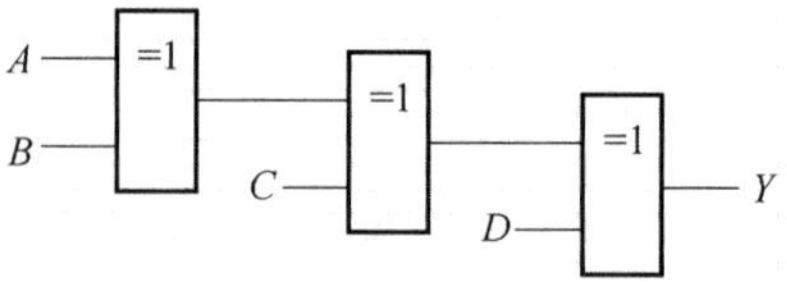

图 3-2 例 3-1 的组合逻辑电路图

解：根据组合逻辑电路分析步骤：

① 图 3-2 有四个输入变量 A、B、C、D，一个输出变量 Y；根据图 3-2 写出 Y 的逻辑表达式。

$$Y=A\oplus B\oplus C\oplus D$$

② 由于 Y 的逻辑表达式不能再化简，所以直接进入第③步骤，列出 Y 与 A、B、C、D 关系的真值表，如表 3-1 所示。

表 3-1 例 3-1 真值表

A	B	C	D	Y
0	0	0	0	0
0	0	0	1	1
0	0	1	0	1
0	0	1	1	0
0	1	0	0	1
0	1	0	1	0
0	1	1	0	0
0	1	1	1	1
1	0	0	0	1
1	0	0	1	0
1	0	1	0	0
1	0	1	1	1
1	1	0	0	0
1	1	0	1	1
1	1	1	0	1
1	1	1	1	0

③ 根据真值表说明组合电路功能。从表 3-1，我们可以看出，当输入变量 A、B、C、D 中奇数个变量为逻辑 1 时，输出变量 Y 等于 1，否则 Y 输出为 0，所以图 3-1 电路是输入奇数个 1 校验器。

3.1.3 组合逻辑电路的一般设计方法

1. 组合逻辑电路设计

根据设计要求，设计出符合需要的组合逻辑电路，并画出组合逻辑电路图，这个过程称为组合逻辑电路的设计。下面从小规模组合逻辑电路出发，说明组合逻辑电路的设计步骤。

2. 组合逻辑电路设计步骤

① 根据设计要求，确定组合电路输入变量个数及输出变量个数；

② 确定输入变量、输出变量。并将输入变量两种输入状态与逻辑 0 或逻辑 1 对应；将输出变量两种输出状态与逻辑 0 或逻辑 1 对应；

③ 根据设计要求，列真值表；

④ 根据真值表写出各输出变量的逻辑表达式；

⑤ 对逻辑表达式进行化简，写出符合要求的最简的逻辑表达式；

⑥ 根据最简逻辑表达式，画出逻辑电路图。

3. 组合逻辑电路设计举例

例 3-2 某雷达站有 3 部雷达 A、B、C，其中 A 和 B 功率消耗相等，C 的消耗功率是 A 的两倍。这些雷达由两台发电机 X、Y 供电，发电机 X 的最大输出功率等于雷达 A 的功率消耗，发电机 Y 的最大输出功率是雷达 A 和 C 的功率消耗总和。要求设计一个组合逻辑电路，能够根据各雷达的启动、关闭信号，以最省电的方式开、停电机。

解：根据组合逻辑电路的设计步骤：

① 确定输入变量个数为 3 个，输出变量个数为 2 个；

② 输入变量为 A、B、C，设定雷达启动状态为逻辑 1，雷达关闭为逻辑 0；输出变量为 X、Y，设定电机开状态为逻辑 1，关状态为逻辑 0。

③根据输入与输出变量的逻辑关系，列真值表 3-2。

表 3-2 例 3-2 真值表

A	B	C	X	Y
0	0	0	0	0
0	0	1	0	1
0	1	0	1	0
0	1	1	0	1
1	0	0	1	0
1	0	1	0	1
1	1	0	0	1
1	1	1	1	1

④ 根据真值表，直接画卡诺图进行化简。卡诺图如图 3-3 所示。

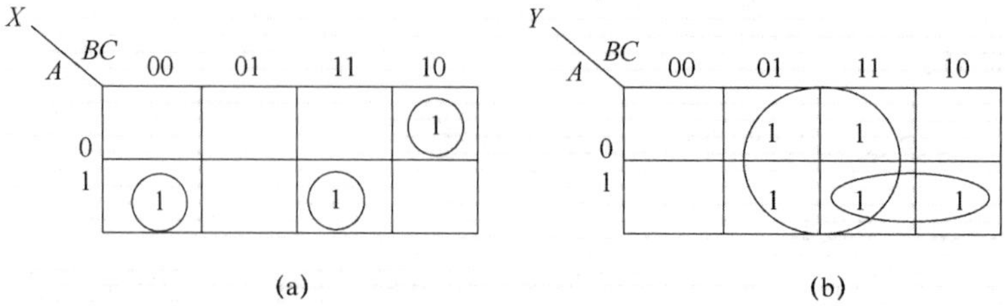

图 3-3 例 3-2 卡诺图

⑤ 写出最简表达式

$$X=\overline{A}B\,\overline{C}+A\,\overline{B}\,\overline{C}+ABC$$

$$Y=C+AB$$

⑥ 根据最简表达式画出逻辑电路图如图 3-4 所示。

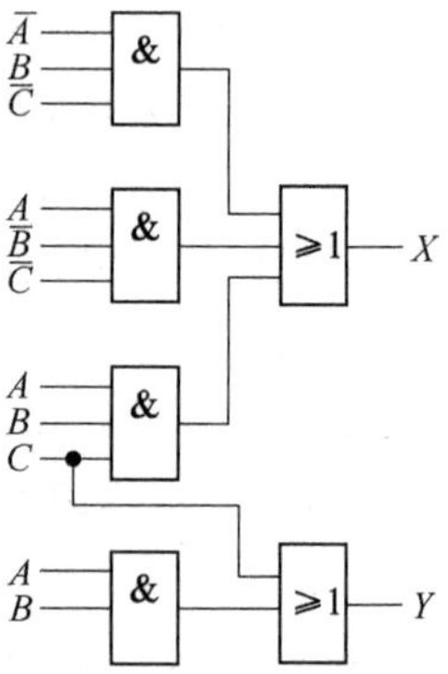

图 3-4 例 3-2 设计的逻辑电路图

例 3-3 设计一个表决电路，该电路有 3 个输入信号，输入信号有同意和不同意两种状态；当多数同意时，输出信号处于通过的状态，否则处于不通过状态，试用与非门设计该逻辑电路。

解：根据组合逻辑电路的设计步骤：

① 确定输入变量个数为 3 个，输出变量个数 1 个；

② 输入变量为 A、B、C，设定输入同意状态为逻辑 1，不同意为逻辑 0；输出变量为 Y，设定通过状态为逻辑 1，不通过状态为逻辑 0。

③ 根据输入与输出变量的逻辑关系，列真值表 3-3。

表 3-3 例 3-3 真值表

A	B	C	Y
0	0	0	0
0	0	1	0
0	1	0	0
0	1	1	1
1	0	0	0
1	0	1	1
1	1	0	1
1	1	1	1

④ 根据真值表，直接画卡诺图进行化简。卡诺图如图 3-5 所示。

⑤ 写出最简表达式

$$Y=AC+AB+BC=\overline{\overline{AB}\ \overline{BC}\ \overline{AC}}$$

⑥ 根据最简与非-与非表达式画出逻辑电路图如图 3-6 所示。

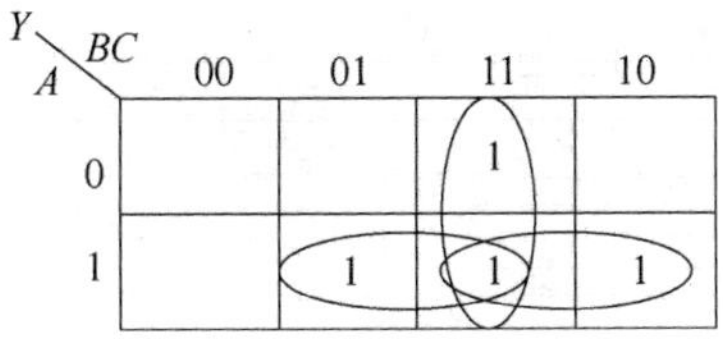

图 3-5 例 3-3 卡诺图

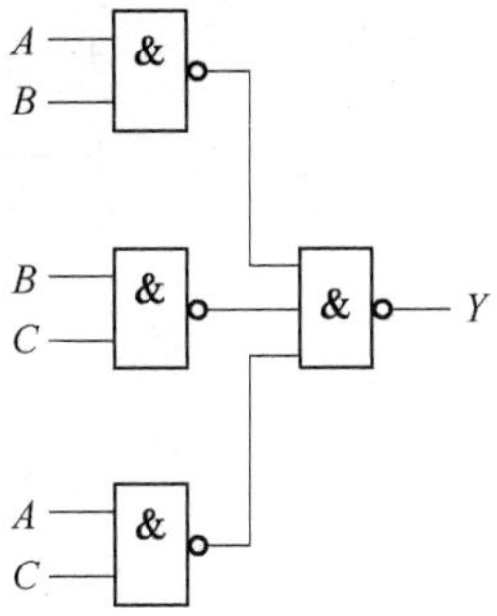

图 3-6 例 3-3 设计的逻辑电路图

3.2 常用组合逻辑电路

在数字系统设计中，其中有些逻辑电路经常出现在各种数字系统中，这些逻辑电路包含译码器、编码器、数据选择器、数据分配器、加法器、比较器、乘法器码组变换器等。将这些逻辑电路制成中规模标准组合模块电路，称为中规模标准组合模块电路。下面分别介绍这些逻辑电路。

3.2.1 加法器

1. 半加器

两个 1 位二进制数相加的加法电路称为半加器。

半加器有两个输入变量 A_i，B_i，代表两个 1 位二进制数的输入；有两个输出变量 S_i，C_i，代表相加产生的和与进位输出。根据一位二进制加法原理，列出真值表如表 3-4 所示。

表 3-4 半加器真值表

A	B	S	C
0	0	0	0
0	1	1	0
1	0	1	0
1	1	0	1

根据真值表直接写出输出逻辑表达式：

$$S=\overline{A}B+A\overline{B}=A\oplus B \tag{3-2}$$

$$C=AB \tag{3-3}$$

根据式(3-2)、式(3-3)画出逻辑电路图如图 3-7(a)所示，图 3-7(b)为半加器的图形符号。

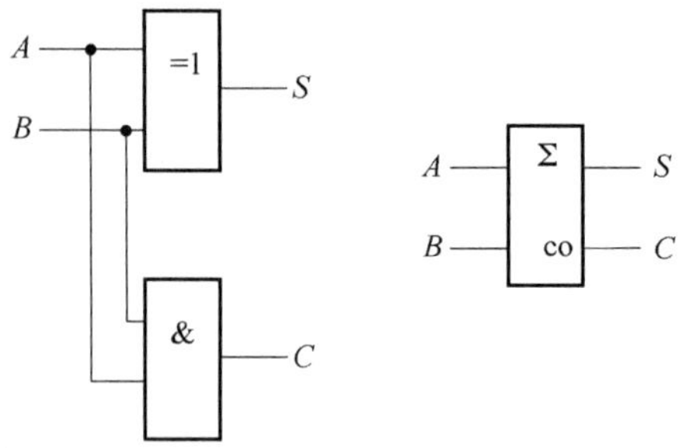

(a) 逻辑电路图　　(b) 图形符号

图 3-7　半加器

例 3-4　用 3 个半加器构成下列 4 个函数：

(1) $F_1 = A \oplus B \oplus C$

(2) $F_2 = C(A \oplus B)$

(3) $F_3 = ABC$

(4) $F_4 = (AB) \oplus C$

解：由于半加器由异或门和与门构成，这 4 个逻辑函数也是由这两种逻辑运算构成，所设计的逻辑电路图如图 3-8 所示。

2. 全加器

(1) 一位全加器

两个多位二进制数中的某一位的加法运算电路，称为一位全加器。

(2) 一位全加器的设计原理

一位全加器输入变量有 3 个：被加数 A_i、加数 B_i、低一位的进位输入 C_i；输出变量有两个：产生的和 S_i 和进位输出 C_i，其示意图如图 3-9 所示。

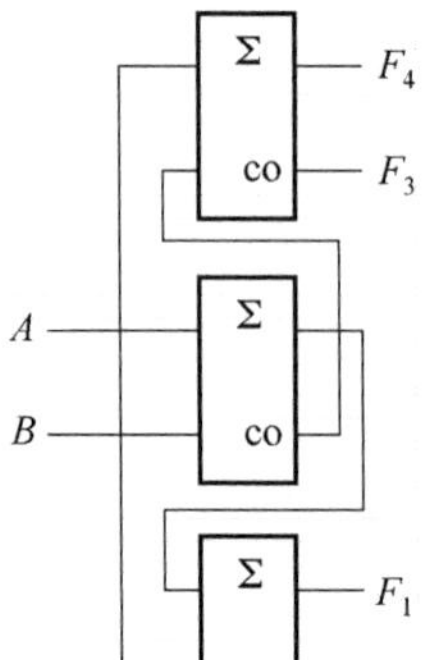

图 3-8　例 3-4 逻辑电路图

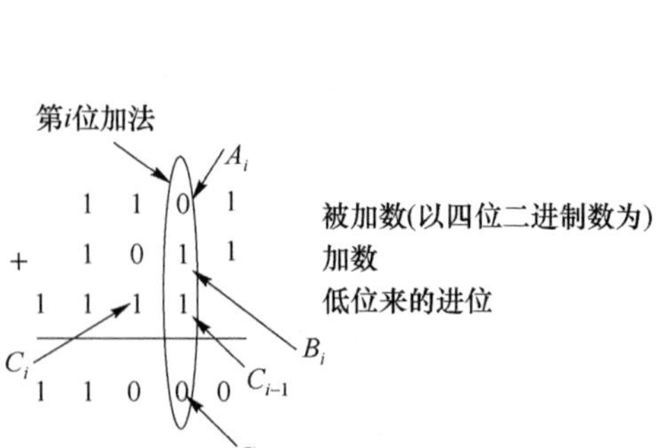

图 3-9　一位全加器第 i 位加法示意图

根据图 3-9 列一位全加器真值表如表 3-5 所示。

表 3-5　一位全加器真值表

A_i	B_i	C_{i-1}	S_i	C_i
0	0	0	0	0
0	0	1	1	0
0	1	0	1	0
0	1	1	0	1
1	0	0	1	0
1	0	1	0	1
1	1	0	0	1
1	1	1	1	1

根据表 3-5 真值表,对输出变量用卡诺图化简,如图 3-10 所示。

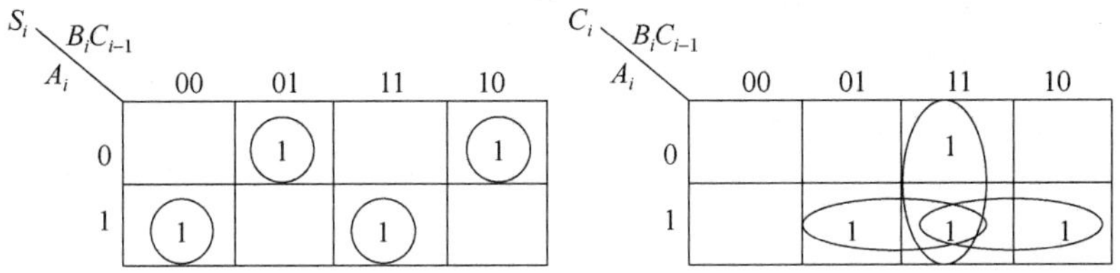

(a)　　　　(b)

图 3-10　一位全加器卡诺图

由图 3-9 写出输出逻辑表达式:

$$S_i = A_i\overline{B}_i\overline{C}_{i-1} + \overline{A}_i\overline{B}_iC_{i-1} + \overline{A}_iB_i\overline{C}_{i-1} + A_iB_iC_{i-1} = A_i \oplus B_i \oplus C_{i-1} \tag{3-4}$$

$$C_i = A_iB_i + B_iC_{i-1} + A_iC_{i-1} = A_iB_i + C_{i-1}(B_i \oplus A_i) \tag{3-5}$$

根据式(3-4)、(3-5)画出一位全加器的逻辑电路图,如图 3-11(a)所示,图 3-11(b)为一位全加器图形符号。

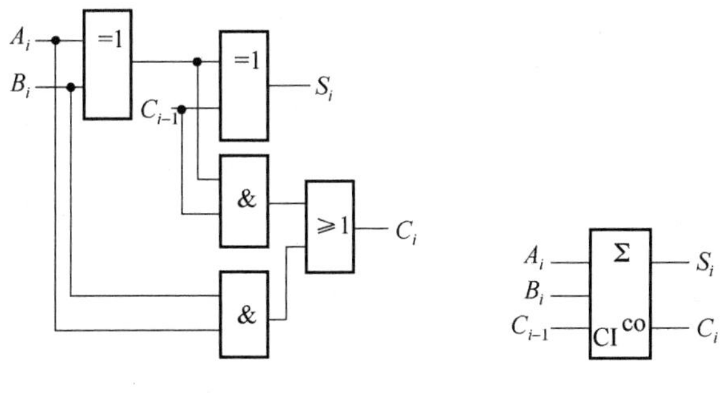

(a) 逻辑电路图　　　　(b) 图形符号

图 3-11　一位全加器

3. 加法器

实现多位二进制数相加的电路称为加法器。根据加法器进位方式不同,加法器分为串行进位加法器和超前进位加法器。

(1) 4 位串行进位加法器

串行进位加法器是指全加器进位输出端接到另一个全加器的进位输入端,其他以此类推所构成的多位加法器。以 4 位串行加法器为例,逻辑电路图如图 3-12 所示。

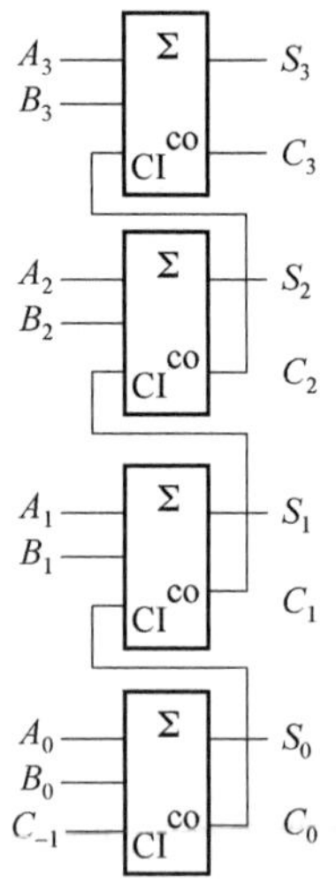

图 3-12　4 位串行进位加法器

串行进位加法器虽然接法简单,但是由于后一位的加法运算必须前面几位的加法运算完成产生进位后才能进行,所以这种加法器只适用于位数少的加法器,当加法的位数较多,为了提高运算速度,可以用超前进位加法器。

(2) 超前进位加法器

所谓的超前进位加法器,是指在做多位加法时,各位的进位输入信号直接由输入二进制数通过超前进位电路产生,由于该电路与每位加法运算无关,所以可以加快加法运算速度。以 4 位二进制加法器为例,说明超前进位加法器工作原理。

一位全加器的进位重写为

$$C_i = A_iB_i + B_iC_{i-1} + A_iC_{i-1} = A_iB_i + C_{i-1}(B_i + A_i) \qquad (3\text{-}6)$$

令 $P_i = B_i + A_i$ 称为第 i 位的进位传输项,$G_i = B_iA_i$ 称为第 i 位的进位产生项,4 位加法器中第 0 位的进位输出为

$$C_0 = A_0B_0 + B_0C_{-1} + A_0C_{-1} = A_0B_0 + C_{-1}(B_0 + A_0) = G_0 + P_0C_{-1} \qquad (3\text{-}7)$$

第 1 位的进位输出为

$$C_1 = A_1B_1 + C_0(B_1 + A_1) = G_1 + P_1C_0$$

将式(3-7)代入上式消去 C_0 得到

$$C_1 = A_1B_1 + C_0(B_1 + A_1) = G_1 + P_1(G_0 + P_0C_{-1}) \qquad (3\text{-}8)$$

同理得到第 2 位、第 3 位的进位输出表达式为式(3-9)、(3-10)。

$$C_2 = A_2B_2 + C_1(B_2 + A_2) = G_2 + P_2[G_1 + P_1(G_0 + P_0C_{-1})] \qquad (3\text{-}9)$$

$$C_2 = A_3B_3 + C_2(B_3 + A_3) = G_3 + P_3\{G_2 + P_2[G_1 + P_1(G_0 + P_0C_{-1})]\} \qquad (3\text{-}10)$$

当两个 4 位二进制数 $B_3\,B_2\,B_1\,B_0$,$A_3\,A_2\,A_1\,A_0$ 及最低进位输入 C_{-1} 确定后,根据式(3-7)～(3-10)确定超前进位电路,产生每位全加器的进位输入,所构成的 4 位超前进位加法器逻辑电路结构图如图 3-13 所示,图 3-14 是 4 位加法器的图形符号表示。

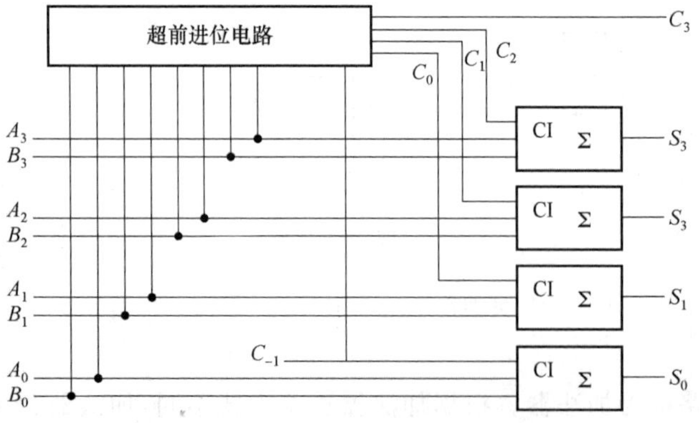

图 3-13　4 位二进制超前进位加法器

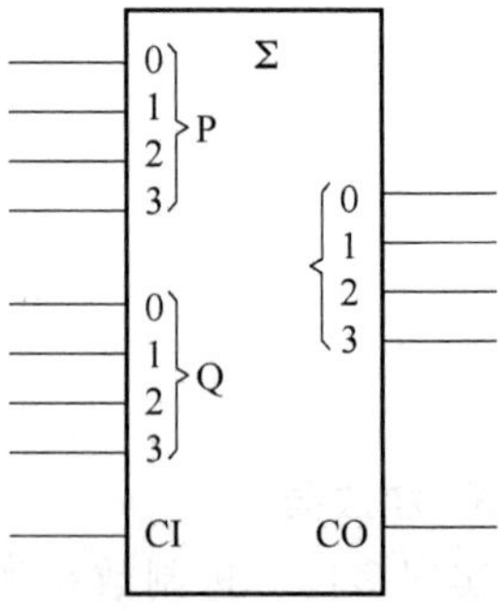

图 3-14　集成 4 位加法器图形符号

超前进位加法器由于采用了超前进位工作方式，可以用在高速加法电路中。

3.2.2 乘法器

二进制乘法器是指完成两个二进制数乘法运算的电路，下面以 2 位×2 位二进制乘法器为例说明二进制乘法器的设计原理。

1. 2 位×2 位二进制乘法器

假设以 2 位×2 位二进制乘法器输入的两个二进制数为 $A_1\ A_0$，$B_1\ B_0$；输出积为 $Y_3\ Y_2\ Y_1\ Y_0$；则根据二进制数乘法规则列出真值表如表 3-6 所示。

表 3-6 2 位×2 位二进制乘法器真值表

A_1	A_0	B_1	B_0	Y_3	Y_2	Y_1	Y_0
0	0	0	0	0	0	0	0
0	0	0	1	0	0	0	0
0	0	1	0	0	0	0	0
0	0	1	1	0	0	0	0
0	1	0	0	0	0	0	0
0	1	0	1	0	0	0	1
0	1	1	0	0	0	1	0
0	1	1	1	0	0	1	1
1	0	0	0	0	0	0	0
1	0	0	1	0	0	1	0
1	0	1	0	0	1	0	0
1	0	1	1	0	1	1	0
1	1	0	0	0	0	0	0
1	1	0	1	0	0	1	1
1	1	1	0	0	1	1	0
1	1	1	1	1	0	0	1

根据真值表 3-6 做出卡诺图如图 3-15 所示。

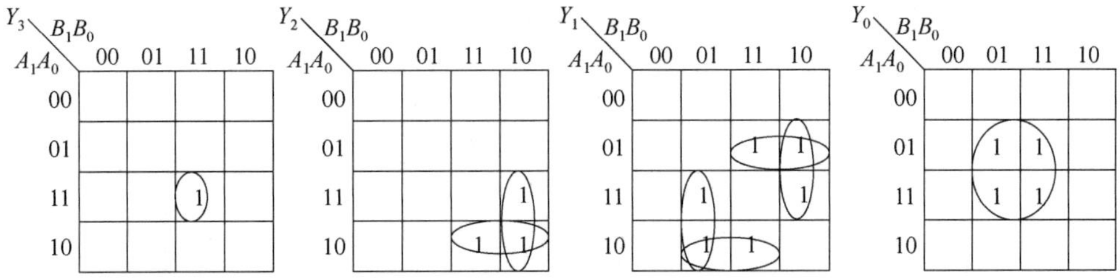

图 3-15 2 位×2 位二进制乘法器卡诺图

根据图 3-15 所示卡诺图写出最简输出表达式：

$$Y_3 = A_1 A_0 B_1 B_0 \tag{3-11}$$

$$Y_2 = A_1 \overline{A}_0 B_1 + A_1 B_1 \overline{B}_0 \tag{3-12}$$

$$Y_1 = A_1 \overline{B}_1 B_0 + A_1 \overline{A}_0 B_0 + \overline{A}_1 A_0 B_1 + A_0 B_1 \overline{B}_0 \tag{3-13}$$

$$Y_0 = A_0 B_0 \tag{3-14}$$

根据式(3-11)～(3-14)画出 2 位×2 位二进制乘法器逻辑电路图如图 3-16 所示。

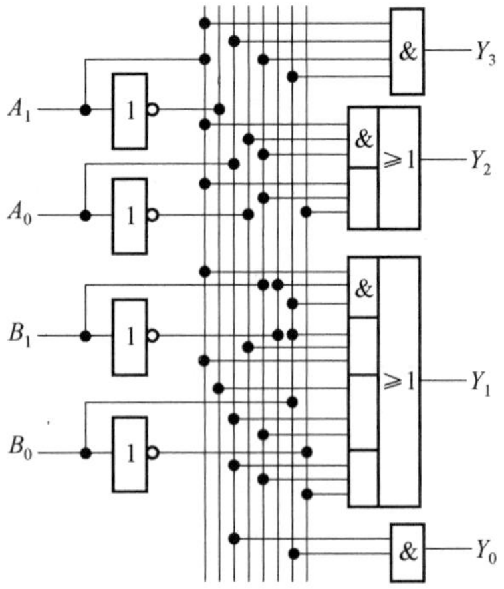

图 3-16　2 位×2 位二进制乘法器逻辑电路图

2. 集成 4 位×4 位并行二进制乘法器

利用芯片 74LS284、74LS285，可以组成集成 4 位×4 位并行二进制乘法器。图 3-17 是用两芯片构成的 4 位×4 位并行二进制乘法器。

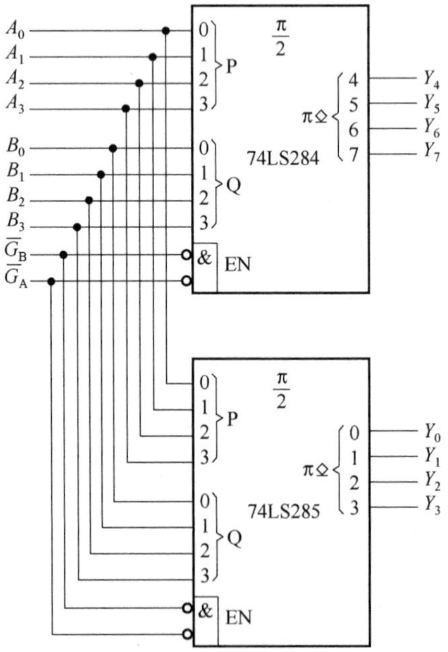

图 3-17　集成 4 位×4 位并行二进制乘法器连接图

3.2.3 数字比较器

数字比较器是比较两个二进制数大小的电路。输入信号是两个要比较的二进制数，输出为比较结果:大于、等于、小于。

1. 1 位数值比较器的设计原理

由于是 1 位数值比较器，两个参加比较的数是 1 位二进制数。设 A_i、B_i 为输入的一位二进制数，L_i、G_i、M_i 为 A_i 与 B_i 比较产生大于、等于、小于三种结果的输出信号。根据二进制数的大小比较，列出真值表如表 3-7 所示。

表 3-7 一位数值比较器的真值表

A_i	B_i	M_i	G_i	L_i
0	0	0	1	0
0	1	1	0	0
1	0	0	0	1
1	1	0	1	0

根据表 3-7 所示的真值表，直接写出输出逻辑表达式:

$$L_i = A\overline{B} \tag{3-15}$$

$$G_i = \overline{A\overline{B} + \overline{A}B} \tag{3-16}$$

$$M_i = \overline{A}B \tag{3-17}$$

根据式(3-15)～式(3-17)画出一位数值比较器的逻辑电路图，如图 3-18(a)所示。

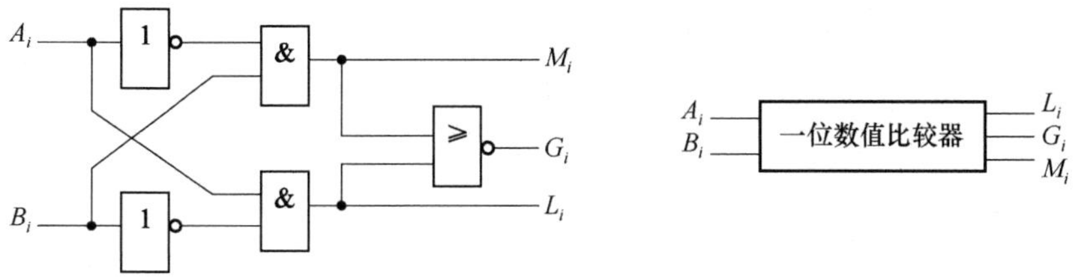

(a) 逻辑电路图　　(b) 电路方框图

图 3-18 一位数值比较器

2. 4 位数值比较器

如果是两个多位二进制数值比较器，其设计原理又如何? 下面以 4 位数值比较器为例进行说明。设两个 4 位二进制数为 $A=A_3A_2A_1A_0$，$B=B_3B_2B_1B_0$，因此 4 位数值比较器有 8 个数值输入信号;同样 A 与 B 比较有三种结果:大于、等于、小于，对应 3 个输出信号，分别为 L,G,M。

① $A>B$ 情况分析

如果要 $A>B$，必须 $A_3>B_3$;或者 $A_3=B_3$ 且 $A_2>B_2$;或者 $A_3=B_3$ 且 $A_2=B_2$ 且

$A_1>B_1$;或者 $A_3=B_3$ 且 $A_2=B_2$ 且 $A_1=B_1$ 且 $A_0>B_0$。

设定 A,B 的第 i 位($i=0,1,2,3$)二进制数比较结果大于、等于、小于用 L_i、G_i、M_i 表示,则 L_i、G_i、M_i 的表达式由式(3-15)~(3-17)可得到

$$L_i=A\overline{B},\quad G_i=\overline{A\overline{B}+\overline{A}B},\quad M_i=\overline{A}B$$

则

$$L=L_3+G_3L_2+G_3G_2L_1+G_3G_2G_1L_0 \tag{3-18}$$

② $A=B$ 情况分析

如果要 $A=B$,必须 $A_3=B_3$ 且 $A_2=B_2$ 且 $A_1=B_1$ 且 $A_0=B_0$,所以

$$G=G_3G_2G_1G_0 \tag{3-19}$$

③ $A<B$ 情况分析

如果要 $A<B$,必须 $A_3<B_3$;或者 $A_3=B_3$ 且 $A_2<B_2$;或者 $A_3=B_3$ 且 $A_2=B_2$ 且 $A_1<B_1$;或者 $A_3=B_3$ 且 $A_2=B_2$ 且 $A_1=B_1$ 且 $A_0<B_0$,则:

$$M=M_3+G_3M_2+G_3G_2M_1+G_3G_2G_1M_0 \tag{3-20}$$

另外也可以由排除法推导出:如果 A 不大于、不等于 B,则 $A<B$。由此得出 M 的表达式为

$$M=\overline{L}\ \overline{G}=\overline{L+G} \tag{3-21}$$

④ 4 位数值比较器逻辑方框图

根据式(3-18)~(3-21)画出 4 位数值比较器的逻辑方框图,如图 3-19 所示。

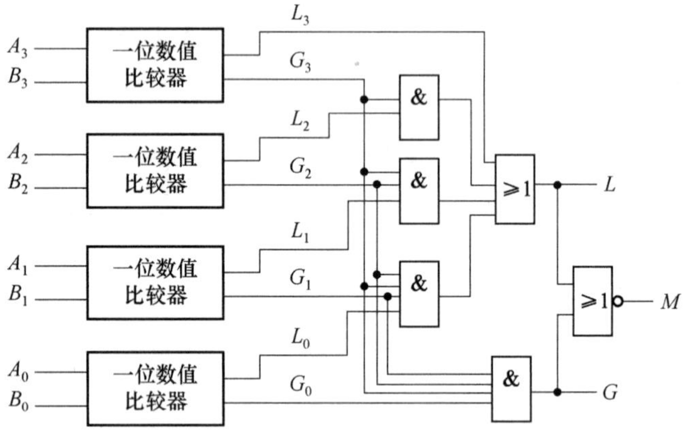

图 3-19　4 位数值比较器逻辑方框图

⑤ 集成数值比较器

将 4 位数值比较器电路封装在集成芯片中,便构成集成 4 位数值比较器。图 3-20 为 4 位数值比较器 74LS85、7485 的图形符号。表 3-8 为对应真值表。

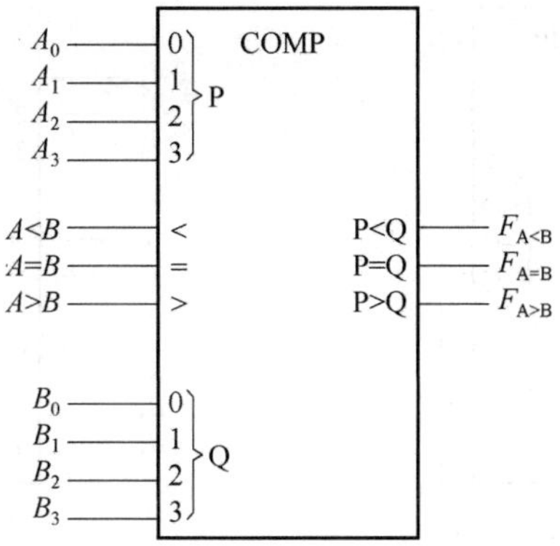

图 3-20 4 位集成数值比较器 74LS85、7485 图形符号

表 3-8 4 位集成数值比较器真值表

数值比较器数值输入				级联输入			状态输出		
A_3B_3	A_2B_2	A_1B_1	A_0B_0	$A<B$	$A=B$	$A>B$	$F_{A<B}$	$F_{A=B}$	$F_{A>B}$
$A_3>B_3$	×	×	×	×	×	×	0	0	1
$A_3=B_3$	$A_2>B_2$	×	×	×	×	×	0	0	1
$A_3=B_3$	$A_2=B_2$	$A_1>B_1$	×	×	×	×	0	0	1
$A_3=B_3$	$A_2=B_2$	$A_1=B_1$	$A_0>B_0$	×	×	×	0	0	1
$A_3=B_3$	$A_2=B_2$	$A_1=B_1$	$A_0=B_0$	0	0	1	0	0	1
$A_3=B_3$	$A_2=B_2$	$A_1=B_1$	$A_0=B_0$	0	1	0	0	1	0
$A_3=B_3$	$A_2=B_2$	$A_1=B_1$	$A_0=B_0$	1	0	0	1	0	0
$A_3<B_3$	×	×	×	×	×	×	1	0	0
$A_3=B_3$	$A_2<B_2$	×	×	×	×	×	1	0	0
$A_3=B_3$	$A_2=B_2$	$A_1<B_1$	×	×	×	×	1	0	0
$A_3=B_3$	$A_2=B_2$	$A_1=B_1$	$A_0<B_0$	×	×	×	1	0	0

由于集成数值比较器要考虑比较数值的位数扩展，因此增加了级联输入$(A<B)$、$(A=B)$、$(A>B)$三个端，当 4 位比较数值相等时，由级联输入的值决定输出结果。状态输出 $F_{A<B}$、$F_{A=B}$、$F_{A>B}$与M、G、L 对应。74LS85 与 CC14585 的 8 位数值比较器扩展逻辑图如图 3-21 所示。

在用 74LS85 扩展时，由表 3-8 的真值表，低 4 位集成芯片比较状态输出接高 4 位级联输入，低 4 位集成芯片的级联输入$(A<B)$、$(A=B)$、$(A>B)$应接 0、1、0。

由于 CC14585 的状态输出端 $F_{A>B}=\overline{F_{A=B}+F_{A<B}}$，也就是说，输出端由输出端 $F_{A=B}$与输出端通过或非门实现的。因此在用 CC14585 扩展时，只需将低位片的比较结果 $F_{A=B}$、$F_{A<B}$接入高位比较输入$(A=B)$、$(A<B)$，而$(A>B)$端仅仅是控制信号，当$(A>B)$端输入为高电平时，允许 $F_{A>B}$状态输出；否则 $F_{A>B}$状态锁定为低电平。因此两块集成芯片的$(A>B)$端应接高电平。

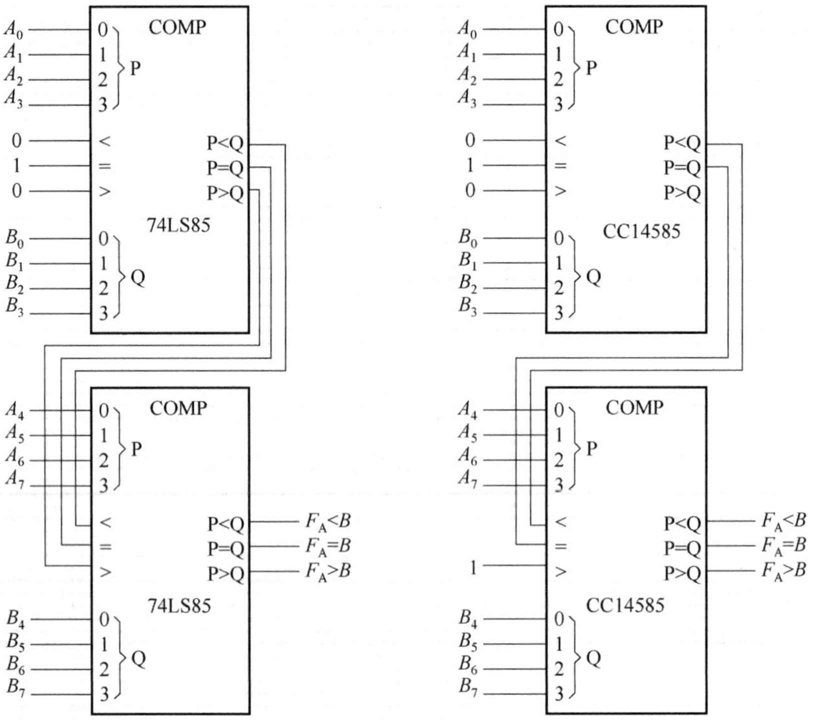

(a) 用 74LS85 扩展 8 位数值比较器　　(b) 用 CC14585 扩展 8 位数值比较器

图 3-21　8 位数值比较器扩展

3.2.4　编码器

在数字电路中，编码器是指将输入信号用二进制编码形式输出的器件。如图 3-22 所示，假设有 N 个输入信号要求编码，最少输出编码位数为 m，则应满足

$$2^{m-1}<N<2^{m} \tag{3-22}$$

1. 二进制编码器

对输入 $N=2^n$ 个信号用 n 位二进制编码输出的逻辑电路称为编码器。以 2 位输出编码为例，说明二进制编码器的设计原理。

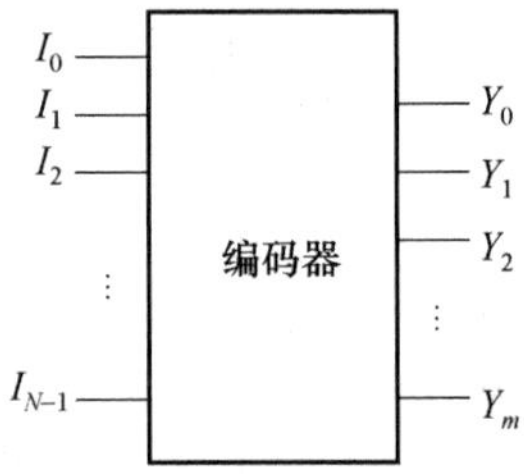

图 3-22　编码器

2 位二进制编码器有 4 个要求编码的输入信号（I_0，I_1，I_2，I_3），2 个输出信号（Y_1，Y_0）；根据输入信号编码要求唯一性，即当输入某个信号要求编码时，其他 3 个输入不能有编码要求。并假设 I_0 为高电平时要求编码，其对应 Y_1，Y_0 为 00，同理，I_1 为高电平时对应 Y_1，Y_0 为 01，I_2 为高电平时对应 Y_1，Y_0 为 10，I_3 为高电平时对应 Y_1，Y_0 为 11，列出真值表如表 3-9 所示。

表 3-9 2 位二进制编码器真值表

输入				输出	
I_0	I_1	I_2	I_3	Y_1	Y_0
1	0	0	0	0	0
0	1	0	0	0	1
0	0	1	0	1	0
0	0	0	1	1	1

根据真值表写出逻辑表达式：

$$Y_1 = I_2 + I_3 \tag{3-23}$$

$$Y_0 = I_1 + I_3 \tag{3-24}$$

根据式(3-23)、式(3-24)画出 2 位二进制编码器逻辑图，如图 3-23 所示。

从表 3-9 二进制编码器真值表我们可以看出，当输入信号同时出现两个或两个以上信号要求编码时，该二进制编码器逻辑电路将出现编码错误，此时，应使用二进制优先编码器。

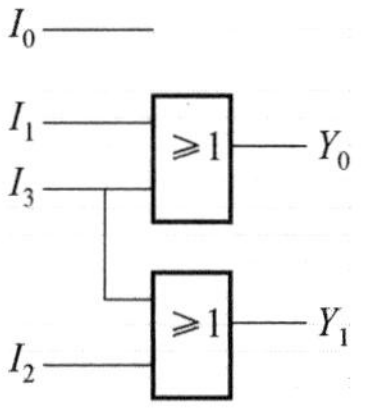

图 3-23 2 位二进制编码器

下面以 3 位优先编码器为例说明优先编码器设计原理。

2. 3 位二进制优先编码器设计原理

优先编码器是指当输入信号同时出现几个编码要求时，编码器选择优先级最高的输入信号输出其编码。假设 3 位二进制优先编码器有 8 个输入信号端：$\overline{I}_0,\overline{I}_1,\overline{I}_2,\overline{I}_3,\overline{I}_4,\overline{I}_5,\overline{I}_6,\overline{I}_7$，其中 $\overline{I}_i(i=0,1,2,\cdots,7)$的非号表示当 $\overline{I}_i$ 为低电平时该信号要求编码。3 位编码输出：$\overline{Y}_2,\overline{Y}_1,\overline{Y}_0,\overline{Y}_i(i=0,1,2)$的非号表示对应二进制反码输出；假设 $\overline{I}_7$ 的编码优先级最高，$\overline{I}_6$ 次之，依此类推。$\overline{I}_0$ 的编码优先级最低，则对应的 3 位二进制优先编码器真值表如表 3-10 所示。

表 3-10 3 位二进制优先编码器真值表

输入								输出		
$\overline{I}_0$	$\overline{I}_1$	$\overline{I}_2$	$\overline{I}_3$	$\overline{I}_4$	$\overline{I}_5$	$\overline{I}_6$	$\overline{I}_7$	$\overline{Y}_2$	$\overline{Y}_1$	$\overline{Y}_0$
×	×	×	×	×	×	×	0	0	0	0
×	×	×	×	×	×	0	1	0	0	1
×	×	×	×	×	0	1	1	0	1	0
×	×	×	×	0	1	1	1	0	1	1
×	×	×	0	1	1	1	1	1	0	0
×	×	0	1	1	1	1	1	1	0	1
×	0	1	1	1	1	1	1	1	1	0
0	1	1	1	1	1	1	1	1	1	1

注：×表示取值可以为 0 或 1。

根据表 3-10 所示逻辑功能，写出逻辑表达式：

$$\overline{Y}_2=\overline{\overline{I}_0}\,\overline{I}_1\,\overline{I}_2\,\overline{I}_3\,\overline{I}_4\,\overline{I}_5\,\overline{I}_6\,\overline{I}_7+\overline{\overline{I}_1}\,\overline{I}_2\,\overline{I}_3\,\overline{I}_4\,\overline{I}_5\,\overline{I}_6\,\overline{I}_7+\overline{\overline{I}_2}\,\overline{I}_3\,\overline{I}_4\,\overline{I}_5\,\overline{I}_6\,\overline{I}_7+\overline{\overline{I}_3}\,\overline{I}_4\,\overline{I}_5\,\overline{I}_6\,\overline{I}_7 \quad (3\text{-}25)$$

$$\overline{Y}_1=\overline{\overline{I}_0}\,\overline{I}_1\,\overline{I}_2\,\overline{I}_3\,\overline{I}_4\,\overline{I}_5\,\overline{I}_6\,\overline{I}_7+\overline{\overline{I}_1}\,\overline{I}_2\,\overline{I}_3\,\overline{I}_4\,\overline{I}_5\,\overline{I}_6\,\overline{I}_7+\overline{\overline{I}_4}\,\overline{I}_5\,\overline{I}_6\,\overline{I}_7+\overline{\overline{I}_5}\,\overline{I}_6\,\overline{I}_7 \quad (3\text{-}26)$$

$$\overline{Y}_0=\overline{\overline{I}_0}\,\overline{I}_1\,\overline{I}_2\,\overline{I}_3\,\overline{I}_4\,\overline{I}_5\,\overline{I}_6\,\overline{I}_7+\overline{\overline{I}_2}\,\overline{I}_3\,\overline{I}_4\,\overline{I}_5\,\overline{I}_6\,\overline{I}_7+\overline{\overline{I}_4}\,\overline{I}_5\,\overline{I}_6\,\overline{I}_7+\overline{\overline{I}_6}\,\overline{I}_7 \quad (3\text{-}27)$$

根据式(3-25)～(3-27)画出逻辑电路图，如图 3-24 所示。

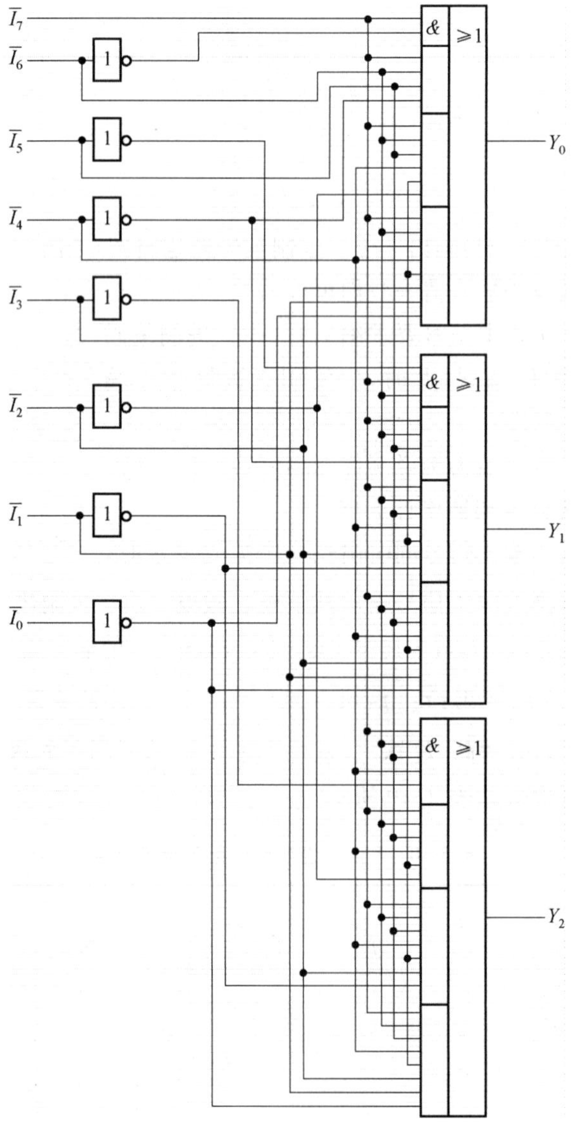

图 3-24　3 位二进制优先编码器

3. 集成 8 线-3 线优先编码器

图 3-25 是 8 线-3 线优先编码器 74LS148、74148 的图形符号表示图，表 3-11 为其真值表。

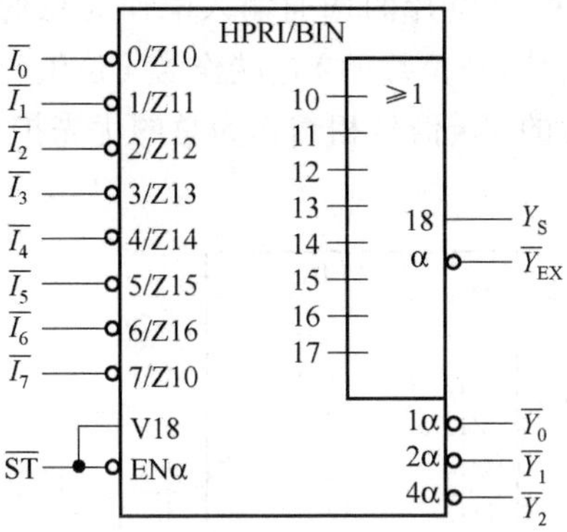

图 3-25　8 线-3 线优先编码器 74LS148 图形符号

表 3-11　集成 8 线-3 线优先编码器的真值表

输入									输出				
$\overline{ST}$	$\overline{I}_7$	$\overline{I}_6$	$\overline{I}_5$	$\overline{I}_4$	$\overline{I}_3$	$\overline{I}_2$	$\overline{I}_1$	$\overline{I}_0$	$\overline{Y}_2$	$\overline{Y}_1$	$\overline{Y}_0$	$\overline{Y}_{EX}$	$\overline{Y}_S$
1	×	×	×	×	×	×	×	×	1	1	1	1	1
0	1	1	1	1	1	1	1	1	1	1	1	1	0
0	0	×	×	×	×	×	×	×	0	0	0	0	1
0	1	0	×	×	×	×	×	×	0	0	1	0	1
0	1	1	0	×	×	×	×	×	0	1	0	0	1
0	1	1	1	0	×	×	×	×	0	1	1	0	1
0	1	1	1	1	0	×	×	×	1	0	0	0	1
0	1	1	1	1	1	0	×	×	1	0	1	0	1
0	1	1	1	1	1	1	0	×	1	1	0	0	1
0	1	1	1	1	1	1	1	0	1	1	1	0	1

学会看集成芯片真值表，是正确使用芯片的首要条件。$\overline{ST}$是优先编码器的选通输入端，$\overline{I}_7$，$\overline{I}_6$，$\overline{I}_5$，$\overline{I}_4$，$\overline{I}_3$，$\overline{I}_2$，$\overline{I}_1$，$\overline{I}_0$ 是 8 个输入信号端，输入低电平表示该信号有编码要求；$\overline{Y}_{EX}$为优先扩展输出端，Y_S 为选通输出端，$\overline{Y}_2$，$\overline{Y}_1$，$\overline{Y}_0$ 是三位二进制反码输出端。表 3-11 输入栏中第一行表示，当$\overline{ST}=1$ 时，集成 8 线-3 线优先编码器禁止编码输出，此时 $\overline{Y}_{EX}Y_S=11$；第二行则说明当$\overline{ST}=0$ 时，允许编码器编码，但由于输入信号 $\overline{I}_7\overline{I}_6\overline{I}_5\overline{I}_4\overline{I}_3\overline{I}_2\overline{I}_1\overline{I}_0=11111111$，8 个输入信号无一个信号有编码要求，此时状态输出端 $\overline{Y}_{EX}Y_S=10$，从第三行开始到最后一行表示$\overline{ST}=0$ 有效时，且输入信号至少有一个有编码要求，则此时 $\overline{Y}_{EX}Y_S=01$，$\overline{Y}_2$，$\overline{Y}_1$，$\overline{Y}_0$ 输出要求编码的输入信号中最高优先级的编码，$\overline{ST}$、$\overline{Y}_{EX}$、Y_S 在芯片扩展时作为控制端使用。

如果构成 16 线-4 线优先编码器，可以用两片 74LS148 优先编码器加少量的门电路构成。具体步骤如下：

① 确定 $\overline{I}_{15}$的编码优先级最高，$\overline{I}_{14}$次之，依此类推，$\overline{I}_0$ 最低。

② 用一片 74LS148 作为高位片，$\overline{I}_{15}$，$\overline{I}_{14}$，$\overline{I}_{13}$，$\overline{I}_{12}$，$\overline{I}_{11}$，$\overline{I}_{10}$，$\overline{I}_9$，$\overline{I}_8$作为该片的信号输入；另一片 74LS148 作为低位片，$\overline{I}_7$，$\overline{I}_6$，$\overline{I}_5$，$\overline{I}_4$，$\overline{I}_3$，$\overline{I}_2$，$\overline{I}_1$，$\overline{I}_0$作为该片的信号输入。

③ 根据编码优先级顺序，高位片的选通输入端作为总的选通输入端，低位片的选通输入端接高位片的选通输出端，高位片的 $\overline{Y}_{EX}$ 端作为 4 位编码的最高位输出，低位片的 Y_S 作为总的选通输出端。两片的 Y_{EX} 信号相与作为总的优先扩展输出端。具体逻辑电路如图 3-26 所示。

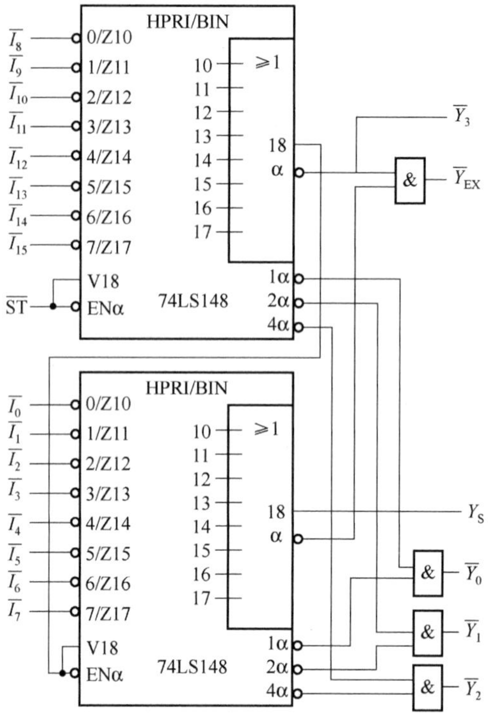

图 3-26 用 74LS148 构成 16 线-4 线优先编码器

4. 集成 10 线-4 线优先编码器

根据 8 线-4 线优先编码器的设计方法，可以设计 10 线-4 线优先编码器，将它封装在一个芯片上，便构成 10 线-4 线集成优先编码器，图 3-27 为 74LS147、74147 图形符号表示，表 3-12 为对应的真值表。

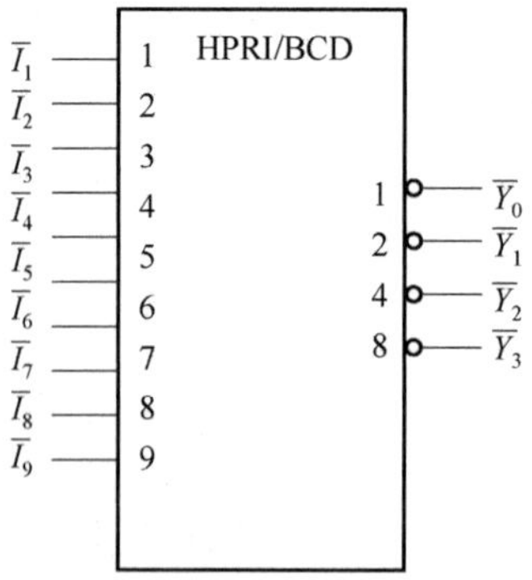

图 3-27 10 线-4 线集成优先编码器 74LS147、74147 图形符号

表 3-12 10 线-4 线集成优先编码器真值表

输入									输出			
$\overline{I}_9$	$\overline{I}_8$	$\overline{I}_7$	$\overline{I}_6$	$\overline{I}_5$	$\overline{I}_4$	$\overline{I}_3$	$\overline{I}_2$	$\overline{I}_1$	$\overline{Y}_3$	$\overline{Y}_2$	$\overline{Y}_1$	$\overline{Y}_0$
0	×	×	×	×	×	×	×	×	0	1	1	0
1	0	×	×	×	×	×	×	×	0	1	1	1
1	1	0	×	×	×	×	×	×	1	0	0	0
1	1	1	0	×	×	×	×	×	1	0	0	1
1	1	1	1	0	×	×	×	×	1	0	1	0
1	1	1	1	1	0	×	×	×	1	0	1	1
1	1	1	1	1	1	0	×	×	1	1	0	0
1	1	1	1	1	1	1	0	×	1	1	0	1
1	1	1	1	1	1	1	1	0	1	1	1	0
1	1	1	1	1	1	1	1	1	1	1	1	1

5. 码组变换器

码组变换器是将输入的一种编码转换为另一种编码输出的电路。输入编码及输出编码的种类不同,则码组变换器的电路构成也不同。下面以 8421BCD 码与余 3 码的转换电路为例,说明码组变换器的构成原理。

例 3-5 用集成 4 位加法器及少量门电路构成 8421BCD 码与余 3 码的转换电路。

解:根据题意,该电路要进行 8421BCD 码与余 3 码的双向转换,设 C 为转换控制信号,$C=0$ 时进行 8421BCD 码到余 3 码的转换,否则进行余 3 码到 8421BCD 码的转换,列出 8421BCD 码与余 3 码的转换的真值表如表 3-13 所示。

表 3-13 8421BCD 码与余 3 码的转换真值表

输入					输出			
C	A_3	A_2	A_1	A_0	B_3	B_2	B_1	B_0
0	0	0	0	0	0	0	1	1
0	0	0	0	1	0	1	0	0
0	0	0	1	0	0	1	0	1
0	0	0	1	1	0	1	1	0
0	0	1	0	0	0	1	1	1
0	0	1	0	1	1	0	0	0
0	0	1	1	0	1	0	0	1
0	0	1	1	1	1	0	1	0
0	1	0	0	0	1	0	1	1
0	1	0	0	1	1	1	0	0
1	0	0	1	1	0	0	0	0
1	0	1	0	0	0	0	0	1
1	0	1	0	1	0	0	1	0
1	0	1	1	0	0	0	1	1
1	0	1	1	1	0	1	0	0
1	1	0	0	0	0	1	0	1
1	1	0	0	1	0	1	1	0
1	1	0	1	0	0	1	1	1
1	1	0	1	1	1	0	0	0
1	1	1	0	0	1	0	0	1

由真值表可以得到

$C=0$ 时，

$$B_3B_2B_1B_0=A_3A_2A_1A_0+0011$$

$C=1$ 时，

$$B_3B_2B_1B_0=A_3A_2A_1A_0-0011=A_3A_2A_1A_0+1101$$

根据集成 4 位加法器的工作原理做出逻辑图如图 3-28 所示。

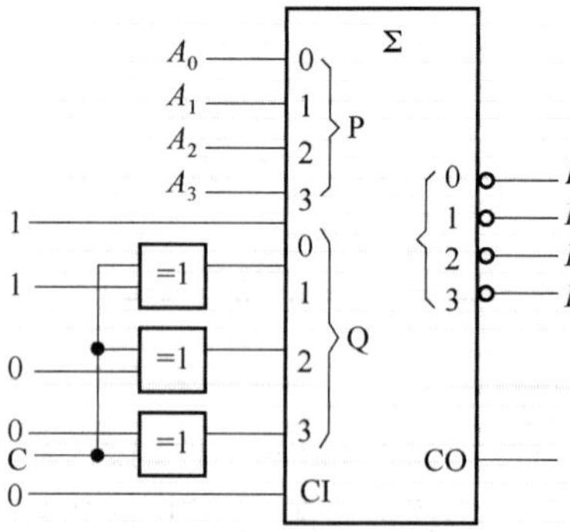

图 3-28　集成 4 位全加器构成 8421BCD 码与余 3 码转换电路

3.2.5　译码器

译码是编码的逆过程，译码器是将输入的二进制代码转换成相应的控制信号输出的电路。下面以 3 线-8 线二进制译码器为例，说明二进制译码器的设计原理。

1. 3 线-8 线二进制译码器

假设输入信号为二进制原码，输出信号为低电平有效，3 线-8 线二进制译码器输入的 3 位二进制代码为 A_2,A_1,A_0；2^3 个输出信号为 $\overline{Y}_0,\overline{Y}_1,\overline{Y}_2,\overline{Y}_3,\overline{Y}_4,\overline{Y}_5,\overline{Y}_6,\overline{Y}_7$。任何时刻二进制译码器的输出信号只允许一个输出信号有效。根据设计要求，列出真值表如表 3-14所示。

表 3-14　3 线-8 线二进制译码器真值表

输入			输出							
A_2	A_1	A_0	$\overline{Y}_0$	$\overline{Y}_1$	$\overline{Y}_2$	$\overline{Y}_3$	$\overline{Y}_4$	$\overline{Y}_5$	$\overline{Y}_6$	$\overline{Y}_7$
0	0	0	0	1	1	1	1	1	1	1
0	0	1	1	0	1	1	1	1	1	1
0	1	0	1	1	0	1	1	1	1	1
0	1	1	1	1	1	0	1	1	1	1
1	0	0	1	1	1	1	0	1	1	1
1	0	1	1	1	1	1	1	0	1	1
1	1	0	1	1	1	1	1	1	0	1
1	1	1	1	1	1	1	1	1	1	0

根据真值表，直接写出输出信号的逻辑表达式：

$$\overline{Y}_0=\overline{\overline{A}_2\overline{A}_1\overline{A}_0} \tag{3-28}$$

$$\overline{Y}_1=\overline{\overline{A}_2\overline{A}_1A_0} \tag{3-29}$$

$$\overline{Y}_2=\overline{\overline{A}_2A_1\overline{A}_0} \tag{3-30}$$

$$\overline{Y}_3=\overline{\overline{A}_2A_1A_0} \tag{3-31}$$

$$\overline{Y}_4=\overline{A_2\overline{A}_1\overline{A}_0} \tag{3-32}$$

$$\overline{Y}_5=\overline{A_2\overline{A}_1A_0} \tag{3-33}$$

$$\overline{Y}_6=\overline{A_2A_1\overline{A}_0} \tag{3-34}$$

$$\overline{Y}_7=\overline{A_2A_1A_0} \tag{3-35}$$

从二进制译码器的逻辑表达式可以看到，输出为低电平有效时，输出表达式为以输入信号为自变量的最小项的非，这样，可以用译码器加与非门构成逻辑函数表达式。

2. 集成 3 线-8 线译码器

将设计好的 3 线-8 线译码器封装在一个集成芯片上，便成为集成 3 线-8 线译码器，图 3-29 为 74LS138、74138 图形符号，相应的真值表如表 3-15 所示。

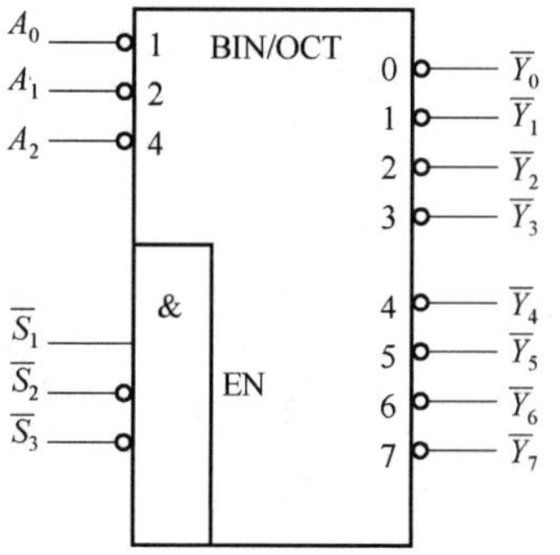

图 3-29 集成 3 线-8 线译码器 74LS138、74138 图形符号

表 3-15 集成 3 线-8 线二进制译码器真值表

输入					输出							
S_1	$\overline{S}_2+\overline{S}_3$	A_2	A_1	A_0	$\overline{Y}_0$	$\overline{Y}_1$	$\overline{Y}_2$	$\overline{Y}_3$	$\overline{Y}_4$	$\overline{Y}_5$	$\overline{Y}_6$	$\overline{Y}_7$
1	0	0	0	0	0	1	1	1	1	1	1	1
1	0	0	0	1	1	0	1	1	1	1	1	1
1	0	0	1	0	1	1	0	1	1	1	1	1
1	0	0	1	1	1	1	1	0	1	1	1	1
1	0	1	0	0	1	1	1	1	0	1	1	1
1	0	1	0	1	1	1	1	1	1	0	1	1
1	0	1	1	0	1	1	1	1	1	1	0	1
1	0	1	1	1	1	1	1	1	1	1	1	0
0	×	×	×	×	1	1	1	1	1	1	1	1
×	1	×	×	×	1	1	1	1	1	1	1	1

S_1，$\overline{S}_2$，$\overline{S}_3$ 为 3 个输入选通控制端，当 $S_1\overline{S}_2\overline{S}_3=100$ 时，才允许集成 3 线-8 线二进制译码器进行译码，这 3 个控制信号可以作为译码器的扩展使用。

下面以用集成 3 线-8 线二进制译码器构成 4 线-16 线译码器为例，说明译码器的扩展方法。

① 确定译码器的个数：由于输出有 16 个信号，至少需要 2 个 3 线-8 线二进制译码器。

② 扩展后输入的二进制代码有 4 个，除了使用芯片原有的 3 个二进制代码输入端作为低 3 位代码输入外，还需要在 3 个选通控制端中选择一个作为最高位代码输入端。

具体的逻辑电路如图 3-30 所示。

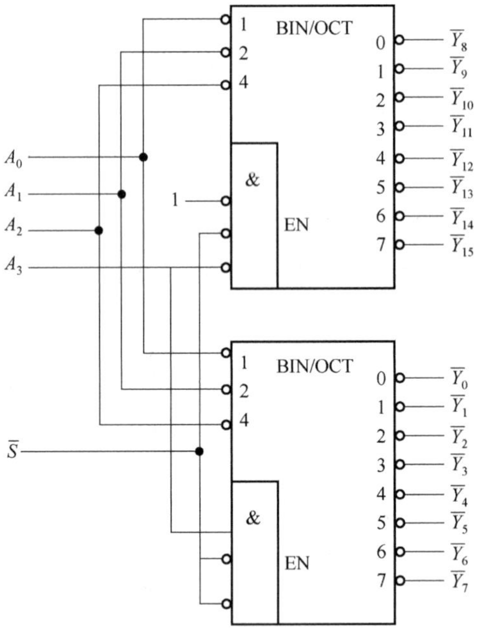

图 3-30　用 74LS138 构成的 4 线-16 线译码器

3. 集成 8421BCD 输入 4 线-10 线译码器

以前面介绍的 3 线-8 线译码器的设计方法设计 8421BCD 输入 4 线-10 线译码器，并将它封装在一个集成芯片中便构成集成 8421BCD 输入 4 线-10 线译码器，型号为 74LS42、7442。如图 3-31 所示，相应的真值表如表 3-16 所示。

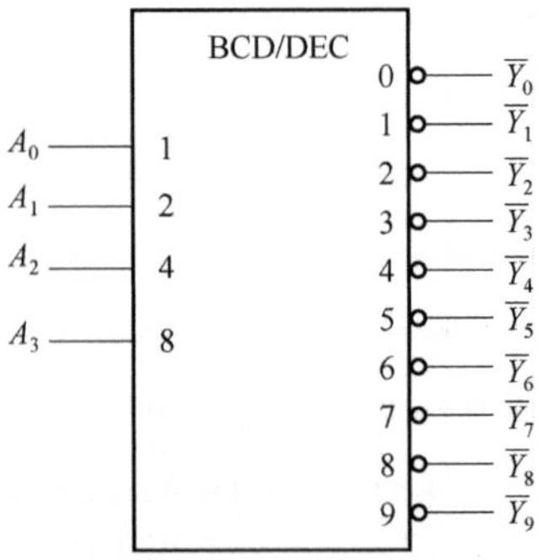

图 3-31　集成 8421BCD 输入 4 线-10 线译码器 74LS42、7442 图形符号

表 3-16 集成 8421 输入 4 线-10 线二进制译码器真值表

输 入				输 出									
A_3	A_2	A_1	A_0	$\overline{Y}_0$	$\overline{Y}_1$	$\overline{Y}_2$	$\overline{Y}_3$	$\overline{Y}_4$	$\overline{Y}_5$	$\overline{Y}_6$	$\overline{Y}_7$	$\overline{Y}_7$	$\overline{Y}_7$
0	0	0	0	0	1	1	1	1	1	1	1	1	1
0	0	0	1	1	0	1	1	1	1	1	1	1	1
0	0	1	0	1	1	0	1	1	1	1	1	1	1
0	0	1	1	1	1	1	0	1	1	1	1	1	1
0	1	0	0	1	1	1	1	0	1	1	1	1	1
0	1	0	1	1	1	1	1	1	0	1	1	1	1
0	1	1	0	1	1	1	1	1	1	0	1	1	1
0	1	1	1	1	1	1	1	1	1	1	0	1	1
1	0	0	0	1	1	1	1	1	1	1	1	0	1
1	0	0	1	1	1	1	1	1	1	1	1	1	0
1	0	1	0	1	1	1	1	1	1	1	1	1	1
1	0	1	1	1	1	1	1	1	1	1	1	1	1
1	1	0	0	1	1	1	1	1	1	1	1	1	1
1	1	0	1	1	1	1	1	1	1	1	1	1	1
1	1	1	0	1	1	1	1	1	1	1	1	1	1
1	1	1	1	1	1	1	1	1	1	1	1	1	1

4. 显示译码器

与二进制译码器不同，显示译码器是用来驱动显示器件的译码器。而要分析显示译码器的原理，应先了解显示器件类型及工作原理，下面先对常用的显示器件做一个介绍，然后对显示译码器的设计原理进行分析。

（1）半导体显示器件

某些特殊的半导体材料做成的 PN 结，在外加一定的电压时，能将电能转化成光能的这种特性，利用这种 PN 结发光特性制作成显示器件，称为半导体显示器件。常用半导体显示器件有单个的发光二极管及由多个发光二极管组成的 LED 数码管的显示器件，如图 3-32 所示。

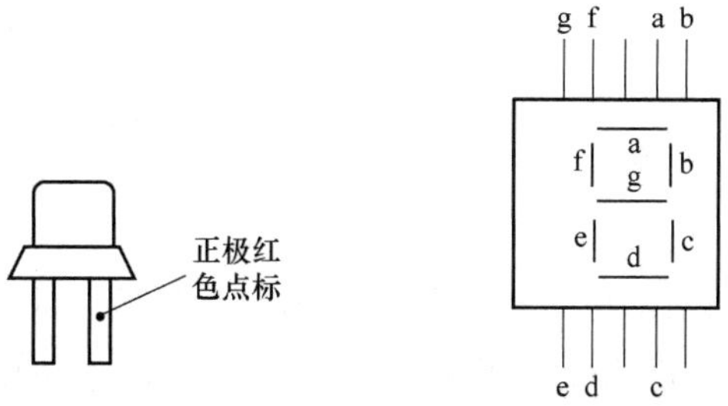

(a) 发光二极管　　(b) LG5611B型数码管引脚功能

图 3-32 半导体显示器件

半导体显示器件工作时，发光二极管需要一定大小的工作电压及电流。一般地，发光二极管的工作电压为 1.5～3 V，工作电流为几到十几毫安，视型号不同而有所不同。驱动电路可以由门电路构成，也可以由三极管电路构成。如图 3-33 所示，调整电阻 R 的大小，可以改变发光二极管 VD 的亮度，使发光二极管正常工作。

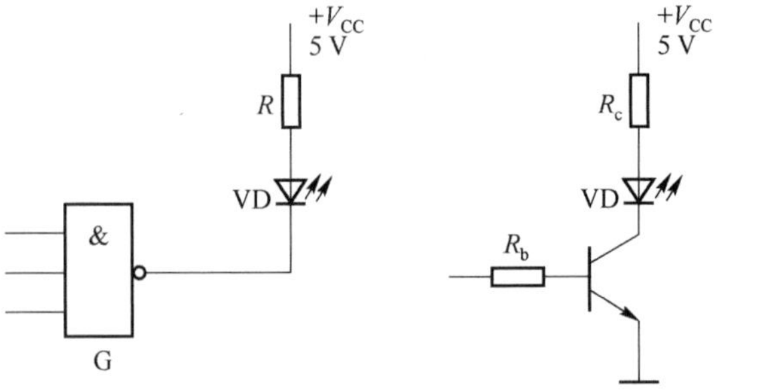

(a) 集成与非门驱动电路　　(b) 半导体三极管驱动电路

图 3-33　半导体显示器件驱动电路

LED 数码管有共阴极数码管与共阳极数码管两种接法。如图 3-34 所示，在构成显示译码器时，对于 LED 共阳极数码管，要使某段发亮，该段应接低电平；对于 LED 共阴极数码管，要使某段发亮，该段应接高电平。

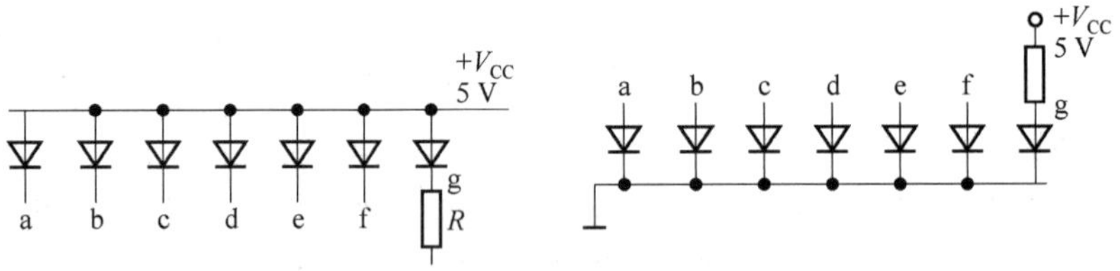

(a) 共阳极　　(b) 共阴极

图 3-34　LED 数码管两种接法

半导体显示器件的优点是体积小、工作可靠、寿命长、响应速度快、颜色丰富，缺点是功耗较大。

(2) 液晶显示器件

液晶显示元件(LCD)是一种平板薄型显示器件。由于它的驱动电压低，工作电流非常小，与 CMOS 电路结合可以构成微功耗系统，广泛应用在电子钟表、电子计算机、各种仪器和仪表中。

液晶是一种介于晶体和液体之间的化合物。常温下既具有液体的流动性和连续性，又具有晶体的某些光学特性。液晶显示器件本身不发光，但在外加电场作用下，产生光电效应，调制外界光线使不同的部位显现反差来达到显示目的。液晶显示器件由一个公共极和构成七段字形的 7 个电极构成。图 3-35(a)是字段 a 的液晶显示器件交流驱动电路，图 3-35(b)是产生交流电压的工作波形。当 a 为低电平时，液晶两端不形成电场，无光电效应，该段不发光；当 a 为高电平时，液晶两端形成电场，有光电效应，该段发光。

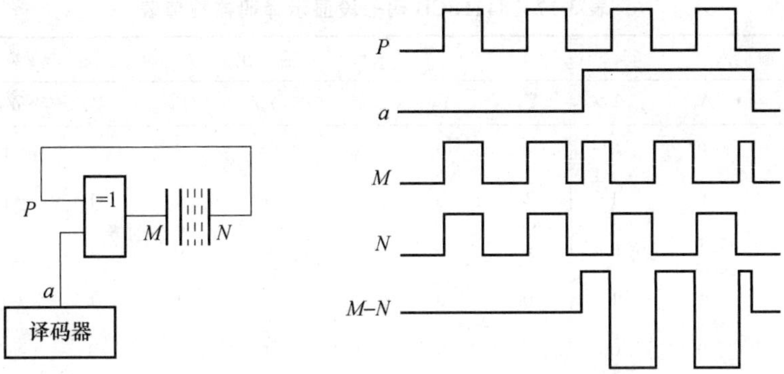

(a) 液晶显示器件交流驱动电路　　(b) 工作电压波形

图 3-35　液晶显示器件驱动电路

(3) 显示译码器

现以驱动共阳极 LED 数码管的 8421BCD 码七段显示译码器为例，说明显示译码器的设计原理。如图 3-36 所示，显示译码器的输入信号为 8421 码，输出为对应下标的数码管 7 段控制信号。

图 3-36　显示译码器方框图

根据共阳极 LED 数码管特点，当某段控制信号为低电平时，该段发亮，否则该段不亮。

由于显示译码器是将 8421BCD 码转换成十进制数显示控制信号，如图 3-37 所示，当输入不同的 BCD 码，输出应控制每段 LED 数码管按下列方式发亮。

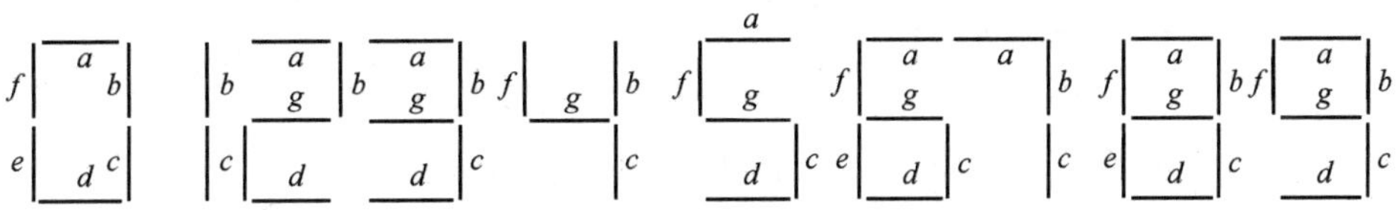

图 3-37　BCD 码所对应的 10 个十进制数显示形式

根据图 3-37，列出相应的真值表，如表 3-17 所示。

表 3-17　8421BCD 码七段显示译码器真值表

输入				输出							字形
A_3	A_2	A_1	A_0	Y_a	Y_b	Y_c	Y_d	Y_e	Y_f	Y_g	
0	0	0	0	0	0	0	0	0	0	1	0
0	0	0	1	1	0	0	1	1	1	1	1
0	0	1	0	0	0	1	0	0	1	0	2
0	0	1	1	0	0	0	0	1	1	0	3
0	1	0	0	1	0	0	1	1	0	0	4
0	1	0	1	0	1	0	0	1	0	0	5
0	1	1	0	0	1	0	0	0	0	0	6
0	1	1	1	0	0	0	1	1	1	1	7
1	0	0	0	0	0	0	0	0	0	0	8
1	0	0	1	1	1	1	1	0	1	1	9

根据表 3-17，画出卡诺图化简，卡诺图如图 3-38 所示。

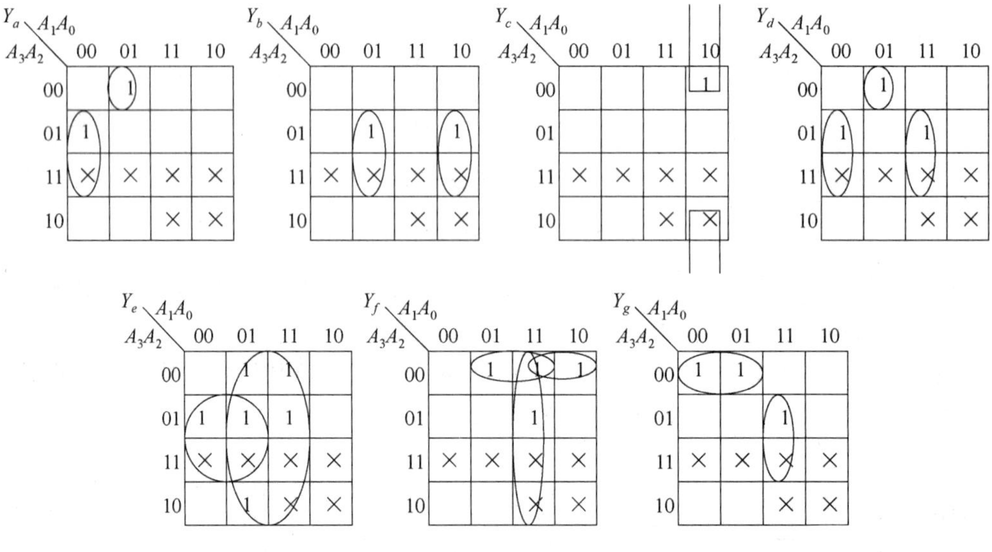

图 3-38　8421BCD 码七段显示译码器卡诺图

根据图 3-36，写出最简输出表达式：

$$Y_a=A_2\overline{A}_1\overline{A}_0+\overline{A}_3\overline{A}_2\overline{A}_1A_0 \tag{3-36}$$

$$Y_b=A_2\overline{A}_1A_0+A_2A_1\overline{A}_0 \tag{3-37}$$

$$Y_c=\overline{A}_2A_1\overline{A}_0 \tag{3-38}$$

$$Y_d=A_2\overline{A}_1\overline{A}_0+A_2A_1A_0+\overline{A}_3\overline{A}_2\overline{A}_1A_0 \tag{3-39}$$

$$Y_e=A_0+A_2\overline{A}_1 \tag{3-40}$$

$$Y_f = A_1A_0 + \overline{A}_3\overline{A}_2A_0 + \overline{A}_3\overline{A}_2A_1 \tag{3-41}$$

$$Y_g = \overline{A}_3\overline{A}_2\overline{A}_1 + A_2A_1A_0 \tag{3-42}$$

根据共阳极数码管发光原理，译码器输出信号为低电平时，才能使数码管发光。因此，LED 数码管的阳极接电源正极，阴极接译码器输出信号。由于 LED 数码管发光需要有一定的工作电流，显示译码器输出信号必须要有足够的带灌电流负载的能力，以驱动 LED 相应的段发光。在译码器的输出端需串联一个限流电阻 R。具体电路如图 3-39 所示。

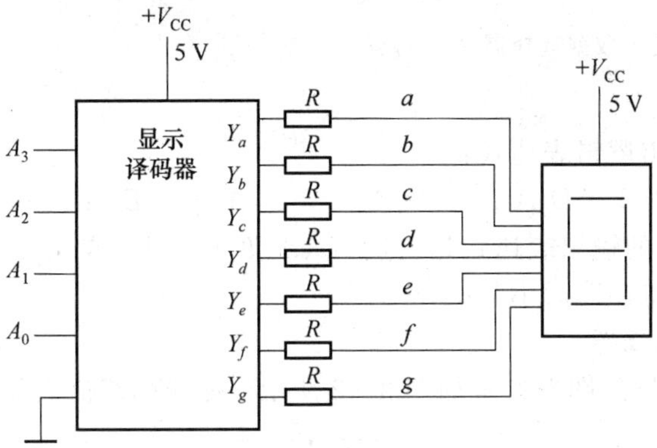

图 3-39 显示译码器与共阳极显示器的连接图

3.2.6 数据选择器

如图 3-40 所示，数据选择器是指 2^m（m 为正整数）个输入信号，根据 m 个地址输入信号，选择一个输入信号传送到输出端的器件。数据选择器也称为多路选择器或多路开关。

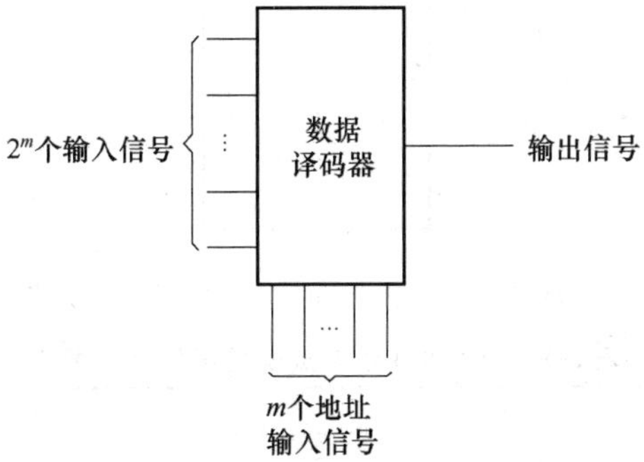

图 3-40 数据选择器方框图

下面以 4 选 1 数据选择器为例，说明数据选择器的设计原理。

1. 4 选 1 数据选择器

如图 3-41 所示，4 选 1 数据选择器有 4 个输入信号、2 个地址输入信号，1 个输出信号，根据数据选择器定义及图 3-41，列出真值表，如表 3-18 所示。

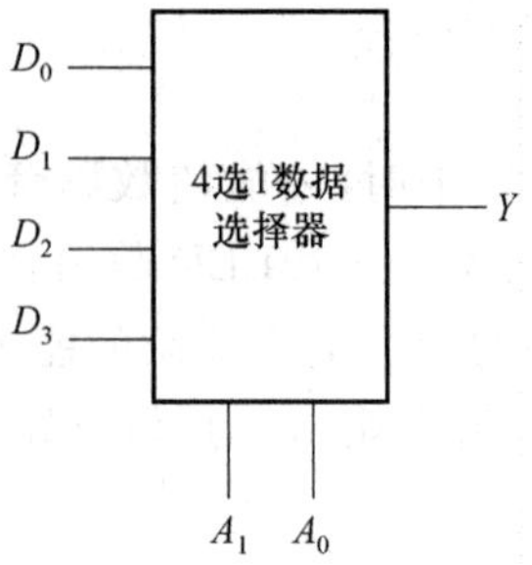

图 3-41 4 选 1 数据选择器

表 3-18 4 选 1 数据选择器真值表

输入		输出
A_1	A_0	Y
0	0	D_0
0	1	D_1
1	0	D_2
1	1	D_3

根据真值表,写出逻辑表达式:

$$Y=D_0\overline{A}_1\overline{A}_0+D_1\overline{A}_1A_0+D_2A_1\overline{A}_0+D_3A_1A_0 \tag{3-43}$$

由于数据选择器的输出表达式是变量 A_0、A_1 的标准与-或式,因此,数据选择器可以作为函数发生器,这将在以后小节中介绍。

2. 8 选 1 数据选择器

8 选 1 数据选择器的图形符号如图 3-42 所示。相应的真值表如表 3-19 所示。

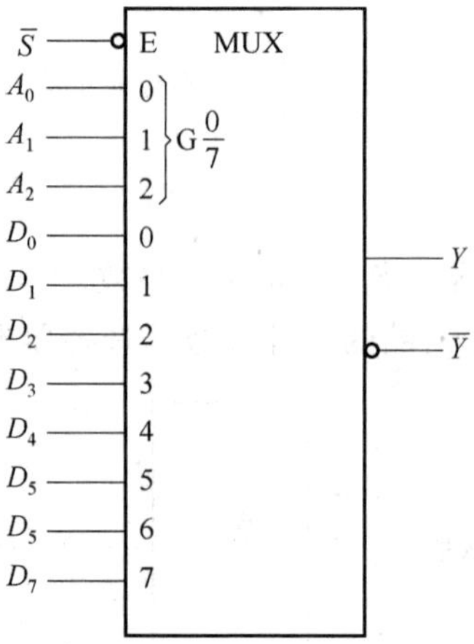

图 3-42 集成 8 选 1 数据选择器 74LS151、74151 图形符号

表 3-19 10 线-4 线集成优先编码器真值表

输入				输出	
$\overline{S}$	A_2	A_1	A_0	Y	$\overline{Y}$
1	×	×	×	0	1
0	0	0	0	D_0	$\overline{D}_0$
0	0	0	1	D_1	$\overline{D}_1$
0	0	1	0	D_2	$\overline{D}_2$
0	0	1	1	D_3	$\overline{D}_3$
0	1	0	0	D_4	$\overline{D}_4$
0	1	0	1	D_5	$\overline{D}_5$
0	1	1	0	D_6	$\overline{D}_6$
0	1	1	1	D_7	$\overline{D}_7$

当选通控制端 $\overline{S}=1$ 时，互补输出端 $\overline{Y}Y=01$，数据选择器被禁止；当选通控制端 $\overline{S}=0$ 时，数据选择器被选通，此时互补输出端逻辑表达式为

$$Y=D_0\overline{A}_2\overline{A}_1\overline{A}_0+D_1\overline{A}_2\overline{A}_1A_0+\cdots+D_7A_2A_1A_0 \tag{3-44}$$

$$\overline{Y}=\overline{D}_0\overline{A}_2\overline{A}_1\overline{A}_0+\overline{D}_1\overline{A}_2\overline{A}_1A_0+\cdots+\overline{D}_7A_2A_1A_0 \tag{3-45}$$

3. 集成数据选择器的扩展

如果设计的数据选择器输入信号的个数多于所选数据选择器输入信号的个数，这时可以选择芯片的扩展。下面以 2 片 8 选 1 数据选择器扩展为 16 选 1 数据选择器为例说明数据选择器的扩展方法。

在芯片扩展时，选通控制端使用至关重要。由于 16 选 1 数据选择器有 4 个地址输入信号，因此，必须借助选通控制端来产生新的地址输入信号 A_3。

如图 3-43 所示，芯片 2 的 $A_3=1$，芯片 1 的 $A_3=0$，而两个芯片的选通控制端在低电平时才有效，由于扩展后电路需要 1 个选通控制端，该选通控制端也为低电平有效，所以 A_3 通过 1 个或门接芯片 1 的选通控制端，另外 A_3 通过非门，然后通过或门接芯片 2 的选通控制端。

由于 2 个芯片有两组输出信号，根据芯片被禁止时输出状态 $\overline{Y}Y=YY$，两芯片的 Y 通过或门产生 1 个新的状态输出端 Y，两芯片的 $\overline{Y}$ 通过与门产生 1 个新的状态输出端 $\overline{Y}$，具体电路如图 3-43 所示。表 3-20 为图 3-43 逻辑电路图的真值表。

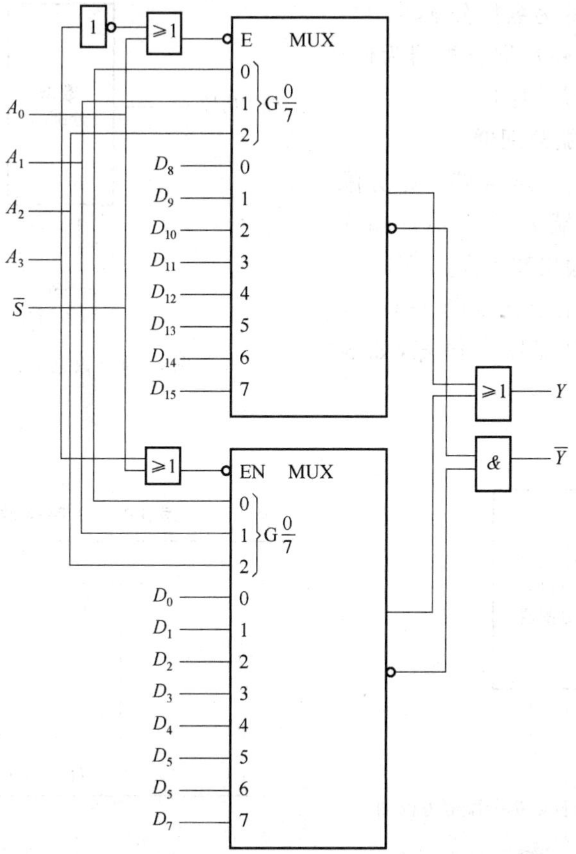

图 3-43 用 8 选 1 数据选择器扩展为 16 选 1 数据选择器逻辑电路图

表 3-20 图 3-43 逻辑电路图的真值表

输入					输出		输入					输出	
$\overline{S}$	A_3	A_2	A_1	A_0	Y	$\overline{Y}$	$\overline{S}$	A_3	A_2	A_1	A_0	Y	$\overline{Y}$
1	×	×	×	×	0	1							
0	0	0	0	0	D_0	$\overline{D_0}$	0	1	0	0	0	D_8	$\overline{D_8}$
0	0	0	0	1	D_1	$\overline{D_1}$	0	1	0	0	1	D_9	$\overline{D_9}$
0	0	0	1	0	D_2	$\overline{D_2}$	0	1	0	1	0	D_{10}	$\overline{D_{10}}$
0	0	0	1	1	D_3	$\overline{D_3}$	0	1	0	1	1	D_{11}	$\overline{D_{11}}$
0	0	1	0	0	D_4	$\overline{D_4}$	0	1	1	0	0	D_{12}	$\overline{D_{12}}$
0	0	1	0	1	D_5	$\overline{D_5}$	0	1	1	0	1	D_{13}	$\overline{D_{13}}$
0	0	1	1	0	D_6	$\overline{D_6}$	0	1	1	1	0	D_{14}	$\overline{D_{14}}$
0	0	1	1	1	D_7	$\overline{D_7}$	0	1	1	1	1	D_{15}	$\overline{D_{15}}$

3.2.7 数据分配器

如图 3-44 所示，根据 m 位地址输入信号，将 1 个输入信号传送到 2^m 个输出端中某 1 个输出端中的器件称为数据分配器。

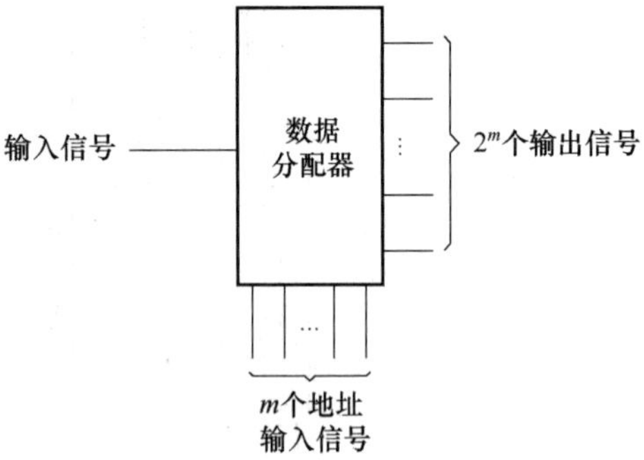

图 3-44 数据分配器方框图

下面以 1 路-4 路数据分配器为例，说明数据分配器的设计原理。

1. 1 路-4 路数据分配器

如图 3-45 所示，1 路-4 路数据分配器有 1 个信号输入端 D，2 个地址输入端 A_1A_0，4 个信号输出端 $Y_3Y_2Y_1Y_0$。

根据数据分配器定义及图 3-45，列出 1 路-4 路数据分配器真值表，如表 3-21所示。

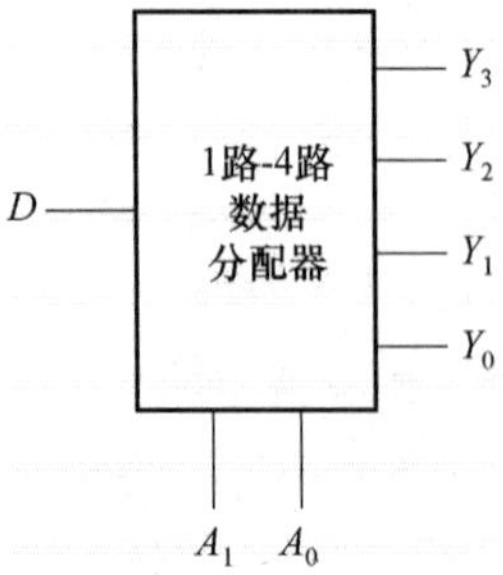

图 3-45 1 路-4 路数据分配器方框图

表 3-21 1 路-4 路数据分配器真值表

输入		输出			
A_1	A_0	Y_3	Y_2	Y_1	Y_0
0	0	0	0	0	D
0	1	0	0	D	0
1	0	0	D	0	0
1	1	D	0	0	0

根据真值表,写出输出信号逻辑表达式:

$$Y_0 = D\overline{A}_1\overline{A}_0 \tag{3-46}$$

$$Y_1 = D\overline{A}_1 A_0 \tag{3-47}$$

$$Y_2 = DA_1\overline{A}_0 \tag{3-48}$$

$$Y_3 = DA_1 A_0 \tag{3-49}$$

根据式(3-46)～(3-49)画出1路-4路逻辑电路图,如图3-46所示。

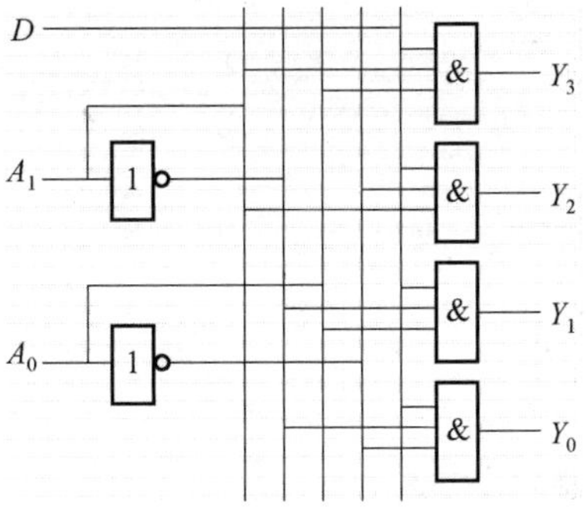

图3-46　1路-4路数据分配器逻辑电路图

从图3-46可以看出,如果将地址输出 A_1A_0 作为二进制编码输入,D 作为选通控制信号,则数据分配器就成为二进制译码器,所以数据分配器完全可以用二进制译码器代替。

2. 集成数据分配器

由于数据分配器可以用二进制译码器代替,则集成二进制译码器也是集成数据分配器。如集成2线-4线二进制译码器74LS139也是集成1路-4路数据分配器;如集成3线-8线二进制译码器74LS138也是集成1路-8路数据分配器。

3.3 用集成电路实现组合逻辑函数

3.3.1 用集成数据选择器实现组合逻辑函数

数据选择器加少量门电路可以实现任意逻辑函数,具体步骤如下:

① 根据数据选择器的地址输入端的个数,确定逻辑函数变量与地址输入端对应关系。

② 写出对应地址输入变量的逻辑函数标准与或式。

③ 将逻辑函数标准与或式各最小项前的系数(该系数可能是一个逻辑表达式)与数据选择器数据输入一一对应,写出数据选择器数据输入端的逻辑表达式。

④ 将步骤①确定的变量作为数据选择器地址输入,用少许门电路实现数据输入端的逻辑表达式,画出最终的逻辑电路图。

下面举例说明。

例3-6　用数据选择器74LS153实现逻辑函数 $F=A\overline{B}+BC$。

解:74LS153 是一个双 4 选 1 数据选择器,其图形符号如图 3-47 所示,真值表如表 3-22所示。

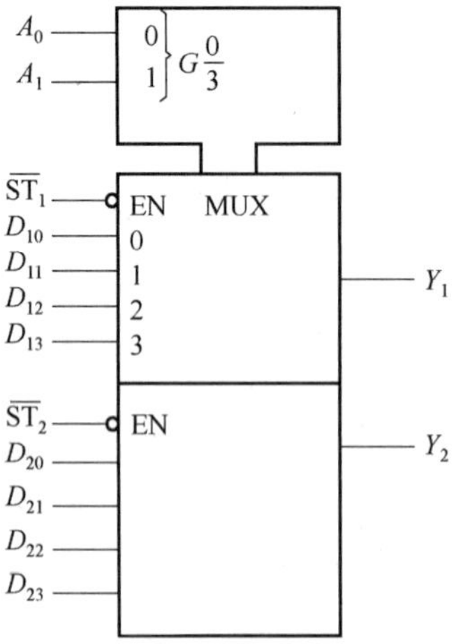

图 3-47 双 4 选 1 数据选择器 74LS153、74153 图形符号

表 3-22 双 4 选 1 数据选择器的真值表

输入			输出	
$\overline{ST_1}$($\overline{ST_2}$)	A_1	A_0	Y_1	(Y_2)
1	×	×	0	0
0	0	0	D_{10}	D_{20}
0	0	1	D_{11}	D_{21}
0	1	0	D_{12}	D_{22}
0	1	1	D_{13}	D_{23}

根据设计步骤,选定 B,C 变量与数据选择器地址输入 A_1A_0 对应,将原表达式写为以 B,C 为自变量的标准与或式:

$$F(B,C)=A\overline{B}+BC=A(\overline{B}C+\overline{B}\,\overline{C})+BC=Am_0+Am_1+1\cdot m_3 \tag{3-50}$$

根据式(3-50),选择一个 4 选 1 工作,则 $D_{10}=A,D_{11}=A,D_{12}=0,D_{13}=1$,设计好的逻辑电路图如图 3-48 所示。

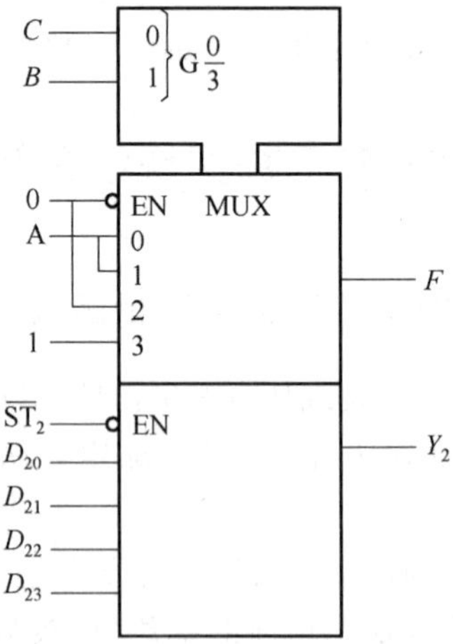

图 3-48 例 3-6 逻辑电路图

例 3-7 用数据选择器 74LS151 实现函数 $F(A,B,C,D)=\sum m(0,3,5,8,10,12,15)$。

解:74LS151 是 8 选 1 数据选择器,选取 B,C,D 与数据选择器的地址 $A_2A_1A_0$ 输入对应,画出卡诺图,如图 3-49 所示。

A \ BCD	000	001	011	010	110	111	101	100
0	1		1				1	
1	1			1		1		1

图 3-49 例 3-7 卡诺图

写出以 B,C,D 为自变量的标准与或式：

$$F(B,C,D)=1\cdot\overline{B}\,\overline{C}\,\overline{D}+\overline{A}\cdot\overline{B}CD+A\cdot\overline{B}C\overline{D}+A\cdot BCD+\overline{A}\cdot B\overline{C}D+A\cdot B\overline{C}\,\overline{D}$$

$$=m_0+A\cdot m_2+\overline{A}m_3+A\cdot m_4+\overline{A}\cdot m_5+A\cdot m_7$$

所以，$D_0=1,D_1=0,D_2=A,D_3=\overline{A},D_4=A,D_5=\overline{A},D_6=0,D_7=A$。

最后画出 74LS151 构成的逻辑电路图如图 3-50 所示。

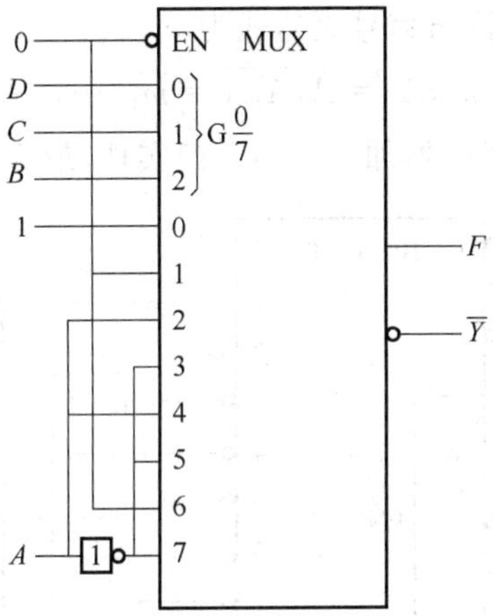

图 3-50 例 3-7 逻辑电路图

3.3.2 用译码器实现组合逻辑函数

集成译码器加少量逻辑门可以构成任意组合逻辑函数。以输出低电平有效的二进制译码器为例说明译码器构成逻辑函数步骤：

① 根据函数自变量个数确定译码器输入编码位数；

② 将函数自变量与译码器输入编码一一对应；

③ 写出函数的标准与或式；

④ 函数的标准与或式转换成与非-与非式；

⑤ 然后用译码器加与非门构成逻辑函数。

下面以 3 线-8 线二进制译码器 74LS138 为例说明设计过程。

例 3-8 用 74LS138 及少量与非门构成一位全加器。

解：一位全加器有 3 个输入变量 A_i,B_i,C_{i-1}，而 74LS138 有 3 位编码输入，因此可以采用 74LS138 译码器。

一位全加器的表达式重写如下：

$$S_i=A_i\overline{B}_i\overline{C}_{i-1}+\overline{A}_i\overline{B}_iC_{i-1}+\overline{A}_iB_i\overline{C}_{i-1}+A_iB_iC_{i-1}$$

$$C_i = A_iB_i + B_iC_{i-1} + A_iC_{i-1}$$

取 A_i, B_i, C_{i-1} 分别与译码器输入 A_2, A_1, A_0 对应。

将 S_i, C_i，标准与或式表示：

$$S_i(A_i, B_i, C_{i-1}) = m_1 + m_2 + m_4 + m_8$$

$$C_i(A_i, B_i, C_{i-1}) = \overline{A}_iB_iC_{i-1} + A_i\overline{B}_iC_{i-1} + A_iB_i\overline{C}_{i-1} + A_iB_iC_{i-1}$$

$$= m_3 + m_5 + m_6 + m_7$$

然后用与非-与非式表示：

$$S_i(A_i, B_i, C_{i-1}) = \overline{\overline{m_1} \cdot \overline{m_2} \cdot \overline{m_4} \cdot \overline{m_7}}$$

$$C_i(A_i, B_i, C_{i-1}) = \overline{\overline{m_3} \cdot \overline{m_5} \cdot \overline{m_6} \cdot \overline{m_7}}$$

由于 74LS138 译码器的输出信号表达式为

$$\overline{Y}_0 = \overline{\overline{A_2}\,\overline{A_1}\,\overline{A_0}} = \overline{m_0}, \overline{Y}_1 = \overline{\overline{A_2}\,\overline{A_1}A_0} = \overline{m_1}, \cdots, \overline{Y}_7 = \overline{A_1A_2A_0} = \overline{m_7}$$

所以 S_i, C_i 表达式可以通过译码器加 2 个与非门实现，最终逻辑电路图如图 3-51 所示。

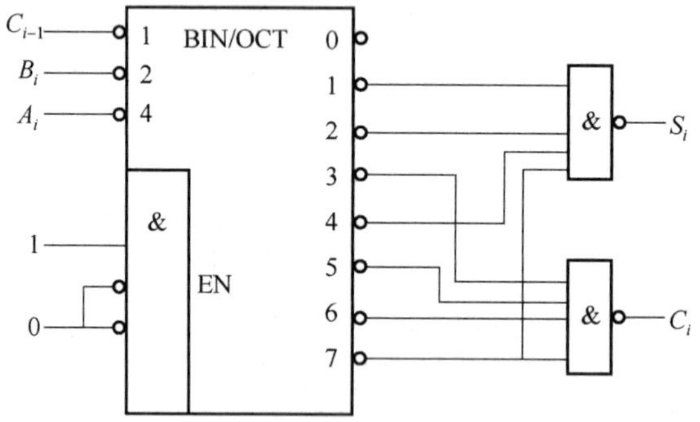

图 3-51　例 3-8 逻辑电路图

3.3.3　用加法器实现组合逻辑函数

用加法器实现组合逻辑函数只适用于某些特殊情况，如逻辑函数有加、减、乘法等算术运算，或某些有加、减关系的码组变换等。否则用加法器实现逻辑函数失去加法器的优势，将使电路复杂。下面举两例加以说明。

例 3-9　用 4 位集成加法器 74LS283 实现一位 8421BCD 码加法电路。

解：一位 8421BCD 码加法电路有两组数据输入：$A_3A_2A_1A_0$，$B_3B_2B_1B_0$，产生的和及进位为：$S_3S_2S_1S_0$，C。由于 4 位加法器加法是逢 16 进 1，而 BCD 码加法是逢 10 进 1，因此当 4 位加法器的和大于 10 时，应加 6 进行校正，或者当 4 位加法器产生进位时，也应加 6 校正。因此，BCD 码加法电路由 3 部分构成：

① 加法电路，由 4 位加法器完成；

② 校正判别电路，由门电路完成；

③ 校正电路，由 4 位加法器完成。

第一部分：将 $A_3A_2A_1A_0$，$B_3B_2B_1B_0$，输入 4 位加法器进行运算。

第二部分：根据第一部分运算结果进行校正判别：当和大于 10 或产生进位，校正判别函数为 1，需要进行校正；否则不需要校正，此时，第一部分的结果是最终结果。

第三部分：如果校正判别函数 $F=1$，校正电路需将第一部分产生的结果加 6，否则，不加 6。

根据题意，F 与输入 4 位加法器输出和及进位关系为

$$F=CO'+S_3'\overline{S_2'}S_1'\overline{S_0'}+S_3'\overline{S_2'}S_1'S_0'+S_3'S_2'\overline{S_1'}\overline{S_0'}+S_3'S_2'\overline{S_1'}S_0'+S_3'S_2'S_1'\overline{S_0'}+S_3'S_2'S_1'S_0'$$
$$=CO'+F_1$$

将 F 函数用卡诺图化简，如图 3-52 所示。

$S_3'S_2'$ \ $S_1'S_0'$	00	01	11	10
00				
01				
11	1	1	1	1
10			1	1

图 3-52 例 3-9 化简卡诺图

$$F_1=S_3'S_2'=S_3'S_1'$$
$$F=CO'+S_3'S_2'+S_3'S_1'$$

最终逻辑电路图如图 3-53 所示。

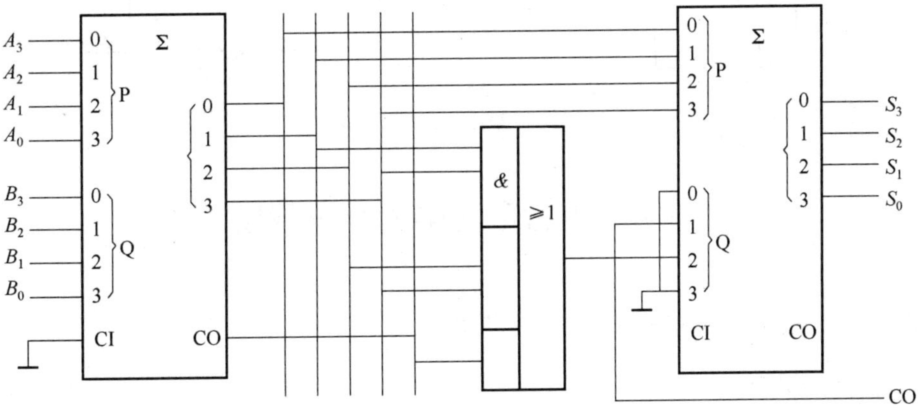

图 3-53 例 3-9 逻辑电路图

例 3-10 用集成 4 位加法器 74LS283 构成二进制 4 位减法器。

解：4 位减法电路有两组数据输入：被减数 $A=A_3A_2A_1A_0$，减数 $B=B_3B_2B_1B_0$，输出差 $D=D_3D_2D_1D_0$，差的符号位为 $\overline{CD}$。用 4 位加法电路构成减法电路时需将减法转换成加法运算。原理如下：

$$A-B=A+(-B)=A+\overline{B}+1$$

计算的结果有两种情况：

(1) $A>B$

如 $A=0100, B=0011$，

$$A-B=A+\overline{B}+1=0100+1100+1=10001$$

用4位加法器实现该运算，进位输出 CO=1；去除进位后即为实际结果 $D=0001$。

(2) $A<B$

如 $A=0100, B=0101$，

$$A-B=A+\overline{B}+1=0100+1010+1=01111$$

用4位加法器实现该运算，进位输出 CO=0；如果要恢复原码，必须要对结果低4位取补，处理后结果 $D=0001$。结果的符号位由 CO 取反后 $\overline{CO}$ 标定。$\overline{CO}=0$ 时，结果为正数，否则为负数，用两片 74LS283 及少量的门电路可以构成减法电路。具体逻辑电路如图 3-54 所示。

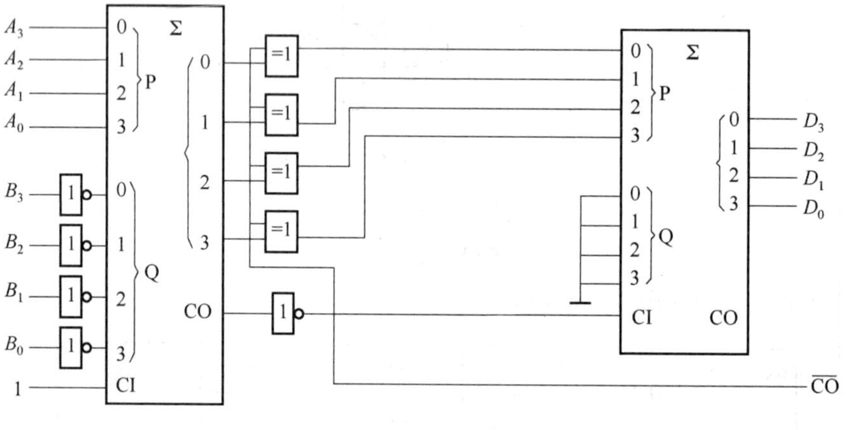

图 3-54 例 3-10 逻辑电路图

3.4 组合电路中的竞争冒险

3.4.1 组合电路中的竞争冒险现象

前面分析和设计组合逻辑电路时，是在输入、输出处于稳定的逻辑电平下进行的。实际上，如果输入到门电路的两个信号同时向相反方向跳变，则在输出端将可能出现不符合逻辑规律的尖峰脉冲，如图 3-55 所示。

图 3-55(a)中，A 及 B 同时由 1 变到 0、0 变到 1 时，如果通过与门不考虑延迟时间，则与门输出 $Y=0$；如果通过与门考虑延迟时间，且 B 在 A 未下降到低于 $V_{IL(max)}$ 时就上升到高于 $V_{IL(max)}$，这时在输出端将出现不符合逻辑规律的正尖峰脉冲，如图 3-55(a)输出波形 L 所示，Δt 表示从一个稳态过渡到另一个稳态的过渡时间，图中考虑了与门的延迟时间；如果 B 在 A 下降到低于 $V_{IL(max)}$ 后上升到高于 $V_{IL(max)}$，这时在输出端将不出现正尖峰脉冲。

图 3-55(b)中，A 及 B 同时由 1 变到 0、0 变到 1 时，如果通过或门不考虑延迟时间，则与门输出 $Y=1$；如果通过或门考虑延迟时间，且 B 在 A 下降到低于 $V_{IH(min)}$ 后上升到高于 $V_{IH(min)}$，这时在输出端将出现不符合逻辑规律的负尖峰脉冲，如图 3-54(b)输出波形 L 所示，图中考虑了或门的延迟时间；如果 B 在 A 下降到低于 $V_{IL(max)}$ 之前上升到高于 $V_{IL(max)}$，这时在输出端将不出现负尖峰脉冲。

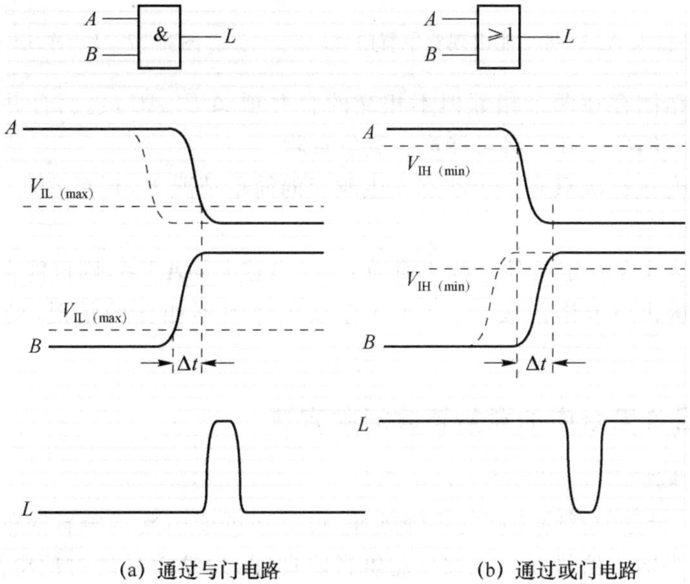

图 3-55 由于竞争而产生的尖峰脉冲

因此，所谓竞争是指当门电路两输入同时向相反的逻辑电平跳变的现象。冒险是指由于竞争而在电路输出端可能产生不符合逻辑规律的尖峰脉冲的现象。组合电路竞争冒险将使门电路产生错误逻辑电平，在电路中应尽量消除。

3.4.2 组合电路中的竞争冒险判别方法

在输入变量每次只有一个状态发生改变的简单情况下，可以通过输出逻辑表达式或卡诺图来判断逻辑电路是否存在竞争冒险现象。

如果输出逻辑表达式在一定条件下能化简成 $L=A\overline{A}$ 或 $L=A+\overline{A}$，由于 A，$\overline{A}$ 是通过不同途径到达或门、与门的输入端，A 从 0 跳变到 1 或从 1 跳变到 0 时，A 必然要从相反方向同时跳变，因此可能产生竞争冒险，如图 3-56 所示。

如逻辑表达式 $L=A\overline{B}+\overline{A}C$，当 $B=0$ 且 $C=1$ 时 $L=A+\overline{A}$，可能存在竞争冒险；又如逻辑表达式 $L=(A+B)(\overline{A}+\overline{C})$，当 $B=0$ 且 $C=1$ 时 $L=A\overline{A}$，可能存在竞争冒险；如果逻辑表达式较复杂，可采用卡诺图的方法来进行差别。如逻辑表达式 $L=A\overline{B}+\overline{A}C+A\overline{C}$，作卡诺图如图 3-57 所示。

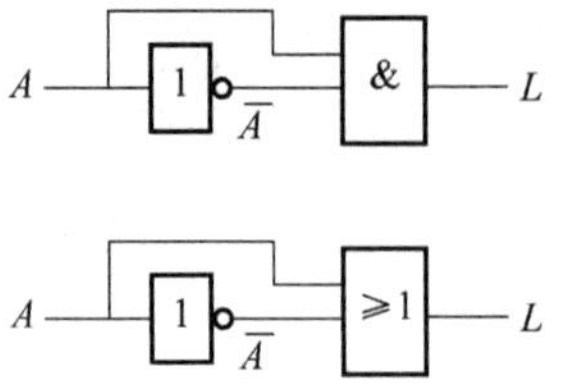

图 3-56 门电路输入 A,$\overline{A}$,将可能出现竞争冒险

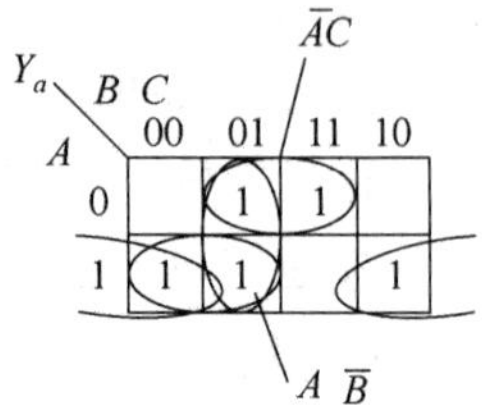

图 3-57 $L=A\overline{B}+\overline{A}C+A\overline{C}$卡诺图

图 3-57 卡诺图存在两个相邻但不相交的合并项 $A\overline{B}$、$\overline{A}C$,这两合并项相加将变为 $A\overline{B}+\overline{A}C$,当 $B=0,C=1$ 时,将可能产生竞争冒险。

因此,输入变量每次只有一个状态发生改变的简单情况下,判断逻辑表达式可能存在竞争冒险方法如下:

① 如果表达式在一定条件下能化简为 $L=A\overline{A}$或 $L=A+\overline{A}$,则可能存在竞争冒险。

② 如果表达式用卡诺图表示,合并项存在相邻但不相交的情况,则可能存在竞争冒险。

3.4.3 组合电路中的竞争冒险消除方法

1. 封锁脉冲法

为了消除由于竞争冒险引起的尖峰脉冲,可以在可能引起竞争冒险的门电路输入端引入封锁脉冲,当输入信号在可能发生竞争冒险期间,封锁信号通过门电路,当输入信号稳定后,允许输入信号通过门电路,如图 3-58 所示。一般地,封锁脉冲宽度应大于输入信号从一个稳定状态过渡到新的稳定状态的时间。

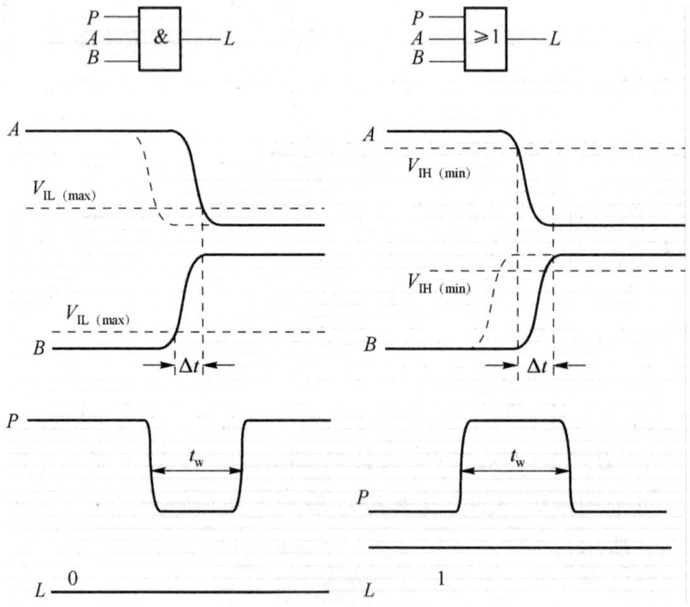

图 3-58 封锁脉冲法消除竞争冒险

2. 选通脉冲法

为了消除由于竞争冒险引起的尖峰脉冲，可以在可能引起竞争冒险的门电路输入端引入选通脉冲，选通脉冲作用在输出状态已经从一个状态过渡到一个新的状态后，如图 3-59 所示。此时 L 输出信号变为脉冲形式，在选通脉冲作用器件输出才有效。

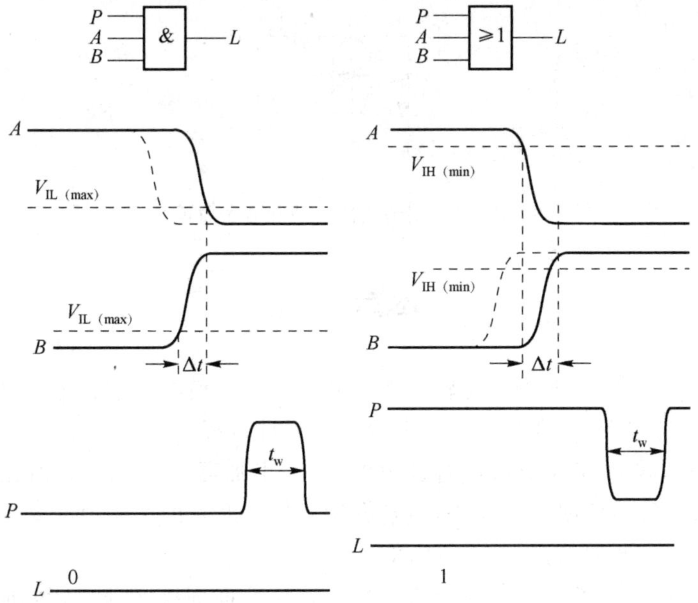

图 3-59 脉冲选通法消除竞争冒险

3. 接入滤波电容法

由于竞争冒险所引起是尖峰脉冲，宽度很小，因此，可以在门电路的输出端加一个滤波电容，消除尖峰脉冲，如图 3-60 所示，一般 TTL 门电路，C_f 大小为几十或几百皮法即可。

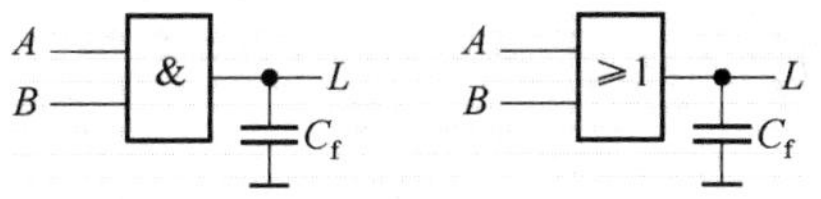

图 3-60 接入滤波电容消除竞争冒险

4. 增加冗余项方法

输入变量每次只有一个状态发生改变的简单情况下，可以通过增加冗余项的方法消除竞争冒险。如逻辑表达式 $L=A\overline{B}+\overline{A}C$，当 $B=0$ 且 $C=1$ 时 $L=A+\overline{A}$，可能存在竞争冒险；如果加上冗余项，使当 $B=0$ 且 $C=1$ 时 $L=A+\overline{A}+1=1$，则可以消除竞争冒险。由第一章逻辑代数相关定理：$L=A\overline{B}+\overline{A}C=A\overline{B}+\overline{A}C+\overline{B}C$，加上冗余项 $\overline{B}C$ 后，当 $B=0$ 且 $C=1$ 时 $L=A+\overline{A}+1=1$，消除竞争冒险。同理，表达式 $L=(A+B)(\overline{A}+\overline{C})=(A+B)(\overline{A}+\overline{C})(B+\overline{C})$，如果 $L=(A+B)(\overline{A}+\overline{C})$ 增加冗余项 $(B+\overline{C})$，当 $B=0$ 且 $C=1$ 时 $L=A\overline{A}\cdot 0=0$，消除了冒险。

如果表达式复杂，可以利用卡诺图方法判断及消除竞争冒险。如逻辑表达式 $L=$

$A\overline{B}+\overline{A}C+A\overline{C}$，卡诺图如图 3-61 所示。由于存在两个相邻且不相交的合并项，因此存在竞争冒险，同样，可以在卡诺图上增加一个冗余的合并项 $\overline{B}C$，如图 3-61 所示，使卡诺图上每个相邻的合并项均相交，表达式 $L=A\overline{B}+\overline{A}C+\overline{B}C+A\overline{C}$，消除了竞争冒险。

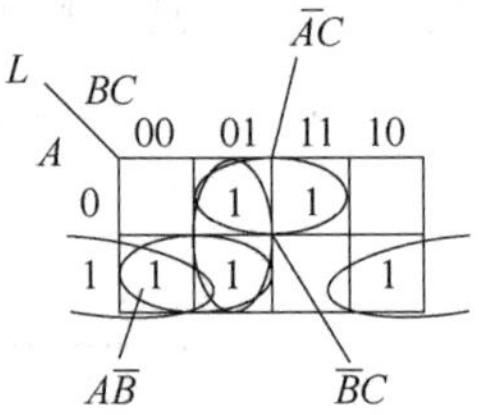

图 3-61　用卡诺图法消除竞争冒险

本章小结

本章首先介绍了以门电路和逻辑代数为基础的小规模组合逻辑电路分析方法和设计方法。强调了设计步骤，并通过举例说明分析与设计过程。

其次介绍了中规模常用集成组合逻辑电路，如半加器、全加器、数值比较器、编码器、译码器、数据选择器和数据分配器等，重点介绍了这些芯片的电路设计原理、图形符号、真值表及扩展方法，强调如何选用合适的芯片。

再次介绍了用中规模常用集成组合逻辑电路如数据选择器、译码器、加法器等实现组合函数，具体介绍了用每种芯片设计组合函数的步骤、注意事项等。

最后介绍了组合逻辑电路的竞争冒险，介绍了组合电路竞争冒险的判别方法及消除方法。

本章应重点掌握小规模组合电路的分析及设计方法，看懂中规模集成电路真值表，并能熟练运用中规模集成电路数据选择器、译码器、加法器实现组合逻辑函数，了解组合电路竞争冒险的判别方法，掌握每次只有一个输入变量发生改变的简单情况下，通过增加冗余项的方法消除竞争冒险的方法。

本章习题

3-1　列出图 3-62 所示电路 F_1，F_2 的真值表，并写出逻辑表达式。

3-2　试分析图 3-63 所示逻辑电路的功能。

3-3　写出图 3-64 所示电路的逻辑表达式，并列出真值表，说明其功能。

3-4　试用 2 输入与非门和反相器设计一个 4 变量的奇偶校验器，即当 4 变量中有奇数个 1 输入时，输出为 1，否则为 0。

3-5　试设计一个 3 输入、3 输出逻辑电路。当控制信号 $C=0$ 时，输出状态与输入状态相同；当 $C=1$ 时，输出状态与输入状态相反，尽可能做到门的种类少，数目少。

3-6　试设计一个组合电路，该电路有 3 个输入 A、B、C，1 个输出 F。当下面条件有任意 1 个成立时，F 都等于 1，否则为 0。

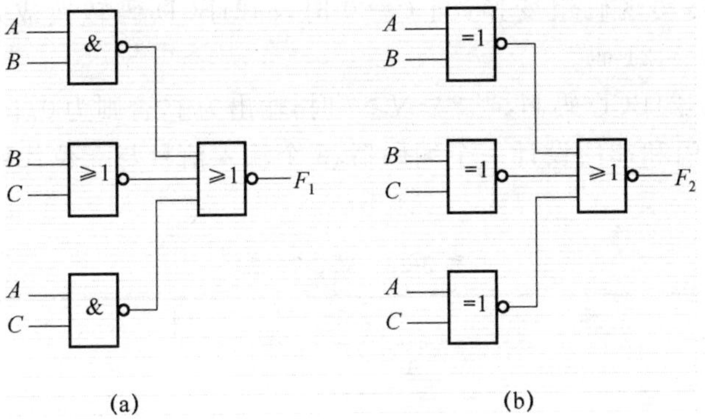

图 3-62　题 3-1 图

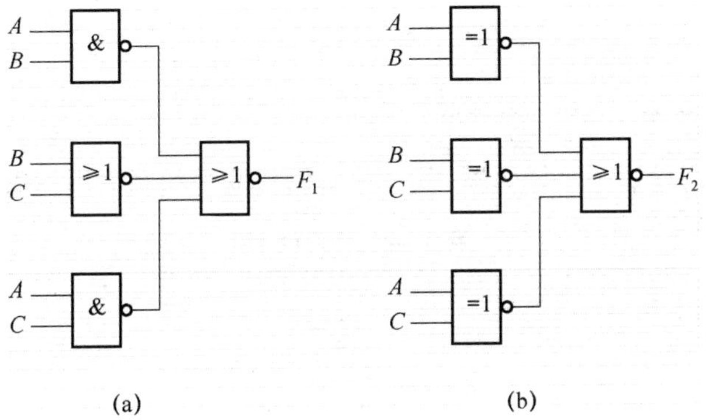

图 3-63　题 3-2 图

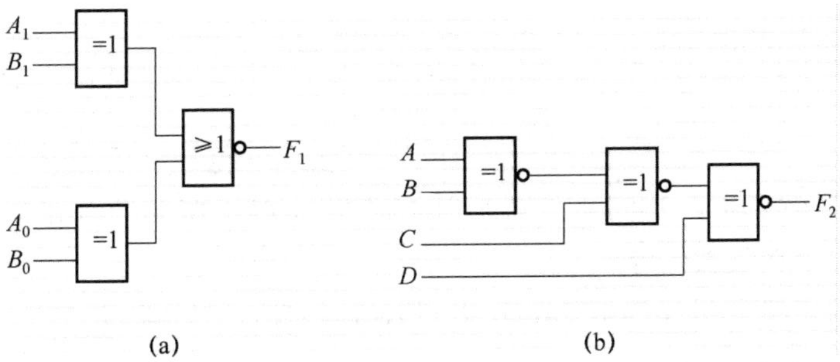

图 3-64　题 3-3 图

(1) 所有输入为 0，

(2) 没有一个输入为 0，

(3) 有奇数个输入为 0。

3-7　设 $X=A_1A_0$ 代表一个两位二进制数，设计满足如下运算条件的逻辑电路，用与非门实现。

(1) $Y=X^2+X+1$

(2) $Y=(X-1)^2$

3-8 用门电路实现码组变换：当 $C=0$ 时，8421BCD 码转换成余三码；$C=1$ 时，8421BCD 码转换成 5421 码。

3-9 输入为 8421BCD 码 N，当 $2\geqslant N\geqslant 7$ 时，输出为 1，否则为 0，试设计该组合电路。

3-10 用与非门和非门设计一个编码器，5 个输入信号与 3 位代码之间的对应关系如表 3-23 所示。

表 3-23 题 3-10 表

输入					输出		
A_4	A_3	A_2	A_1	A_0	X	Y	Z
0	0	0	0	1	0	1	1
0	0	0	1	0	1	0	0
0	0	1	0	0	1	0	1
0	1	0	0	0	1	1	0
1	0	0	0	0	1	1	1

3-11 用与非门设计一个译码器，其 3 位编码与 6 个状态输出如表 3-24 所示。

表 3-24 题 3-11 表

输入			输出					
A_2	A_1	A_0	Y_5	Y_4	Y_3	Y_2	Y_1	Y_0
0	0	1	0	0	0	0	0	1
0	1	0	0	0	0	0	1	0
0	1	1	0	0	0	1	0	0
1	0	0	0	0	1	0	0	0
1	0	1	0	1	0	0	0	0
1	1	0	1	0	0	0	0	0

3-12 如图 3-65 所示，用与非门和非门实现 5421 码 7 段显示中 d 段显示译码电路（数码管为 LED 共阴极数码管）

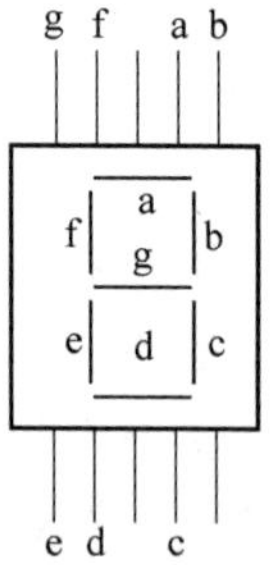

图 3-65 题 3-12 图

3-13 试用 3 线-8 线译码器 74LS138 设计 1 个地址译码器，要求地址范围是十进制 0～63。

3-14 用并行 4 位全加器 74LS283 实现下列代码转换：控制信号 $C=0$ 时，5421BCD 码转换成余 3 码；$C=1$ 时，余 3 码转换成 5421BCD 码。

3-15 8 选 1 数据选择器 74LS151 的连接方式如图 3-66(a)所示，对应图 3-66(b)输入信号波形，画出输出端 Y 波形。

3-16 用 8 选 1 数据选择器 74LS151 实现如下逻辑电路：

(1) $F_1 = AB\overline{C} + AC + \overline{B}CD$

(2) $F_2(A,B,C,D) = \sum m(0,3,6,9,12,14)$

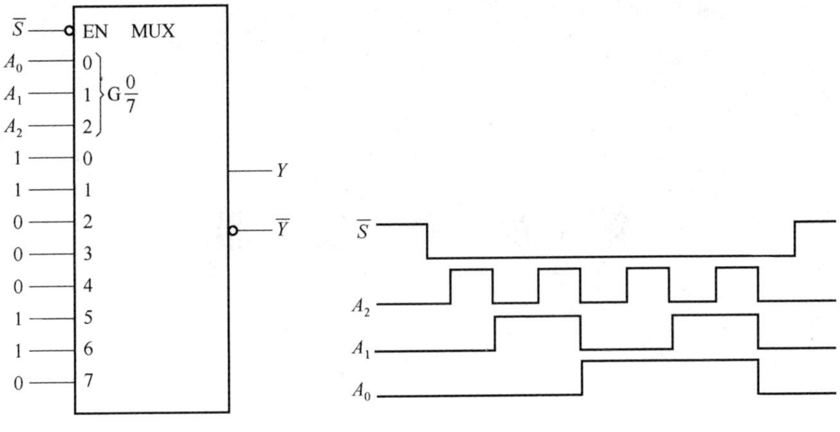

(a) (b)

图 3-66 题 3-15 图

3-17 用 4 选 1 数据选择器 74LS153 实现如下逻辑电路：

(1) $F_1(A,B,C)=\sum m(0,2,3,7)$

(2) $F_2=B\overline{C}+AC+\overline{B}C$

3-18 用 4 位数值比较器 74LS85 和 4 位加法器 74LS283 构成 4 位二进制转换成 8421BCD 码的转换电路。

3-19 用 3 线-8 线译码器 74LS138 和与非门实现下列函数。

(1) $F_1(A,B,C)=\sum m(2,4,5,7)$

(2) $F_2=\overline{A}BC+\overline{BC}$

3-20 试用 3 片 4 位数值比较器组成 12 位数值比较器，画出逻辑电路图。

3-21 试用三片双 4 选 1 数据选择器组成一个 16 选 1 数据选择器，允许少量门电路，画出逻辑电路图。

3-22 判断下列函数在任何一个变量改变状态时是否有竞争冒险，如有竞争冒险，设法消除之。

(1) $F_1=AB+\overline{A}C$

(2) $F_2=A\overline{B}+ABC$

(3) $F_3=(A+\overline{B}+\overline{C})(A+B+C)$

(4) $F_4=\overline{ACD+B\overline{D}}$

3-23 用卡诺图化简下列函数，并用与门、或门实现它们，化简后在任何一个变量改变状态时表达式不得有竞争冒险。

(1) $F_1(A,B,C,D)=\sum m(1,2,4,5,7,8,10,13,15)$

(2) $F_2(A,B,C,D)=\sum m(0,2,4,6,7,9,10,12,14,15)$

(3) $F_3(A,B,C,D)=\sum m(0,1,3,4,6,7,8,9,11,13,14)$

(4) $F_4(A,B,C,D)=\sum m(0,1,2,3,4,5,7,8,10,12,13,15)$

第4章 触 发 器

4.1 概 述

组合逻辑电路在任一时刻的输出信号仅仅与当时的输入信号有关；而时序逻辑电路在任一时刻的输出信号不仅与当时的输入信号有关，还与电路原来的状态有关。

从结构上看，组合逻辑电路仅由若干逻辑门组成，没有存储电路，因而无记忆能力；而时序逻辑电路除包含组合电路外，还含有存储电路，因而有记忆功能。

组合逻辑电路的基本单元是门电路；时序逻辑电路的基本单元是触发器。

触发器是能够存储一位二值信号的基本单元电路，它必须具备以下三个基本特点：

① 具有两个能自行保持的稳定状态，用来表示逻辑状态的0和1，或进制数的0和1。

② 根据不同的输入信号可以置成1或0状态。

③ 在输入信号消失以后，能将获得的新状态保存下来。

触发器的分类方式有很多种。

- 按电路结构可分为基本 RS 触发器、同步触发器、主从触发器、边沿触发器（包括维持阻塞触发器）等。不同电路结构的触发器有不同的动作特点。
- 按逻辑功能可分为 RS 触发器、D 触发器、JK 触发器、T 和 T'触发器等。

4.2 触发器的电路结构与动作特点

4.2.1 基本 *RS* 触发器的电路结构与动作特点

1. 电路结构与工作原理

基本 RS 触发器结构如图4-1所示，由两与非门构成，低电平有效。

逻辑表达式：

$$Q^{n+1}=\overline{\overline{S}\,\overline{Q^n}}$$

$$\overline{Q^{n+1}}=\overline{\overline{R}Q^n}$$

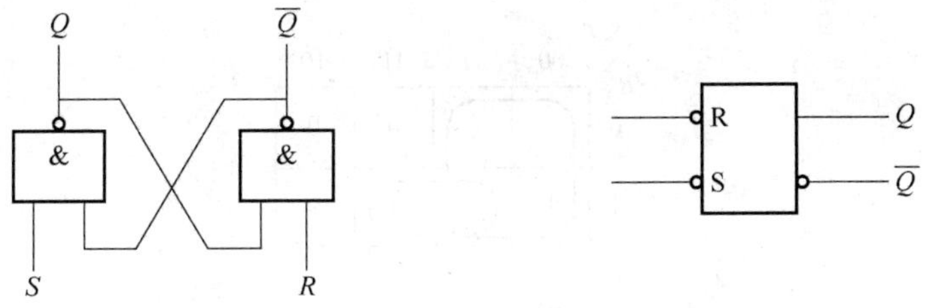

(a) 逻辑符号　　　　(b) 逻辑图

图 4-1　两与非门组成的基本 RS 触发器

工作原理如下：

$S=0 \quad R=1 \qquad Q^{n+1}=1 \qquad \overline{Q^{n+1}}=0$　置"1"

$S=1 \quad R=0 \qquad Q^{n+1}=0 \qquad \overline{Q^{n+1}}=1$　置"0"

$S=1 \quad R=1 \qquad Q^{n+1}=Q^{n}$　不变

$S=0 \quad R=0 \qquad Q^{n+1}=\overline{Q^{n+1}}=1$　不定

功能如表 4-1 所示。简化功能表如表 4-2 所示。

表 4-1　*RS* 触发器功能表

S	R	Q^n	Q^{n+1}	功能
0	0	0	×	不定
0	0	1	×	
0	1	0	1	置"1"
0	1	1	1	
1	0	0	0	置"0"
1	0	1	0	
1	1	0	0	不变
1	1	1	1	

表 4-2　简化功能表

R	S	Q^{n+1}	功能
0	0	×	不定
0	1	0	置"0"
1	0	1	置"1"
1	1	Q^n	不变

S 为置"1"端，又称为置位端，R 为置"0"端，又称为复位端。这种触发器又称为置 0 置 1 触发器，或称为置位复位触发器。功能是：置"0"、置"1"和保持。

特征方程：由表 4-1 可以画出如图 4-2 所示卡诺图。

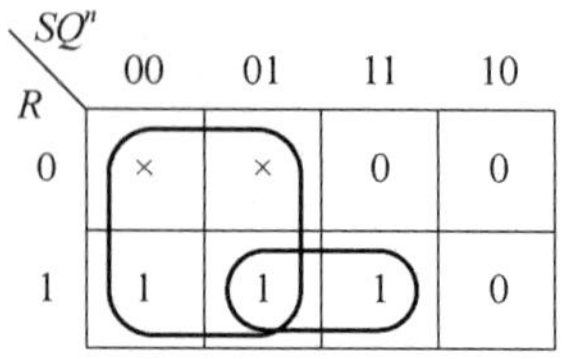

图 4-2　卡诺图

由卡诺图化简得出：

$$\begin{cases} Q^{n+1}=\overline{S}+RQ^n \\ S+R=1(约束条件) \end{cases}$$

2．动作特点

基本 RS 触发器的输出端 Q 和 $\overline{Q}$ 状态由输入信号 R 和 S 来决定，当输入信号 R 和 S 发生变化时，输出端 Q 和 $\overline{Q}$ 的状态作相应的变化。基本 RS 触发器波形如图 4-3 所示。

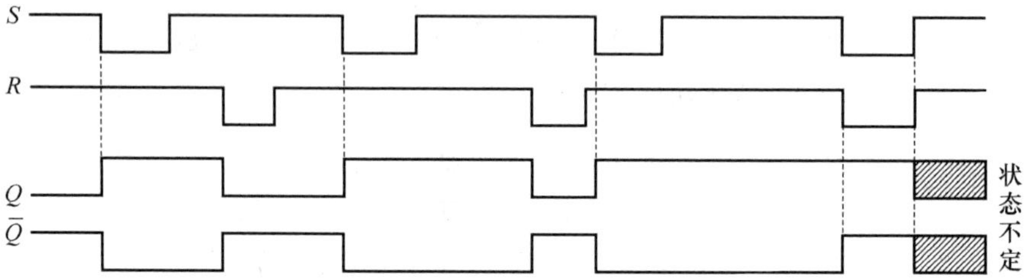

图 4-3　波形图

4.2.2　同步 RS 触发器的电路结构与动作特点

1．电路结构与工作原理

基本 RS 触发器的翻转由外加的输入信号决定，当外加的输入信号改变，输出信号会跟着改变。而数字系统中的各触发器往往被要求在规定的时刻同时翻转，这就需要由外加的时钟脉冲来控制。同步 RS 触发器就是一个具有外加时钟信号 CP 的触发器。同步 RS 触发器如图 4-4 所示。

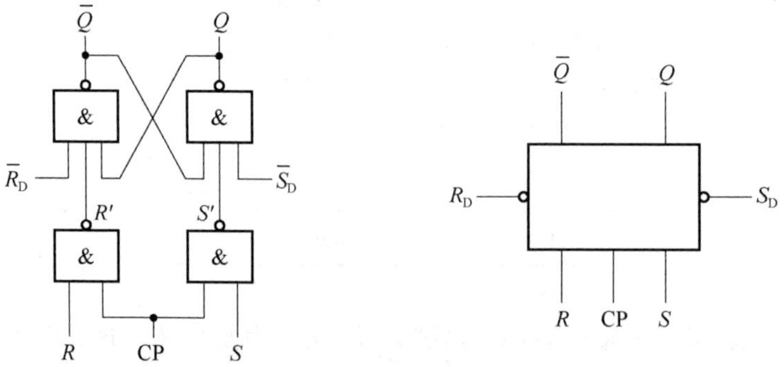

(a) 电路结构　　(b) 逻辑符号

图 4-4　同步 RS 触发器

工作原理：

$CP=0$ 时，G_3、G_4 门被封锁 $S'=R'=1$，Q 状态不变；

$CP=1$ 时，$S'=S$，$R'=R$，Q 的状态由 R、S 的状态决定。

特征方程：

$$\begin{cases} Q^{n+1}=S+\overline{R}Q^n \\ SR=0(\text{约束条件}) \end{cases}$$

同步 RS 触发器的功能表如表 4-3 所示。

表 4-3 同步 *RS* 触发器的功能表

S	R	Q^n	Q^{n+1}	功能
0	0	0	0	不定
0	0	1	1	
0	1	0	0	置“0”
0	1	1	0	
1	0	0	1	置“1”
1	0	1	1	
1	1	0	×	不定
1	1	1	×	

2. 动作特点

输入信号在 CP＝1 的全部时间内的变化都将引起触发器状态的相应改变，即在 CP＝1 期间输入信号发生多次变化，触发器的状态也可能发生多次翻转，这降低了电路抵御干扰信号的能力。波形如图 4-5 所示。

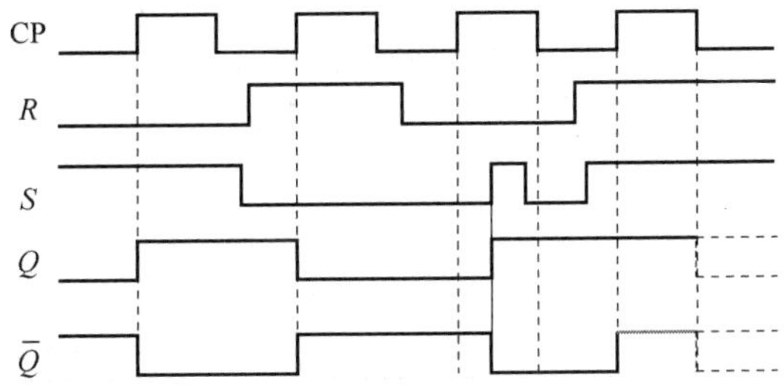

图 4-5 波形图

注意：第三个 CP＝1 期间，输入信号发生了多次变化，输出信号也发生了多次变化。

4.2.3 主从触发器的电路结构和动作特点

1. 电路结构与工作原理

主从 JK 触发器电路结构如图 4-6 所示。

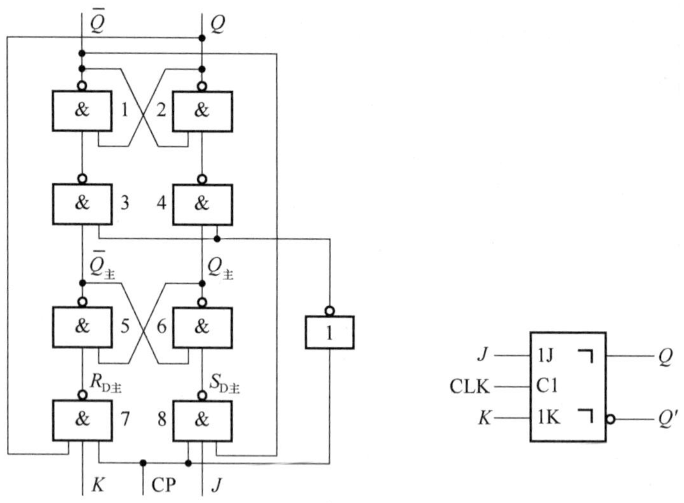

(a) 电路结构　　(b) 逻辑符号

图 4-6　主从 JK 触发器

把 $S=J\overline{Q^n}$，$R=KQ^n$ 代入主从同步 RS 触发器的特征方程：$Q^{n+1}=S+\overline{R}Q^n$ 得到主从 JK 触发器的特征方程为

$$Q^{n+1}=J\overline{Q^n}+\overline{KQ^n}Q^n=J\overline{Q^n}+\overline{K}Q^n$$

由此可得 JK 触发器的逻辑功能：

$J=1$、$K=0$ 时，$Q^{n+1}=1$，置“1”；

$J=0$、$K=1$ 时，$Q^{n+1}=0$，置“0”；

$J=0$、$K=0$ 时，$Q^{n+1}=Q^n$，保持；

$J=1$、$K=1$ 时，$Q^{n+1}=\overline{Q^n}$，计数。

JK 触发器逻辑功能如表 4-4 所示。

表 4-4　*JK* 触发器的功能表

J	K	Q^n	Q^{n+1}	功能
0	0	0	0	保持
0	0	1	1	
0	1	0	0	置“0”
0	1	1	0	
1	0	0	1	置“1”
1	0	1	1	
1	1	0	1	计数
1	1	1	0	

主从 JK 触发器的一次变化现象如图 4-7 所示。

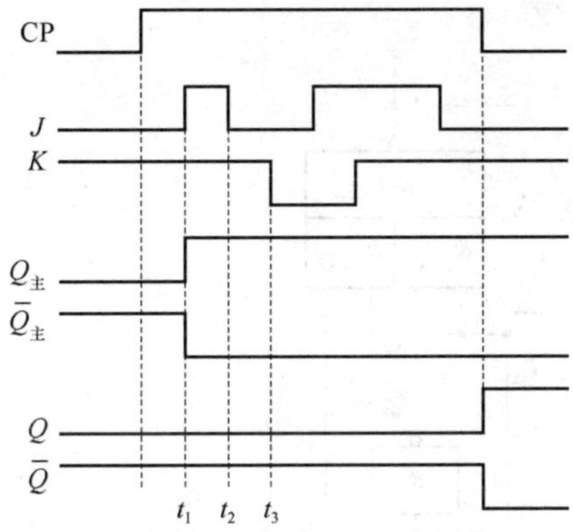

图 4-7 主从 JK 触发器的一次变化现象

2. 动作特点

主从 JK 触发器的波形图如图 4-8 所示。

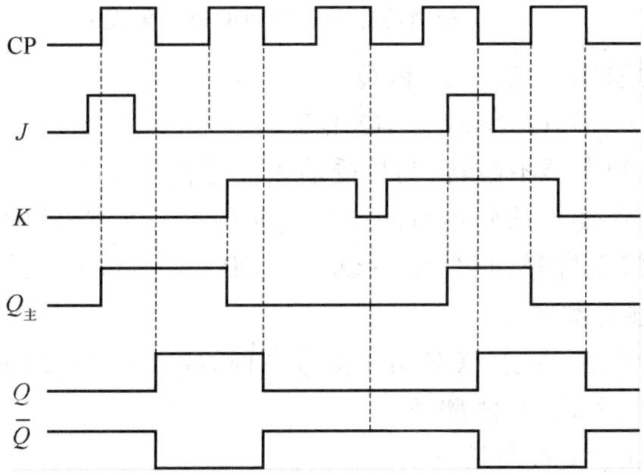

图 4-8 主从 JK 触发器的波形

触发器的翻转分两步动作。第一步，在 CP=1 期间主触发器接受输入端的信号，被置成相应的状态，而从触发器不动；第二步，CP 下降沿到来时从触发器按照主触发器的状态翻转，所以 Q 和 $\overline{Q}$ 端状态的改变发生在 CP 的下降沿。

因为主触发器本身是一个同步 RS 触发器，所以在 CP=1 的全部时间里输入信号都将对主触发器起控制作用。主从 JK 触发器存在一次变化现象。

由此可见，主从结构的触发器在 CP 作用期间抗干扰能力不强，原因是在 CP=1 期间主触发器对于干扰信号有记忆作用。边沿触发器可以克服这个缺点。

4.2.4 边沿触发器的电路结构和动作特点

1. 电路结构与工作原理

(1) 利用传输延迟时间的边沿触发器

利用传输延迟时间的边沿触发器如图 4-9 所示。

与非门 G_3、G_4 的平均延迟时间比与或非门 G_1、G_2 构成的基本触发器的平均延迟时

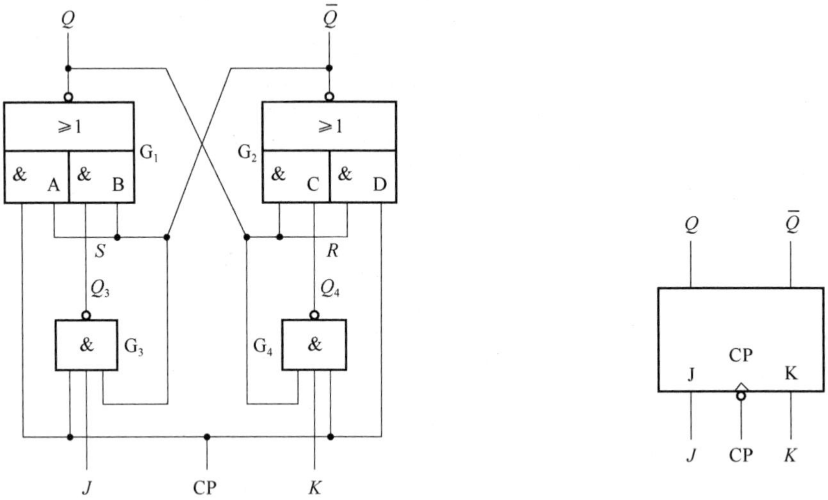

(a) 逻辑电路　　(b) 逻辑符号

图 4-9　利用传输延迟时间的边沿触发器

间要长。G_A、G_D 门的输出分别是 Q_1 和 Q_2。

CP=0 时，$Q_3=Q_4=1$，$Q_1=Q_2=0$，Q 不变。

CP 由 0 变 1 时，触发器不翻转，为接受输入信号作好准备。

由于与非门 G_3、G_4 的平均延迟时间比与或非门 G_1、G_2 构成的基本触发器的平均延迟时间要长，G_A、G_D 门先打开，此时 $Q_3=Q_4=1$，CP=1，所以 Q 依然不变。

CP 由 1 变 0 时触发翻转。

Q_3、Q_4 的状态由 J、K 决定。CP 由 1 变成 0 时，G_A、G_D 门关闭，$Q_1=Q_2=0$，G_{13}、G_{24} 门打开，Q 由 Q_3、Q_4 决定，触发器翻转。

CP=0 以后，G_3、G_4 又被封锁。

(2) 维持阻塞边沿触发器

维持阻塞边沿触发器如图 4-10 所示。

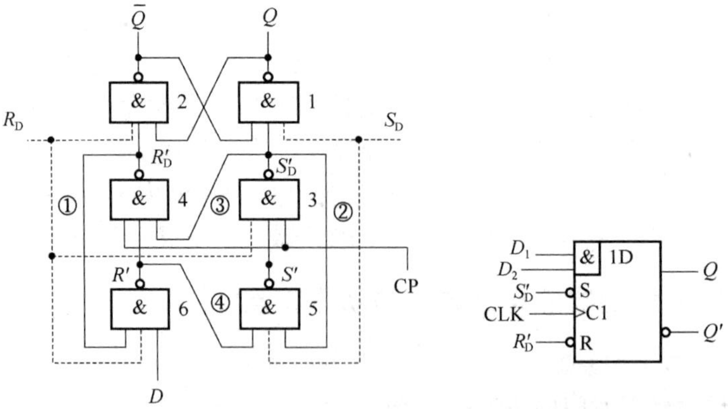

(a) 逻辑电路　　(b) 逻辑符号

图 4-10　维持阻塞 D 边沿触发器

Q 由 CP 触发沿到来前一瞬间的输入信号状态决定。

CP=0 时，$Q_3=Q_4=1$，Q 不变，触发器处于稳态，同时，$Q_5=\overline{D}$，$Q_6=D$，接受输入信号 D；CP 由 0 变 1 时，触发器翻转，$Q_3=\overline{Q_5}=D$，$Q_4=\overline{Q_6}=\overline{D}$，使 $Q=D$；CP=1 时，输入信号被封锁。

若 $Q_3=0$，则经 4 线封锁 G_5；若 $Q_4=0$ 时通过 3 线封锁 G_6，通过 1 线封锁 G_3，所以，此时 Q_3、Q_4、Q_5、Q_6 的状态与之无关。

总之，该触发器在 CP 上升沿前接受输入信号，上升沿时翻转，上升沿后输入被封锁。

R_D、S_D 为直接清零端，低电平有效。

D 触发器的逻辑功能如表 4-5 所示。

表 4-5　*D* 触发器的功能表

D	Q^n	Q^{n+1}	功能
0	0	0	置“0”
0	1	0	
1	0	1	置“1”
1	1	1	

2. 动作特点

边沿触发器的次态仅取决于 CP 信号的上升沿或下降沿到达时输入端的逻辑状态，而在这以前或以后，输入信号的变化对触发器的状态没有影响。

这种特点有效地提高了触发器电路的抗干扰能力，因而也提高了电路的工作可靠性。

(1) 边沿 D 触发器的波形如图 4-11 所示。

(2) 边沿 JK 触发器的波形如图 4-12 所示。

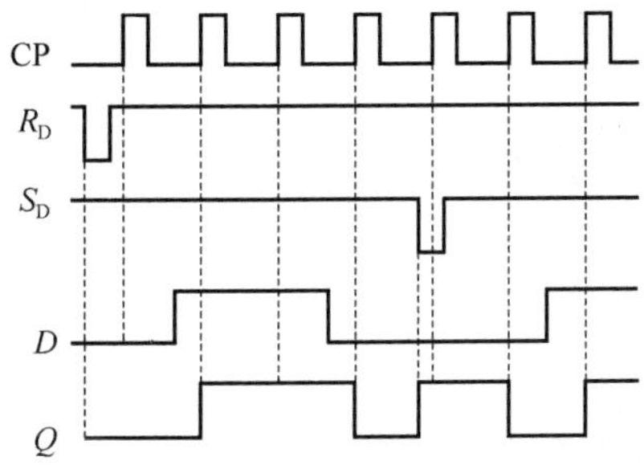

图 4-11　边沿 D 触发器的波形图

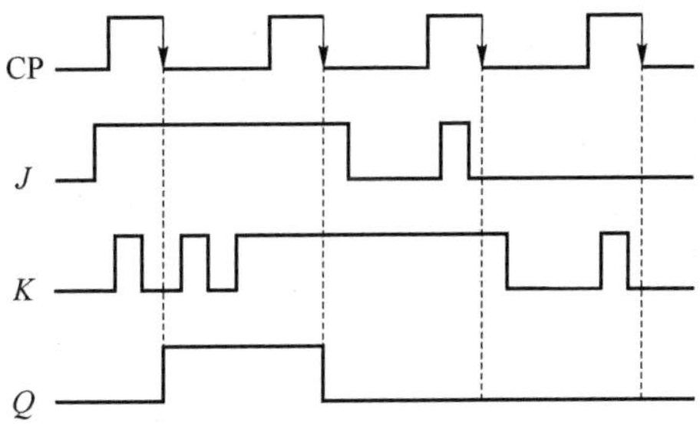

图 4-12　边沿 JK 触发器的波形图

4.3　触发器的逻辑功能及其描述方法

4.3.1　触发器按逻辑功能的分类

1. *RS* 触发器

(1) 功能

RS 触发器功能如表 4-6 所示。

表 4-6　同步 **RS** 触发器的功能表

J	K	Q^n	Q^{n+1}	功能
0	0	0	0	保持
0	0	1	1	
0	1	0	0	置“0”
0	1	1	0	
1	0	0	1	置“1”
1	0	1	1	
1	1	0	1	计数
1	1	1	0	

(2) 特征方程

$$\begin{cases} Q^{n+1}=\overline{S}+RQ^n \\ S+R=1\text{(约束条件)} \end{cases}$$

(3) 转换图

RS 触发器状态转换图如图 4-13 所示。

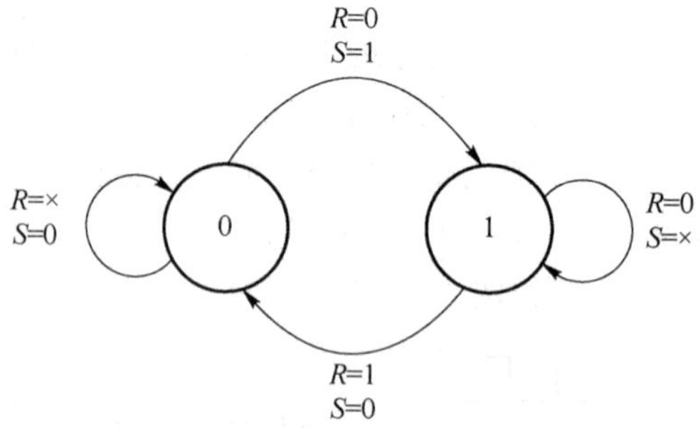

图 4-13　RS 触发器的状态转换图

2. JK 触发器

(1) 功能

JK 触发器功能如表 4-7 所示。

表 4-7　**JK** 触发器的功能表

J	K	Q^n	Q^{n+1}	功能
0	0	0	0	保持
0	0	1	1	
0	1	0	0	置“0”
0	1	1	0	
1	0	0	1	置“1”
1	0	1	1	
1	1	0	1	计数
1	1	1	0	

(2) 特征方程

$$Q^{n+1}=J\,\overline{Q^n}+\overline{K Q^n}Q^n=J\,\overline{Q^n}+\overline{K}Q^n$$

(3) 转换图

JK 触发器状态转换如图 4-14 所示。

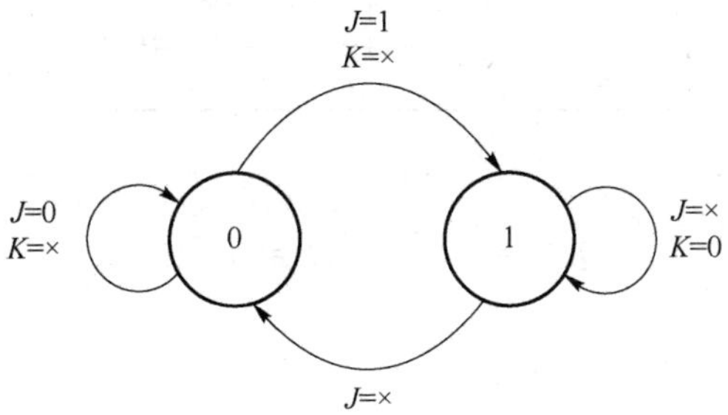

图 4-14 JK 触发器的状态转换图

3. D 触发器

(1) 功能

D 触发器功能如表 4-8 所示。

表 4-8 D 触发器的功能表

D	Q^n	Q^{n+1}	功能
0	0	0	置“0”
0	1	0	
1	0	1	置“1”
1	1	1	

(2) 特征方程

$$Q^{n+1}=D$$

(3) 转换图

D 触发器状态转换如图 4-15 所示。

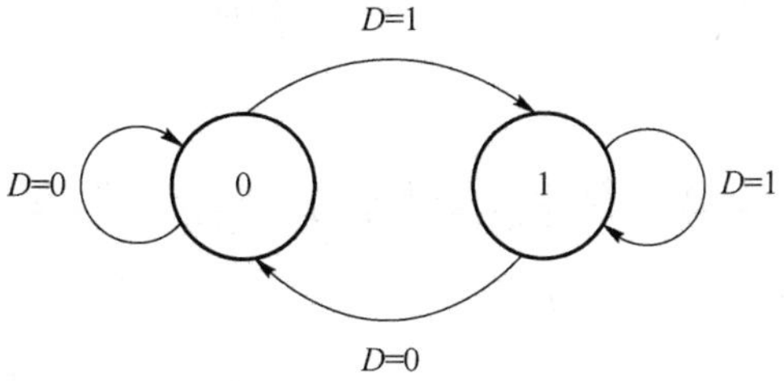

图 4-15 D 触发器的状态转换图

4. T 触发器

(1) 功能

T 触发器功能如表 4-9 所示。

表 4-9 *T* 触发器功能表

D	Q^n	Q^{n+1}	功能
0	0	0	置“0”
0	1	0	
1	0	1	置“1”
1	1	1	

(2) 特征方程

$$Q^{n+1}=T\overline{Q^n}+\overline{T}Q^n=T\oplus Q^n$$

(3) 转换图

D 触发器状态转换如图 4-16 所示。

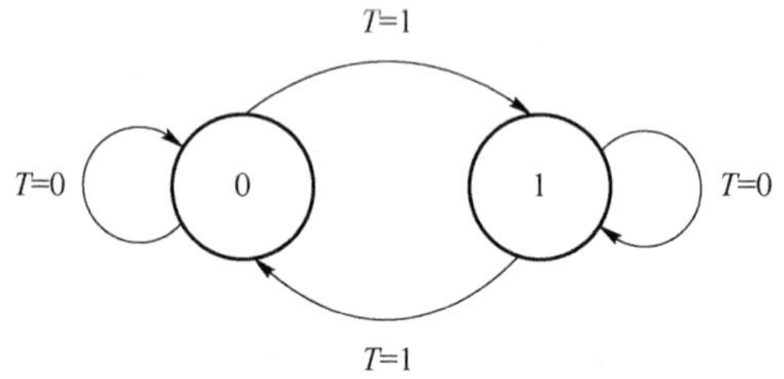

图 4-16 *D* 触发器的状态转换图

4.3.2 触发器的电路结构与逻辑功能的关系

触发器的逻辑功能和电路形式是两个不同的概念。所谓逻辑功能，是指触发器的次态和现态及输入信号之间在稳态下的逻辑关系，这种逻辑关系可以用特性表、特性方程或状态转换图给出。根据逻辑功能的不同特点，我们把触发器分成了 *RS*、*JK*、*T*、*D* 等几种类型。

而基本 *RS* 触发器、同步 *RS* 触发器、主从触发器、边沿触发器等是指电路结构的不同形式。由于电路结构的不同，其动作特点也不同。

同一种逻辑功能的触发器可以用不同的电路结构实现。反过来，用同一种电路结构形式可以构成不同逻辑功能的触发器。因此，逻辑功能与电路结构并无固定的对应关系，更不要把两者混为一谈。

4.4 触发器逻辑功能的转换

4.4.1 集成触发器

1. 集成维持阻塞 *D* 触发器

常用的集成维持阻塞触发器有 7474(T1074)、74H74(T2074)、74S74(T3074)和 74LS74(T4074)，这四种触发器均为双 *D* 触发器。它们有相同的逻辑功能(如表 4-10 所示)和相同的管脚排列(如图 4-17 所示)。

表 4-10 D 触发器的功能表

输入				输出	
R_D	S_D	D	CP	Q	$\overline{Q}$
0	1	×	×	0	1
1	0	×	×	1	0
1	1	1	↑	1	0
1	1	0	↑	0	1
0	0	×	×	1	1

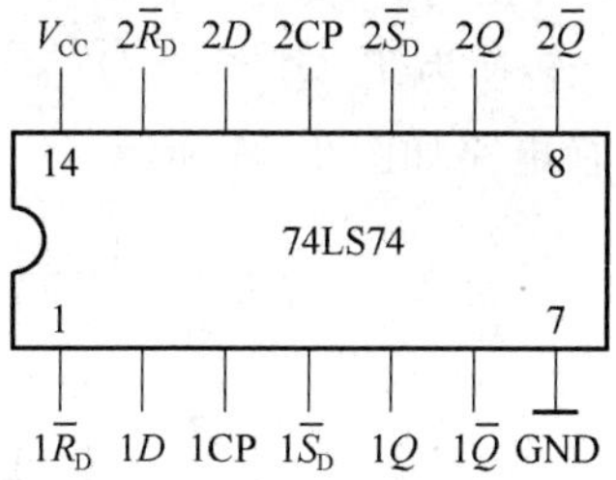

图 4-17 74LS74 的管脚排列图

2. 集成负边沿 JK 触发器

常用的集成负边沿 JK 触发器有 74S112(T3112)和 74LS112(T4112)等,这两种触发器均为双 JK 触发器。它们有相同的逻辑功能和相同的管脚排列(如图 4-18 所示)。

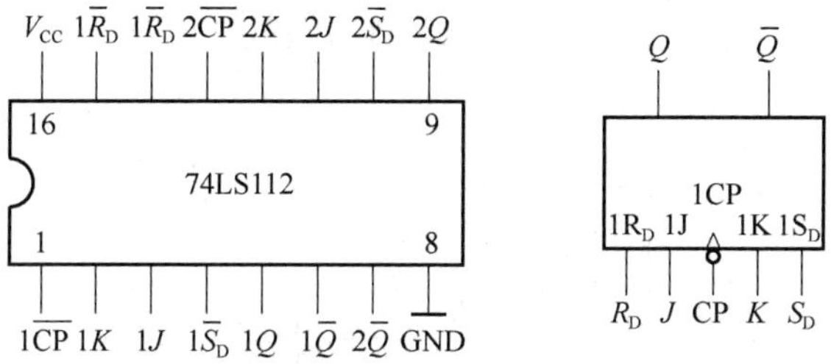

(a) 管脚排列图 (b) 逻辑符号

图 4-18 74LS112

4.4.2 触发器的相互转换

1. JK 触发器转换为 D、T 触发器

JK 触发器的特征方程为

$$Q^{n+1}=J\overline{Q^n}+\overline{K}Q^n$$

D 触发器的特征方程为

$$Q^{n+1}=D$$

T 触发器的特征方程为

$$Q^{n+1}=T\overline{Q^n}+\overline{T}Q^n$$

JK 触发器的功能如表 4-11 所示。

表 4-11 JK 触发器的功能表

输入					输出	
R_D	R_D	J	K	CP	Q	$\overline{Q}$
0	1	×	×	×	0	1
1	1	0	0	↓	Q^n	
1	1	0	1	↓	0	1
1	1	1	0	↓	1	0
1	1	1	1	↓	$\overline{Q}^n$	
0	0	×	×	×	1	1

JK 转换为 D：$Q^{n+1}=J\overline{Q^n}+\overline{K}Q^n=D\overline{Q^n}+DQ^n$，则 $D=J$，$D=\overline{K}$。

JK 转换为 T：$Q^{n+1}=J\overline{Q^n}+\overline{K}Q^n=T\overline{Q^n}+TQ^n$，则 $T=J=K$。

转换电路如图 4-19 所示。

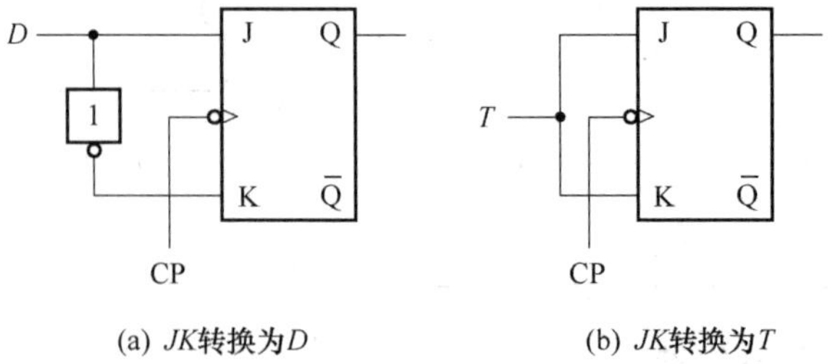

图 4-19　转换电路图

2. D 触发器转换为 JK 触发器

D 转换为 JK：$Q^{n+1}=D=J\overline{Q^n}+\overline{K}Q^n=\overline{\overline{J\overline{Q^n}}\cdot\overline{\overline{K}Q^n}}$。

转换电路如图 4-20 所示。

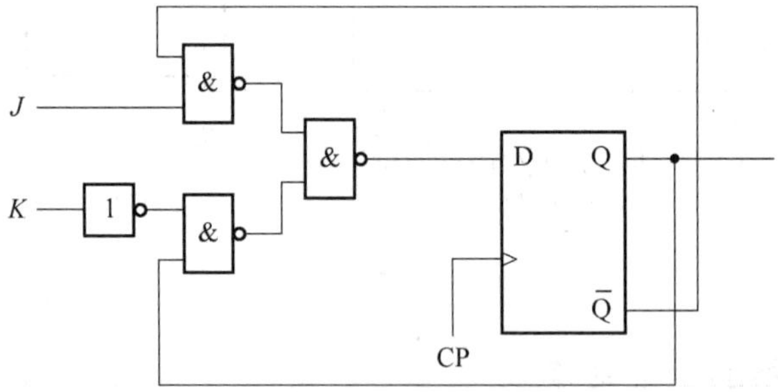

图 4-20　D 转换为 JK 的电路图

本章小结

1. 触发器是数字系统中极为重要的基本逻辑单元。它有两个稳定状态，在外加触发信号的作用下，可以从一种稳定状态转换到另一种稳定状态。当外加信号消失后，触发器仍维持其现状态不变，因此，触发器具有记忆作用，每个触发器只能记忆（存储）一位二进制数码。

2. 按动作特点不同，可以把触发器分为基本 RS 触发器、同步触发器、主从触发器和边沿触发器。

基本 RS 触发器的输出端 Q 和 $\overline{Q}$ 状态由输入信号 R 和 S 来决定，当输入信号 R 和 S 发生变化时，输出端 Q 和 $\overline{Q}$ 的状态做相应的变化。

同步触发器的输入信号在 CP=1 的全部时间内的变化都将引起触发器状态的相应改变，即在 CP=1 期间输入信号发生多次变化，触发器的状态也可能发生多次翻转。

主从触发器的翻转分两步动作：第一步，在 CP=1 期间主触发器接受输入端的信号，被置成相应的状态，而从触发器不动；第二步，CP 下降沿到来时从触发器按照主触发器的状态翻转。主从 JK 触发器存在一次变化现象。

边沿触发器的次态仅取决于 CP 信号的上升沿或下降沿到达时输入端的逻辑状态，而在这以前或以后，输入信号的变化对触发器的状态没有影响。

3、集成触发器按功能可分为 RS、JK、D、T、T'几种。其逻辑功能可用状态表(真值表)、特征方程、状态图、逻辑符号图和波形图(时序图)来描述。

类型不同而功能相同的触发器，其状态表、状态图、特征方程均相同，只是逻辑符号图和时序图不同。

4、常用的集成触发器 TTL 型的有：双 JK 负边沿触发器 74LS112、双 D 正边沿触发器 74LS74。

本章习题

4-1 分析图 4-1 所示 RS 触发器的功能，并根据输入波形画出 Q 和$\overline{Q}$的波形。

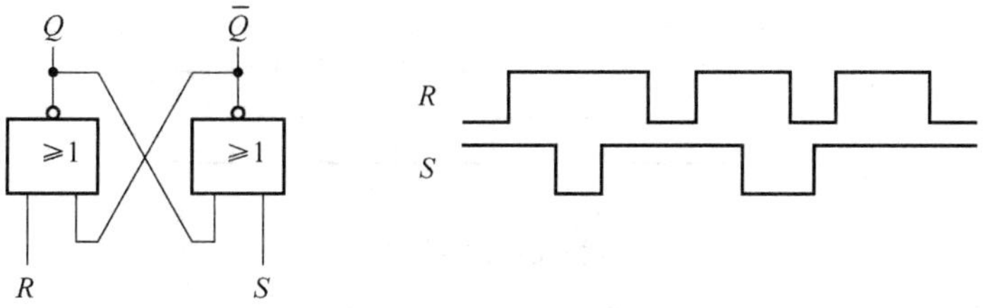

图 4-21 RS 触发器

4-2 边沿触发器接成图 4-22(a)、(b)、(c)、(d)所示形式，设初始状态为 0，试根据图(e)所示的 CP 波形画出 Q_a、Q_b、Q_c、Q_d的波形。

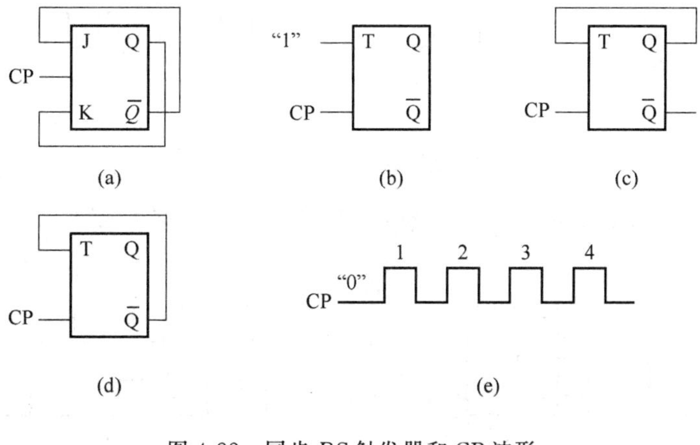

图 4-22 同步 RS 触发器和 CP 波形

4-3　边沿触发器接成图 4-23(a)、(b)、(c)、(d)所示形式，设初始状态为 0，试根据图(e)所示的 CP 波形画出 Q_a、Q_b、Q_c、Q_d 的波形。

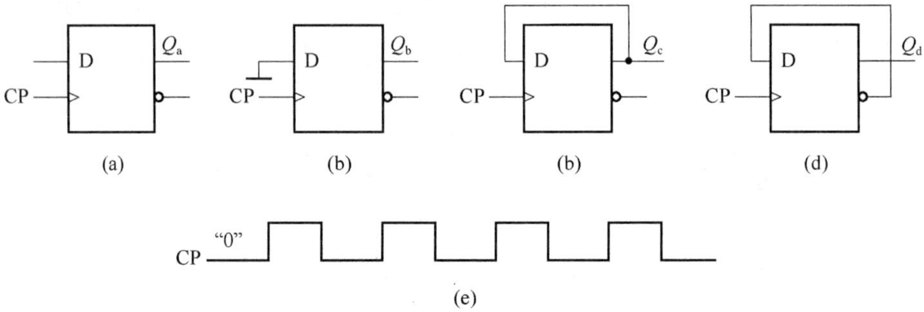

图 4-23　维持阻塞 D 触发器和 CP 波形

4-4　下降沿触发的 JK 触发器输入波形如图 4-24 所示，设触发器初态为 0，画出相应输出波形。

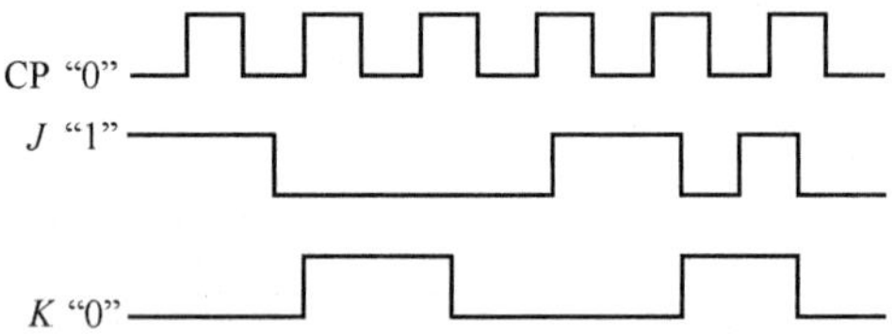

图 4-24　下降沿触发器的 JK 触发器输入波形

4-5　边沿触发器电路如图 4-25 所示，设初状态均为 0，试根据 CP 波形画出 Q_1、Q_2 的波形。

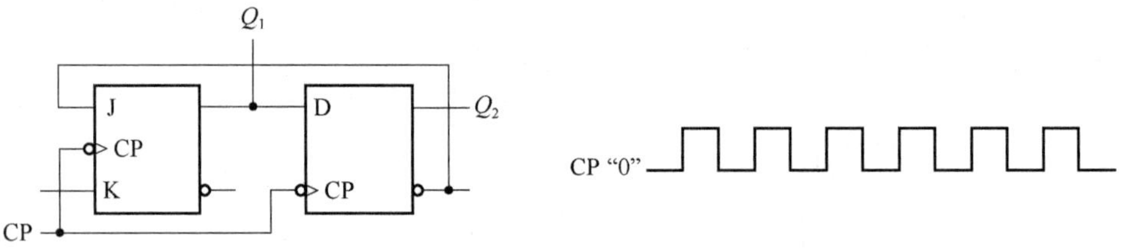

图 4-25　边沿触发器电路和 CP 波形

4-6　边沿触发器电路如图 4-26 所示，设初状态均为 0，试根据 CP 和 D 的波形画出 Q_1、Q_2 的波形。

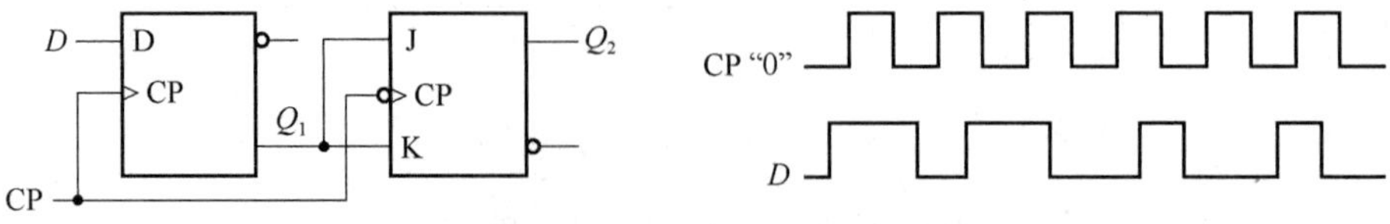

图 4-26　边沿触发器电路和 CP、D 波形

4-7 边沿 T 触发器电路如图 4-27 所示，设初状态为 0，试根据 CP 波形画出 Q_1、Q_2 的波形。

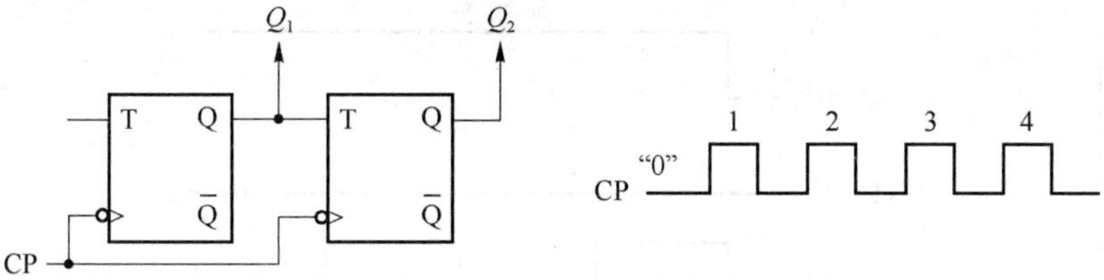

图 4-27 边沿 T 触发器电路和 CP 波形

本章习题解答

4-1 输出波形如图 4-28 所示。

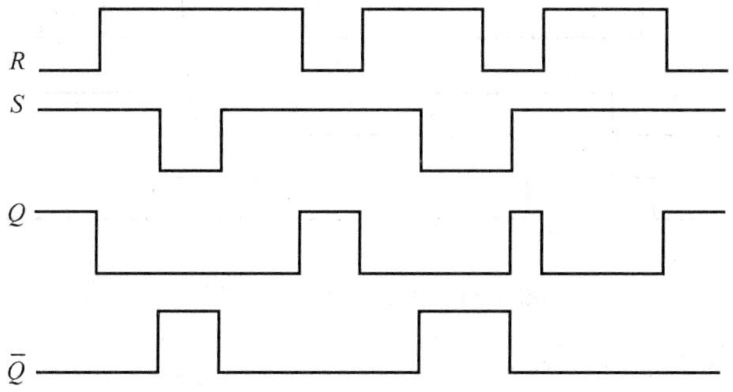

图 4-28 习题 4-1 输出波形

4-2 输出波形如图 4-29 所示。

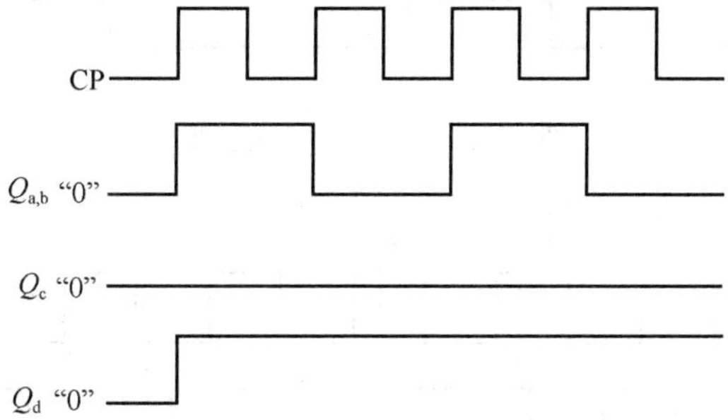

图 4-29 习题 4-2 输出波形

4-3 输出波形如图 4-30 所示。

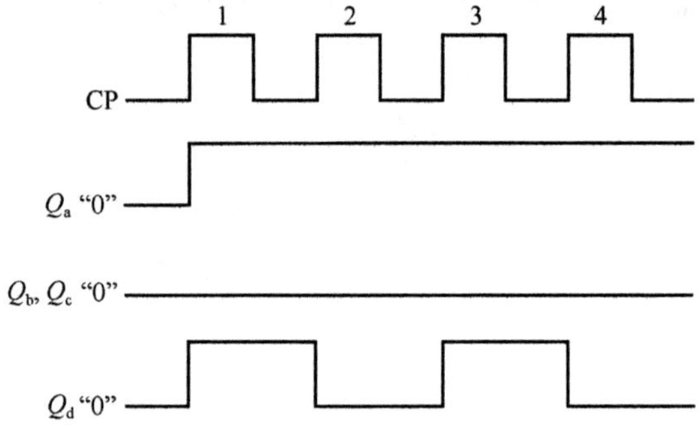

图 4-30 习题 4-3 输出波形

4-4 输出波形如图 4-31 所示。

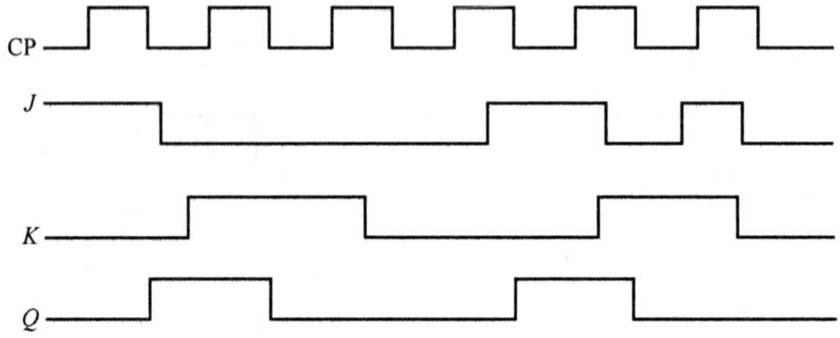

图 4-31 习题 4-4 输出波形

4-5 输出波形如图 4-32 所示。

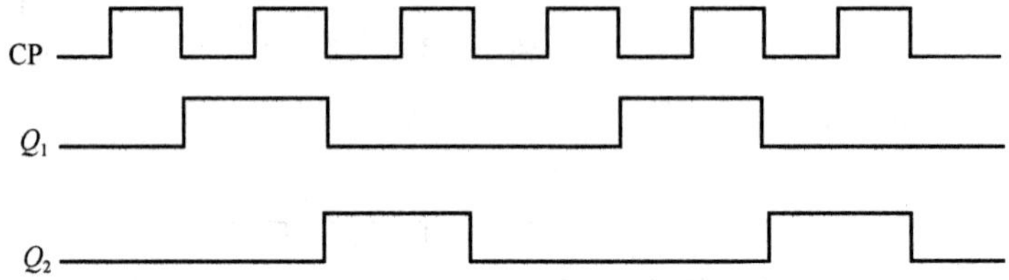

图 4-32 习题 4-5 输出波形

4-6 输出波形如图 4-33 所示。

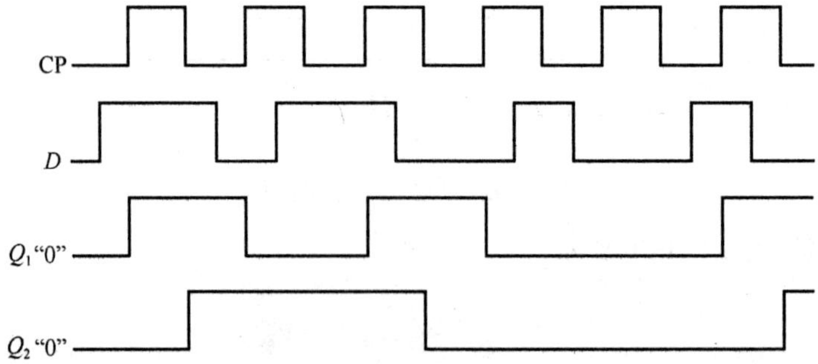

图 4-33 习题 4-6 输出波形

4-7 输出波形如图 4-34 所示。

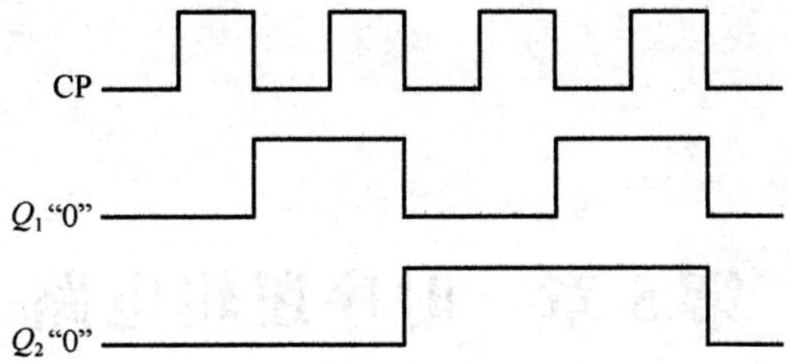

图 4-34 习题 4-7 输出波形

第 5 章　时序逻辑电路

5.1 概　　述

组合逻辑电路的基本单元——门电路，没有记忆功能。

时序逻辑电路的基本单元——触发器，有记忆功能。

时序电路结构框图如图 5-1 所示。

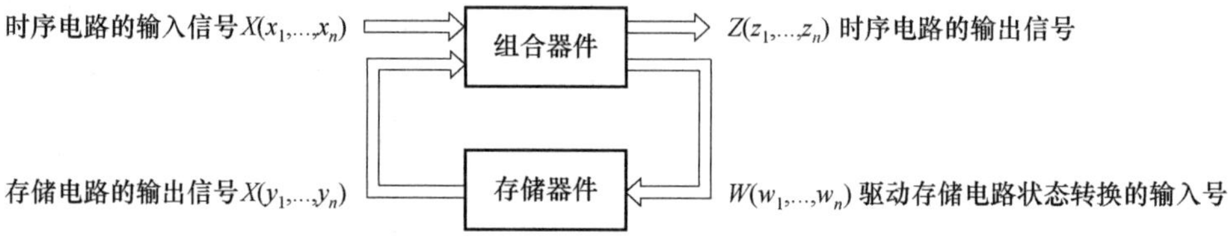

图 5-1　时序电路结构框图

时序逻辑电路由组合电路和存储电路两部分构成。

按触发脉冲输入方式的不同，时序电路可分为同步时序电路和异步时序电路。同步时序电路是指各触发器状态的变化受同一个时钟脉冲控制；而在异步时序电路中，各触发器状态的变化不受同一个时钟脉冲控制。

5.1.1 时序电路的分析方法

分析时序电路的目的是确定已知电路的逻辑功能和工作特点。具体步骤如下：

① 写相关方程式——时钟方程、驱动方程和输出方程。

② 求各个触发器的状态方程。

③ 求出对应状态值——列状态表、画状态图和时序图。

④ 归纳上述分析结果，确定时序电路的功能。

5.1.2 时序电路分析举例

例 5-1　分析如图 5-2 所示的时序电路的逻辑功能。

解：(1) 写相关方程式。

① 时钟方程：$CP_0=CP_1=CP\downarrow$

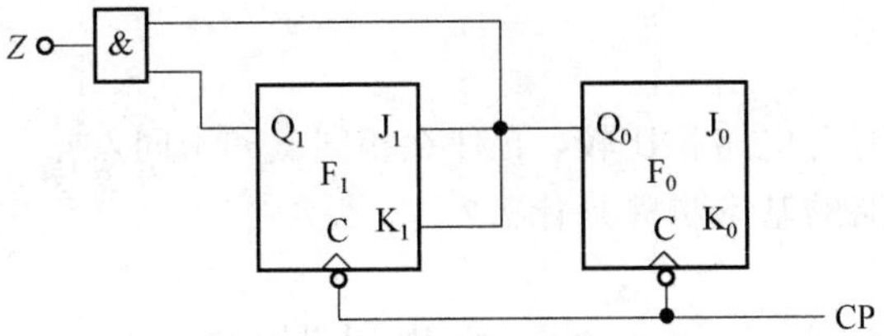

图 5-2 例 5-1 图

② 驱动方程：$J_0=K_0=1 \quad J_1=K_1=Q_0^n$

③ 输出方程：$Z=Q_1Q_0$

(2) 求各个触发器的状态方程。

JK 触发器特性方程为

$$Q^{n+1}=J\,\overline{Q^n}+\overline{K}Q^n$$

将对应驱动方程分别代入特性方程，进行化简变换可得状态方程：

$$Q_0^{n+1}=\overline{Q_0^n}$$

$$Q_1^{n+1}=Q_0^n\,\overline{Q_1^n}+\overline{Q_0^n}Q_1^n$$

(3) 求出对应状态值。

① 列状态表：列出电路输入信号和触发器原态的所有取值组合，代入相应的状态方程，求得相应的触发器的次态及输出，列表得到状态表 5-1。

表 5-1 状态表

Q_1^n	Q_0^n	Q_1^{n+1}	Q_0^{n+1}	Z
0	0	0	1	0
0	1	1	0	0
1	0	1	1	1
1	1	0	0	0

② 画状态图如图 5-3(a)所示，画时序图如图 5-3(b)所示。

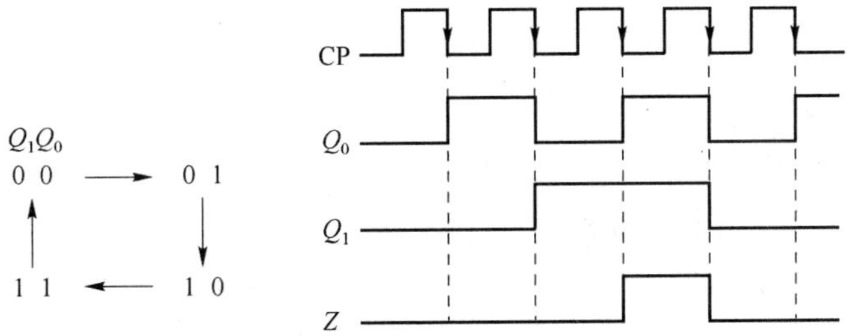

(a) 状态图 (b) 时序图

图 5-3 时序电路对应图形

(4) 归纳上述分析结果，确定该时序电路的逻辑功能。

综上所述，此电路是带进位输出的同步四进制加法计数器。N 进制计数器同时也是

一个 N 分频器。

思考题：

(1) 时序电路与组合电路相比较，有什么相同点和不同点？

(2) 分析时序电路的基本步骤是什么？

5.2 同步计数器

计数器是用来实现累计电路输入 CP 脉冲个数功能的时序电路。在计数功能的基础上，计数器还可以实现计时、定时、分频和自动控制等功能，应用十分广泛。

计数器按照 CP 脉冲的输入方式可分为同步计数器和异步计数器。计数器按照计数规律可分为加法计数器、减法计数器和可逆计数器。计数器按照计数的进制可分为二进制计数器($N=2^n$)和非二进制计数器($N\neq 2^n$)，其中，N 代表计数器的进制数，n 代表计数器中触发器的个数。

5.2.1 同步计数器

1. 同步二进制计数器

同步二进制计数器电路如图 5-4 所示。

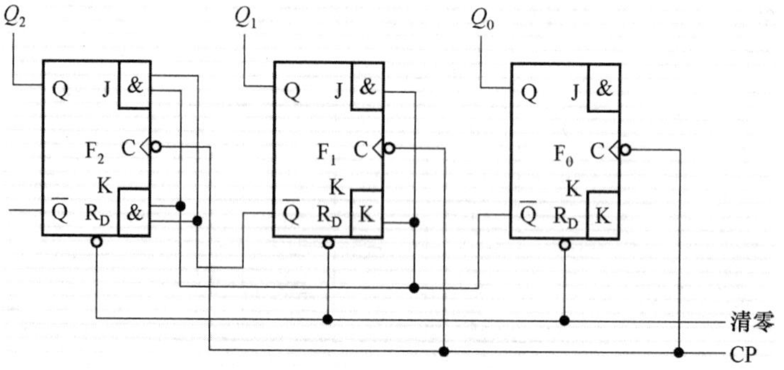

图 5-4 同步二进制计数器

分析过程：

(1) 写出相关方程式。

时钟方程：$CP_0=CP_1=CP_2=CP\downarrow$

驱动方程：$J_0=K_0=1\quad J_1=K_1=\overline{Q_0^n}\quad J_2=K_2=\overline{Q_1^n}\cdot\overline{Q_0^n}$

(2) 求各个触发器的状态方程。

JK 触发器特征方程：

$$Q^{n+1}=J\,\overline{Q^n}+\overline{K}Q^n$$

将对应驱动方程式分别代入 JK 触发器特性方程式，进行化简变换可得状态方程：

$$Q_0^{n+1}=\overline{Q_0^n}$$

$$Q_1^{n+1}=\overline{Q_1^n}\cdot\overline{Q_0^n}+Q_1^nQ_0^n$$

$$Q_1^{n+1}=\overline{Q_2^n}\cdot\overline{Q_1^n}\cdot\overline{Q_0^n}+Q_2^nQ_1^n+Q_2^nQ_0^n$$

(3) 求出对应状态值。

列状态表如表 5-2 所示。

表 5-2 状 态 表

Q_2^n	Q_1^n	Q_0^n	Q_2^{n+1}	Q_1^{n+1}	Q_0^{n+1}
0	0	0	1	1	1
1	1	1	1	1	0
1	1	0	1	0	1
1	0	1	1	0	0
1	0	0	0	1	1
0	1	1	0	1	0
0	1	0	0	0	1
0	0	1	0	0	0

画状态图如图 5-5(a)所示，画时序图如图 5-5(b)所示。

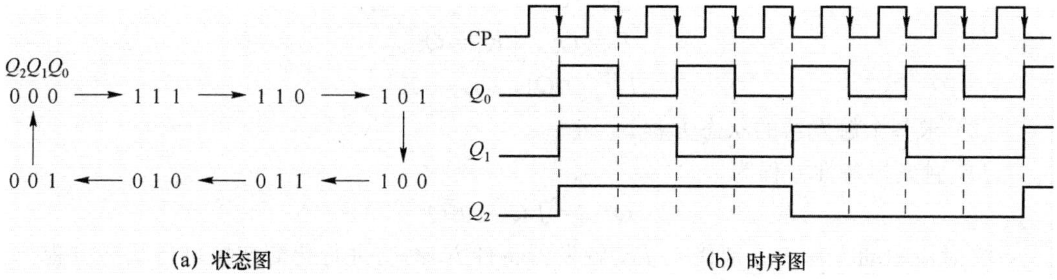

图 5-5 同步计数器状态图

(4) 归纳分析结果。

确定该时序电路的逻辑功能。从时钟方程可知该电路是同步时序电路。从状态图可知随着 CP 脉冲的递增，触发器输出 $Q_2Q_1Q_0$ 值是递减的，且经过 8 个 CP 脉冲完成一个循环过程。

综上所述，此电路是同步三位二进制(或一位八进制)减法计数器。

2. 同步二进制计数器的连接规律和特点

同步二进制计数器一般由 JK 触发器和门电路构成，有 N 个 JK 触发器，就是 N 位同步二进制计数器。连接规律是：所有 CP 接在一起，上升沿或下降沿均可。

(1) 加法计数：

$$J_0=K_0=1$$
$$J_i=K_i=Q_{i-1}^n\cdot Q_{i-2}^n\cdot Q_0^n \quad (n-1\geqslant i\geqslant 1)$$

(2) 减法计数：

$$J_0=K_0=1$$
$$J_i=K_i=\overline{Q_{i-1}^n}\cdot\overline{Q_{i-2}^n}\cdot\overline{Q_0^n} \quad (n-1\geqslant i\geqslant 1)$$

3. 同步非二进制计数器

分析图 5-6 所示同步非二进制计数器的逻辑功能。

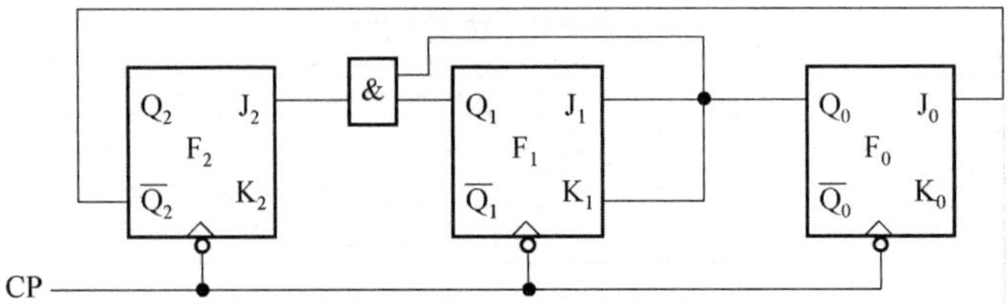

图 5-6　同步非二进制计数器

分析过程：

（1）写相关方程式。

时钟方程：

$$CP_0 = CP_1 = CP_2 = CP\downarrow$$

驱动方程：

$$J_0 = \overline{Q_2^n},\quad K_0 = 1$$

$$J_1 = Q_0^n,\quad K_1 = Q_0^n$$

$$J_2 = Q_1^n Q_0^n,\quad K_2 = 1$$

（2）求各个触发器的状态方程。

JK 触发器特性方程为

$$Q^{n+1} = J\,\overline{Q^n} + \overline{K}Q^n$$

将对应驱动方程式分别代入 JK 触发器特性方程式，进行化简变换可得状态方程：

$$Q_0^{n+1} = \overline{Q_2^n}\,\overline{Q_0^n}$$

$$Q_1^{n+1} = \overline{Q_1^n}Q_0^n + Q_1^n\,\overline{Q_0^n}$$

$$Q_2^{n+1} = \overline{Q_2^n}Q_1^n Q_0^n$$

（3）求出对应状态值。

列状态表如表 5-3 所示。

表 5-3　状态表

Q_2^n	Q_1^n	Q_0^n	Q_2^{n+1}	Q_1^{n+1}	Q_0^{n+1}
0	0	0	0	0	1
0	0	1	0	1	0
0	1	0	0	1	1
0	1	1	1	0	0
1	0	0	0	0	0
1	0	1	0	1	0
1	1	0	0	1	0
1	1	1	0	0	0

画状态图如图 5-7(a)所示，画时序图如图 5-7(b)所示。

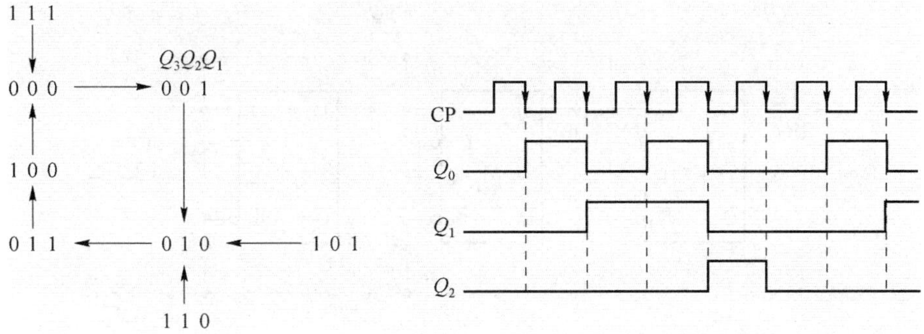

(a) 状态图　　(b) 时序图

图 5-7　同步计数器对应图形

(4) 归纳分析结果，确定该时序电路的逻辑功能。

从时钟方程可知该电路是同步时序电路。

从表 5-3 所示状态表可知：计数器输出 $Q_2Q_1Q_0$ 共有 8 种状态 000～111。

从图 5-7(a)所示状态图可知：随着 CP 脉冲的递增，触发器输出 $Q_2Q_1Q_0$ 会进入一个有效循环过程，此循环过程包括了 5 个有效输出状态，其余 3 个输出状态为无效状态，所以要检查该电路能否自启动。

检查的方法是：无论电路从哪一个状态开始工作，在 CP 脉冲作用下，触发器输出的状态都会进入有效循环圈内，此电路就能够自启动；反之，则此电路不能自启动。

综上所述，此电路是具有自启动功能的同步五进制加法计数器。

5.3 异步计数器

5.3.1 异步计数器

1. 异步二进制计数器

异步三位二进制计数器电路如图 5-8 所示。

分析过程：

(1) 写相关方程式。

时钟方程：$CP_0 = CP\downarrow$　$CP_1 = Q_0\downarrow$　$CP_2 = Q_1\downarrow$

驱动方程：$J_0 = K_0 = 1$　$J_1 = K_1 = 1$　$J_2 = K_2 = 1$

(2) 求各个触发器的状态方程。

JK 触发器特性方程为

$$Q^{n+1} = J\overline{Q^n} + \overline{K}Q^n$$

将对应驱动方程式分别代入 JK 触发器特性方程式，进行化简变换可得状态方程：

$$Q_0^{n+1} = \overline{Q_0^n}(CP\downarrow)$$

$$Q_1^{n+1} = \overline{Q_1^n}(Q_0\downarrow)$$

$$Q_2^{n+1}=\overline{Q_2^n}(Q_1\downarrow)$$

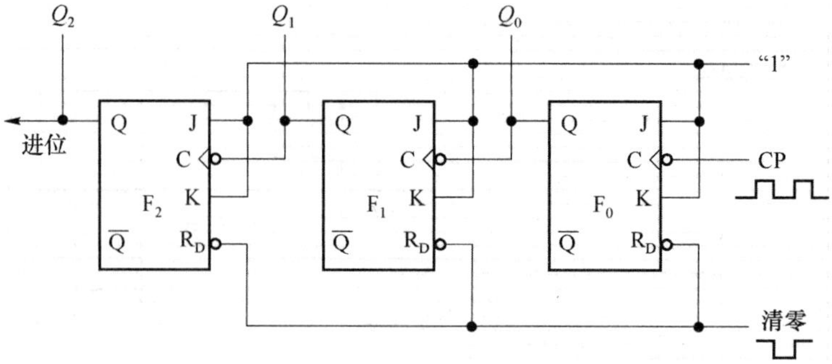

图 5-8　异步三位二进制计数器

(3) 求出对应状态值。

列状态表如表 5-4 所示。

表 5-4　状态表

Q_2^n	Q_1^n	Q_0^n	Q_2^{n+1}	Q_1^{n+1}	Q_0^{n+1}
0	0	0	0	0	1
0	0	1	0	1	0
0	1	0	0	1	1
0	1	1	1	0	0
1	0	0	1	0	1
1	0	1	1	1	0
1	1	0	1	1	1
1	1	1	0	0	0

画状态图如图 5-9(a)所示，画时序图如图 5-9(b) 所示。

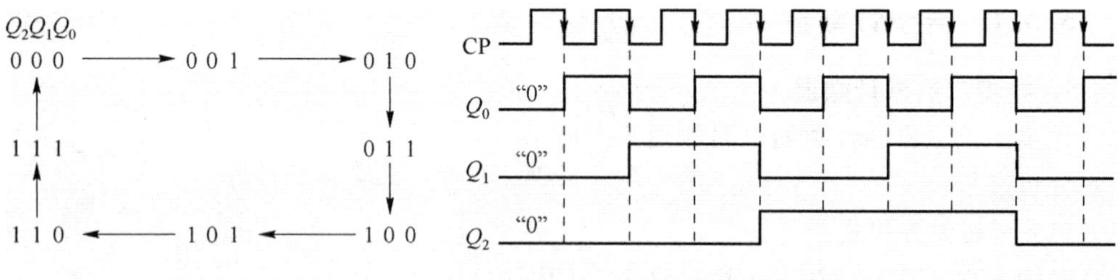

(a) 状态图　　(b) 时序图

图 5-9　异步三位二进制计数器对应图形

(4) 归纳分析结果，确定该时序电路的逻辑功能。

由时钟方程可知该电路是异步时序电路。

从状态图可知随着 CP 脉冲的递增，触发器输出 $Q_2Q_1Q_0$ 值是递增的，经过 8 个 CP 脉冲完成一个循环过程。

综上所述，此电路是异步三位二进制(或一位八进制)加法计数器。

2. 异步二进制计数器的规律和特点

用触发器构成异步 n 位二进制计数器的连接规律：

(1) 各触发器接成计数状态

JK 触发器：

$$J_i = K_i = 1$$

T 触发器：

$$T_i = 1$$

D 触发器：

$$D_i = \overline{Q_i}$$

(2) CP 的连接方法

$$CP_0 = CP$$

加法计数：下降沿触发 $CP_i = Q_{i-1}$ $(i \geqslant 1)$

上升沿触发 $CP_i = \overline{Q_{i-1}}$ $(i \geqslant 1)$

减法计数：下降沿触发 $CP_i = \overline{Q_{i-1}}$ $(i \geqslant 1)$

上升沿触发 $CP_i = Q_{i-1}$ $(i \geqslant 1)$

同步计数器:运行速度快,但电路结构复杂。

异步计数器:结构简单,但运行速度慢,容易出错。

思考题：

1. 同步时序电路有什么特点?

2. 根据表 5-2 所示同步二进制计数器的连接规律,利用 JK 触发器构成同步四位二进制减法计数器电路。

3. 参考图 5-8 所示的异步三位二进制计数器分析异步五进制计数器的逻辑功能。

5.4 集成计数器

5.4.1 集成计数器

1. 集成同步计数器 74LS161

74LS161 是一种同步四位二进制加法集成计数器。其管脚的排列如图 5-10 所示,逻辑功能如表 5-5 所示。

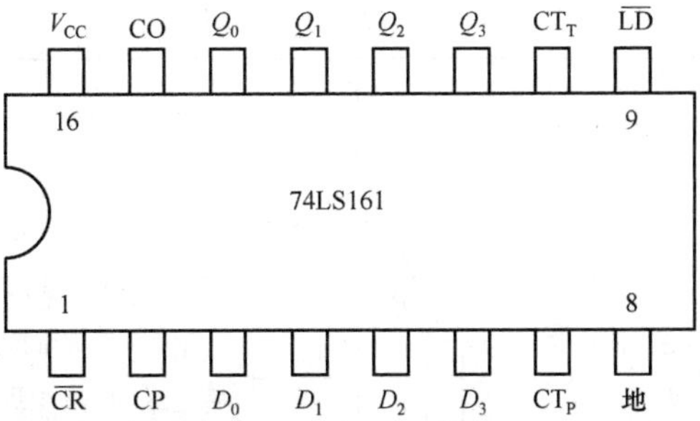

图 5-10 74LS161 管脚排列图

表 5-5　74LS161 逻辑功能表

$\overline{CR}$	$\overline{LD}$	CT_P	CT_T	CP	Q_3	Q_2	Q_1	Q_0
0	×	×	×	×	0	0	0	0
1	0	×	×	↑	D_3	D_2	D_1	D_0
1	1	0	×	×	Q_3	Q_2	Q_1	Q_0
1	1	×	0	×	Q_3	Q_2	Q_1	Q_0
1	1	1	1	↑	计		数	

当复位端$\overline{CR}=0$时，输出 $Q_3Q_2Q_1Q_0$ 全为 0，实现异步清零功能，又称复位功能。

当$\overline{CR}=1$，预置控制端$\overline{LD}=0$，并且 CP=CP↑时，$Q_3Q_2Q_1Q_0=D_3D_2D_1D_0$，实现同步预置数功能。

当$\overline{CR}=\overline{LD}=1$且 $CT_P \cdot CT_T=0$ 时，输出 $Q_3Q_2Q_1Q_0$ 保持不变。

当$\overline{CR}=\overline{LD}=CT_P=CT_T=1$且 CP=CP↑时，实现计数功能。

2. 集成异步计数器芯片 74LS290

逻辑电路如图 5-11 所示。

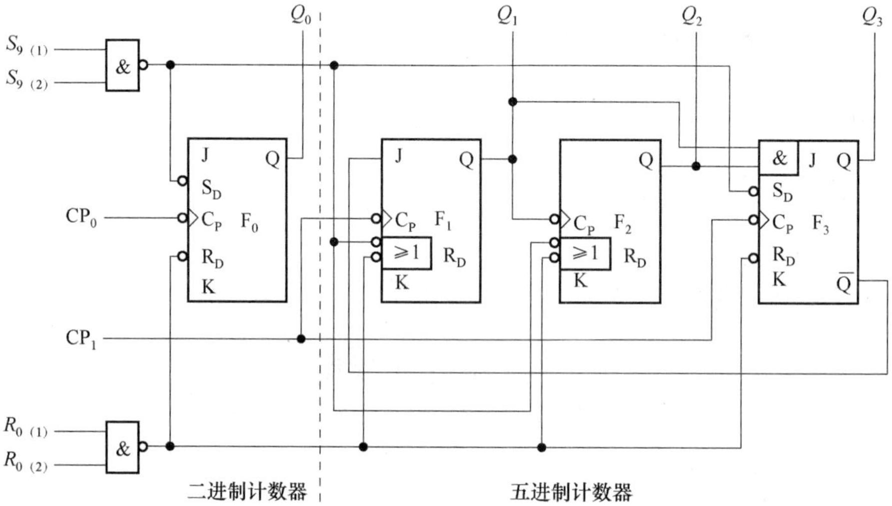

图 5-11　集成计数器 74LS290 逻辑电路图

74LS290 逻辑功能如表 5-6 所示。

表 5-6　74LS290 逻辑功能表

$S_{9(1)}$	$S_{9(2)}$	$R_{0(1)}$	$R_{0(2)}$	CP_0	CP_1	Q_3	Q_2	Q_1	Q_0
1	1	×	×	×	×	1	0	0	1
0	×	1	1	×	×	0	0	0	0
×	0	1	1	×	×	0	0	0	0
$S_{9(1)} \cdot S_{9(2)}=0$ $R_{0(1)} \cdot R_{0(2)}=0$				CP	0	二进制			
				0	CP	五进制			
				CP	Q_0	8421 十进制			
				Q_3	CP	5421 十进制			

$S_{9(1)}$、$S_{9(2)}$称为置“9”端，$R_{0(1)}$、$R_{0(2)}$称为置“0”端。CP_0、CP_1 端为计数时钟输入端，$Q_3Q_2Q_1Q_0$ 为输出端。

置“9”功能：当 $S_{9(1)}=S_{9(2)}=1$ 时，不论其他输入端状态如何，计数器输出 $Q_3Q_2Q_1Q_0=1001$，而$(1001)_2=(9)_{10}$，故又称异步置数功能。

置“0”功能：当 $S_{9(1)}$ 和 $S_{9(2)}$ 不全为 1，并且 $R_{0(1)}=R_{0(2)}=1$ 时，不论其他输入端状态如何，计数器输出 $Q_3Q_2Q_1Q_0=0000$，故又称异步清零功能或复位功能。

计数功能：当 $S_{9(1)}$ 和 $S_{9(2)}$ 不全为 1，并且 $R_{0(1)}$ 和 $R_{0(2)}$ 不全为 1 时，输入计数脉冲 CP 时，计数器开始计数。

5.4.2 用集成计数器构成任意进制计数器

用现有的 M 进制集成计数器构成 N 进制计数器时，如果 $M>N$，则只需一片 M 进制计数器；如果 $M<N$，则要用多片 M 进制计数器。

1. 反馈清零法

反馈清零法是利用芯片的复位端和门电路，跳越 M-N 个状态，从而获得 N 进制计数器的。

例 5-2 用 74LS161 构成十进制计数器。（用反馈清零法）

解：如图 5-12 所示。

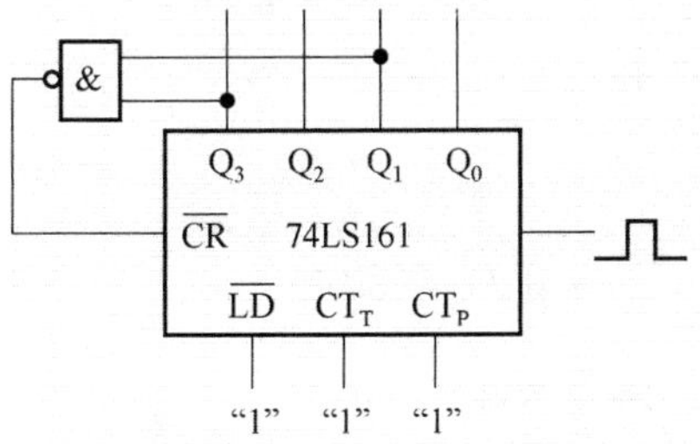

(a) 构成电路

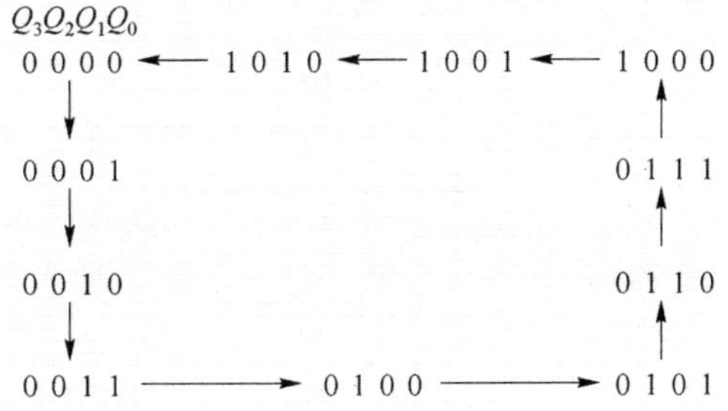

(b) 计数过程（即状态图）

图 5-12 反馈清零法构成十进制计数器

因为$\overline{CR}$是异步清零端，虽然用 1010 清零，但是 1010 的状态持续时间很短，可认为不出现，所以十进制的状态应从 0000 到 1001。

例 5-3 用 74LS290 构成六进制计数器。（用反馈清零法）

解：如图 5-13 所示。

CP_1 和 Q_0 相接构成十进制计数器，然后利用异步清零端 $R_{0(1)}$ 和 $R_{0(2)}$ 反馈清零。

$R_{0(1)}$ 和 $R_{0(2)}$ 是异步清零端，故虽然用 0110 清零，但 0110 也不出现，所以六进制的状态应从 0000 到 0101。

2. 反馈置数法

反馈置数法适用于具有预置数功能的集成计数器。对于具有同步预置数功能的计数器而言，在其计数过程中，可以将它输出的任何一个状态通过译码，产生一个预置数控制

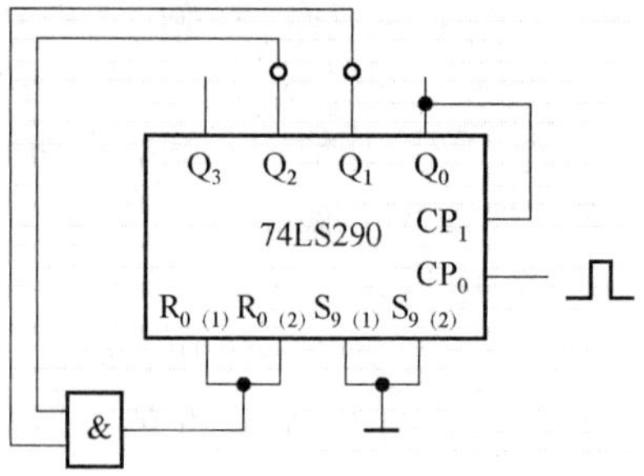

图 5-13　反馈清零法构成六进制计数器

信号反馈至预置数控制端，在下一个 CP 脉冲作用后，计数器就会把预置数输入端的状态置入输出端。预置数控制信号消失后，计数器就从被置入的状态开始重新计数。还有一种方法是计数到 1111 状态时产生的进位信号译码后，反馈到预置数控制端实现反馈置数。

例 5-4　用 74LS161 构成七进制计数器。（用反馈置数法）

解：如图 5-14 所示。

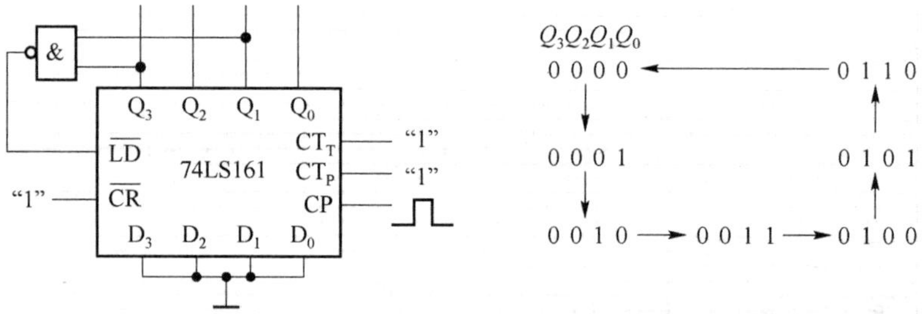

(a) 构成电路　　(b) 计数过程（即状态图）

图 5-14　反馈置数法构成七进制计数器

因为 LD 是同步置数端，所以用 0110 反馈清零时，0110 状态可以正常出现，即七进制的状态应该从 0000 到 0110。

例 5-5　利用进位端反馈置数法，用 74LS161 构成九进制计数器。

解：如图 5-15 所示。

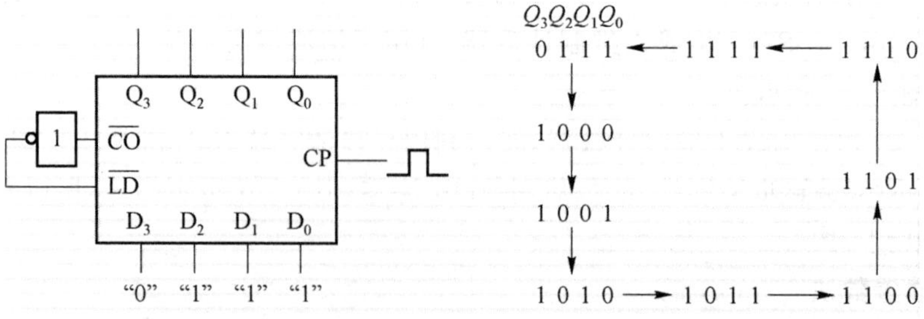

(a) 构成电路　　(b) 计数过程（即状态图）

图 5-15　进位端反馈置数法构成九进制计数器

3. 级联法

适用于 $M<N$，需要多片集成块，方法是：先将 n 片计数器级联组成最大计数值 $N>M$ 的计数器，然后采用整体清 0 或整体置数的方法实现模 M 计数器。

例 5-6 用 74LS161 构成二十四进制计数器。

解：如图 5-16 所示。

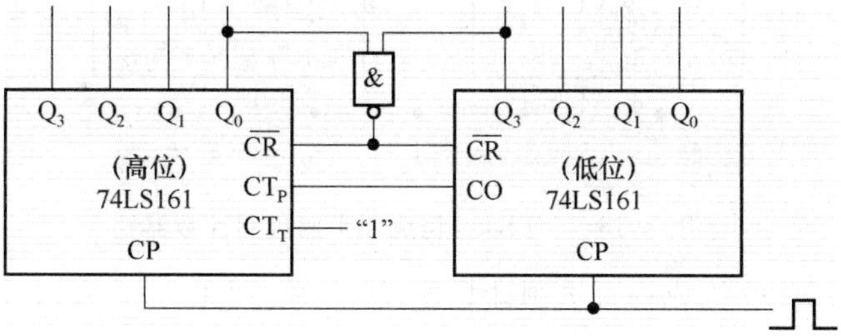

图 5-16 用 74LS161 芯片构成二十四进制计数器

先将两片 74LS161 构成二百五十六进制计数器，然后用二十四(00011000)整体清零构成二十四进制计数器，二十四进制的状态从 00000000 到 00010111。

例 5-7 将 74LS290 构成十进制以内任意计数器。

解：如图 5-17 所示。

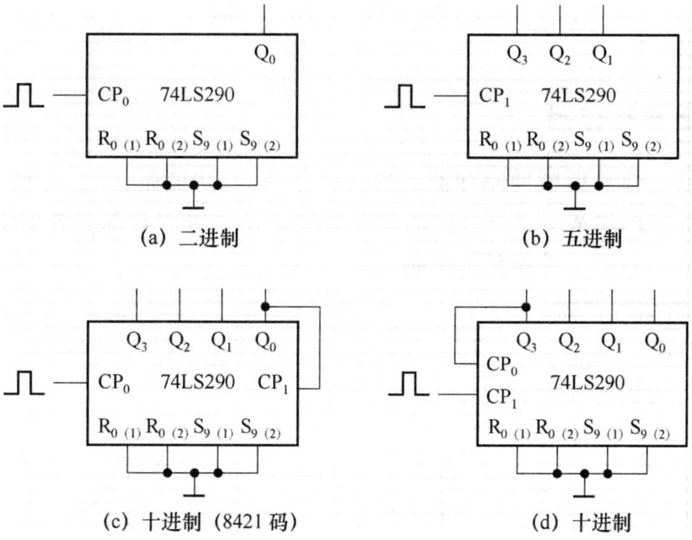

图 5-17 74LS290 构成二进制、五进制和十进制计数器

二进制计数器：CP 由 CP_0 端输入，Q_0 端输出，如图 5-17(a)所示。

五进制计数器：CP 由 CP_1 端输入，$Q_3Q_2Q_1$ 端输出，如图 5-17(b)所示。

十进制计数器(8421 码)：Q_0 和 CP_1 相连，以 CP_0 为计数脉冲输入端，$Q_3Q_2Q_1Q_0$ 端输出，如图 5-17(c)所示。

十进制计数器(5421 码)：Q_3 和 CP_0 相连，以 CP_1 为计数脉冲输入端，$Q_3Q_2Q_1Q_0$ 端输出，如图 5-17(d)所示。

例 5-8 用 74LS290 构成二十四进制计数器,如图 5-18 所示。

解:如图 5-18 所示。

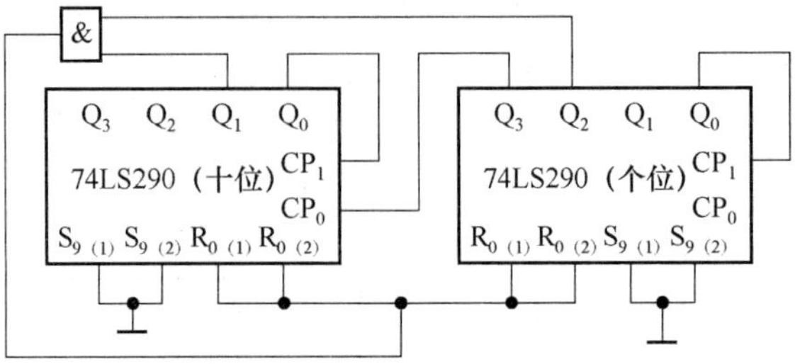

图 5-18 74LS290 构成二十四进制计数器

先将两片 74LS290 构成一百进制计数器,然后用二十四(00100100)整体清零构成二十四进制计数器,二十四进制的状态从 00000000 到 000100011(23)。

思考题:

1. 利用 74LS161 芯片构成十二进制计数器和七十二进制计数器。

2. 比较采用直接清零法实现任意进制计数器时,用 74LS290 芯片和用 74LS161 芯片的异同。

5.5 寄 存 器

5.5.1 数据寄存器

数据寄存器又称数据缓冲储存器或数据锁存器,其功能是接收、存储和输出数据,主要由触发器和控制门组成。n 个触发器可以储存 n 位二进制数据。数据寄存器按其接收数据的方式又分为双拍式和单拍式两种。

1. 双拍式数据寄存器

(1) 电路组成

双拍式三位数据寄存器如图 5-19 所示。

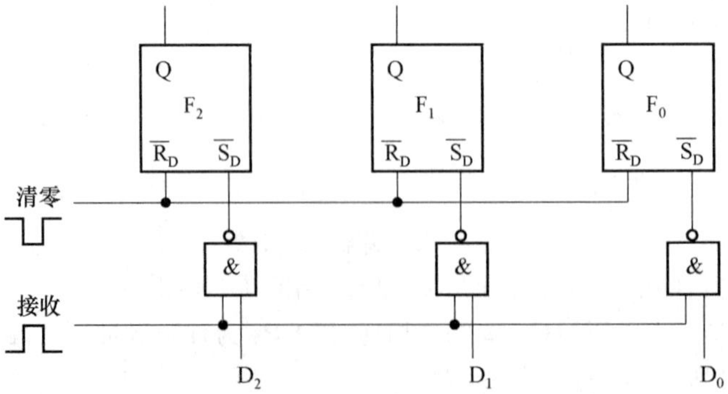

图 5-19 双拍式三位数据寄存器

(2) 工作原理

在接收存放输入数据时,需要两拍才能完成:一拍清零;二拍接收数据。

此类寄存器如果在接收寄存数据前不清零,就会出现接收存放数据错误。

2. 单拍式数据寄存器

(1) 电路组成

单拍式四位二进制数据寄存器如图 5-20 所示。

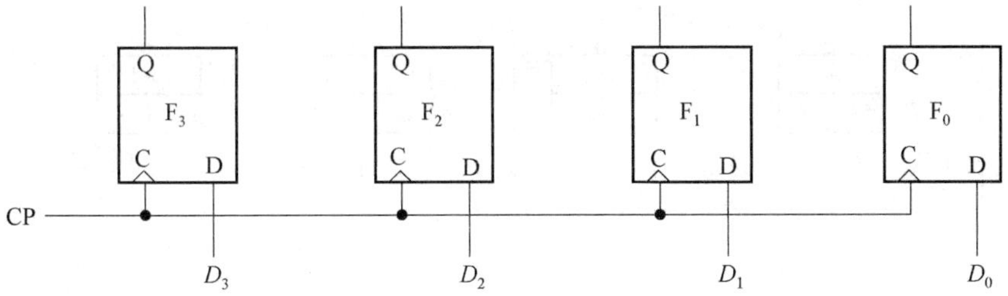

图 5-20 单拍式四位二进制数据寄存器

(2) 工作原理

接收寄存数据只需一拍即可,无须先进行清零。当接收脉冲 CP 有效时,输入数据 $D_3D_2D_1D_0$ 直接存入触发器,故称为单拍式数据寄存器。

5.5.2 移位寄存器

移位寄存器除了接收、存储、输出数据以外,同时还能将其中寄存的数据按一定方向进行移动。移位寄存器有单向和双向移位寄存器之分。

1. 单向移位寄存器

单向移位寄存器只能将寄存的数据在相邻位之间单方向移动。按移动方向分为左移移位寄存器和右移移位寄存器两种类型。右移移位寄存器电路如图 5-21 所示。

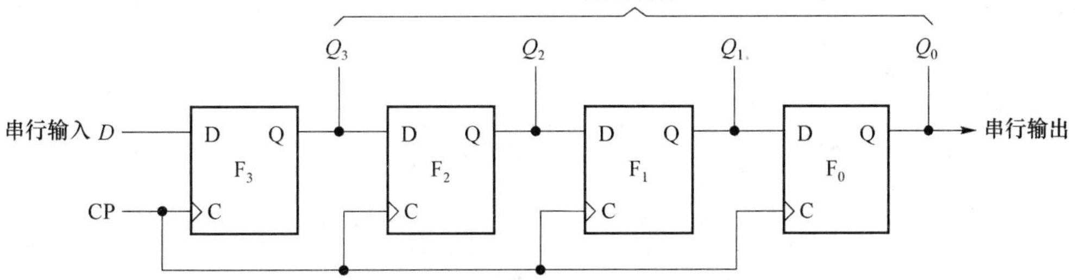

图 5-21 右移移位寄存器电路

2. 双向移位寄存器

既可将数据左移,又可右移的寄存器称为双向移位寄存器。双向移位寄存器电路如图 5-22 所示。

在图 5-22 中,X 是工作方式控制端。当 $X=0$ 时,实现数据右移寄存功能;当 $X=1$ 时,实现数据左移寄存功能;D_{SL}是左移串行输入端,而 D_{SR}是右移串行输入端。

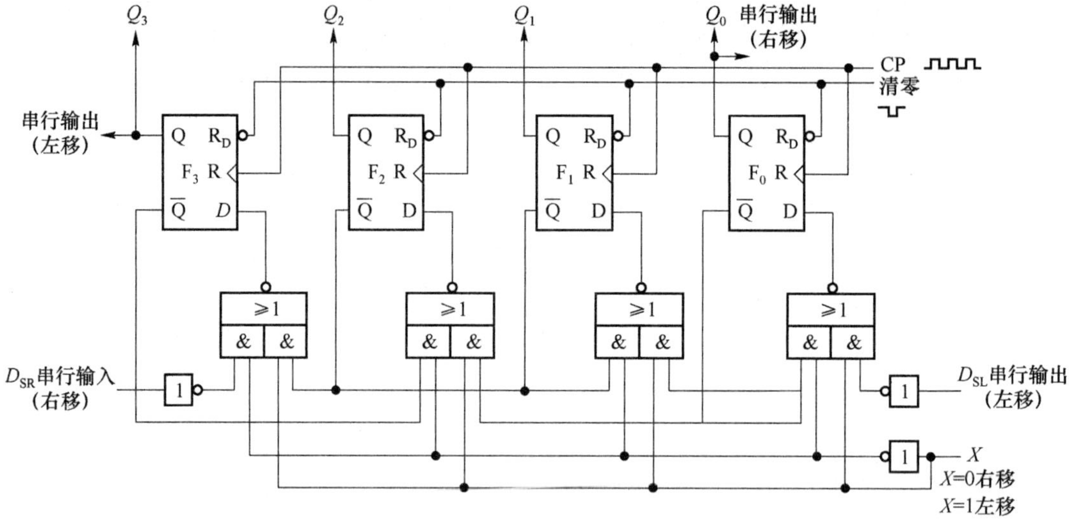

图 5-22　四位双向移位寄存器

3. 移位寄存器的应用

(1) 实现数据传输方式的转换

在数字电路中,数据的传送方式有串行和并行两种,而移位寄存器可实现数据传送方式的转换。既可将串行输入转换为串行输出,也可将串行输入转换为并行输出。

(2) 构成移位型计数器

① 环形计数器

环形计数器是将单向移位寄存器的串行输入端和串行输出端相连，构成一个闭合的环,如图 5-23(a)所示。

实现环形计数器时,必须设置适当的初态,且输出 $Q_3Q_2Q_1Q_0$ 端初始状态不能完全一致(即不能全为“1”或“0”),这样电路才能实现计数，环形计数器的进制数 N 与移位寄存器内的触发器个数 n 相等,即 $N=n$,状态变化如图 5-23(b)所示(电路中初态为 0100)。

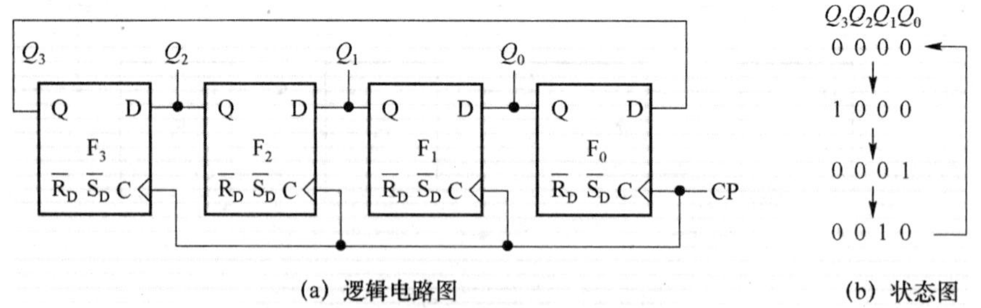

(a) 逻辑电路图　　(b) 状态图

图 5-23　环形计数器

② 扭环形计数器

实现扭环形计数器时,不必设置初态,如图 5-24(a)所示。

扭环形计数器的进制数 N 与移位寄存器内的触发器个数 n 满足 $N=2n$ 的关系,状态变化如图 5-24(b)所示。

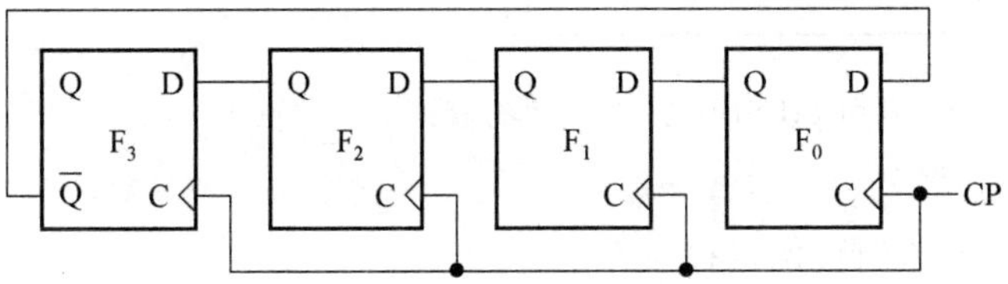

(a) 逻辑电路图

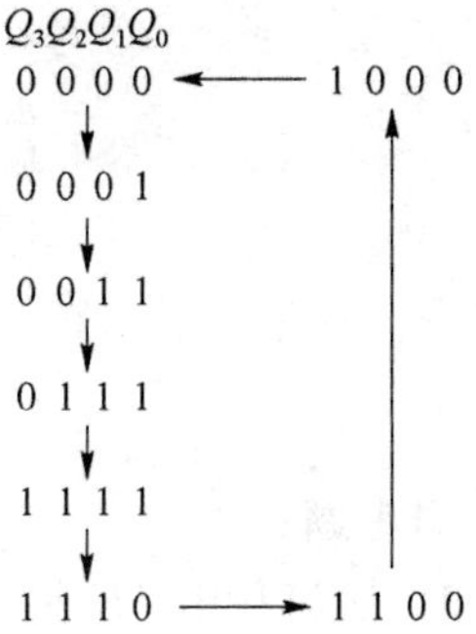

(b) 状态图

图 5-24 扭环形计数器

4. 集成移位寄存器

集成移位寄存器从结构上可分为 TTL 型和 CMOS 型；按寄存数据位数，可分为四位、八位、十六位等；按移位方向，可分为单向和双向两种。

74LS194 是双向四位 TTL 型集成移位寄存器，具有双向移位、并行输入、保持数据和清除数据等功能。其管脚排列图如图 5-25 所示。其中$\overline{CR}$端为异步清端，优先级别最高，S_1、S_2 为控制端，D_{SL}为左移数据输入端，D_{SR}为右移数据输入端。

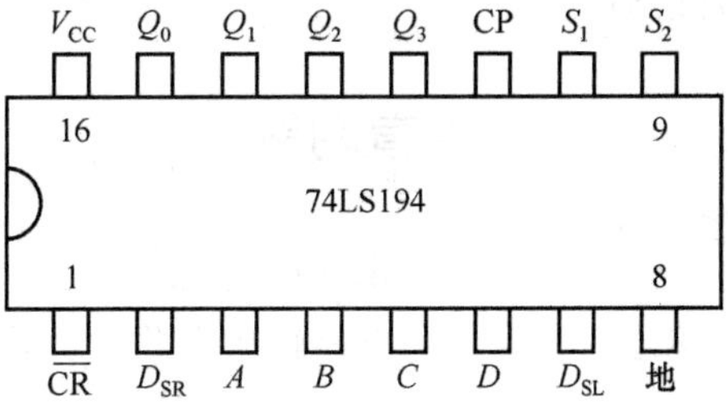

图 5-25 LS194 管脚排列图

表 5-7 是 74LS194 的功能表。

表 5-7 74LS194 的功能表

$\overline{CR}$	S_1	S_2	CP	功 能
0	×	×	×	清 零
1	0	0	×	保 持
1	0	1	↑	右 移
1	1	0	↑	左 移
1	1	1	↑	并行输入

功能应用：如图 5-26 所示，利用 74LS194 可实现数据传送方式的串-并行转换。

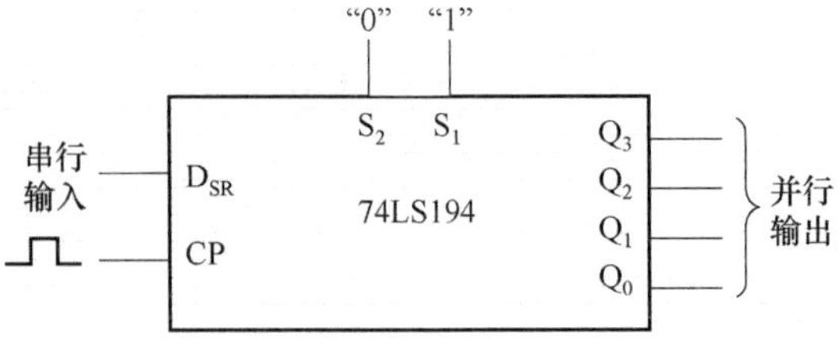

图 5-26 利用 74LS194 实现串-并行转换

思考题：

1. 如何利用 JK 触发器构成单向移位寄存器？
2. 环形计数器设置初态时可以通过哪几种方法？

本章小结

1. 时序逻辑电路是数字系统中非常重要的逻辑电路，与组合逻辑电路既有联系，又有区别，基本分析方法一般有四个步骤，常用的时序逻辑电路有计数器和寄存器。

2. 计数器按照 CP 脉冲的工作方式分为同步计数器和异步计数器，各有优缺点，学习的重点是集成计数器的特点和功能应用。

3. 寄存器按功能可分为数据寄存器和移位寄存器，移位寄存器既能接收、存储数据，又可将数据按一定方向移动。

本章习题

5-1 分析图 5-27 所示时序电路的逻辑功能，假设电路初态为 000，如果在 CP 的前六个脉冲内，D 端依次输入数据 101001，则电路输出在此 6 个脉冲内是如何变化的？

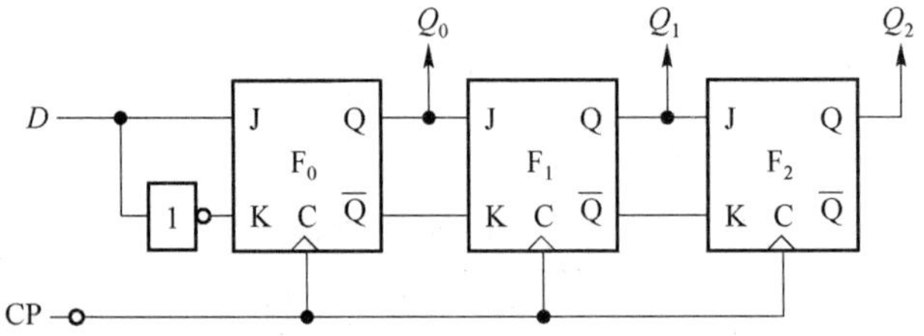

图 5-27 时序电路

5-2 时序电路由三个主从 JK 触发器（下降沿触发）和若干门电路构成。已知各触发器的时钟方程和驱动方程如下。

时钟方程：$CP_1 = CP\downarrow$　$CP_2 = Q_1\downarrow$　$CP_3 = CP\downarrow$

驱动方程：

$$J_1 = \overline{Q_3} \quad K_1 = 1$$

$$J_2 = 1 \quad K_2 = 1$$

$$J_3 = Q_2 \cdot Q_1 \quad K_3 = 1$$

试画出对应的逻辑电路图，并分析其逻辑功能。

5-3 分析图 5-28(a)所示时序电路的逻辑功能。根据图 5-28(b)所示输入信号波形，画出对应的输出 Q_2、Q_1 的输出波形。

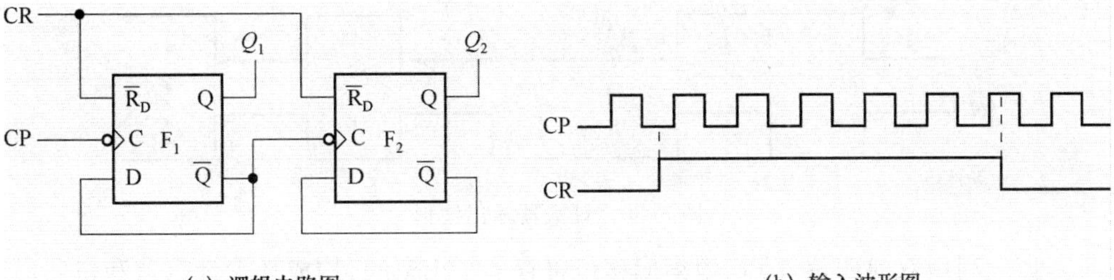

图 5-28 题 5-3 图

5-4 分析图 5-29 所示时序电路的逻辑功能。

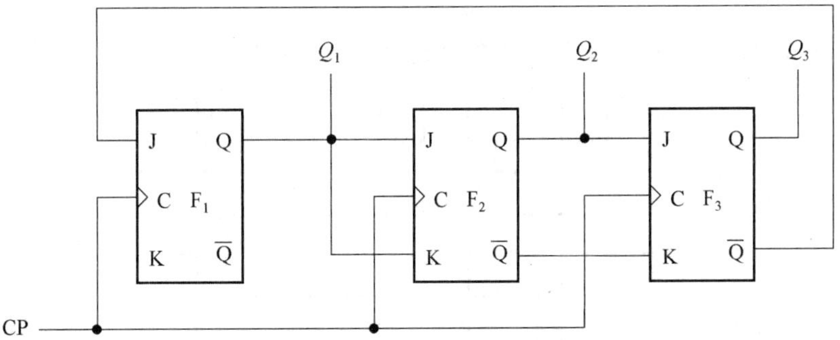

图 5-29 时序电路

5-5 采用反馈清零法，将集成计数器 74LS290 构成三进制计数器和九进制计数器，画出逻辑电路图。

5-6 采用反馈清零法，将集成计数器 74LS161 构成十三进制计数器，画出逻辑电路图。

5-7 采用反馈置数法清零，将集成计数器 74LS161 构成七进制计数器，画出逻辑电路图。

5-8 采用进位端反馈置数法，将集成计数器 74LS161 构成十二进制计数器，画出逻辑电路图。

5-9 采用级联法，将集成计数器 74LS290 构成三十六进制计数器，画出逻辑电路图。

5-10 采用级联法，将集成计数器 74LS16 构成一百零八进制计数器，画出逻辑电路图。

5-11 已知计数器的输出端 Q_2、Q_1、Q_0 的输出波形如图 5-30 所示，试画出对应的状态图，并分析该计数器为几进制计数器。

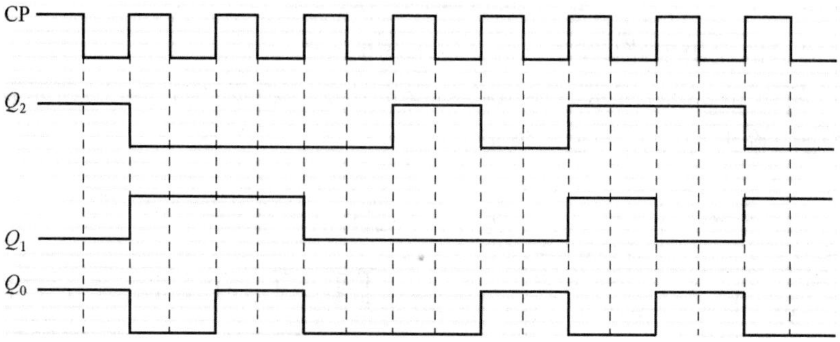

图 5-30　计数器输出波形

5-12　利用双向四位 TTL 型集成移位寄存器 74LS194，构成环形计数器和扭环形计数器，画出逻辑电路图。

本章习题解答

5-1　电路的输出在前六个脉冲内的变化如图 5-31 所示。

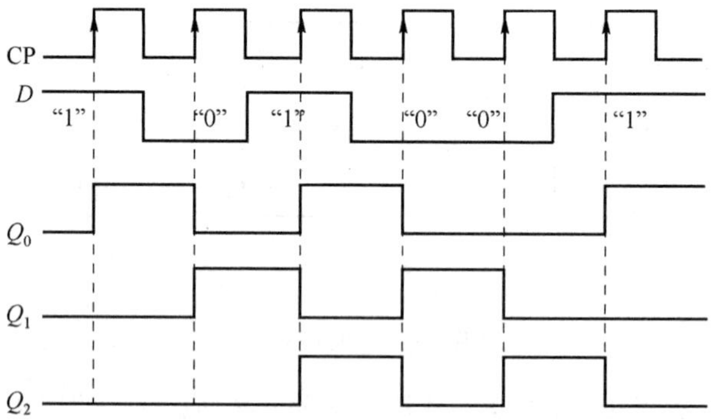

图 5-31　5-1 题解答

5-2　逻辑电路图如图 5-32 所示。此电路是能自启动的异步五进制加法计数器。

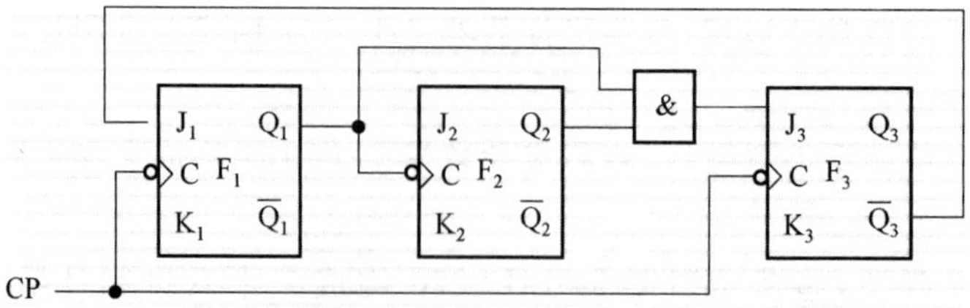

图 5-32　5-2 题解答

5-3　输出端 Q_2、Q_1 的输出波形如图 5-33 所示。

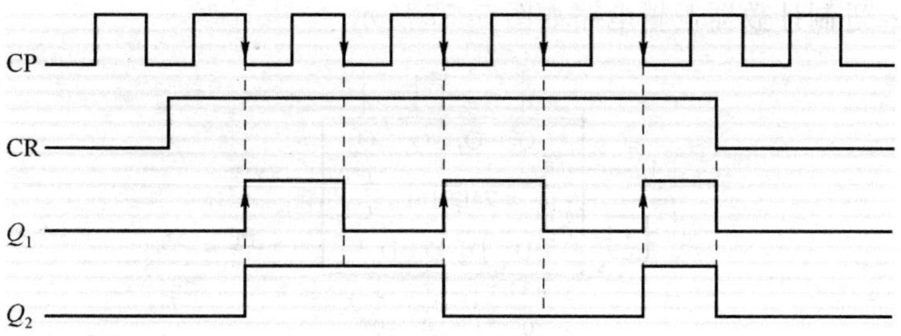

图 5-33 5-3 题解答

5-4 该电路是不能自启动的同步五进制计数器。

5-5 三进制计数器逻辑电路图如图 5-34(a)所示。九进制计数器逻辑电图如图 5-34(b)所示。

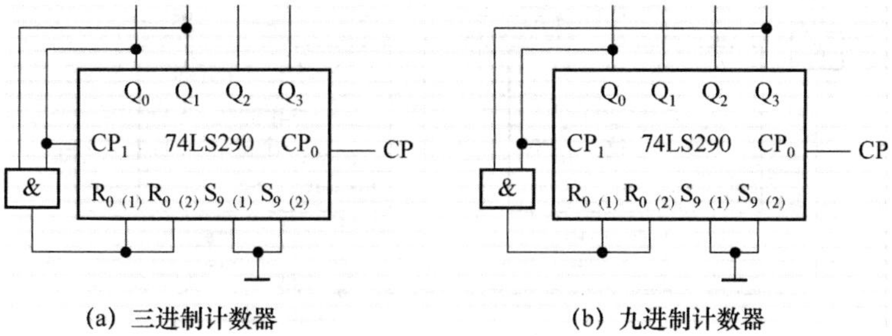

图 5-34 5-5 题解答

5-6 十三进制计数器逻辑电路如图 5-35 所示。

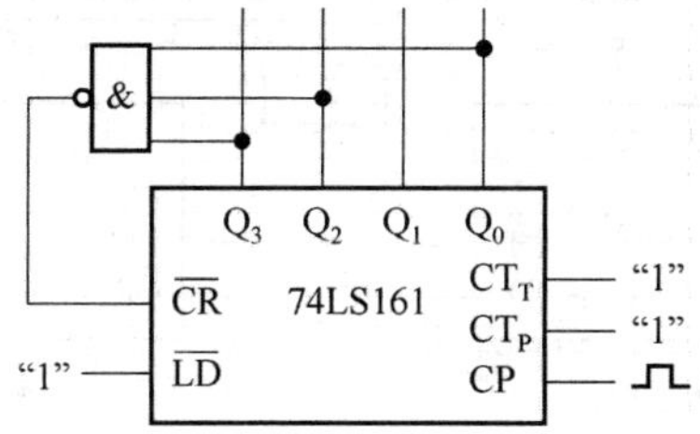

图 5-35 十三进制计数器逻辑电路图

5-7 七进制计数器逻辑电路如图 5-36 所示。

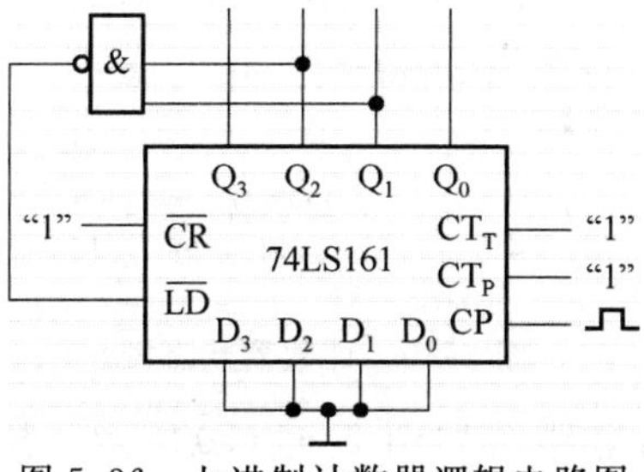

图 5-36 七进制计数器逻辑电路图

5-8 十二进制计数器逻辑电路如图 5-37 所示。

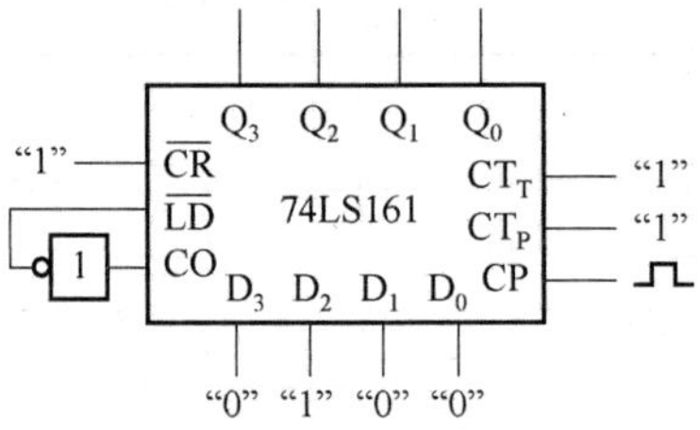

图 5-37 十二进制计数器逻辑电路图

5-9 三十六进制计数器逻辑电路如图 5-38 所示。

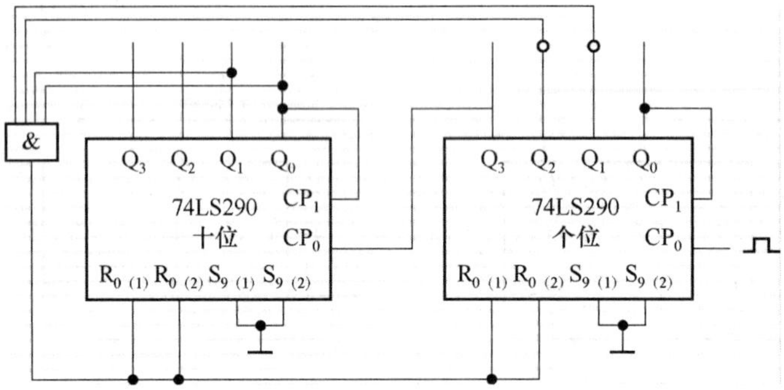

图 5-38 三十六进制计数器逻辑电路

5-10 一百零八进制计数器逻辑电路如图 5-39 所示。

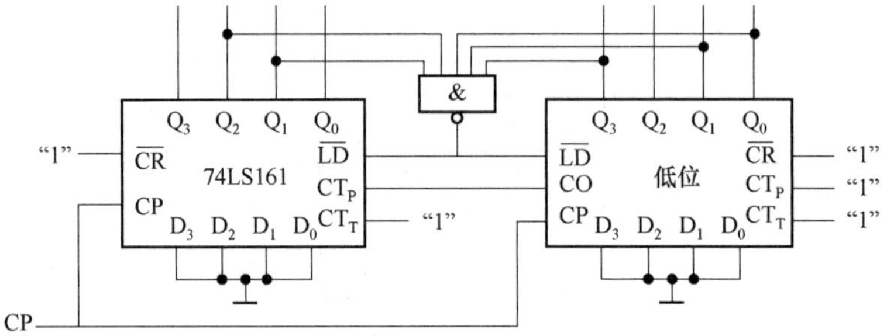

图 5-39 一百零八进制计数器逻辑电路图

5-11 对应计数器状态图如图 5-40 所示。此计数器是七进制计数器。

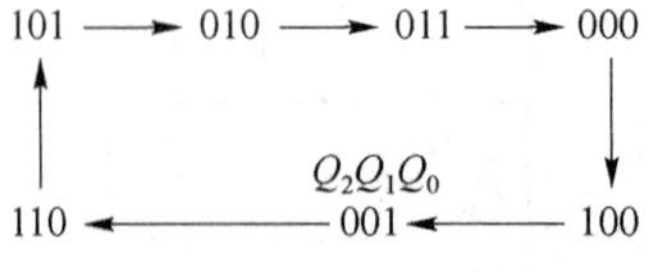

图 5-40 计数器状态图

5-12 环形计数器逻辑电路图如图 5-41(a)所示。扭环形计数器逻辑电路图如图 5-41(b)所示。

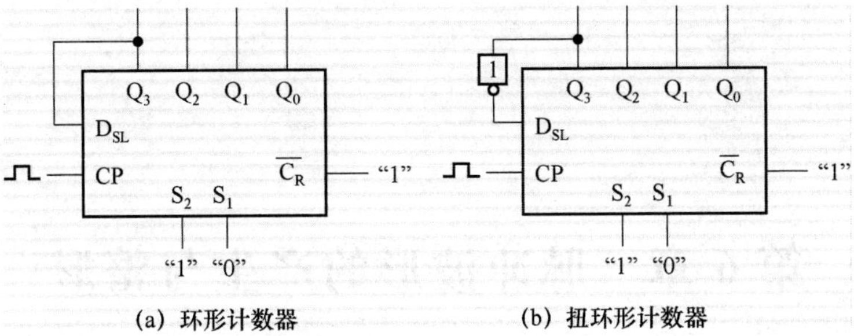

Q3 Q2 Q1 Q0
DSL
CP
CR
"1"
S2 S1
"1" "0"
(a) 环形计数器
1
Q3 Q2 Q1 Q0
DSL
CP
CR
"1"
S2 S1
"1" "0"
(b) 扭环形计数器

图 5-41 逻辑电路图

第 6 章　脉冲波形的产生与整形

现代电子系统常常需要不同幅度、宽度以及具有陡峭边沿的脉冲信号，如时序逻辑电路中的时钟信号(CP)等。获取脉冲信号的方法通常有两种：一种是直接产生；另一种是利用已有的信号变换得到。

本章将介绍常用的脉冲波形产生与整形电路——施密特触发器、单稳态触发器、多谐振荡器。重点介绍这三种电路的功能、电路组成、工作原理、主要参数和应用。

6.1　脉冲信号的基本参数

按非正弦规律变化的信号均可称脉冲信号。常见的脉冲信号有以下几种：

(1) 矩形波。矩形波也称为方波。其波形如图 6-1 所示。

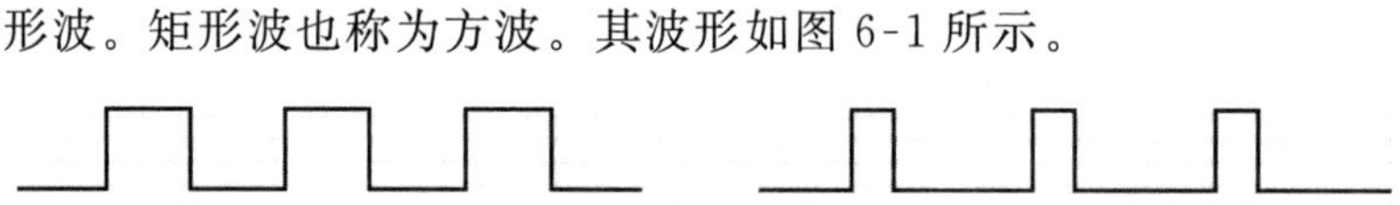

(a) 对称方波　　(b) 非对称方波

图 6-1　方波波形

(2) 三角波。上升/下降都是线性变化的波形称为三角波，其波形如图 6-2 所示。

(3) 锯齿波。锯齿波是三角波的特例，它是从零电压开始上升，到达一定电压后迅速返回到零。其波形如图 6-3 所示。

图 6-2　三角波波形图

图 6-3　矩齿波

数字电路最常用的脉冲信号就是方波信号。如时序逻辑电路中的时钟信号就是典型的方波信号。为了描述方波信号的特性，这里对方波信号的主要参数进行描述。如图 6-4 所示，方波信号的参数有：

(1) 脉冲周期 T。两个相邻脉冲之间的时间间隔。有时也使用频率表示 $f=\frac{1}{T}$ 单位时间内脉冲的重复次数。

(2) 脉冲幅值 V_m。脉冲电压变化的最大幅度。

(3) 脉冲宽度 T_W。从脉冲前沿到达 $0.5V_m$ 起到脉冲后沿到达 $0.5V_m$ 为止的一段时间。

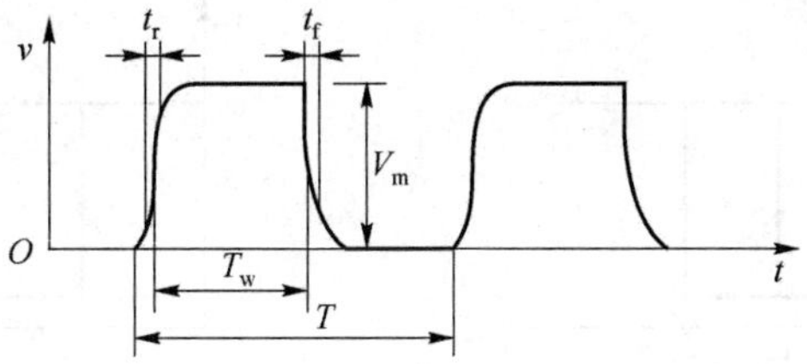

图 6-4　方波信号的主要参数

(4) 上升时间 t_r。脉冲上升沿从 $0.1V_m$ 上升到 $0.9V_m$ 所需要时间。

(5) 下降时间 t_f。脉冲下降沿从 $0.9V_m$ 下降到 $0.1V_m$ 所需要时间。

(6) 占空比 q。脉冲宽度与脉冲周期的比值,即 $q=T_W/T$。

理想方波信号的上升时间 t_r 和下降时间 t_f 均为 0。

获取方波信号的途径有两种:一种是直接用各种形式的多谐振荡器直接产生;另一种是利用整形电路将已有的周期性变化波形变换为符合要求的方波信号。本章内容主要介绍脉冲波形产生和整形的三种典型电路:施密特触发器、单稳态触发器和多谐振荡器。

6.2　施密特触发器

6.2.1　施密特触发器的基本概念

施密特触发器(Schmitt Trigger)是具有滞后特性的数字传输门,它具有以下特点:

(1) 施密特触发器输出有两种状态(0 态和 1 态),也就是说,它输出的是数字信号,要么是高电平,要么是低电平。

(2) 施密特触发器采用电平触发,也就是说,它输出是高电平还是低电平取决于输入信号的电平。

(3) 对于正向和负向增长的输入信号,电路有不同的阈值电平 V_{T+} 和 V_{T-},也就是说,输入信号电压上升时,与 V_{T+} 比较,大于 V_{T+},输出状态翻转;输入信号电压下降时,与 V_{T-} 比较,小于 V_{T-},输出状态翻转。

最后一条是施密特触发器最主要的特点,是与电压比较器的区别所在。

施密特触发器分同相施密特触发器和反相施密特触发器两种,其符号图 6-5 所示。

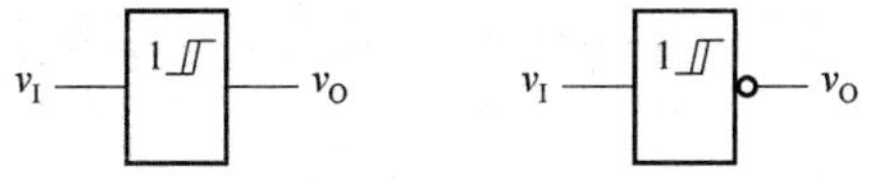

(a) 同相施密特触发器　　(b) 反相施密特触发器

图 6-5　施密特触发器的电路符号

同相施密特触发器和反相施密特触发器的电压传输特性如图 6-6 所示。

施密特触发器可将缓慢变化的模拟信号整形成方波信号,例如,将一正弦信号加到反相施密特触发器的输入端,可得到频率相同的方波信号。图 6-7 所示为施密特触发器的

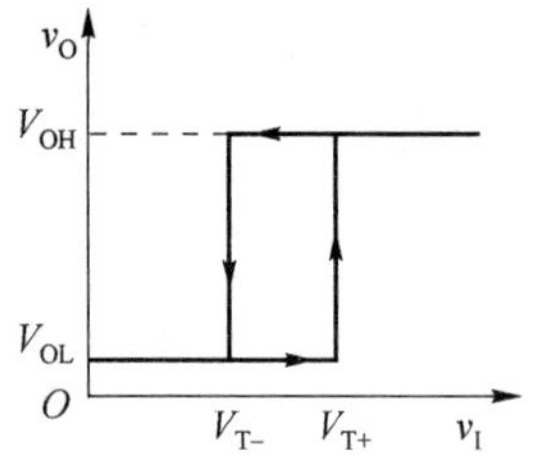

(a) 同相施密特触发器传输特性

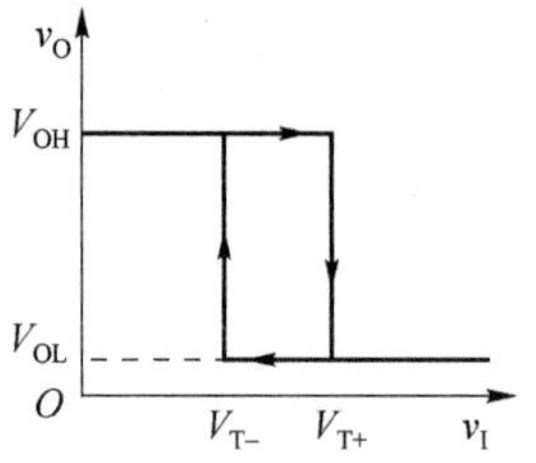

(b) 反相施密特触发器传输特性

图 6-6　施密特触发器的电压传输特性

输入和输出波形。

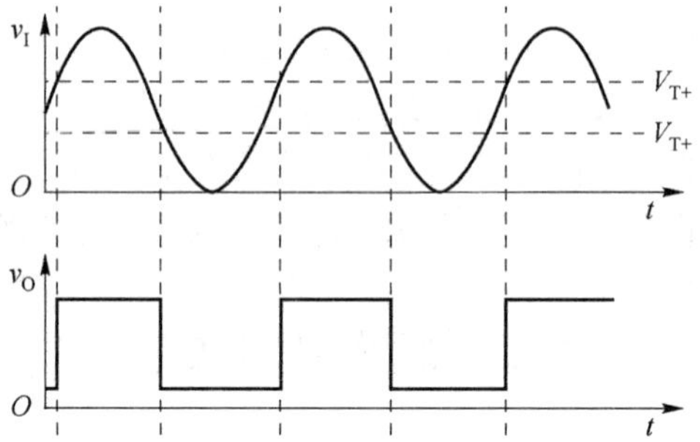

图 6-7　正弦输入信号和对应输出波形

与电压比较器相比，施密特触发器具有较强的抗干扰能力。

6.2.2　由 CMOS 门构成的施密特触发器

1. 电路组成

将两个 CMOS 反相器级连起来，通过分压电阻将输出端的电压反馈到输入端，就构成了施密特触发器，如图 6-8 所示。

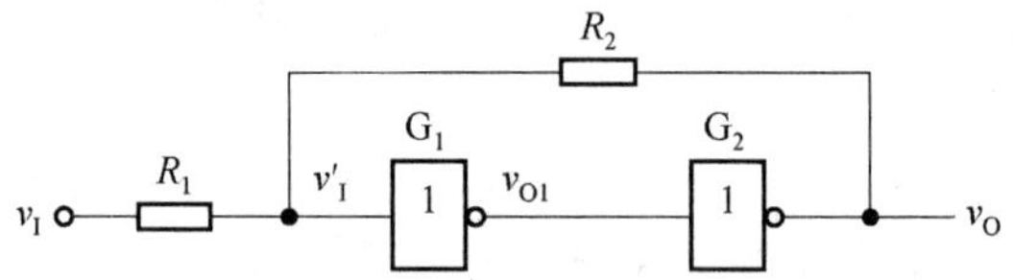

图 6-8　CMOS 反相器构成的施密特触发器

2. 工作原理分析

G_1、G_2 为 CMOS 门电路，其阈值电压为 $V_{DD}/2$。为了使电路正常工作，电路中要求 $R_1 < R_2$。

(1) 当 $v_I = 0\text{V}$ 时，由于 $R_1 < R_2$，不难分析得到 G_1 输出高电平，$v_{O1} \approx V_{DD}$，$v_O \approx 0\text{V}$。注意，如果 $R_1 > R_2$，则有可能出现 $v_{O1} \approx 0\text{V}$，$v_O \approx V_{DD}$ 的结果，所以电路必须要求 $R_1 < R_2$。

(2) 当 v_I 升高时，G_1 门的输入电压 v'_I 也升高。当 v'_I 达到 $V_{DD}/2$ 时，G_1、G_2 输出状态将翻转，此时对应的 v_1 值就是施密特触发器的正向阈值电压 V_{T+}。由于 CMOS 门电路输入阻抗非常大，其输入端相当于开路，因此可以得到图 6-9 所示的求取 V_{T+} 的电路模型。

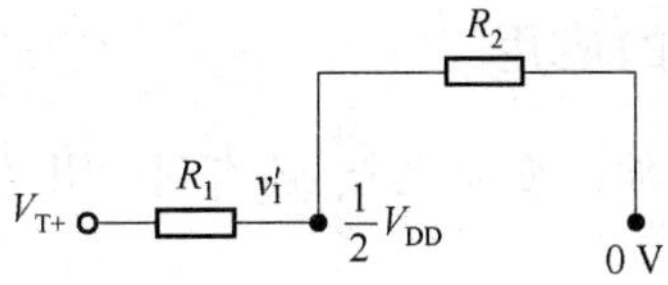

图 6-9 求取 V_{T+} 的电路模型

$$V'_I = \frac{V_{T+}}{R_1 + R_2} \cdot R_2 = \frac{1}{2}V_{DD}$$

$$V_{T+} = \frac{1}{2}V_{DD}\left(1 + \frac{R_1}{R_2}\right)$$

（3）当 v_I 大于 V_{T+} 时，电路迅速转到另一稳态：$v_{O1} = 0$，$v_O = V_{DD}$。在状态转换过程中将引发如下正反馈现象：

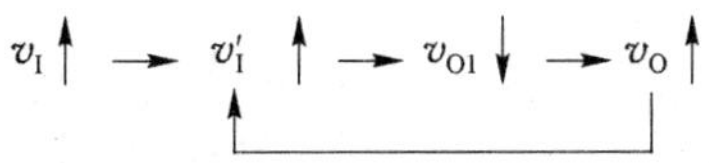

（4）当 v_I 由高变低时，v'_I 也由高变低。当 $v'_I < V_{DD}/2$ 时，电路又将发生转换，此时对应的 v_I 就是施密特触发器的反向阈值电压 V_{T-}。利用如图 6-10 所示的电路模型可以求得 V_{T-}。

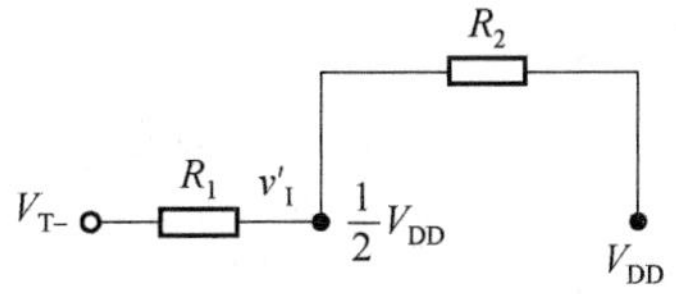

图 6-10 求取 V_{T-} 的电路模型

$$\frac{(V_{DD} - V_{T-})}{R_1 + R_2} + V_{T-} = \frac{1}{2}V_{DD}$$

$$V_{T-} = \frac{1}{2}V_{DD}\left(1 - \frac{R_1}{R_2}\right)$$

（5）当 v_I 小于 V_{T-} 时，电路迅速转到另一稳态：$v_{O1} \approx V_{DD}$，$v_O \approx 0V$。这时，电路同样存在正反馈现象：

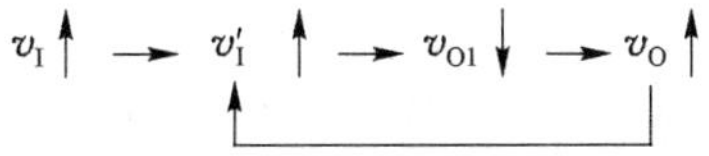

（6）回差电压 $= V_{T+} - V_{T-} = \frac{1}{2}V_{DD}\left(1 + \frac{R_1}{R_2}\right) - \frac{1}{2}V_{DD}\left(1 - \frac{R_1}{R_2}\right) = \frac{R_1}{R_2}V_{DD}$ 从上式可知，回差电压可通过 R_1、R_2 改变。

从上述原理分析可知，施密特触发器输出状态发生改变时存在正反馈现象，该正反馈可使 v_{O1} 和 v_O 的上升沿和下降沿变陡，从而使施密特触发器的输出波形更接近于理想的方波信号。图 6-8 所示的施密特触发器既可以当作同相施密特触发器，也可当作反相施密特触发器。当用 v_O 作为输出信号时，为同相施密特触发器；当用 v_{O1} 作为输出信号时，为反相施密特触发器。

6.2.3 施密特触发器的应用

施密特触发器除了可用于波形变换之外，还有以下几方面用途。

1. 用于脉冲整形

在数字系统中，矩形脉冲经过传输以后，往往会产生波形畸变。如当传输线上电容较大时，矩形波的上升沿和下降沿将变坏，如图 6-11(a)所示。当传输线较长，而且接收端的阻抗与传输线的阻抗不匹配时，在波形的上升沿和下降沿将产生振荡现象，如图 6-11(b)所示。这两种情况都可通过施密特触发器整形而获得较为理想的矩形脉冲信号(方波信号)。

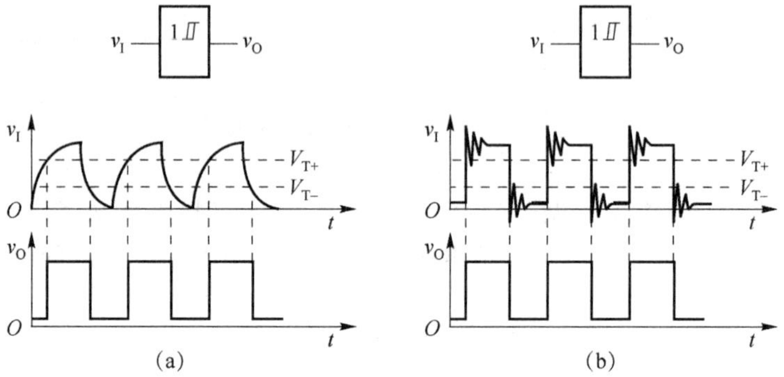

图 6-11　施密特触发器对脉冲整形

2. 用于脉冲鉴幅

若将一系列幅度各异的脉冲信号加到施密特触发器的输入端，只有幅值大 V_{T+} 的脉冲才会在输出端产生输出信号，因此，施密特触发器还可用于脉冲鉴幅。如图 6-12 所示。

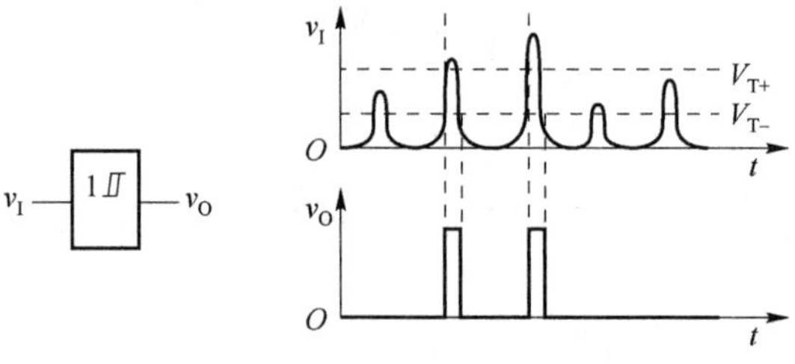

图 6-12　施密特触发器用于脉冲鉴幅

3. 用于构成多谐振荡器

用施密特触发器构成的多谐振荡器的原理图如图 6-13(a)所示。

刚上电时，电容 C 上无电荷，$v_C=0V$，施密特触发器输出高电平，该高电平通过电阻 R 向电容 C 充电，v_C 按指数规律上升。当 v_C 上升到 V_{T+} 时，施密特触发器输出低电平，这时，电容 C 进入放电状态，v_C 按指数规律下降。当 v_C 下降到 V_{T-} 时，施密特触发器输出高电平。如此周而复始，就在电路输出端产生方波，其工作波形如图 6-13(b)所示。

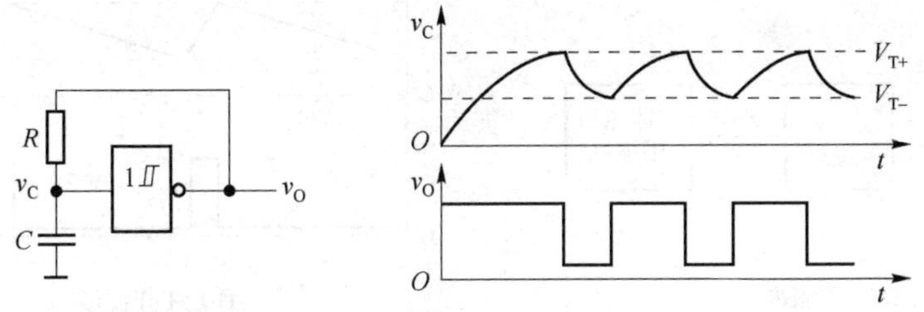

(a) 原理图　　(b) 工作波形

图 6-13　由施密特触发器构成的多谐振荡器

4. 用于冰箱温度控制系统

冰箱温度控制系统是一个典型的反馈控制系统。当温度传感器检测到的实际温度值与设定的温度值作比较，如果实际温度值高于设定值，则启动冰箱压缩机进行制冷，否则，停止压缩机。显然，采用电压比较器构成的冰箱温度控制系统原理图如图 6-14(a)所示。假设温度传感器输出电压与温度之间的关系为 1V/℃，4V 电压相当于温度设定值为 4℃。

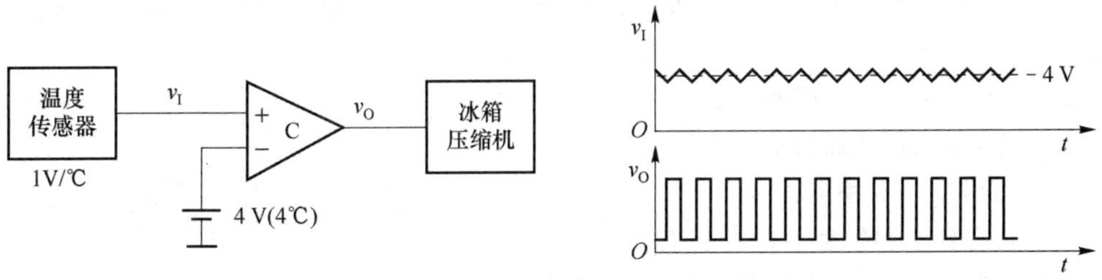

(a) 原理图　　(b) 工作波形

图 6-14　采用电压比较器的温度控制系统

当温度高于设定值，比较器就会启动压缩机，使温度下降。温度微小的降低，就会使比较器输出发生跃变。结果压缩机被频繁地启动和停止。其工作波形如图 6-14(b)所示。

虽然上述温度控制系统能获得精确的温度控制，但对家用电冰箱来说，没有必要对温度进行这么精确的调节。只需将温度控制在一定的范围，就能得到满意的食品保存效果。而且，压缩机被频繁地启动和停止将大大缩短压缩机的使用寿命，发出的噪音也令人难以接受。因此，在实际的冰箱温度控制系统中，一般采用施密特触发器作为温度比较器。假设同相施密特触发器的 $V_{T+}=6V$，$V_{T-}=2V$，采用如图 6-15(a)所示的温控系统可将冰箱温度控制在 2～6℃。工作波形如图 6-15(b)所示。从工作波形可知，冰箱压缩机启动间隔明显加长，因此，在冰箱压缩机通断控制中利用施密特触发器可以避免压缩机过于频繁的通断工作。

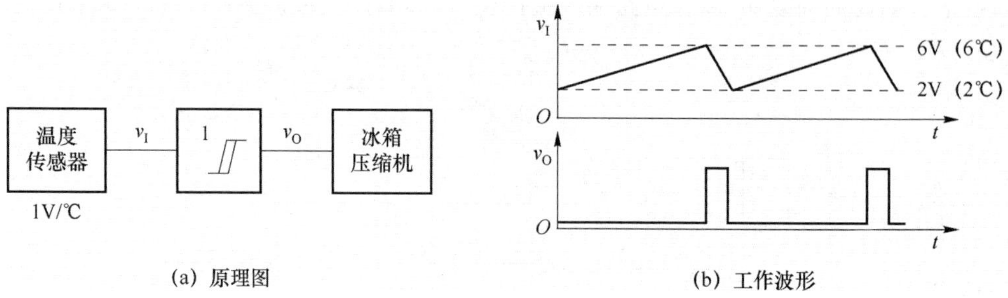

图 6-15 采用施密特触发器的温度控制系统

6.3 单稳态触发器

6.3.1 单稳态触发器的基本概念

前面学过的基本 *RS* 触发器有两种状态(0 态或 1 态),而且这两种状态都能长久保持,有时也称它为双稳态触发器。单稳态触发器则不同,它虽然也有两种状态:0 态和 1 态,但只有一种状态能长久保持,实际上一种为稳态,另一种为暂稳态,故名单稳态触发器。

稳态:能够长久保持的状态。

暂稳态:不能长久保持的状态。

单稳态触发器的特点:

(1) 它有稳态和暂稳态两种状态;

(2) 平时处于稳态,在外部触发脉冲作用下,由稳态进入暂稳态;

(3) 暂稳态维持一定时间后自动回到稳态。

单稳态触发器在实际生活中也有应用的例子。如楼道灯控制系统,平时楼道灯不亮,当按了按钮(相当于外部加了一个触发信号)时,楼道灯点亮,过了一定时间后自动熄灭。显然,楼道灯有两种状态,暗的状态为稳态,亮的状态为暂稳态。

从电路结构来看,单稳态触发器主要有两类:微分型单稳态触发器和积分型单稳态触发器。微分型单稳态触发器电路中含有 *RC* 微分电路,而积分型单稳态触发器电路中含有 *RC* 积分电路。

6.3.2 由 CMOS 门构成的微分型单稳态触发器

1. 电路组成

微分型单稳态触发器由门电路和 *RC* 微分电路组成。微分型单稳态触发器中的门电路既可以是与非门,也可以由或非门,既可以是 CMOS 门电路,也可以是 TTL 门电路。图 6-16 所示的是由 CMOS 或非门构成的单稳态触发器。

图中,G_1、G_2 为 CMOS 或非门(G 可以看成是输入端连在一起的或非门),*R*、*C* 构成微分电路。v_I 为输入触发器脉冲,v_{O1}、v_O 分别为 G_1、G_2 的输出电压,v_{I2} 为 G_2 输入电压。

由或非门构成的单稳态触发器采用正脉冲触发，而由与非门构成的单稳态触发器采用负脉冲触发。

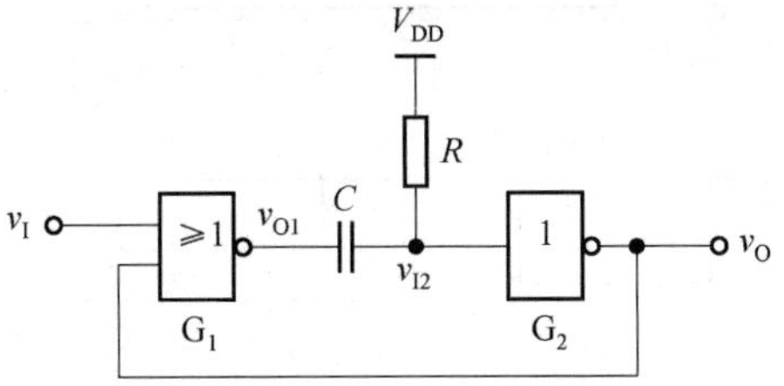

图 6-16 由 CMOS 或非门构成的单稳态触发器

2. 工作原理分析

分析单稳态触发器的工作原理一般应解决三个问题：①什么是稳态？②如何在外部触发脉冲作用下，由稳态进入暂稳态？③暂稳态如何自动地回到稳态？

（1）单稳态触发器的稳态

单稳态触发器处于稳态时，输入端无触发脉冲，因此 v_I 为低电平（因为是高电平触发）同时，电容 C 无充放电存在，因此电容 C 相当于断开。根据这些条件，首先可以确定 G_2 输出为低电平然后可以确定 G_1 输出为高电平。可以得到单稳态触发器的稳态为 $v_{O1}\approx V_{DD}$，$v_O\approx 0V$。

（2）当 v_I 加一正脉冲时，由稳态进入暂稳态

当变为高电平时，G_1 输出立即变为低电平，由于电容两端的电压不能突变，所以也立即变为低电平，G_2 的输出变为高电平，电路进入暂稳态：$v_{O1}\approx 0V$，$v_O\approx V_{DD}$。这里有一正反馈现象，其作用是改善 v_{O1}、v_O 边沿。

$$v_I\uparrow \longrightarrow v_{O1}\downarrow \longrightarrow v_{I2}\downarrow \longrightarrow v_O\uparrow$$
（$v_O\uparrow$ 反馈回 v_{O1}）

（3）暂稳态自动回到稳态

进入暂稳态后，v_{O1} 为低电平，V_{DD} 经过 R 向电容 C 充电，v_{I2} 逐渐上升，当 v_{I2} 上升到 $V_{DD}/2$ 时，G 输出低电平 $v_O\approx 0V$。如果触发脉冲已经消失，即 v_I 已由高电平回到低电平，$v_{O1}\approx V_{DD}$，电路回到稳态。这里也有正反馈现象，其作用是改善 v_{O1}，v_O 边沿。

$$v_{I2}\uparrow \longrightarrow v_O\downarrow \longrightarrow v_{O1}\uparrow$$
（$v_{O1}\uparrow$ 反馈回 v_{I2}）

回到稳态后，电容 C 处于放电的过程，由 G_1 门的输出级导通管、电阻 R 构成放电回路，v_{I2} 逐步趋向 V_{DD}，此时，单稳态触发器完整的工作过程完成，其工作波形如图 6-17 所示。

需要指出的是，在暂稳态结束时，v_{O1} 则由 0 V 上跳变到高电平 V_{DD}，由于电容 C 两端的电压不能突变，所以理论上讲，v_{I2} 将在 $V_{DD}/2$ 的基础上上跳 V_{DD}，达到 $3V_{DD}/2$，但由于 CMOS 门输入保护电路中对电源端的保护二极管的钳位作用，使 v_{I2} 最大只能达到 $V_{DD}+0.7V$，所以 v_{I2} 波形中只有 1 个“小尖”。

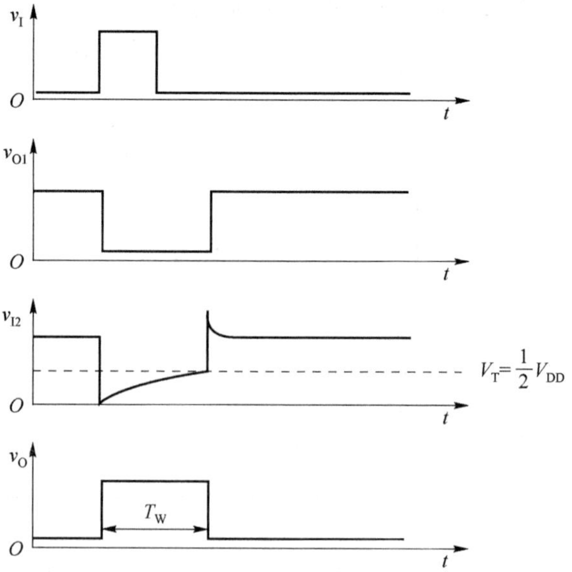

图 6-17 单稳态触发器的工作波形

3. 主要参数及计算

为了定量地描述单稳态触发器的性能，经常使用以下 4 个参数。

(1) 暂稳态维持时间 T_W(输出冲宽度)

由以上分析可知，暂稳态维持时间 T_W 就是电容 C 开始充电至电压升高到 $V_{DD}/2$ 所需要的时间。因此，只要求出电容 C 充电过程的电压方程，即可求得 T_W。由图 6-17 可知，C 的充电波形就是 v_{I2} 的指数上升段波形，如果以触发信号到达，电容 C 开始充电为时间 0 点，则电容 C 的充电过程可用下式表示：

$$v_c(t)=V_c(\infty)-[V_c(\infty)-V_c(0)]e^{-\frac{t}{T}}$$

将 $V_C(0)\approx 0V, V_C(\infty)\approx V_{DD}, T=RC$ 代入上式得

$$v_C(t)=V_{DD}(1-e^{-\frac{t}{RC}})$$

当 $v_C(t)=V_T=V_{DD}/2, t=T_W$，代入上式可求得

$$T_W=RC\ln 2\approx 0.7RC$$

由上式可知，T_W 与 R、C 有关，与触发冲宽度无关。

(2) 恢复时间 T_{re}

恢复时间 T_{re} 是电容 C 放电所需的时间。一般认为，经过 3～5 倍于电路时间常数的时间以后，RC 电路已基本达到稳态。根据单稳态触发器的工作原理分析，可以画出电容 C 放电的等效电路如图 6-18。如果 VD_1 的正向导通电阻比 R 和门 G_1 的输出电阻 R_{ON} 小得多，则恢复时间为

$$T_{re}\approx(3\sim5)R_{ON}C$$

(3) 最高工作效率 f_{max}

在暂稳态期间 T_W 和恢复时间 T_{re} 内，电路不响应触发信号，因此，2 个触发信号之间的最小时间间隔为

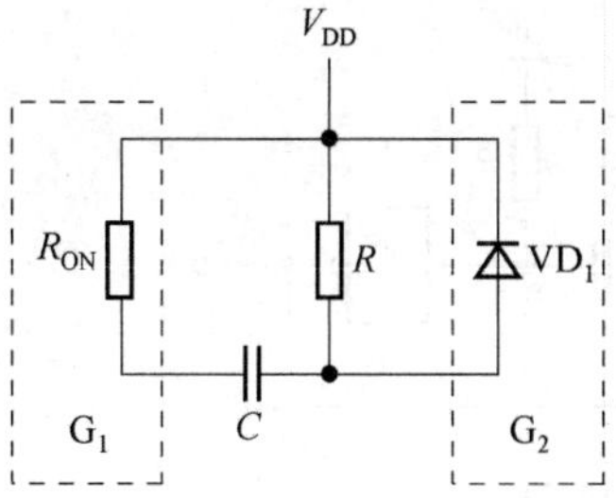

图 6-18 电容 C 放电等效电路

$$T_D = T_W + T_{re} \tag{6-1}$$

其中，T_D 称为分辨时间。

$$f_{max} = \frac{1}{T_D}$$

（4）输出冲幅度 V_m

$$V_m = V_{OH} - V_{OL} \approx V_{DD}$$

4. 触发冲宽度对单稳态触发器工作的影响

前面在分析单稳态触发器得工作原理时作了一个假设，即当暂稳态回到稳态时，触发冲已由高电转换成低电平，也就是说，触发冲 v_I 的冲宽度小于暂稳态维持时间。如果触发冲 v_I 的宽度大于暂稳态维持时间 T_W，虽然电路也能工作，但由于 G_2 输出 v_O 由高电平向低电平跳变时，v_I 仍为高电平，无法形成正反馈而使 v_O 下降沿变差。其工作波形如图 6-19 所示。

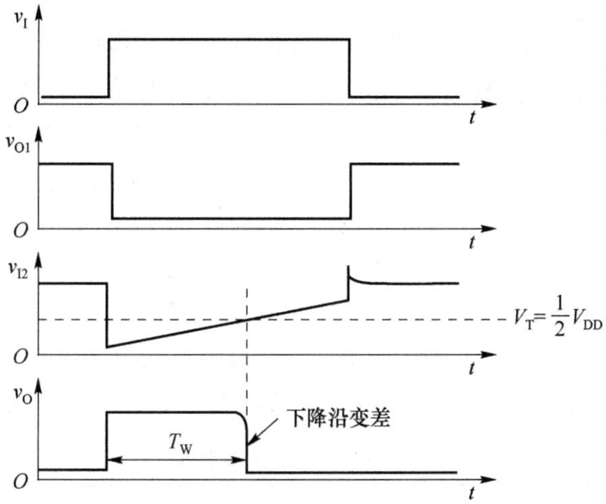

图 6-19 宽冲触发时的工作波形

为了在输入宽脉冲的情况下也能正常工作，通常在如图 6-16 所示的单稳态触发器前面加一微分电路，如图 6-20(a)所示。当宽冲通过由 C_D 和 R_D 组成的微分电路就可以得到很窄的正、负脉冲，如图 6-20(b)所示。注意，v'_I的负脉冲对单稳态触发器不起作用，只有正冲对单稳态触发器起作用。

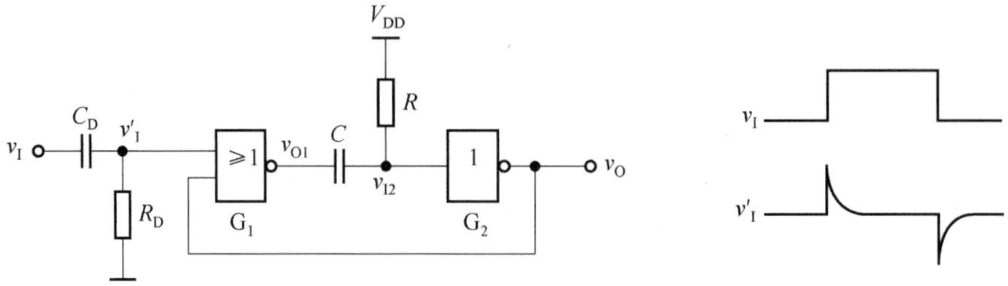

(a) 电路图　　　　(b) 输入级微分电路工作波形

图 6-20　输入端具有微分电路的单稳态触发器

6.3.3　集成单稳态触发器

用门电路组成单稳态触发器虽然电路结构简单，但存在着触发方式单一、输出脉宽稳定性差，调节范围小的缺点。在 TTL 和 CMOS 集成电路中，生产了多种型号的单片集成触发器。这些器件使用时只需外接很少的元件和连线，使用十分方便。这里介绍最常用的集成单稳态触发器 74LS121，其简化的原理图如图 6-21 所示。

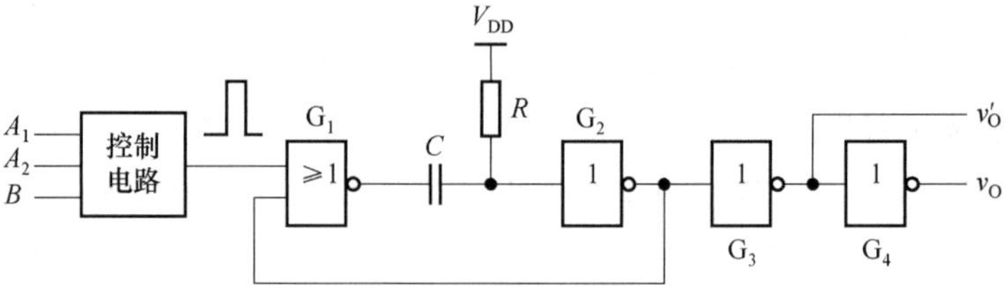

图 6-21　集成单稳态触发器 74LS121 简化原理图

74LS121 内部电路由控制电路、微分型单稳态触发器和输出缓冲电路几部分组成。控制电路根据 A_1、A_2、B 的输入状态产生窄脉冲（该窄冲宽度非常窄，可以理解为其宽度肯定小于暂稳态维持时间）。当出现以下几种情况时，控制电路将产生窄脉冲：

(1) 若 A_1、A_2 中至少有一个接低电平时，同时在 B 端输入一上升沿；

(2) 若 B 端接高电平时，A_1、A_2 中至少有一个输入下降沿。

可见，74LS121 既可以上升沿触发，也可以下降沿触发。一旦控制电路产生窄冲，单稳态触发器立即进入暂稳态，Q 及 $\overline{Q}$ 输出互补的脉冲。输出缓冲电路 G_3、G_4 用于提高电路带负载能力。集成单稳态触发器 74LS121 的功能表如表 6-1 所示。

表 6-1　74LS121 功能表

B	A_2	A_1	v_O	v'_O	功 能
0	×	×	0	1	保持（处于稳态）
×	1	1	0	1	
↑	×	0			用 B 正边沿触发
↑	0	×			

续 表

B	A_2	A_1	v_O	v'_O	功 能
1	1	↓	⊓	⊔	用 A 负边沿触发
1	↓	1	⊓	⊔	
1	↓	↓	⊓	⊔	

74LS121 的暂稳态维持时间由 R、C 值决定。为了使暂稳态维持时间能外部调节，C、R 应通过外部引脚外接。由此得到 74LS121 的内部框图和逻辑符号如图 6-22 所示。

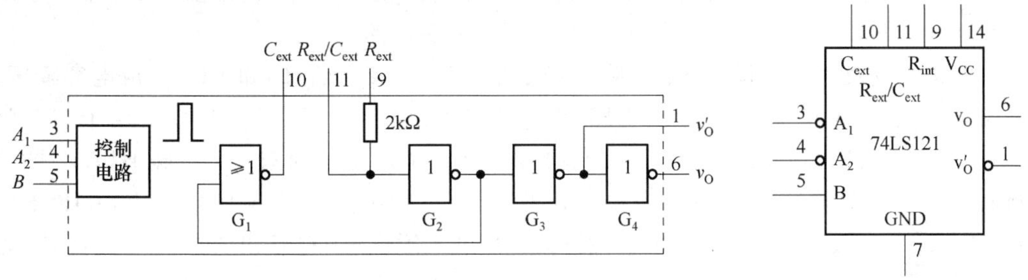

(a) 内部逻辑框图　　(b) 逻辑符号

图 6-22　74LS121 的内部框图和逻辑符号

74LS121 在使用时，要在芯片 10、11 引脚之间接电容，根据输出脉宽的要求，定时电阻 R 可采用外接电阻或芯片内部的电阻。图 6-23 所示为 74LS121 的两种典型接法。

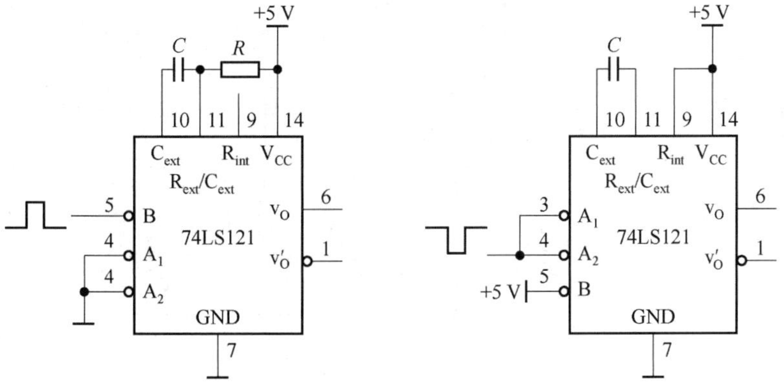

(a) 采用外接电阻，上升沿触发　　(b) 采用内部电阻，下降沿触发

图 6-23　74LS121 的两种典型接法

6.3.4　单稳态触发器的应用

1. 整形

把冲宽度不一致的波形变成冲宽度一致的波形，如图 6-24 所示。

2. 定时(或延时)

由于单稳态触发器一经触发，电路进入暂稳态，暂稳态的时间由外接元件 RC 决定。

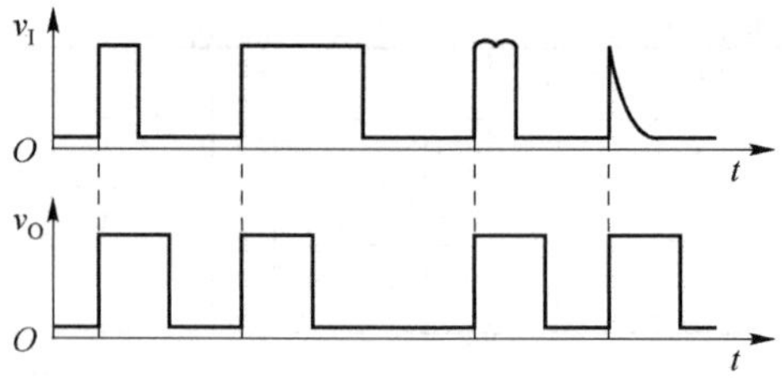

图 6-24　冲整形

调节 RC 可产生比触发冲宽度长得多的暂稳态维持时间。因此，单稳态触发器常用于定时或延时。图 6-25 所示为一实际的楼道灯延时开关电路。

电路组成及工作过程如下：电路由 C_1、R_1、VD_1～VD_4、C_2、C_3和 VD_Z 组成电容降压、桥式整流、电容滤波、稳压管稳压电路，以提供 10V 电源电压。由 CD4011 两个与非门 G_1、G_2 构成单稳态触发器，VT_1(9012)和光耦 MOC3061 组成对双向可控硅 BTA12 的控制电路。当 S 没被按下时，单稳态电路处于稳态，$\overline{Q}$ 输出高电平，VT_1截止，BTA12 不导通，灯不亮。当按一下开关 S 时，单稳态触发器进入暂稳态，$\overline{Q}$ 输出低电平，VT_1导通，光耦 1 脚为高电平，BTA12 导通，灯亮。单稳态的维持时间 $T_W=0.7RC$ 约为 3 分钟。

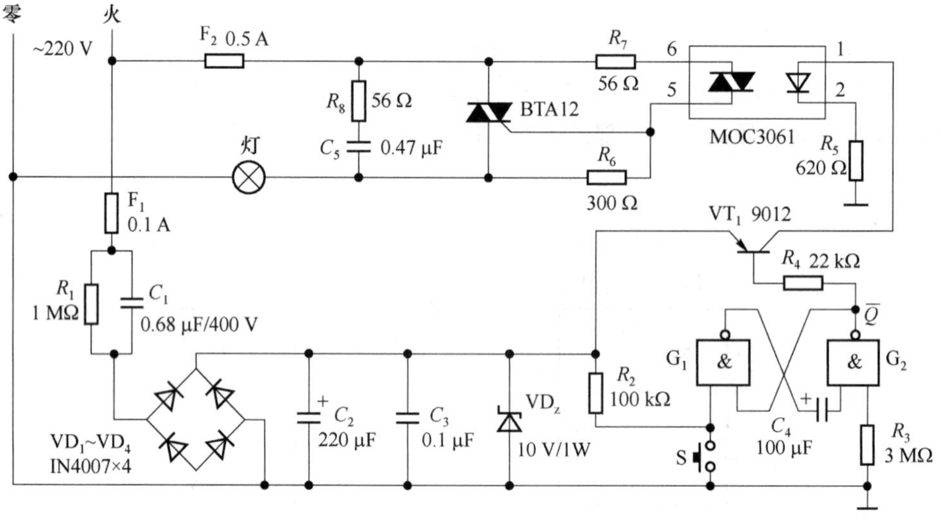

图 6-25　楼道灯延时开关电路

6.4　多谐振荡器

多谐振荡器又称方波发生器。由于方波中除基波外还包含了许多高次谐波，因此，方波发生器又称为多谐振荡器。多谐振荡器不需要外加信号，只要一上电就会产生方波信号。

6.4.1 由 CMOS 非门构成的多谐振荡器

1. 电路组成

CMOS 非门组成的多谐振荡器如图 6-26 所示，它由两个 CMOS 非门和电阻、电容组成。由于 CMOS 非门的输入端加有二极管保护电路，如果将 v_{I1} 直接加到 G_1 的输入端上，输入保护二极管将对 v_{I1} 进行限幅，会对振荡电路的工作产生很大影响，因此，在电路中加了一只去耦电阻 R_1。$R_1 \gg R$，实际中取 $R_1 \approx 10R$。

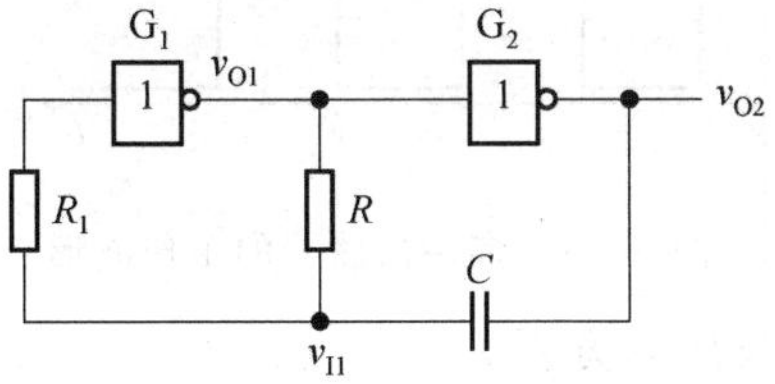

图 6-26 由 CMOS 非门构成的多谐振荡器

2. 工作原理分析

(1) 设电路的初态为 $v_{O1} \approx V_{DD}$，$v_{O2} \approx 0$V，这种状态不可能持久维持，因为 v_{O1} 的高电必然通过 $v_{O1} \rightarrow R \rightarrow C \rightarrow v_{O2}$ 路径向 C 充电，充电时的等效电路如图 6-27(a)所示。充电使 v_{I1} 不断上升，当 $v_{I1} > V_{DD}/2$ 时，G_1 输出低电平，G2 输出高电平，即 $v_{O1} \approx 0$V，$v_{O2} \approx V_{DD}$。由于电容 C 上的电压不能瞬时改变，所以，v_{O2} 的阶跃变化使 v_{I2} 由 $V_{DD}/2$ 变为 $3V_{DD}/2$，如图 6-28 所示。

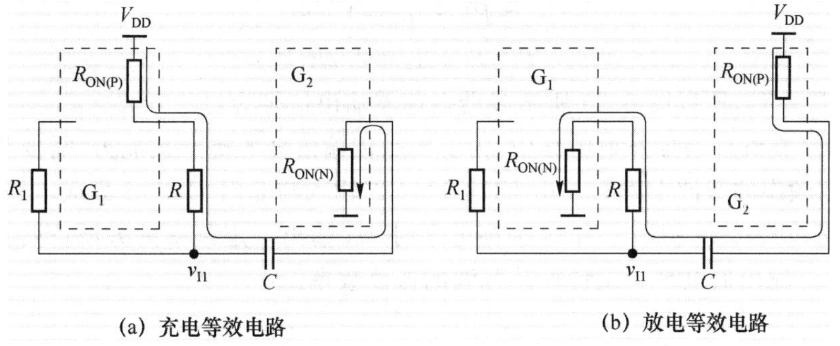

图 6-27 振荡电路充放电等效电路

(2) $v_{O1} \approx 0$V，$v_{O2} \approx V_{DD}$ 这个状态也不能持久，因为 v_{O2} 的高电必然通过 $v_{O2} \rightarrow C \rightarrow R \rightarrow v_{O1}$ 使电容 C 放电，放电时的等效电路如图 6-27(b)所示。放电使 v_{I1} 逐步减少，当 $v_{I1} < V_T$ 时，G_1 输出高电平，即又回到 $v_{O1} \approx V_{DD}$，$v_{O2} \approx 0$V 的状态。由于电容 C 上的电压不能瞬时改变，所以，v_{I2} 的阶跃变化使由 $V_{DD}/2$ 变为 $-V_{DD}/2$，如图 6-28 所示。

(3) 电容 C 周而复始地充放电使输出端源源不断地产生方波。多谐振荡器的工作波形如图 6-28 所示。

3. 振荡周期 *T* 的计算

振荡周期由 T_1、T_2 两部分组成，参见图 6-28 标示。在计算振荡周期时，$R_{ON(N)}$ 和

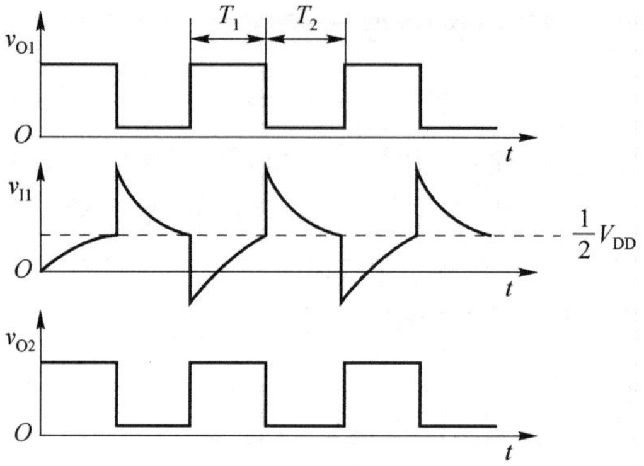

图 6-28　多谐振荡器的工作波形

$R_{ON(P)}$ 可忽略不计。v_{I1} 充电波形的方程为

$$v_{I1}(t)=v_{I1}(\infty)+[v_{I1}(0^+)-v_{I1}(\infty)]e^{-\frac{t}{\tau}}$$

其中，

$$\tau=RC, v_{I1}(0)=-V_{DD}/2, v_{I1}(\infty)=V_{DD}$$

$$v_{I1}(T_1)=V_{DD}-\frac{3}{2}V_{DD}\cdot e^{-\frac{T_1}{RC}}=\frac{1}{2}V_{DD}$$

$$T_1=RC\ln\frac{\frac{3}{2}V_{DD}}{V_{DD}-\frac{1}{2}V_{DD}}=RC\cdot\ln3=1.1RC \tag{6-2}$$

同理可求得

$$T_2=RC\cdot\ln3=1.1RC$$

$$T=T_1+T_2=2.2RC$$

由于 $T_1=T_2$，所以图 6-26 所示多谐振荡器输出信号为对称方波。

例 6-1　在红外遥控发射电路中，为了提高传输信号的抗干扰能力，需要将编码信号调制在较高频率的载波上发射。由 CD4011(4 二输入与非门 CMOS 集成电路)构成的编码调制电路如图 6-29 所示。当 v_I 为高电平时，v_O 输出一定频率的方波(载波)，当 v_I 为低电平时，v_O 输出低电平。试计算其载波的振荡频率。

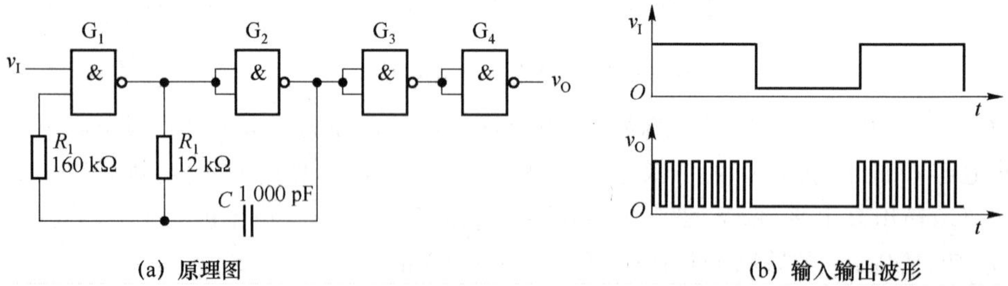

(a) 原理图　　(b) 输入输出波形

图 6-29　由 CMOS 与非门构成的调制电路

解: 当 v_I 为高电平时，图 6-29(a)所示电路就是等同于如图 6-26 所示的多谐振荡电路。根据式(6-2)，其振荡周期计算如下：

$$T=T_1+T_2=2.2RC=(2.2\times12\times10^3\times1000\times10^{-12})\,\text{s}=26.4\ \mu\text{s}$$

$$f=\frac{1}{T}=\frac{1}{26.4\ \mu\text{s}}\approx38\ \text{kHz}$$

当 v_I 加一高低电组成的数字编码信号时，v_O 就可以得到载波频率 38 kHz 的编码调制波形，如图 6-29(b)所示。

6.4.2 CMOS 石英晶体振荡器

前述的多谐振荡器由于阻容元件及门电路阈值电压随外界条件(主要是温度)变化较大，其频率稳定度一般很难优于 10^{-3}。如要产生频率稳定的方波，就要采用由石英晶体组成的晶体振荡器。

石英晶体等效电路、符号和电抗频率特性如图 6-30 所示。从石英晶体的电抗频率特性可知，当外加电压的频率为 f_0 时，它的阻抗最小，等效品质因素 Q 值也很高。只有频率为 f_0 的信号最容易通过，其他频率的信号均会被晶体所衰减。因此，石英晶体的选频特性非常好。石英晶体的谐振频率 f_0 由石英晶体的结晶方向和外形尺寸所决定，具有极高的频率稳定性。

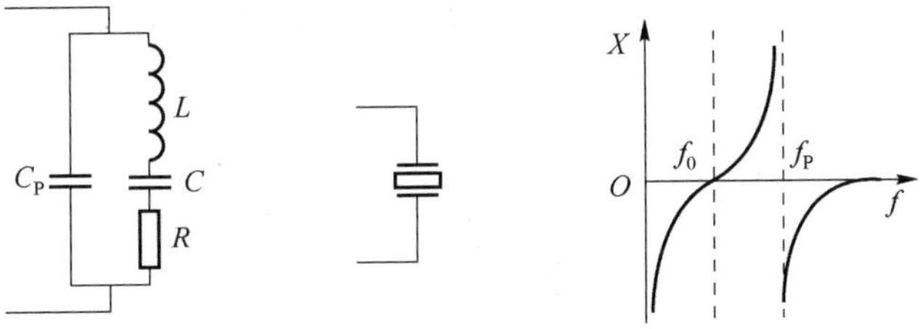

(a) 等效电路　　(b) 电路符号　　(c) 频率特性

图 6-30 石英晶体谐振器

由 CMOS 反相器构成的石英晶体振荡器原理图如图 6-31(a)所示。

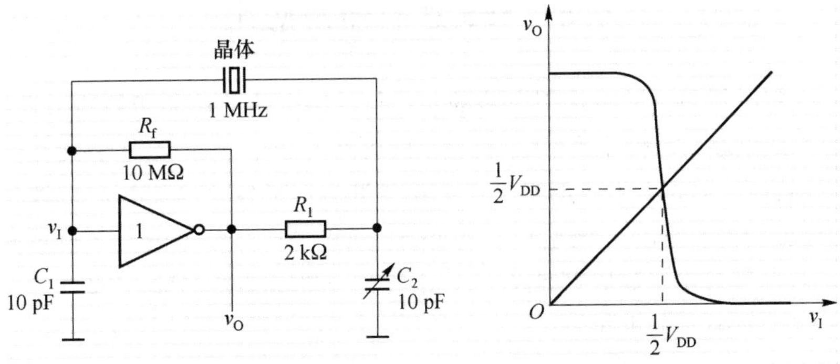

(a) 原理图　　(b) 反相器静态工作点

图 6-31 石英晶体振荡器

CMOS 反相器和电阻 R_f 构成高增益放大器。其原理是，在反相器 G_1 的两端跨接了一个反馈电阻 R_f，由于 CMOS 门电路的输入电流几乎等于零，所以 R_f 上没有压降，静态

时 G_1 必然工作在 $v_I = v_O$ 的状态，如图 6-31(b)所示的直线与电压传输特性的交点就是反相器的静态工作点，$v_I = v_O = V_T = V_{DD}/2$。由于 CMOS 门极低的输入电流，所以 R_f 可以取得很大，一般为 10～100 MΩ。v_I 极微小的变化就会使 v_O 输出发生跳变，包含石英晶体的反馈网络将输出信号指定的一部分返回到输入端，使得由石英晶体设定的一个频率上再放大以维持振荡。图 6-31(a)中的可调电容 C_2 还可对振荡器的频率进行微调。R_1 和 C_2 的作用是为了有助于实现适当的衰减和相位，同时提供一个低通滤波器的作用，防止晶体高次谐波振荡。

CMOS 晶体振荡器可以很容易达到 10^{-6}/℃(每摄氏度百万分之一)量级的稳定度。目前，大部分的单片机芯片内部含有与图 6-31(a)类似的石英晶体振荡器。

石英晶体秒冲源由 CD4060 和晶体、电阻、电容网络构成，电路如图 6-32 所示。CD4060 内部含有构成振荡器的门电路。通过外接元件构成了一个振荡频率为 32.768 kHz 的典型石英振荡器。该冲源的输出直接接到 14 级计数器，在输出端 Q_A 可以得到 0.5 s 脉冲($32\,768/2^{14} = 2$ Hz)。这种电路常用于电子表、电子钟及其他定时设备。

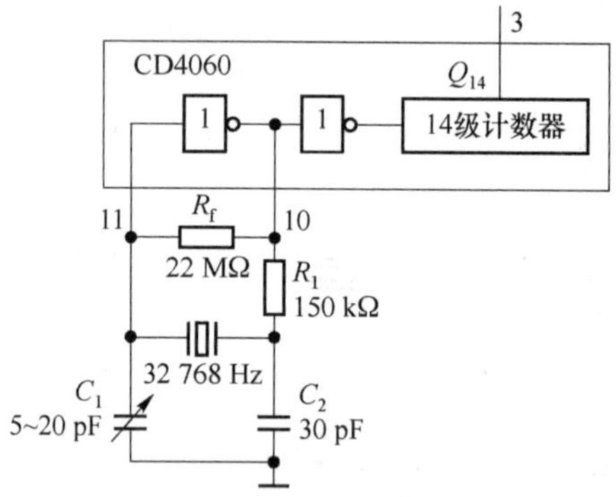

图 6-32　石英晶体秒冲源

6.5　555 定时器及应用

集成 555 定时器是一种将模拟电路的功能与数字电路的功能巧妙地结合在同一硅片上的多用途集成电路，设计新颖，构思奇巧。自从美国 Signetics 公司在 1972 年生产出第一片 555 定时器后，世界上主要的半导体公司相继生产了各自的 555 定时器产品，型号繁多。555 定时器产品也分为双极型和 CMOS 型，双极型产品型号最后 3 位数码都是 555，CMOS 产品型号最后 4 位数码都是 7555。不管是双极型还是 CMOS 型，555 定时器芯片的功能和引脚排列都完全相同。

6.5.1　CMOS 集成定时器 7555 的电路结构和工作原理

1. 7555 定时器的电路结构

7555 定时器的内部由分压器、电压比较器 C_1 和 C_2、基本 RS 锁存器、放电三极管 VN_1 和缓冲器 G 组成。其内部电路结构和引脚排列如图 6-33 所示。每一部分的电路说明如下：

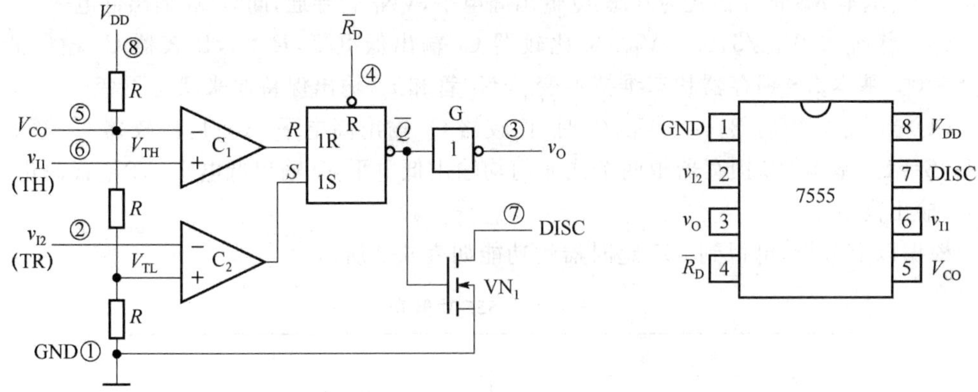

(a) 内部结构图　　　　(b) 引脚排列

图 6-33　7555 定时器内部结构图

(1) 分压器由三个完全相同电阻 R 组成的，最早生产的 555 集成电路采用 3 个误差极小的 5 kΩ 电阻，这也是 555 名称的由来。三个电阻产生两个分压值：$V_{TH}=2V_{DD}/3$，$V_{TL}=V_{DD}/3$，为 C_1 和 C_2 提供基准电压。为了实现附加的灵活性，用户可以通过第 5 管脚 V_{CO} 自行调整 V_{TH} 的值。无论 V_{TH} 的值为多少，总是有 $V_{TL}=V_{TH}/2$。

(2) 两个电压比较器 C_1 和 C_2。比较器有两个输入，称正向电压输入和反相电压输入。当正向电压高于反相电压时，比较器输出高电平，否则，输出为低电平。

(3) 基本 RS 锁存器由两个或非门组成，$\overline{R}_D$ 为外部复位端。其功能表如表 6-2 所示。

表 6-2　基本 RS 锁存器功能表

$\overline{R_D}$	S	R	$\overline{Q}$
0	×	×	1
1	0	0	不变
1	0	1	1
1	1	0	0
1	1	1	0

(4) 放电管 VN_1 为一漏极开路的 NMOS 管，接在 DISC 端的电容可以通过导通的 VN_1 管放电，所以 VN_1 管也称放电管。

(5) 缓冲器 G 由低阻的 CMOS 反相器构成，用以提高定时器的负载能力并隔离负载对定时器的影响。

2. 7555 定时器的功能描述

当 $\overline{R}_D$ 为低电平时，基本 RS 锁存器输出 $\overline{Q}$ 为高电平，VN_1 管导通，v_O 输出低电平，当 $\overline{R}_D$ 为高电平时，电路有 4 种工作状态：

(1) 当 $v_{I1}<2V_{DD}/3$，$v_{I1}<V_{DD}/3$ 时，比较器 C_1 输出低电平，$R=0$，比较器 C_2 输出高电平，$S=1$。基本 RS 锁存器置为 1 态，$\overline{Q}$ 输出低电平，VN_1 管截止，同时 v_O 输出高电平。

(2) 当 $v_{I1}>2V_{DD}/3$，$v_{I1}>V_{DD}/3$ 时，比较器 C_1 输出高电平，$R=1$，比较器 C_2 输出低电平，$S=0$。基本 RS 锁存器置为 0 态，$\bar{Q}$ 输出高电平，VN_1 管导通，同时 v_O 输出低电平。

(3) 当 $v_{I1}<2V_{DD}/3$，$v_{I1}>V_{DD}/3$，比较器 C_1 输出低电平，$R=0$，比较器 C_2 输出低电平，$S=0$。基本 RS 锁存器状态维持不变，VN_1 管和 v_O 输出保持原来状态不变。

(4) 当 $v_{I1}>2V_{DD}/3$，$v_{I1}<V_{DD}/3$ 时，比较器 C_1 输出高电平，$R=1$，比较器 C_2 输出高电平，$S=1$。基本 RS 锁存器中两个或非门均输出低电平，$\bar{Q}$ 输出低电平，VN_1 管截止，同时 v_O 输出高电平。

根据以上分析，可得到 555 定时器的功能如表 6-3 所示。

表 6-3　7555 功能表

输入			输出			
$\overline{R_D}$	v_{I1}	v_{I2}	S	R	v_O	VN_1 状态
0	×	×	×	×	0	导通
1	$<2V_{DD}/3$	$<V_{DD}/3$	1	0	1	截止
1	$>2V_{DD}/3$	$>V_{DD}/3$	0	1	0	导通
1	$<2V_{DD}/3$	$>V_{DD}/3$	0	0	不变	不变
1	$>2V_{DD}/3$	$<V_{DD}/3$	1	1	1	截止

6.5.2　555 定时器构成的施密特触发器

将 555 定时器的 v_{I1} 和 v_{I2} 输入端连在一起就构成如图 6-34 所示施密特触发器。

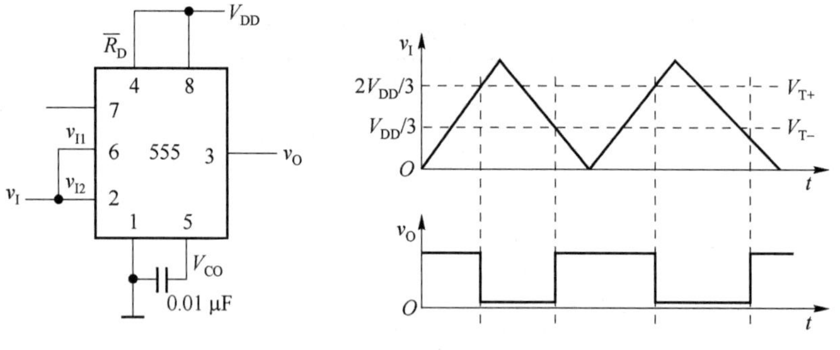

(a) 电路原理图　　(b) 工作波形

图 6-34　555 定时器构成的施密特触发器

根据图 6-34 所示的施密特触发器原理图，可以得到 555 定时器内部电压比较器的输入端连接如图 6-35 所示。

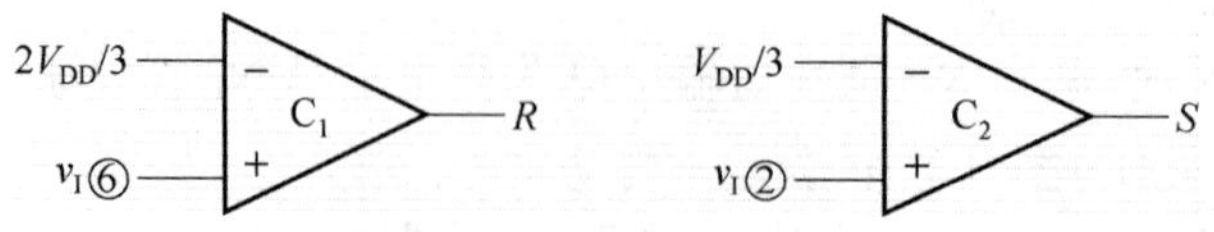

图 6-35　555 内部双比较器的输入端连接图

工作原理分析如下：

(1) 如果 v_I 由 0V 开始增加，当 $v_I < V_{DD}/3$，由图 6-35 可知，$R=0$，$S=1$，基本 RS 锁存器置 1 态，v_O 输出高电平。

(2) v_I 继续增加，当 $V_{DD}/3 < v_I < 2V_{DD}/3$，由图 6-35 可知，$R=0$，$S=0$，基本 RS 锁存器状态维持不变，v_O 输出仍为高电平。

(3) v_I 再增加当 $v_I > 2V_{DD}/3$，由图 6-35 可知，$R=1$，$S=0$，基本 RS 锁存器置 0 态，v_O 输出低电平。

(4) 如果 v_I 由大于 $2V_{DD}/3$ 的电压值逐渐下降，当 $V_{DD}/3 < v_I < 2V_{DD}/3$，由图 6-35 可知，$R=0$，$S=0$，基本 RS 锁存器状态维持不变，v_O 输出仍为低电平。

(5) 如果 v_I 继续下降，当 $v_I < V_{DD}/3$，$R=0$，$S=1$，基本 RS 锁存器置 1 态，v_O 输出高电平。施密特触发器的工作波形如图 6-34(b)所示。从工作波形可知，如图 6-34(a)所示，施密特触发器为一反相施密特触发器，其阈值电压 $V_{T+}=2V_{DD}/3$，$V_{T-}=V_{DD}/3$。通过 V_{CO} 外加一个参考电压，即可调节施密特触发器的阈值电压，这时，$V_{T+}=V_{CO}$，$V_{T-}=V_{CO}/2$，$\Delta V_T=V_{CO}/2$。

6.5.3 555 定时器构成的多谐振荡器

前面 6.2 节介绍施密特触发器应用时，曾经讲到，只要将反相施密特触发器的输出端经 RC 积分电路接回到它的输入端，就构成多谐振荡器(参见图 6-13)。因此，只要先将 555 定时器的 v_{I1} 和 v_{I2} 连在一起接成施密特触发器，然后再将 v_O 经 RC 积分电路接回到它的输入端即可构成的多谐振荡器。为了减轻输出缓冲器 G 的负担，RC 积分电路不与 G 的输出端直接相连，而是与内部泄放管 VN_1 的漏极 DISC 端相连，如图 6-36(a)所示。VN_1 和 R_1 接成一个反相器，DISC 端输出电平与 v_O 端的输出电平一致，因此，将 DISC 端经 R_2 和 C 组成的积分电路接到施密特触发器的输入端同样也能构成多谐振荡器。习惯上，由 555 构成的多谐振荡器接成如图 6-36(b)所示的形式。

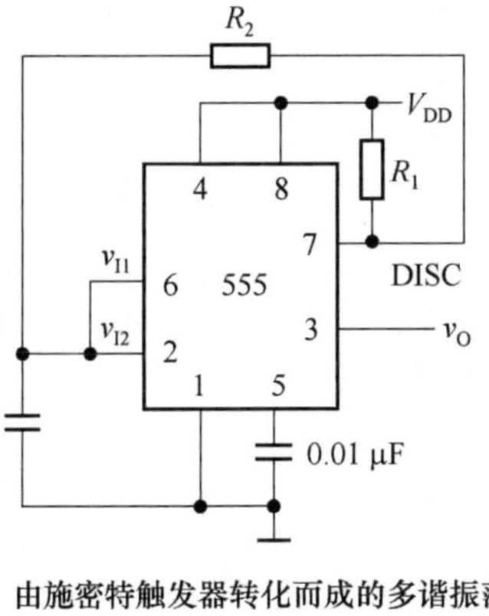

(a) 由施密特触发器转化而成的多谐振荡器

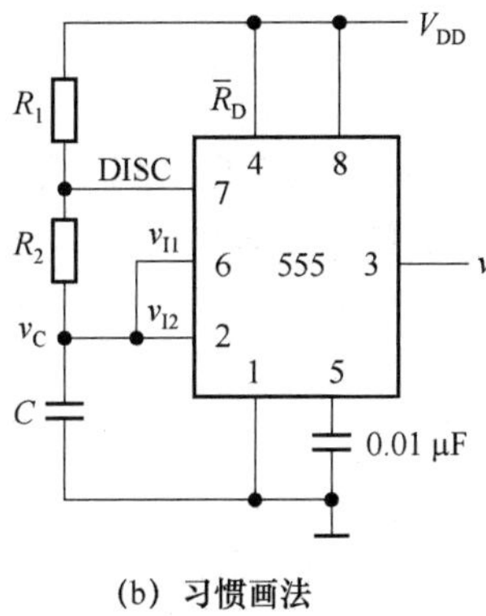

(b) 习惯画法

图 6-36 555 定时器构成的多谐振荡器

根据图 6-36 所示的多谐振荡器原理图，可以得到 555 定时器内部电压比较器的输入端连接如图 6-37 所示。

工作原理分析如下：

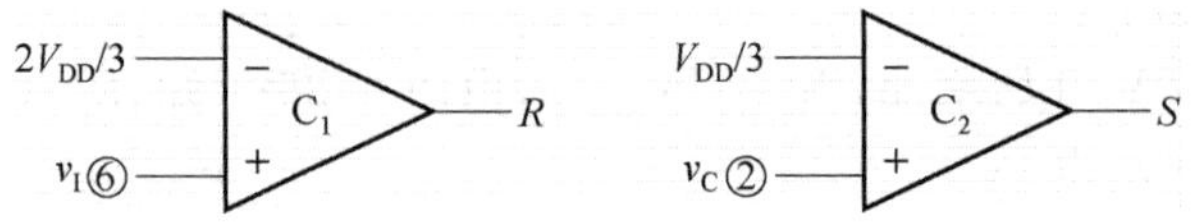

图 6-37　555 内部双比较器的输入端连接图

(1) 当接上电源后，电容 C 上无电荷，$v_C=0$V，得 $R=0$，$S=1$，基本 SR 锁存器置 1 态，v_O 输出高电平，VN_1 管截止。

(2) 因为 VN_1 管截止，电源 V_{DD}将通过 R_1、R_2向 C 充电，v_C逐渐上升，当 $v_C>2V_{DD}/3$ 时，$R=1$，$S=0$，基本 SR 锁存器被置 0 态，v_O 输出低电平，VN_1 管导通。

(3) 因为 VN_1 管导通，电容 C 将通过 R_2 和 VN_1 管放电，v_C 逐渐下降，当 $v_C<V_{DD}/3$ 时，$R=0$，$S=1$，SR 触发器置成 1 态，$v_O=1$，VN_1 管截止，对电容 C 充电又重新开始。

多谐振荡器的工作波形如图 6-38(b)所示。

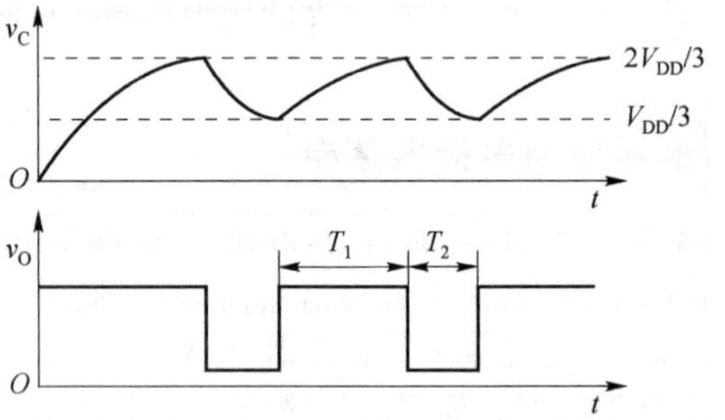

图 6-38　555 定时器构成的多谐振荡器工作波形

通过 v_C的暂态方程，求得

$$T_1=0.7(R_1+R_2)C,\quad T_2=0.7R_2C,\quad T=0.7(R_1+2R_2)C$$

$$f=\frac{1}{T}=\frac{1}{0.7(R_1+2R_2)C}$$

$$q=\frac{T_1}{T}=\frac{R_1+R_2}{R_1+2R_2}$$

555 定时器构成的多谐振荡器输出方波信号的频率上限是由比较器、触发器，以及晶体管开关的组合传输延时决定的。一些 555 型电路可以很容易地工作到兆兹的范围。频率下限决定于外部元件值实际能做多大。因为极低的输入电流，CMOS 定时器可以采用大的外部电阻，所以不需过大的电容就有很大的时间常数。

例 6-2　在图 6-36 所示的电路中，给出适当的元件值使输出信号频率 $f=50$ kHz，且占空比 $q=75\%$。

解：令 $C=1\,000$ pF，则

$$R_1+2R_2=\frac{1}{0.7\times C\times f}=\frac{1}{0.7\times 1000\times 10^{-12}\times 50\times 10^{3}}\approx 28.6\ \text{k}\Omega$$

$$q=\frac{T_1}{T}=\frac{R_1+R_2}{R_1+2R_2}=75\%$$

可知 $R_1=2R_2$，解得 $R_1=14.3$ kΩ，$R_2=7.15$ kΩ。

从 6-35 所示的占空比 q 的表达式可知，图 6-36(b)所示多谐振荡器的占空比始终大

于 50%。要得到占空比为 50%的对称方波信号，一种简单的办法是输出级再加 T'触发器。也可采用图 6-39 所示电路的占空比任意可调的多谐振荡器电路。由于电路中加了二极管 VD_1 和 VD_2，电容的充电电流和放电电流经过不同的路径，即充电电流只通过 R_1，放电电流只通过 R_2，因此，可得到

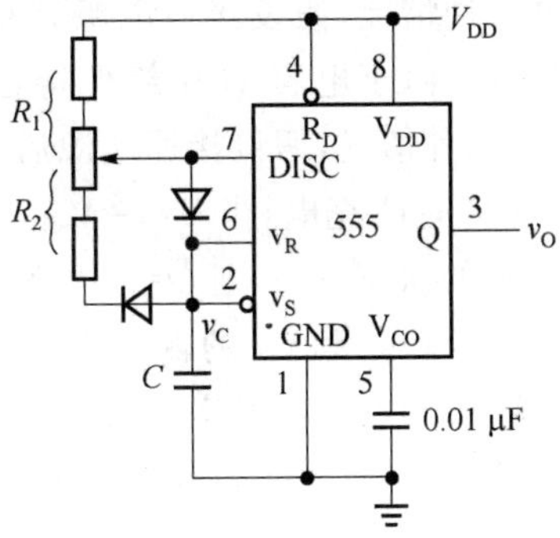

图 6-39 占空比任意可调的多谐振荡器

$$T_1=0.7R_1C, \quad T_2=0.7R_2C, \quad T=0.7(R_1+R_2)C$$

$$f=\frac{1}{T}=\frac{1}{0.7(R_1+R_2)C}$$

$$q=\frac{T_1}{T}=\frac{R_1}{R_1+R_2}$$

6.5.4 555 定时器构成的单稳态触发器

由 555 定时器构成的单稳态触发器如图 6-40 所示。图中将 555 定时器的 v_{I2}端作为触发信号的输入端。

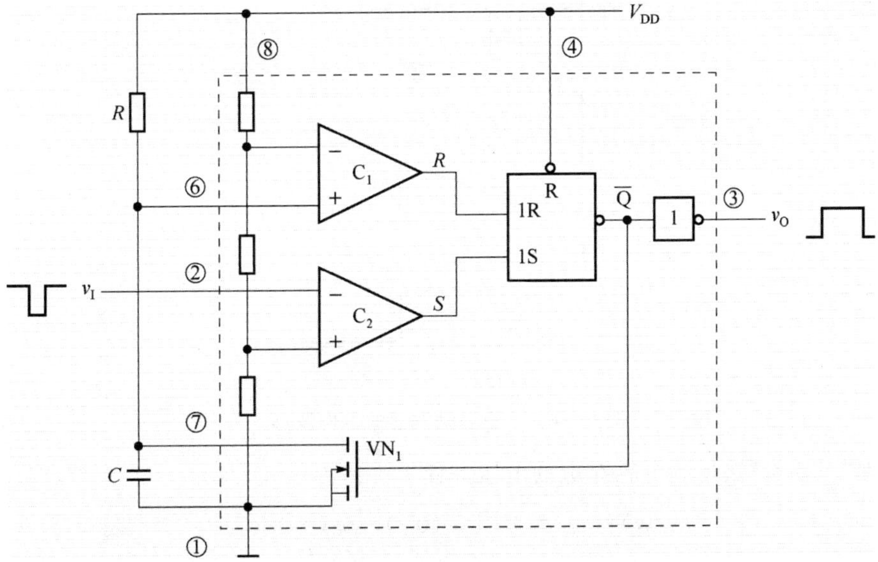

图 6-40 555 定时器构成的单稳态触发器

工作原理分析如下：

(1) 电路的稳态电路刚接通电源时，电容 C 上无电荷，所以 $v_C=0$V，这时如果输入端无触发脉冲，v_I 处于高电平(因为是负冲触发)，电压比较器 C_1 和 C_2 的输出 $R=0$，$S=0$，基本 RS 锁存器的状态维持不变。由于刚接通电源时，基本 RS 锁存器的状态是随机的，因此下面应分两种情况分析：第一种情况，假设接通电源后基本 RS 锁存器处于 0 态，则 $\bar{Q}=1$，VN_1 管导通，v_O 输出低电平。由于电容 C 始终保持在放电状态，即 $v_C\approx0$V，所以这种状态将稳定地维持不变。第二种情况，假设接通电源后基本 RS 锁存器处于 1 态，则 $\bar{Q}=0$，VN_1 管截止，V_{DD}通过电阻 R 向 C 充电，当 $v_C>2V_{DD}/3$ 时，电压比较器 C_1 和 C_2 的输出 $R=1$，$S=0$，基本 RS 锁存器的状态置 0，则 $\bar{Q}=1$，VN_1 管导通，v_O 输出低电平。电容 C 通过 VN_1 管迅速放电，使比较器 C_1 和 C_2 的输出 $R=0$，$S=0$，基本 RS 锁存器的状态维持不变。最后电路进入 v_O 输出低电平的稳定状态。

结论：在不加触发信号时，不管基本 RS 锁存器初始状态为 0 还是 1，电路最后一定处于稳定的状态 $v_O=0$。

(2) 当 v_I来一个负冲，使 $v_I<V_{DD}/3$，比较器 C_2输出由 0 变 1，$R=0$，$S=1$，基本 RS 锁存器置 1，$0=Q$，VN_1 管截止，v_O 输出高电平，电路进入暂稳态 $v_O=1$。

(3) 由于 VN_1 管截止，电源 V_{DD}通过 R 向 C 充电，当 v_C 升到 $2V_{DD}/3$ 时，电压比较器 C_1 输出由 0 变 1，假设此时负冲已结束，v_I 又回到 V_{DD}，电压比较器 C_2 输出由 1→0，因此 $R=1$，$S=0$，基本 RS 锁存器置 0，$\bar{Q}=1$，VN_1 管导通，v_O 输出低电平，电路又回到稳态。VN_1 导通后，电容 C 通过 VN_1 迅速放电，使 v_C 由 $2V_{DD}/3$→0V，比较器 C_1输出由 1→0，$R=0$，$S=0$，基本 RS 锁存器状态保持不变。单稳态触发器的工作波形如图 6-41 所示。

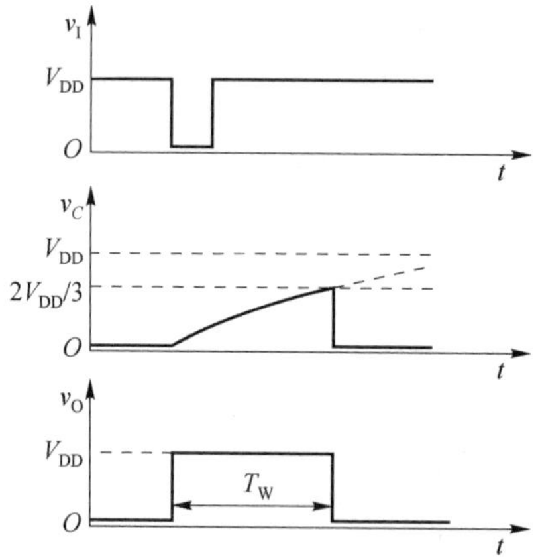

图 6-41 单稳态触发器的工作波形

根据“三要素”法得到电容充电的电压方程：

$$v_C(t)=v_C(\infty)+[v_C(0^+)-v_C(\infty)]e^{-\frac{t}{\tau}}$$

将 $v_C(\infty)=V_{DD}$，$v_C(0^+)=V_{DD}$，$\tau=RC$ 代入上式得

$$v_C(t)=V_{DD}(1-e^{-\frac{t}{RC}})$$

当 $v_C(t)=2V_{DD}/3$ 时，$t=T_W$，代入上式可得

$$T_W=RC\ln3=1.1RC$$

从上式可以看到，T_W 与 V_{DD} 无关。T_W 的范围可以做到几个微秒到数分钟，精度为0.1%。

值得指出的是，图 6-40 所示的单稳态触发器在暂稳态期间加入新的触发脉冲，则该脉冲不起作用，如图 6-42 所示。这是因为在暂稳态期间，重触发脉冲并不能改变基本 RS 锁存器状态，VN_1 仍然截止，v_C 仍然上升。这种单稳态触发器称为非重复触发的单稳态触发器。

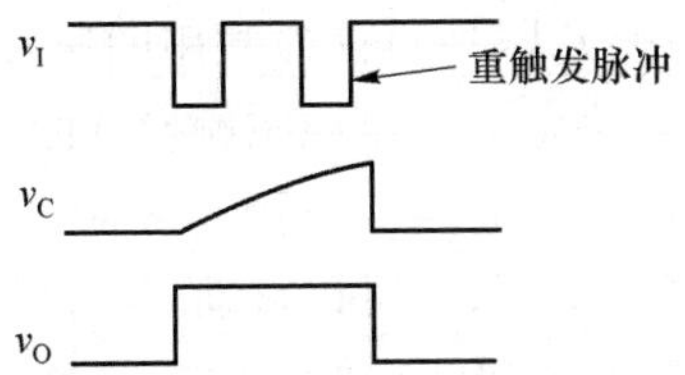

图 6-42 非重复触发的单稳态触发器工作波形图

将图 6-40 所示单稳态触发器经过适当的变化，可以做成可重复触发单稳态触发器，其电路图如图 6-43 所示。

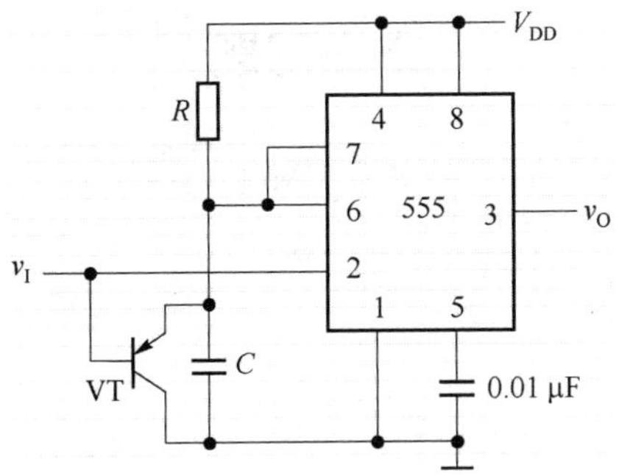

图 6-43 可重复触发单稳态触发器原理图

在电容 C 两端加一个 PNP 的三极管，当 v_I 负脉冲一到，VT 导通，把 C 上的电荷通过 VT 管放光。可重复触发单稳态触发器的波形如图 6-44 所示。

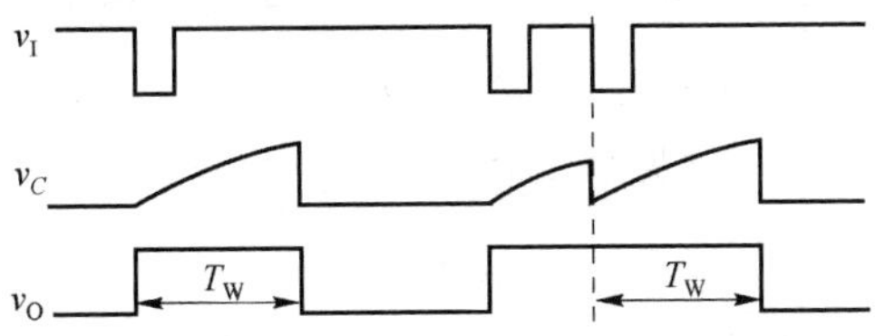

图 6-44 可重复触发单稳态触发器工作波形图

可重复触发单稳态触发器的应用——失落脉冲检测电路。假如有一周期信号，周期为 T，将该信号作为可重复触发单稳态触发器的触发脉冲，只要适当调节 RC 使 T_W 稍大于 T，则当有一脉冲丢失时，单稳态触发器就输出低电平，如图 6-45 所示。

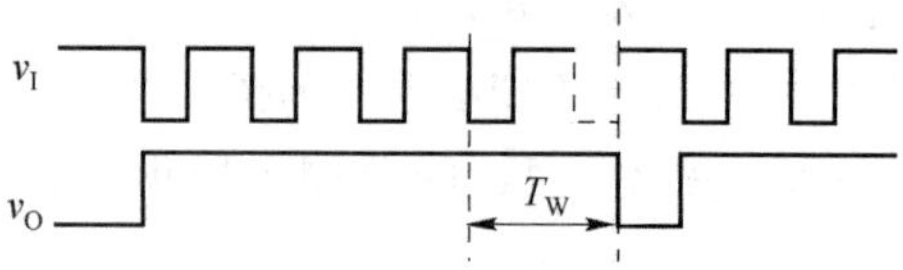

图 6-45　失落脉冲检测电路工作波形

本章小结

1. 施密特触发器和单稳态触发器是两种最常用的脉冲信号整形电路。施密特触发器输出脉冲的宽度是由输入信号决定的。单稳态触发器的输出脉冲的宽度完全由电路参数决定，与输入信号无关，输入信号只起触发作用。多谐振荡器是典型的脉冲产生电路，它不需要外加输入信号，只要提供电源，就可以自动产生脉冲信号。

2. 施密特触发器、单稳态触发器和多谐振荡器有多种电路构成形式。常见的电路组成有两种：一种是由门电路构成；另一种是由 555 定时器构成。无论电路的具体结构如何，凡是含有 RC 元件的脉冲电路，分析的关键是电容的充放电，而关键的连接点是与电容相连的元件输入端。

本章习题

6-1　电路如图 6-46 所示，G_1、G_2 均为 CMOS 系列。

(1) 说出电路名称；

(2) 画出其传输特性；

(3) 列出主要参数计算公式。

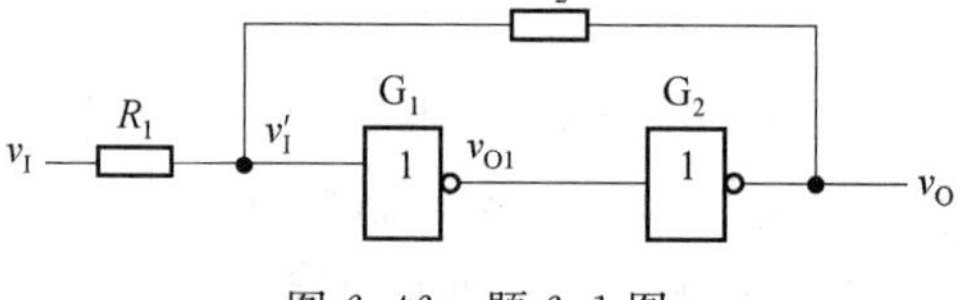

图 6-46　题 6-1 图

6-2　如图 6-47 所示的电路是用施密特触发器构成的多谐振荡器，施密特触发器的阈值电压分别为 V_{T+} 和 V_{T-}，试画出电容器 C 两端电压 v_C 和输出电压 v_O 的波形。如要使输出波形的占空比可调，试问电路要如何修改？

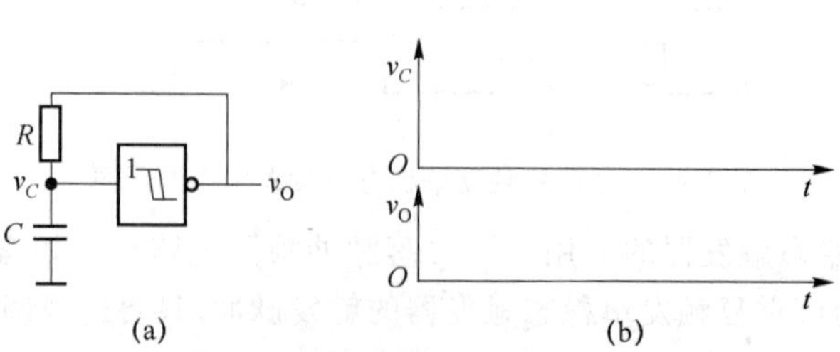

图 6-47　题 6-2 图

6-3 由 CC40106 构成的电路如图 6-48(a)所示，图 6-48(b)为 CC40106 的电压传输特性曲线，图 6-48(c)中的输入 v_I 高电平脉宽和低电平脉宽均大于时间常数 RC。要求画出 v_I 作用下的 v_A、v_{O1} 和 v_{O2} 波形。

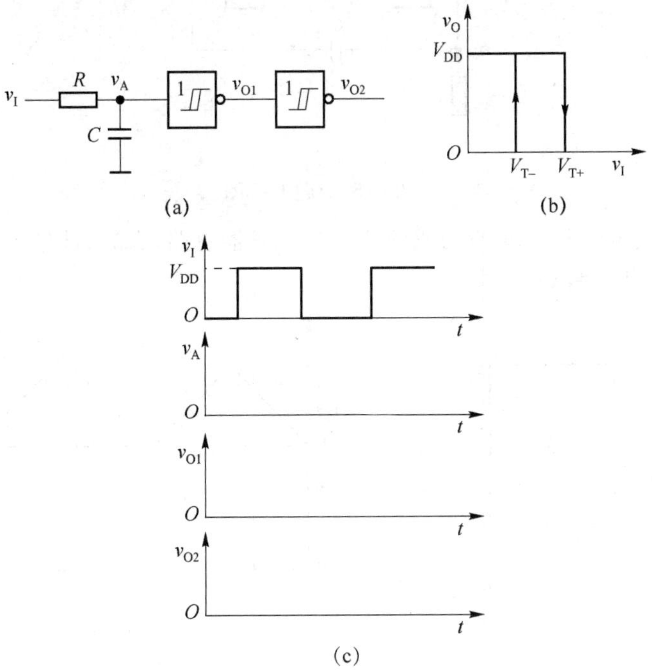

图 6-48 题 6-3 图

6-4 如图 6-49 所示是用 CMOS 与非门组成的单稳态触发器电路，v_I 为输入触发脉冲。指出稳态时 a、b、d、e 各点的电平高低；为加大输出冲宽度所采取的下列措施哪些是对的，哪些是错的。如果是对的，在(　　)内打√，如果是错的，在(　　)内打×。

(1) 加大 R_D(　　)；

(2) 减小 R(　　)；

(3) 加大 C(　　)；

(4) 提高 V_{DD}(　　)；

(5) 增加输入触发脉冲的宽度(　　)。

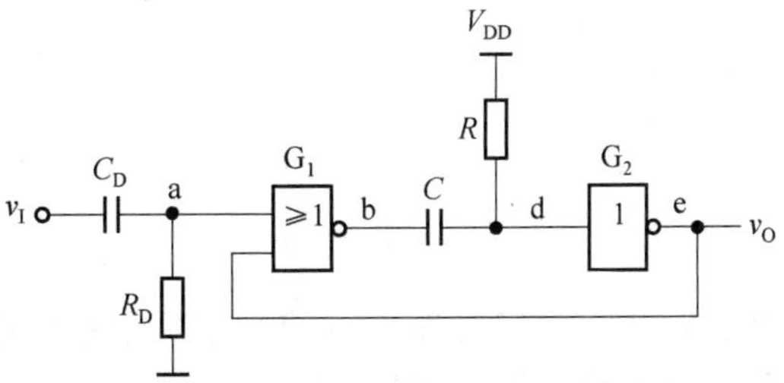

图 6-49 题 6-4 图

6-5 如图 6-50 所示电路为由 CMOS 或非门构成的单稳态触发器。

(1) 画出加入触发冲 v_I 后，v_{O1} 及 v_{O2} 的工作波形；

(2) 写出输出脉宽 T_W 的表达式。

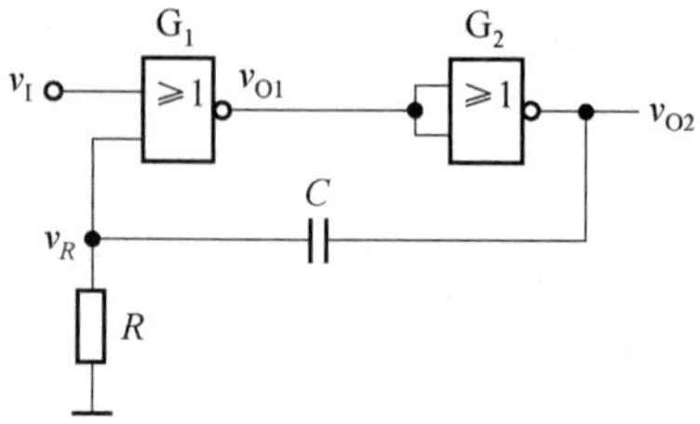

图 6-50　题 6-5 图

6-6　用集成定时器 555 所构成的施密特触发器电路及输入波形 v_I 如图 6-51 所示，试画出对应的输出波形 v_O。

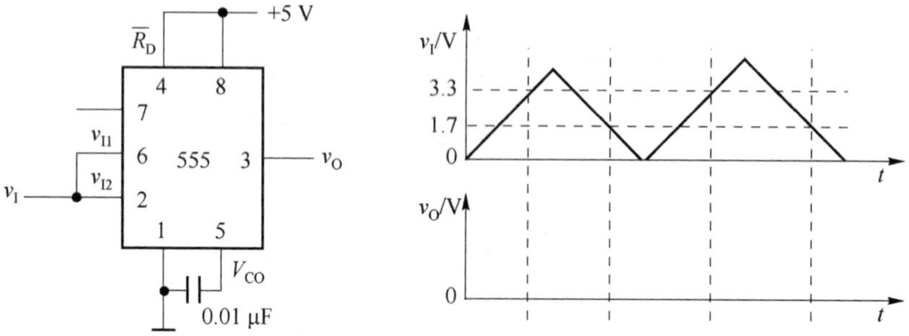

(a)　(b)

图 6-51　题 6-6 图

6-7　由集成定时器 555 的电路如图 6-52 所示，请回答下列问题：

(1) 构成电路的名称；

(2) 已知输入信号波形 v_I，画出电路中 v_O 的波形(标明 v_O 波形的脉冲宽度)。

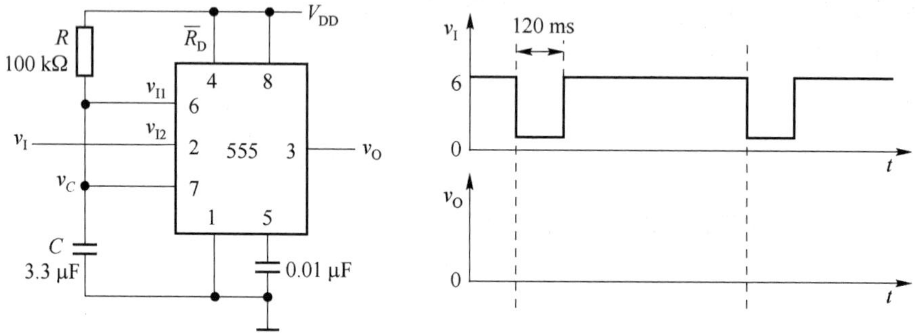

(a)　(b)

图 6-52　题 6-7 图

6-8　图 6-53(a)所示为由 555 定时器构成的心率失常报警电路。经放大后的心电信号 v_I 如图 6-53(b)所示，v_I的峰值 $V_m=4V$。

(1) 分别说出 555 定时器 Ⅰ 和 555 定时器 Ⅱ 所构成单元电路的名称；

(2) 对应 v_I分别画出 A、B、D 三点波形；

(3) 说明心率失常报警的工作原理。

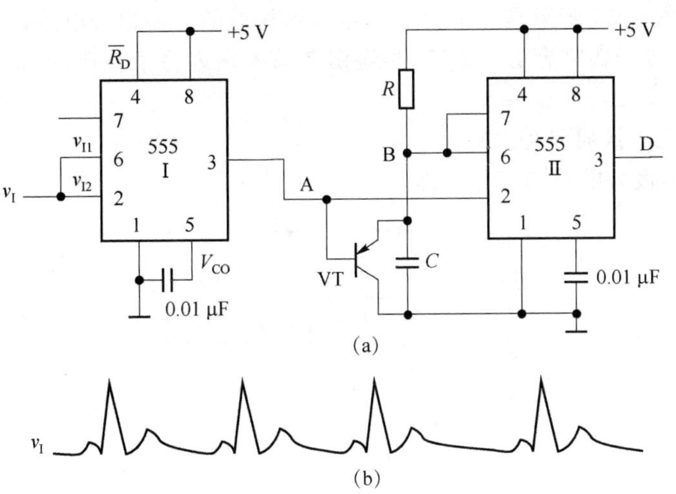

图 6-53　题 6-8 图

6-9　由集成定时器 555 构成的电路如图 6-54 所示，请回答下列问题：

(1) 构成电路的名称；

(2) 画出电路中 v_C、v_O 的波形(标明各波形电压幅度，v_O 波形周期)。

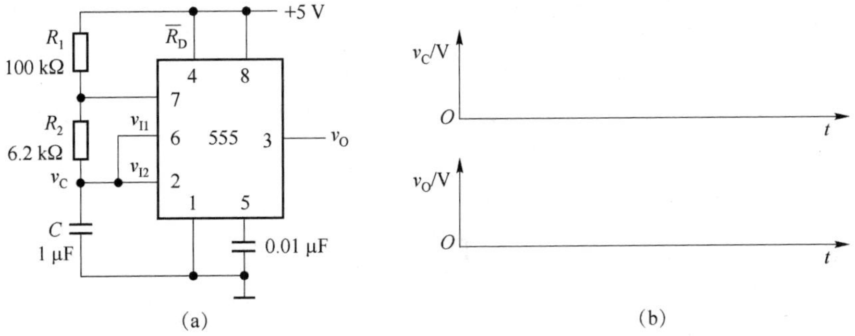

图 6-54　题 6-9 图

6-10　由 555 定时器构成的多谐振荡器如图 6-55 所示，现要产生 1 kHz 的方波(占空比不作要求)，确定元器件参数，写出调试步骤和所需测试仪器。

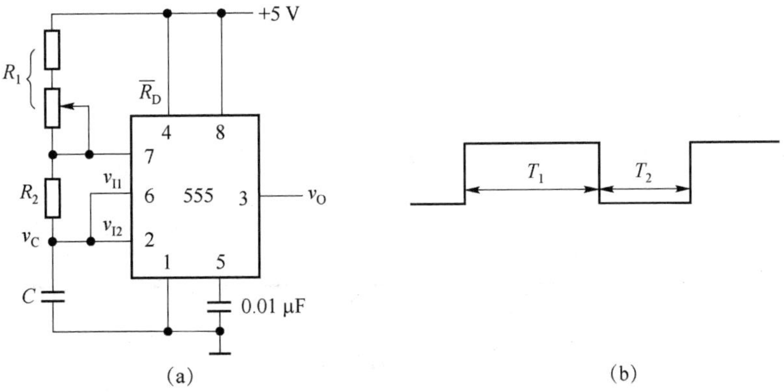

图 6-55　题 6-10 图

6-11　如图 6-56 所示是一个由 555 定时器构成的防盗报警电路，a、b 两端被一细铜丝接通，此铜丝置于盗窃者必经之路，当盗窃者闯入室内将铜丝碰断后，扬声器即发出报警声。

(1) 试问 555 接成何种电路？

(2) 说明本报警电路的工作原理。

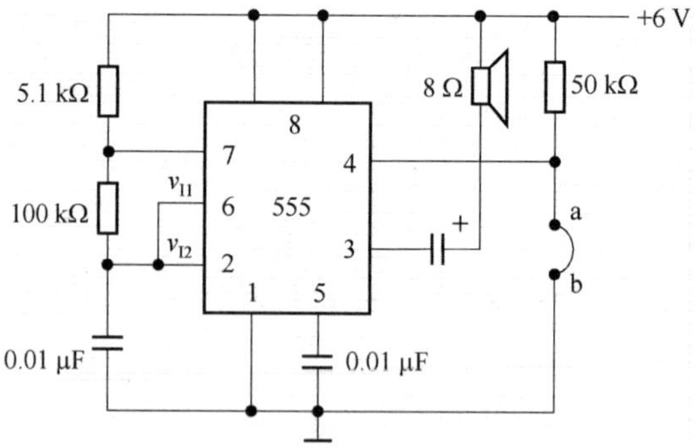

图 6-56　题 6-11 图

6-12　四位二进制加法计数器 74161 和集成单稳态触发器 74LS121 组成如图 6-57(a)所示电路。

(1) 分析 74161 组成电路，画出状态图；

(2) 估算 74LS121 组成电路的输出脉宽 T_W 值；

(3) 设 CP 为方波(周期 $T \geqslant 1$ ms)，在图 6-57(b)中画出图 6-57(a)中 v_I、v_O 两点的工作波形。

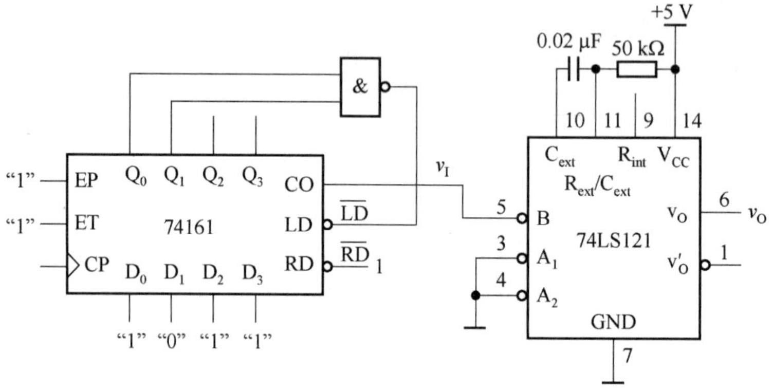

(a)

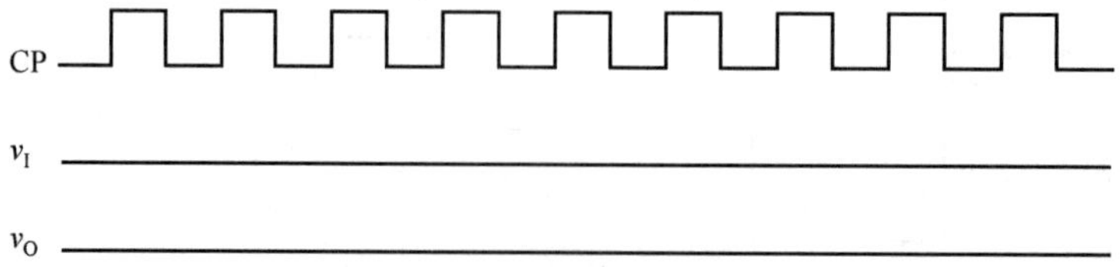

(b)

图 6-57　题 6-12 图

第 7 章　数模与模数转换电路

随着数字技术，特别是计算机技术的飞速发展与普及，在现代控制、通信及检测领域中，对信号的处理广泛采用了数字计算机技术。由于系统的实际处理对象往往都是一些模拟量（如温度、压力、位移、图像等），要使计算机或数字仪表能识别和处理这些信号，必须首先将这些模拟信号转换成数字信号；而经计算机分析、处理后输出的数字量往往也需要将其转换成为相应的模拟信号才能为执行机构所接收。这样，就需要一种能在模拟信号与数字信号之间起桥梁作用的电路——模数转换电路和数模转换电路。

能将模拟信号转换成数字信号的电路，称为模数转换器（简称 A/D 转换器）；而将能把数字信号转换成模拟信号的电路称为数模转换器（简称 D/A 转换器），A/D 转换器和 D/A 转换器已经成为计算机系统中不可缺少的接口电路。

在本章中，将介绍几种常用 A/D 与 D/A 转换器的电路结构、工作原理及其应用。

7.1　D/A 转换器

1. D/A 转换器的基本原理

数字量是用代码按数位组合起来表示的，对于有权码，每位代码都有一定的权。为了将数字量转换成模拟量，必须将每 1 位的代码按其权的大小转换成相应的模拟量，然后将这些模拟量相加，即可得到与数字量成正比的总模拟量，从而实现了数字—模拟转换。这就是构成 D/A 转换器的基本思路。

图 7-1 所示是 D/A 转换器的输入、输出关系框图，$D_0 \sim D_{n-1}$ 是输入的 n 位二进制数，v_O 是与输入二进制数成比例的输出电压。图 7-2 是 3 位 D/A 转换器的转换特性。

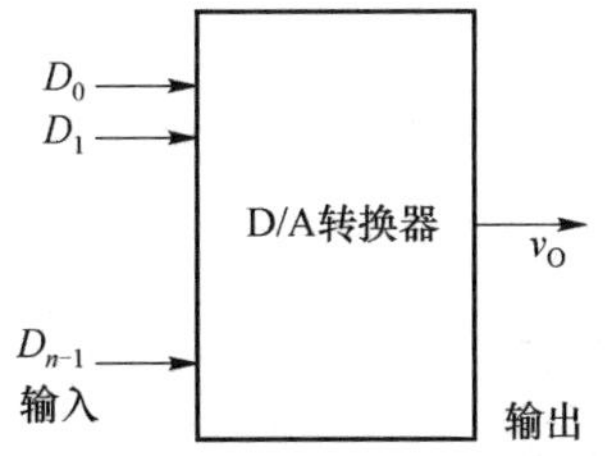

图 7-1　D/A 转换器的输入、输出关系框图

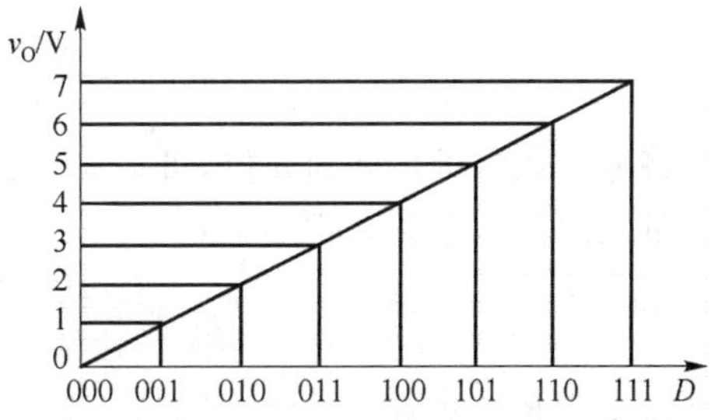

图 7-2　3 位 D/A 转换器的转换特性

2. 倒 T 形电阻网络 D/A 转换器

在单片集成 D/A 转换器中，使用最多的是倒 T 形电阻网络 D/A 转换器。

四位倒 T 形电阻网络 D/A 转换器的原理图如图 7-3 所示。其中，$S_0 \sim S_3$ 为模拟开关，R-$2R$ 电阻解码网络呈倒 T 形运算放大器 A 构成求和电路。S_i 由输入数码 D_i 控制，当 $D_i=1$ 时，S_i 接运放反相输入端（"虚地"），I_i 流入求和电路；当 $D_i=0$ 时，S_i 将电阻 $2R$ 接地。

无论模拟开关 S_i 处于何种位置，与 S_i 相连的 $2R$ 电阻均等效接"地"（地或虚地）。这样流经 $2R$ 电阻的电流与开关位置无关，为确定值。

分析 R-$2R$ 电阻解码网络不难发现，从每个接点向左看的二端网络等效电阻均为 R，流入每个 $2R$ 电阻的电流从高位到低位按 2 的整倍数递减。设由基准电压源提供的总电流为 $I(I=V_{REF}/R)$，则流过各开关支路（从右到左）的电流分别为 $I/2$、$I/4$、$I/8$ 和 $I/16$。

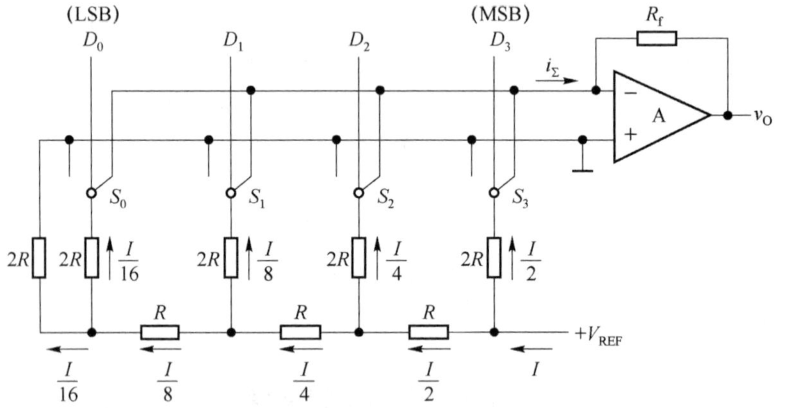

图 7-3 倒 T 形电阻网络 D/A 转换器

于是可得总电流：

$$i_\Sigma = \frac{V_{REF}}{R}\left(\frac{D_0}{2^4}+\frac{D_1}{2^3}+\frac{D_2}{2^2}+\frac{D_3}{2^1}\right)$$

$$= \frac{V_{REF}}{2^4 \times R}\sum_{i=0}^{3}(D_i \cdot 2^i)$$

输出电压：

$$v_O = -i_\Sigma R_f$$

$$= -\frac{R_f}{R} \cdot \frac{V_{REF}}{2^4}\sum_{i=0}^{3}(D_i \cdot 2^i)$$

将输入数字量扩展到 n 位，可得 n 位倒 T 形电阻网络 D/A 转换器输出模拟量与输入数字量之间的一般关系式如下：

$$v_O = -\frac{R_f}{R} \cdot \frac{V_{REF}}{2^4}\sum_{i=0}^{n-1}(D_i \cdot 2^i)$$

设 $K=\frac{R_f}{R} \cdot \frac{V_{REF}}{2^n}$，$N_B$ 表示括号中的 n 位二进制数，则

$$v_O = -KN_B$$

要使 D/A 转换器具有较高的精度，对电路中的参数有以下要求：

(1) 基准电压稳定性好。

(2) 倒 T 形电阻网络中 R 和 $2R$ 电阻的比值精度要高。

(3) 每个模拟开关的开关电压降要相等。为实现电流从高位到低位按 2 的整倍数递减，模拟开关的导通电阻也相应地按 2 的整倍数递增。

由于在倒 T 形电阻网络 D/A 转换器中，各支路电流直接流入运算放大器的输入端，它们之间不存在传输上的时间差。电路的这一特点不仅提高了转换速度，而且减少了动态过程中输出端可能出现的尖脉冲。它是目前广泛使用的 D/A 转换器中速度较快的一种。常用的 CMOS 开关倒 T 形电阻网络 D/A 转换器的集成电路有 AD7520(10 位)、DAC1210(12 位)和 AK7546(16 位高精度)等。

3. 权电流型 D/A 转换器

尽管倒 T 形电阻网络 D/A 转换器具有较高的转换速度，但由于电路中存在模拟开关电压降，当流过各支路的电流稍有变化时，就会产生转换误差。为进一步提高 D/A 转换器的转换精度，可采用权电流型 D/A 转换器。

(1) 原理电路

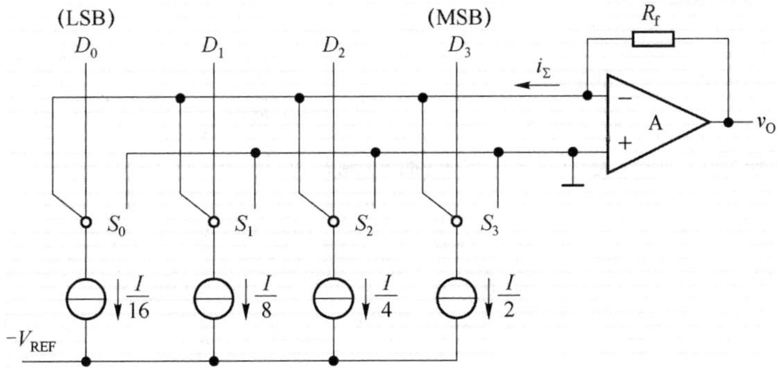

图 7-4 权电流型 D/A 转换器的原理电路

这组恒流源从高位到低位电流的大小依次为 $I/2$、$I/4$、$I/8$、$I/16$，如图 7-4 所示。

当输入数字量的某一位代码 $D_i=1$ 时，开关 S_i 接运算放大器的反相输入端，相应的权电流流入求和电路；当 $D_i=0$ 时，开关 S_i 接地。分析该电路可得出

$$\begin{aligned}
v_O &= i_\Sigma R_f \\
&= R_f\left(\frac{I}{2}D_3+\frac{I}{4}D_2+\frac{I}{8}D_1+\frac{I}{16}D_0\right) \\
&= \frac{I}{2^4}\cdot R_f(D_3\cdot 2^3+D_2\cdot 2^2+D_1\cdot 2^1+D_0\cdot 2^0) \\
&= \frac{I}{2^4}\cdot R_f\sum_{i=0}^{3}D_i\cdot 2^i
\end{aligned}$$

采用了恒流源电路之后，各支路权电流的大小均不受开关导通电阻和压降的影响，这就降低了对开关电路的要求，提高了转换精度。

(2) 采用具有电流负反馈的 BJT 恒流源电路的权电流 D/A 转换器

为了消除因各 BJT 发射极电压 V_{BE} 的不一致性对 D/A 转换器精度的影响，图 7-5 中 $VT_3 \sim VT_0$ 均采用了多发射极晶体管，其发射极个数是 8、4、2、1，即 $VT_3 \sim VT_0$ 发射极面积之比为 8∶4∶2∶1。这样，在各 BJT 电流比值为 8∶4∶2∶1 的情况下，$VT_3 \sim VT_0$ 的发射极电流密度相等，可使各发射结电压 V_{BE} 相同。由于 $VT_3 \sim VT_0$ 的基极电压相同，所以它们的发射极 e_3、e_2、e_1、e_0 就为等电位点。在计算各支路电流时将它们等效连接后，可看出倒 T 形电阻网络与图 7-3 中工作状态完全相同，流入每个 2R 电阻的电流从高位到低位依次减少 1/2，各支路中电流分配比例满足 8∶4∶2∶1 的要求。

基准电流 I_{REF} 产生电路由运算放大器 A_2、R_1、VT_r、R 和 $-V_{EE}$ 组成，A_2 和 R_1、VT_r 的 cb 结组成电压并联负反馈电路，以稳定输出电压，即 VT_r 的基极电压。VT_r 的 cb 结，电阻 R 到 $-V_{EE}$ 为反馈电路的负载，由于电路处于深度负反馈，根据虚短的原理，其基准电流为

$$I_{REF}=\frac{V_{REF}}{R_1}=2I_{E3}$$

由倒 T 形电阻网络分析可知，$I_{E3}=I/2$，$I_{E2}=I/4$，$I_{E1}=I/8$，$I_{E0}=I/16$，于是可得输出电压为

$$\begin{aligned} v_O &= i_\Sigma R_f \\ &= \frac{R_f V_{REF}}{2^4 \times R_1}(D_3 \cdot 2^3 + D_2 \cdot 2^2 + D_1 \cdot 2^1 + D_0 \cdot 2^0) \end{aligned}$$

可推得 n 位倒 T 形权电流 D/A 转换器的输出电压为

$$v_O = -\frac{V_{REF}}{R_1} \cdot \frac{R_f}{2^n}\sum_{i=0}^{n-1}(D_i \cdot 2^i)$$

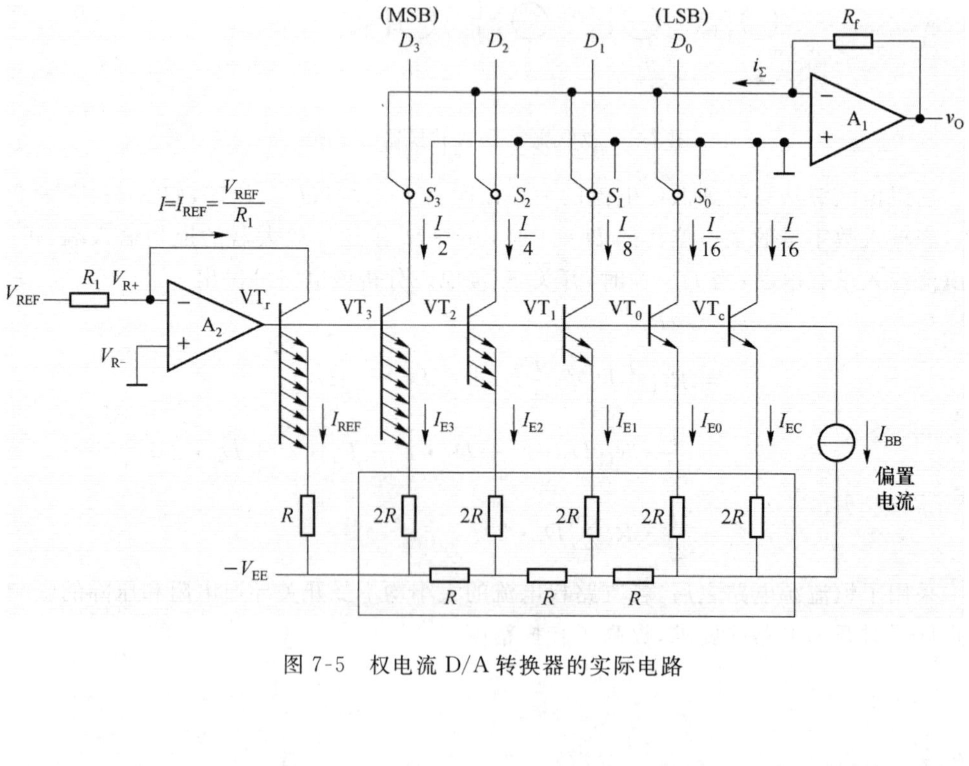

图 7-5 权电流 D/A 转换器的实际电路

该电路特点为：基准电流仅与基准电压 V_{REF} 和电阻 R_1 有关，而与 BJT、R、$2R$ 电阻无关。这样，电路降低了对 BJT 参数及 R、$2R$ 取值的要求，对于集成化十分有利。

由于在这种权电流 D/A 转换器中采用了高速电子开关，电路还具有较高的转换速度。采用这种权电流型 D/A 转换电路生产的单片集成 D/A 转换器有 AD1408、DAC0806、DAC0808 等。这些器件都采用双极型工艺制作，工作速度较高。

4. 权电流型 D/A 转换器应用举例

图 7-6 是权电流型 D/A 转换器 DAC0808 的电路结构框图。在图中 $D_0 \sim D_7$ 是 8 位数字量输入端，I_O 是求和电流的输出端。V_{REF+} 和 V_{REF-} 接基准电流发生电路中运算放大器的反相输入端和同相输入端。COMP 供外接补偿电容之用。V_{CC} 和 V_{EE} 为正负电源输入端。

用 DAC0808 这类器件构成 D/A 转换器时需要外接运算放大器和产生基准电流用的电阻 R_1，如图 7-7 所示。

在 $V_{REF} = 10\ \text{V}$、$R_1 = 5\ \text{k}\Omega$、$R_f = 5\ \text{k}\Omega$ 的情况下，输出电压为

$$v_O = \frac{V_{REF}}{R_1} \frac{R_f}{2^8} \sum_{i=0}^{7} (D_i \cdot 2^i)$$

$$= \frac{10}{2^8} \sum_{i=0}^{7} (D_i \cdot 2^i)$$

当输入的数字量在全 0 和全 1 之间变化时，输出模拟电压的变化范围为 0～9.96 V。

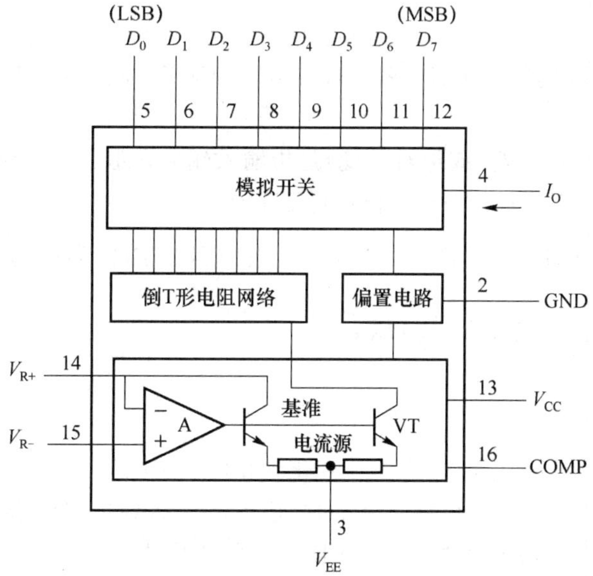

图 7-6 权电流型 D/A 转换器 DAC0808 的电路结构框图

5. D/A 转换器的主要技术指标

(1) 转换精度

D/A 转换器的转换精度通常用分辨率和转换误差来描述。

① 分辨率——D/A 转换器模拟输出电压可能被分离的等级数

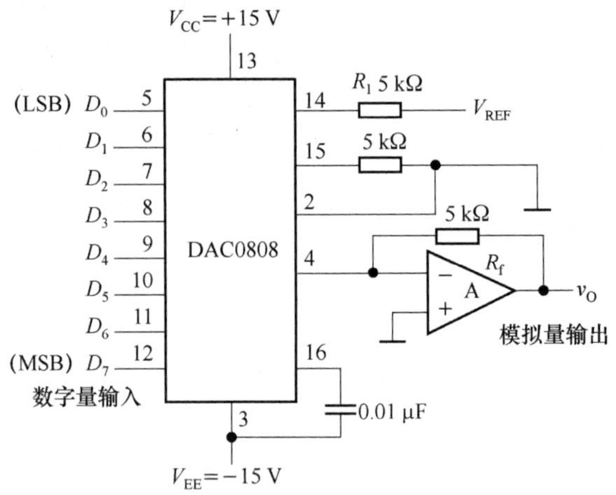

图 7-7 DAC0808 D/A 转换器的典型应用

输入数字量位数越多，输出电压可分离的等级越多，即分辨率越高。在实际应用中，往往用输入数字量的位数表示 D/A 转换器的分辨率。此外，D/A 转换器也可以用能分辨的最小输出电压（此时输入的数字代码只有最低有效位为 1，其余各位都是 0）与最大输出电压（此时输入的数字代码各有效位全为 1）之比给出。n 位 D/A 转换器的分辨率可表示为$\frac{1}{2^n-1}$，它表示 D/A 转换器在理论上可以达到的精度。

② 转换误差

转换误差的来源很多，转换器中各元件参数值的误差，基准电源不够稳定和运算放大器的零漂的影响等。

D/A 转换器的绝对误差（或绝对精度）是指输入端加入最大数字量（全 1）时，D/A 转换器的理论值与实际值之差。该误差值应低于 LSB/2。

例如，一个 8 位的 D/A 转换器，对应最大数字量（FFH）的模拟理论输出值为$\frac{255}{256}V_{REF}$，$\frac{1}{2}\text{LSB}=\frac{1}{512}V_{REF}$，$\left(\frac{255}{256}\pm\frac{1}{512}\right)V_{REF}$。

（2）转换速度

① 建立时间（t_{set}）

t_{set}是指输入数字量变化时，输出电压变化到相应稳定电压值所需时间。一般用 D/A 转换器输入的数字量 NB 从全 0 变为全 1 时，输出电压达到规定的误差范围（±LSB/2）时所需时间表示。D/A 转换器的建立时间较快，单片集成 D/A 转换器建立时间最短可达 0.1 μs 以内。

② 转换速率（SR）

SR 是指大信号工作状态下模拟电压的变化率。

（3）温度系数

温度系数是指在输入不变的情况下，输出模拟电压随温度变化产生的变化量。一般用满刻度输出条件下温度每升高 1℃，输出电压变化的百分数作为温度系数。

7.2 A/D 转换器

1. A/D 转换的一般步骤和取样定理

在 A/D 转换器中，因为输入的模拟信号在时间上是连续量，而输出的数字信号代码是离散量，所以进行转换时必须在一系列选定的瞬间（即时间坐标轴上的一些规定点上）对输入的模拟信号取样，然后再把这些取样值转换为输出的数字量。因此，一般的 A/D 转换过程是通过取样、保持、量化和编码这四个步骤完成的，如图 7-8 所示。

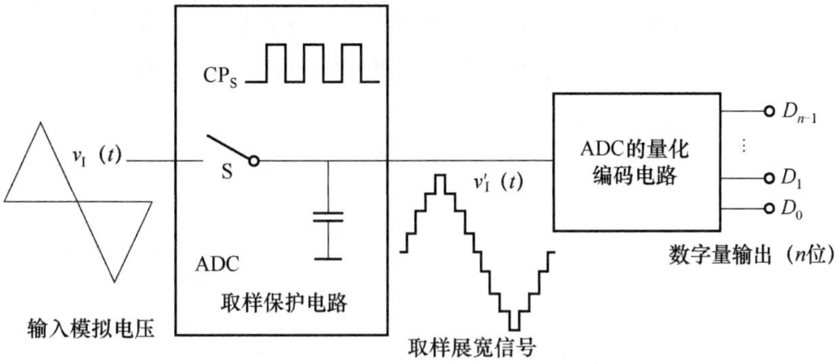

图 7-8 模拟量到数字量的转换过程

(1) 取样定理

可以证明，为了正确无误地用图 7-9 所示的取样信号 v_S 表示模拟信号 v_I，必须满足：

$$f_S \geqslant 2f_{imax}$$

其中，f_S 取样频率，f_{imax} 为输入信号 v_I 的最高频率分量的频率。

在满足取样定理的条件下，可以用一个低通滤波器将信号 v_S 还原为 v_I，这个低通滤波器的电压传输系数 $|A(f)|$ 在低于 f_{imax} 的范围内应保持不变，而在 $f_S - f_{imax}$ 以前应迅速下降为零，如图 7-10 所示。因此，取样定理规定了 A/D 转换的频率下限。

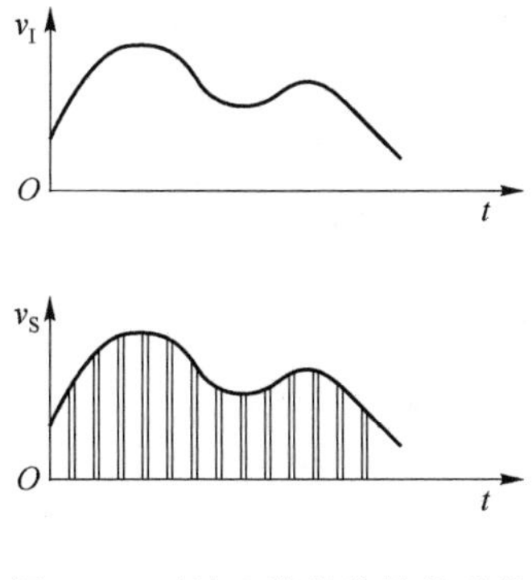

图 7-9 对输入模拟信号的采样

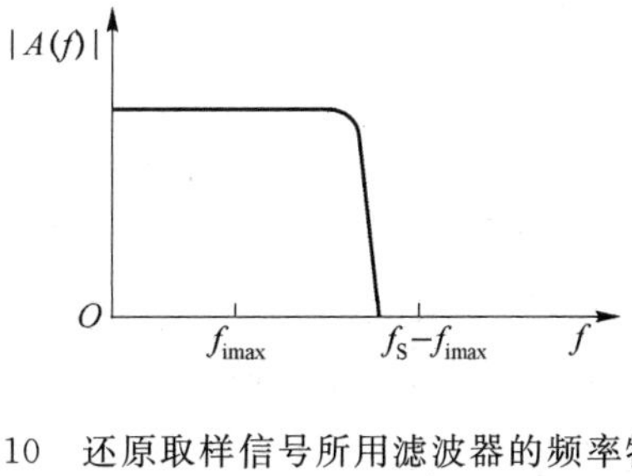

图 7-10 还原取样信号所用滤波器的频率特性

因为每次把取样电压转换为相应的数字量都需要一定的时间，所以在每次取样以后，必须把取样电压保持一段时间。可见，进行 A/D 转换时所用的输入电压，实际上是每次

取样结束时的 v_I 值。

(2) 量化和编码

我们知道，数字信号不仅在时间上是离散的，而且在数值上的变化也不是连续的。这就是说，任何一个数字量的大小，都是以某个最小数量单位的整倍数来表示的。因此，在用数字量表示取样电压时，也必须把它化成这个最小数量单位的整倍数，这个转化过程就称为量化。所规定的最小数量单位称为量化单位，用 Δ 表示。显然，数字信号最低有效位中的 1 表示的数量大小，就等于 Δ。把量化的数值用二进制代码表示，称为编码。这个二进制代码就是 A/D 转换的输出信号。

既然模拟电压是连续的，那么它就不一定能被 Δ 整除，因而不可避免地会引入误差，我们把这种误差称为量化误差。在把模拟信号划分为不同的量化等级时，用不同的划分方法可以得到不同的量化误差。

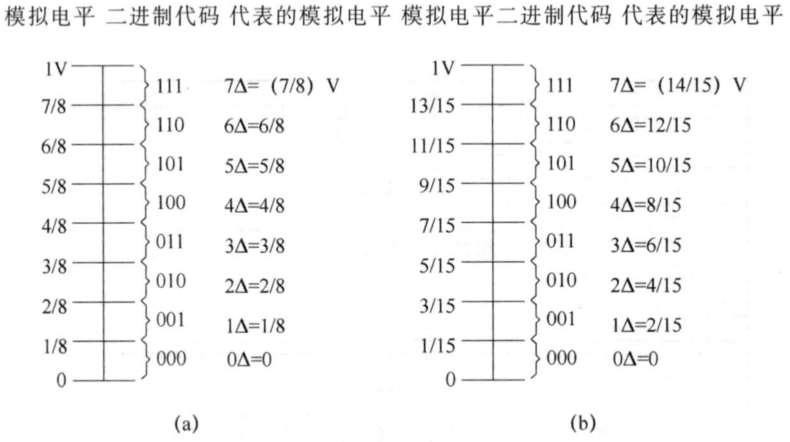

图 7-11 划分量化电平的两种方法

假定需要把 0～+1 V 的模拟电压信号转换成 3 位二进制代码，这时便可以取 Δ=(1/8)V，并规定凡数值在 0～(1/8)V 之间的模拟电压都当作 0×Δ 看待，用二进制的 000 表示；凡数值在(1/8)～(2/8)V 之间的模拟电压都当作 1×Δ 看待，用二进制的 001 表示，等等，如图 7-11(a)所示。不难看出，最大的量化误差可达 Δ，即(1/8)V。为了减少量化误差，通常采用图 7-11(b)所示的划分方法，取量化单位 Δ=(2/15)V，并将 000 代码所对应的模拟电压规定为 0～(1/15)V，即 0～Δ/2。这时，最大量化误差将减少为 Δ/2=(1/15)V。这个道理不难理解，因为现在把每个二进制代码所代表的模拟电压值规定为它所对应的模拟电压范围的中点，所以最大的量化误差自然就缩小为 Δ/2 了。

2. 取样-保持电路

(1) 电路组成及工作原理

取样-保持电路的基本形式如图 7-12 所示，N 沟道 MOS 管 T 作为取样开关用。

当控制信号 v_L 为高电平时，VT 导通，输入信号 v_I 经电阻 R_i 和 VT 向电容 C_h 充电。若取 $R_i=R_f$，则充电结束后 $v_O=-v_I=v_C$。

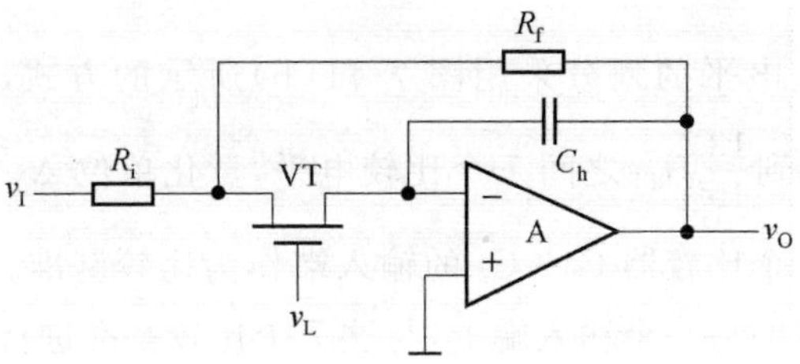

图 7-12 取样-保持电路的基本形式

当控制信号返回低电平，VT 截止。由于 C_h 无放电回路，所以 v_O 的数值被保存下来。

缺点：取样过程中需要通过 R_i 和 VT 向 C_h 充电，所以使取样速度受到了限制。同时，R_i 的数值又不允许取得很小，否则会进一步降低取样电路的输入电阻。

（2）改进电路及其工作原理

图 7-13 是单片集成取样-保持电路 LE178 的电路原理图及符号。

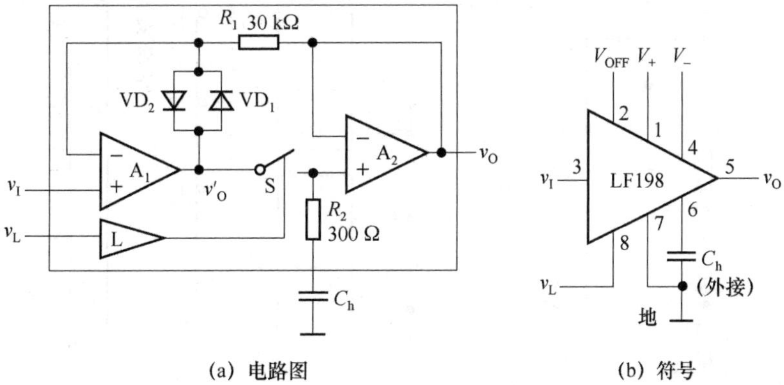

图 7-13 单片集成取样-保持电路 LE178 的电路原理图及符号

它是一个经过改进的取样-保持电路。图中 A_1、A_2 是两个运算放大器，S 是电子开关，L 是开关的驱动电路，当逻辑输入 v_L 为 1，即 v_L 为高电平时，S 闭和；v_L 为 0，即低电平时，S 断开。

当 S 闭合时，A_1、A_2 均工作在单位增益的电压跟随器状态，所以 $v_O = v'_O = v_I$。如果将电容 C_h 接到 R_2 的引出端和地之间，则电容上的电压也等于 v_I。当 v_L 返回低电平以后，虽然 S 断开了，但由于 C_h 上的电压不变，所以输出电压 v_O 的数值得以保持下来。

在 S 再次闭合以前的这段时间里，如果 v_I 发生变化，v'_O可能变化非常大，甚至会超过开关电路所能承受的电压，因此需要增加 VD_1 和 VD_2 构成保护电路。当 v'_O比 v_O 所保持的电压高（或低）一个二极管的压降时，VD_1（或 VD_2）导通，从而将 v'_O限制在 $v_I + v_D$ 以内。而在开关 S 闭和的情况下，v'_O和 v_O 相等，故 D_1 和 D_2 均不导通，保护电路不起作用。

3. 并行比较型 A/D 转换器

3 位并行比较型 A/D 转换原理电路如图 7-14 所示，它由电压比较器、寄存器和代码转换器三部分组成。

电压比较器中量化电平的划分采用图 7-11(b)所示的方式，用电阻链把参考电压 V_{REF} 分压得到从 $\frac{1}{15}V_{REF}$ 到 $\frac{13}{15}V_{REF}$ 之间 7 个比较电平，量化单位 $\Delta=\frac{2}{15}V_{REF}$。然后，把这 7 个比较电平分别接到 7 个比较器 $C_1 \sim C_7$ 的输入端作为比较基准。同时将输入的模拟电压同时加到每个比较器的另一个输入端上，与这 7 个比较基准进行比较。

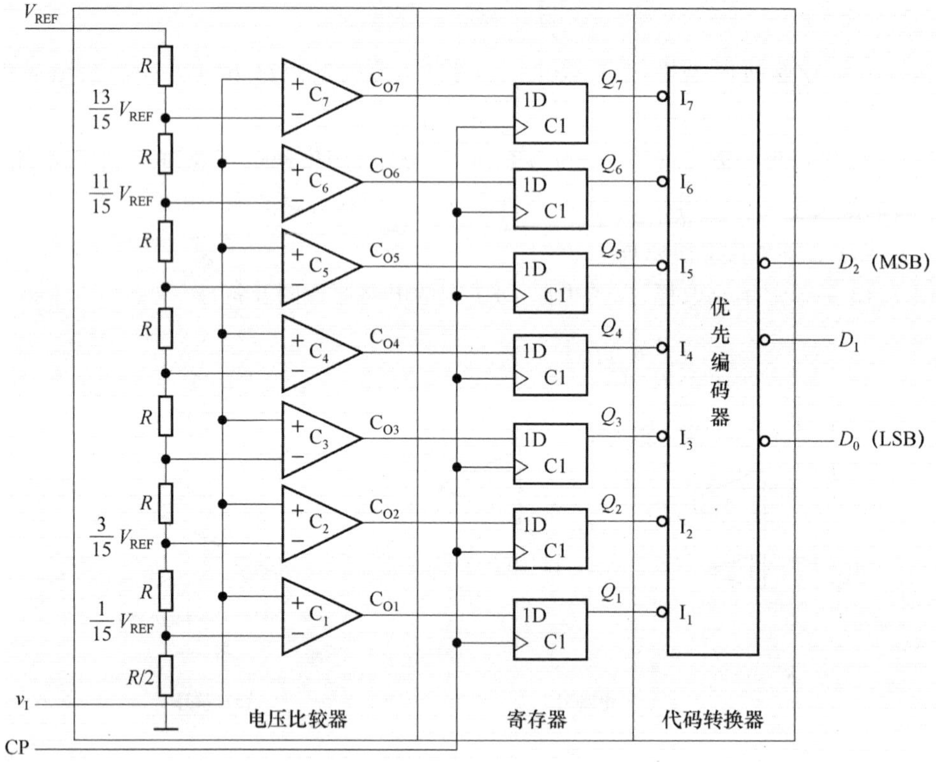

图 7-14　并行比较型 A/D 转换器

单片集成并行比较型 A/D 转换器的产品较多，如 AD 公司的 AD7012（TTL 工艺，8 位）、AD7002(ECL 工艺，8 位)、AD7020(TTL 工艺，10 位)等。

并行 A/D 转换器具有如下特点：

① 由于转换是并行的，其转换时间只受比较器、触发器和编码电路延迟时间限制，因此转换速度最快。

② 随着分辨率的提高，元件数目要按几何级数增加。一个 n 位转换器，所用的比较器个数为 2^n-1，如 8 位的并行 A/D 转换器就需要 $2^8-1=255$ 个比较器。由于位数越多，电路越复杂，因此制成分辨率较高的集成并行 A/D 转换器是比较困难的。

③ 使用这种含有寄存器的并行 A/D 转换电路时，可以不用附加取样-保持电路，因为比较器和寄存器这两部分也兼有取样-保持功能。这也是该电路的一个优点。

表 7-1 3 位并行 A/D 转换器输入与输出转换关系对照表

输入模拟电压 v_I	寄存器状态（代码转换器输入）							数字量输出（代码转换器输出）		
	Q_7	Q_6	Q_5	Q_4	Q_3	Q_2	Q_1	D_2	D_1	D_0
$(0\sim\frac{1}{15})V_{REF}$	0	0	0	0	0	0	0	0	0	0
$(\frac{1}{15}\sim\frac{3}{15})V_{REF}$	0	0	0	0	0	0	1	0	0	1
$(\frac{3}{15}\sim\frac{5}{15})V_{REF}$	0	0	0	0	0	1	1	0	1	0
$(\frac{5}{15}\sim\frac{7}{15})V_{REF}$	0	0	0	0	1	1	1	0	1	1
$(\frac{7}{15}\sim\frac{9}{15})V_{REF}$	0	0	0	1	1	1	1	1	0	0
$(\frac{9}{15}\sim\frac{11}{15})V_{REF}$	0	0	1	1	1	1	1	1	0	1
$(\frac{11}{15}\sim\frac{13}{15})V_{REF}$	0	1	1	1	1	1	1	1	1	0
$(\frac{13}{15}\sim 1)V_{REF}$	1	1	1	1	1	1	1	1	1	1

4. 逐次比较型 A/D 转换器

逐次逼近转换过程与用天平称物重非常相似。

按照天平称重的思路，逐次比较型 A/D 转换器，就是将输入模拟信号与不同的参考电压做多次比较，使转换所得的数字量在数值上逐次逼近输入模拟量的对应值。

4 位逐次比较型 A/D 转换器的逻辑电路如图 7-15 所示。

图中 5 位移位寄存器可进行并入/并出或串入/串出操作，其输入端 F 为并行置数使能端，高电平有效。其输入端 S 为高位串行数据输入。数据寄存器由 D 边沿触发器组成，数字量从 $Q_4\sim Q_1$ 输出。

电路工作过程如下：当启动脉冲上升沿到达后，$FF_0\sim FF_4$ 被清零，Q_5 置 1，Q_5 的高电平开启与门 G_2，时钟脉冲 CP 进入移位寄存器。在第一个 CP 脉冲作用下，由于移位寄存器的置数使能端 F 以由 0 变 1，并行输入数据 $ABCDE$ 置入，$Q_AQ_BQ_CQ_DQ_E=01111$，Q_A 的低电平使数据寄存器的最高位（Q_4）置 1，即 $Q_4Q_3Q_2Q_1=1000$。D/A 转换器将数字量 1000 转换为模拟电压 v'_O，送入比较器 C 与输入模拟电压 v_I 比较，若 $v_I>v'_O$，则比较器 C 输出 v_C 为 1，否则为 0。比较结果送 $D_4\sim D_1$。

第二个 CP 脉冲到来后，移位寄存器的串行输入端 S 为高电平，Q_A 由 0 变 1，同时最高位 Q_A 的 0 移至次高位 Q_B。于是数据寄存器的 Q_3 由 0 变 1，这个正跳变作为有效触发信号加到 FF_4 的 CP 端，使 v_C 的电平得以在 Q_4 保存下来。此时，由于其他触发器无正跳变触发脉冲，v_C 的信号对它们不起作用。Q_3 变 1 后，建立了新的 D/A 转换器的数据，输入电压再与其输出电压 v'_O进行比较，比较结果在第三个时钟脉冲作用下存于 Q_3……如此进行，直到 Q_E 由 1 变 0 时，使触发器 FF_0 的输出端 Q_0 产生由 0 到 1 的正跳变，做触发器 FF_1 的 CP 脉冲，使上一次 A/D 转换后的 v_C 电平保存于 Q_1。同时使 Q_5 由 1 变 0 后将

G_2 封锁,一次 A/D 转换过程结束。于是电路的输出端 $D_3D_2D_1D_0$ 得到与输入电压 v_I 成正比的数字量。

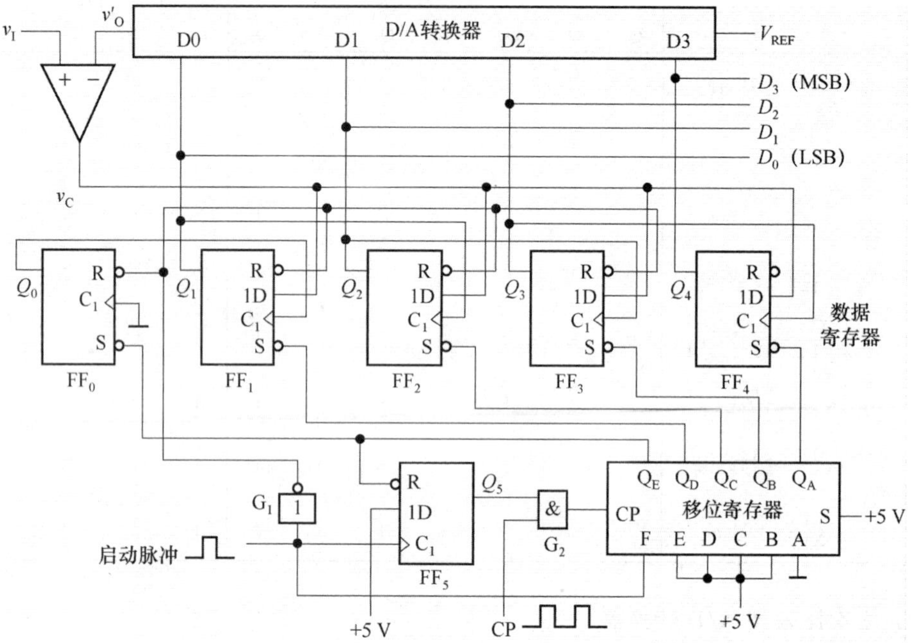

图 7-15 四位逐次比较型 A/D 转换器的逻辑电路图

由以上分析可见,逐次比较型 A/D 转换器完成一次转换所需时间与其位数和时钟脉冲频率有关,位数越少,时钟频率越高,转换所需时间越短。这种 A/D 转换器具有转换速度快,精度高的特点。

常用的集成逐次比较型 A/D 转换器有 ADC0808/0807 系列(8)位、AD575(10 位)、AD574A(12 位)等。

5. 双积分型 A/D 转换器

双积分型 A/D 转换器是一种间接 A/D 转换器。它的基本原理是,对输入模拟电压和参考电压分别进行两次积分,将输入电压平均值变换成与之成正比的时间间隔,然后利用时钟脉冲和计数器测出此时间间隔,进而得到相应的数字量输出。由于该转换电路是对输入电压的平均值进行转换,所以它具有很强的抗工频干扰能力,在数字测量中得到广泛应用。

图 7-16 是这种转换器的原理电路,它由积分器(由集成运放 A 组成)、过零比较器(C)、时钟脉冲控制门(G)和定时器/计数器(FF_0~FF_n)等几部分组成。

(1) 积分器

积分器是转换器的核心部分,它的输入端所接开关 S_1 由定时信号 Q_n 控制。当 Q_n 为不同电平时,极性相反的输入电压 v_I 和参考电压 V_{REF} 将分别加到积分器的输入端,进行两次方向相反的积分,积分时间常数 $\tau=RC$。

(2) 过零比较器

过零比较器用来确定积分器输出电压 v_O 的过零时刻。当 $v_O \geqslant 0$ 时，比较器输出 v_C 为低电平；当 $v_O<0$ 时，v_C 为高电平。比较器的输出信号接至时钟控制门(G)作为关门和开门信号。

(3) 计数器和定时器

它由 $n+1$ 个接成计数型的触发器 $FF_0 \sim FF_n$ 串联组成。触发器 $FF_0 \sim FF_{n-1}$ 组成 n 级计数器，对输入时钟脉冲 CP 计数，以便把与输入电压平均值成正比的时间间隔转变成数字信号输出。当计数到 $2n$ 个时钟脉冲时，$FF_0 \sim FF_{n-1}$ 均回到 0 状态，而 FF_n 反转为 1 态，$Q_n=1$ 后，开关 S_1 从位置 A 转接到 B。

(4) 时钟脉冲控制门

时钟脉冲源标准周期 T_C 作为测量时间间隔的标准时间。当 $v_C=1$ 时，与门打开，时钟脉冲通过与门加到触发器 FF_0 的输入端。

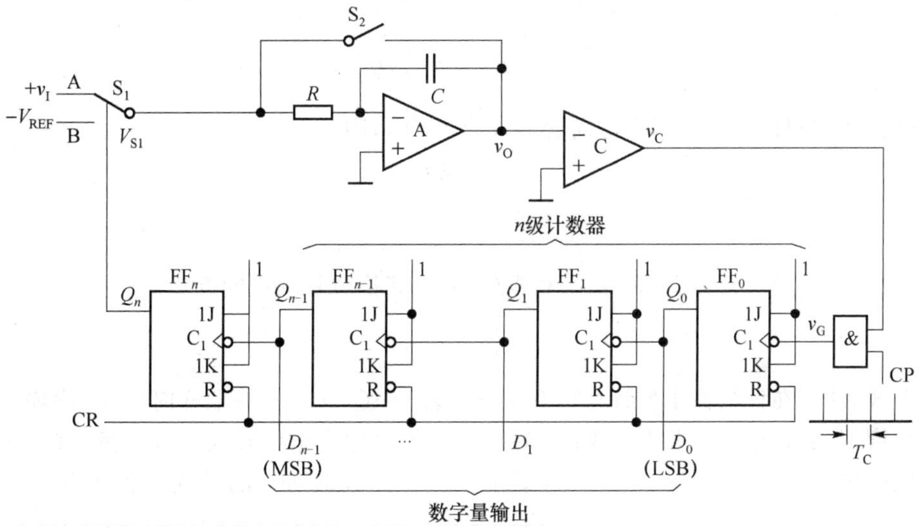

图 7-16 双积分型 A/D 转换器

下面以输入正极性的直流电压 v_I 为例，说明电路将模拟电压转换为数字量的基本原理。电路工作过程分为以下几个阶段进行。

(1) 准备阶段

首先控制电路提供 CR 信号使计数器清零，同时使开关 S_2 闭合，待积分电容放电完毕，再使 S_2 断开。

(2) 第一次积分阶段

在转换过程开始时($t=0$)，开关 S_1 与 A 端接通，正的输入电压 v_I 加到积分器的输入端。积分器从 0V 开始对 v_I 积分：

$$v_O = -\frac{1}{\tau}\int_0^t v_I \mathrm{d}t$$

由于 $v_O<0$V，过零比较器输出端 v_C 为高电平，时钟控制门 G 被打开。于是，计数器

在 CP 作用下从 0 开始计数。经过 $2n$ 个时钟脉冲后，触发器 $FF_0 \sim FF_{n-1}$ 都翻转到 0 态，而 $Q_n=1$，开关 S_1 由 A 点转到 B 点，第一次积分结束。第一次积分时间为

$$t=T_1=2^n T_C$$

在第一次积分结束时积分器的输出电压 V_P 为

$$V_P=-\frac{T_1}{\tau}V_I=-\frac{2^n T_C}{\tau}V_I$$

(3) 第二次积分阶段

当 $t=t_1$ 时，S_1 转接到 B 点，具有与 v_I 相反极性的基准电压 $-V_{REF}$ 加到积分器的输入端；积分器开始向相反进行第二次积分；当 $t=t_2$ 时，积分器输出电压 $v_O>0V$，比较器输出 $v_C=0$，时钟脉冲控制门 G 被关闭，计数停止。在此阶段结束时 v_O 的表达式可写为

$$v_O(t_2)=V_P-\frac{1}{\tau}\int_{t_1}^{t_2}-V_{REF}\,dt=0$$

设 $T_2=t_2-t_1$，于是有

$$\frac{V_{REF}T_2}{\tau}=\frac{2^n T_C}{\tau}V_I$$

设在此期间计数器所累计的时钟脉冲个数为 λ，则

$$T_2=\lambda T_C$$

$$T_2=\frac{2^n T_C}{V_{REF}}V_I$$

可见，T_2 与 V_I 成正比，T_2 就是双积分 A/D 转换过程的中间变量。

$$\lambda=\frac{T_2}{T_C}=\frac{2^n}{V_{REF}}V_I$$

上式表明，在计数器中所计得的数 $\lambda(\lambda=Q_{n-1}\cdots Q_1Q_0)$，与在取样时间 T_1 内输入电压的平均值 V_I 成正比。只要 $V_I<V_{REF}$，转换器就能将输入电压转换为数字量，并能从计数器读取转换结果。如果取 $V_{REF}=2^nV$，则 $\lambda=V_I$，计数器所计的数在数值上就等于被测电压。

由于双积分 A/D 转换器在 T_1 时间内采的是输入电压的平均值，因此具有很强的抗工频干扰能力。尤其对周期等于 T_1 或几分之一 T_1 的对称干扰（所谓对称干扰是指整个周期内平均值为零的干扰），从理论上来说，有无穷大的抑制能力。即使当工频干扰幅度大于被测直流信号，使输入信号正负变化时，仍有良好的抑制能力。在工业系统中经常碰到的是工频（50 Hz）或工频的倍频干扰，故通常选定采样时间 T_1 总是等于工频电源周期的倍数，如 20 ms 或 40 ms 等。另外，由于在转换过程中，前后两次积分所采用的是同一积分器。因此，在两次积分期间（一般在几十至数百毫秒之间），R、C 和脉冲源等元器件参数的变化对转换精度的影响均可以忽略。

最后必须指出，在第二次积分阶段结束后，控制电路又使开关 S_2 闭合，电容 C 放电，积分器回零。电路再次进入准备阶段，等待下一次转换开始。

6. A/D 转换器的主要技术指标

(1) 转换精度

单片集成 A/D 转换器的转换精度是用分辨率和转换误差来描述的。

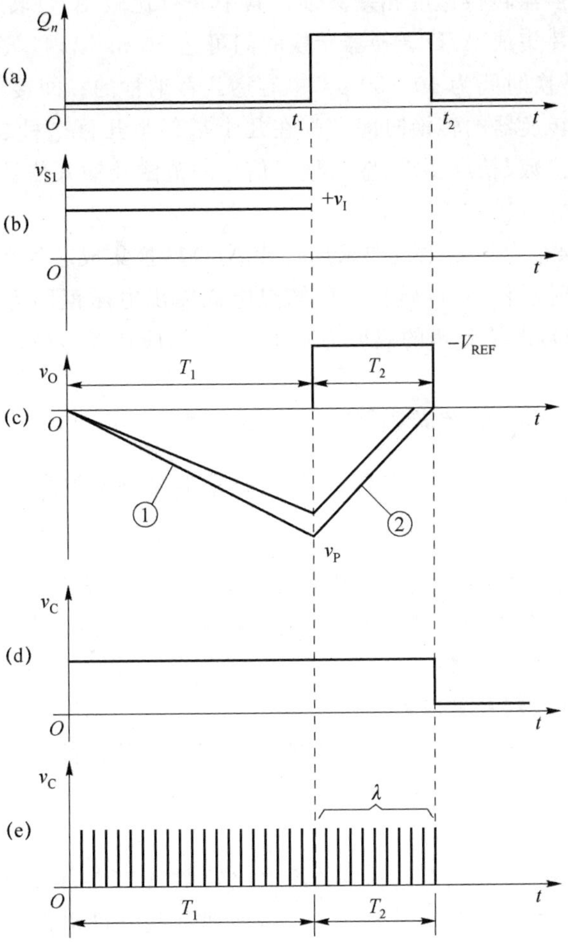

图 7-17 双积分型 A/D 转换器各点工作波形

① 分辨率

分辨率它说明 A/D 转换器对输入信号的分辨能力。

A/D 转换器的分辨率以输出二进制(或十进制)数的位数表示。从理论上讲,n 位输出的 A/D 转换器能区分 2^n 个不同等级的输入模拟电压,能区分输入电压的最小值为满量程输入的 $1/2^n$。在最大输入电压一定时,输出位数越多,量化单位越小,分辨率越高。例如,A/D 转换器输出为 8 位二进制数,输入信号最大值为 5V,那么这个转换器应能区分输入信号的最小电压为 19.53 mV。

② 转换误差

转换误差表示 A/D 转换器实际输出的数字量和理论上的输出数字量之间的差别。常用最低有效位的倍数表示。例如,给出相对误差≤±LSB/2,这就表明实际输出的数字量和理论上应得到的输出数字量之间的误差小于最低位的半个字。

(2) 转换时间——指 A/D 转换器从转换控制信号到来开始,到输出端得到稳定的数字信号所经过的时间。

不同类型的转换器转换速度相差甚远。其中并行比较 A/D 转换器转换速度最高，8 位二进制输出的单片集成 A/D 转换器转换时间可达 50 ns 以内。逐次比较型 A/D 转换器次之，它们多数转换时间为 10～50 μs，也有达几百纳秒的。间接 A/D 转换器的速度最慢，如双积分 A/D 转换器的转换时间大都在几十毫秒至几百毫秒之间。在实际应用中，应从系统数据总的位数、精度要求、输入模拟信号的范围及输入信号极性等方面综合考虑 A/D 转换器的选用。

例 7-1 三者某信号采集系统要求用一片 A/D 转换集成芯片在 1 s(秒)内对 16 个热电偶的输出电压分时进行 A/D 转换。已知热电偶输出电压范围为 0～0.025 V(对应于 0～450 ℃温度范围)，需要分辨的温度为 0.1 ℃，试问应选择多少位的 A/D 转换器，其转换时间为多少？

解：对于从 0～450 ℃温度范围，信号电压范围为 0～0.025 V，分辨的温度为 0.1 ℃，这相当于$\frac{0.1}{450}=\frac{1}{4\,500}$的分辨率。12 位 A/D 转换器的分辨率为$\frac{1}{2^{12}}=\frac{1}{4\,096}$，所以必须选用 13 位的 A/D 转换器。

系统的取样速率为每秒 16 次，取样时间为 62.5 ms。对于这样慢的取样，任何一个 A/D 转换器都可以达到。可选用带有取样-保持(S/H)的逐次比较型 A/D 转换器或不带 S/H 的双积分式 A/D 转换器均可。

7. 集成 A/D 转换器及其应用

在单片集成 A/D 转换器中，逐次比较型使用较多，下面我们以 ADC0804 介绍 A/D 转换器及其应用。

(1) ADC0804 引脚及使用说明

ADC0804 是 CMOS 集成工艺制成的逐次比较型 A/D 转换器芯片。分辨率为 8 位，转换时间为 100 μs，输出电压范围为 0～5 V，增加某些外部电路后，输入模拟电压可为 ±5 V。该芯片内有输出数据锁存器，当与计算机连接时，转换电路的输出可以直接连接到 CPU 的数据总线上，无须附加逻辑接口电路。

ADC0804 引脚如图 7-18 所示，引脚名称及意义如下。

V_{IN+}、V_{IN-}：ADC0804 的两模拟信号输入端，用以接收单极性、双极性和差模输入信号。

$D_7 \sim D_0$：A/D 转换器数据输出端，该输出端具有三态特性，能与微机总线相连接。

AGND：模拟信号地。

DGND：数字信号地。

CLKIN：外电路提供时钟脉冲输入端。

CLKR：内部时钟发生器外接电阻端，与 CLKIN 端配合，可由芯片自身产生时钟脉冲，其频率为 $1/1.1RC$。

CS：片选信号输入端，低电平有效，一旦 CS 有效，表明 A/D 转换器被选中，可启动工作。

WR：写信号输入，接受微机系统或其他数字系统控制芯片的启动输入端，低电平有效，当 CS、WR 同时为低电平时，启动转换。

RD:读信号输入,低电平有效,当 CS、RD 同时为低电平时,可读取转换输出数据。

INTR:转换结束输出信号,低电平有效。输出低电平表示本次转换已经完成。该信号常作为向微机系统发出的中断请求信号。

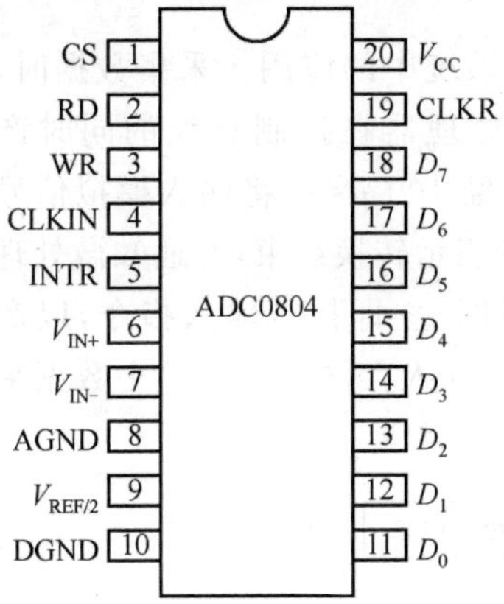

图 7-18　ADC0804 引脚图

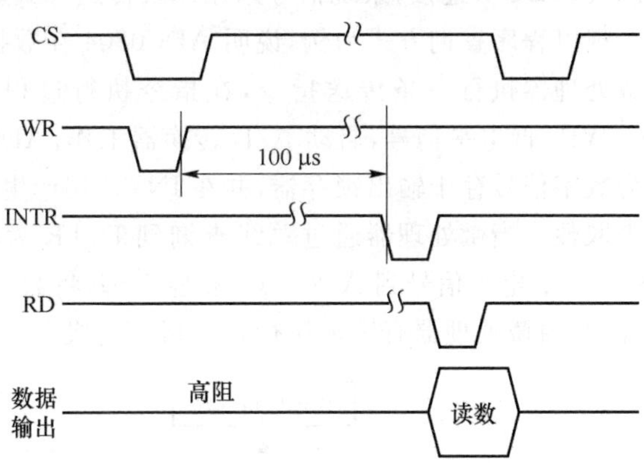

图 7-19　ADC0804 控制信号的时序图

在使用时应注意以下几点:

① 转换时序

ADC0804 控制信号的时序图如图 7-19 所示,由图可见,各控制信号时序关系为:当 CS 与 WR 同为低电平时,A/D 转换器被启动,且在 WR 上升沿后 100 μs 模数转换完成,转换结果存入数据锁存器,同时 INTR 自动变为低电平,表示本次转换已结束。如 CS、RD 同时为低电平,则数据锁存器三态门打开,数据信号送出,而在 RD 高电平到来后三态门处于高阻状态。

② 零点和满刻度调节

ADC0804 的零点无须调整。满刻度调整时,先给输入端加入电压 V_{IN+},使满刻度所对应的电压值是 $V_{IN+}=V_{max}-1.5\left(\frac{V_{max}-V_{min}}{256}\right)$,其中 V_{max} 是输入电压的最大值,V_{min} 是输入电压的最小值。当输入电压 V_{IN+} 值相当时,调整 $V_{REF}/2$ 端电压值使输出码为 FEH 或 FFH。

③ 参考电压的调节

在使用 A/D 转换器时,为保证其转换精度,要求输入电压满量程使用。例如,输入电压动态范围较小,则可调节参考电压 V_{REF},以保证小信号输入时 ADC0804 芯片 8 位的转换精度。

④ 接地

模数、数模转换电路中要特别注意到地线的正确连接,否则干扰很严重,以致影响转换结果的准确性。A/D、D/A 及取样-保持芯片上都提供了独立的模拟地(AGND)和数字地(DGND)。在线路设计中,必须将所有器件的模拟地和数字地分别相连,然后将模拟地与数字地仅在一点上相连接。地线的正确连接方法如图 7-20 所示。

(2) ADC0804 的典型应用

在现代过程控制及各种智能仪器和仪表中,为采集被控(被测)对象数据以达到由计算机进行实时检测、控制的目的,常用微处理器和 A/D 转换器组成数据采集系统。单通道微机化数据采集系统的示意图如图 7-21 所示。

系统由微处理器、存储器和 A/D 转换器组成,它们之间通过数据总线(DBUS)和控制总线(CBUS)连接,系统信号采用总线传送方式。

现以程序查询方式为例,说明 ADC0804 在数据采集系统中的应用。采集数据时,首先微处理器执行一条传送指令,在指令执行过程中,微处理器在控制总线的同时产生 CS_1、WR_1 低电平信号,启动 A/D 转换器工作,ADC0804 经 100 μs 后将输入模拟信号转换为数字信号存于输出锁存器,并在 INTR 端产生低电平表示转换结束,并通知微处理器可来取数。当微处理器通过总线查询到 INTR 为低电平时,立即执行输入指令,以产生 CS、RD_2 低电平信号到 ADC0804 相应引脚,将数据取出并存入存储器中。整个数据采集过程中,由微处理器有序地执行若干指令完成。

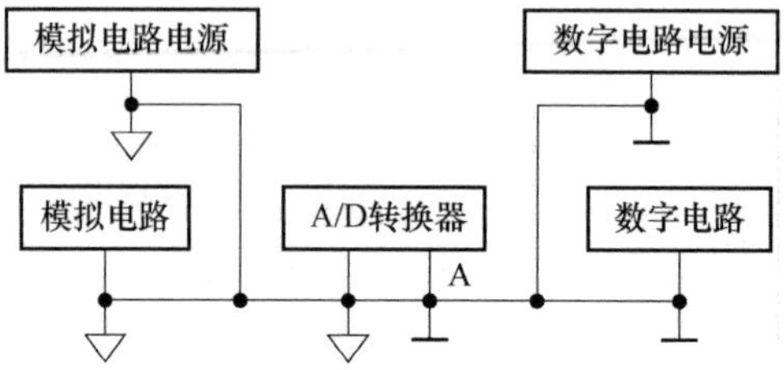

图 7-20 正确的地线连接

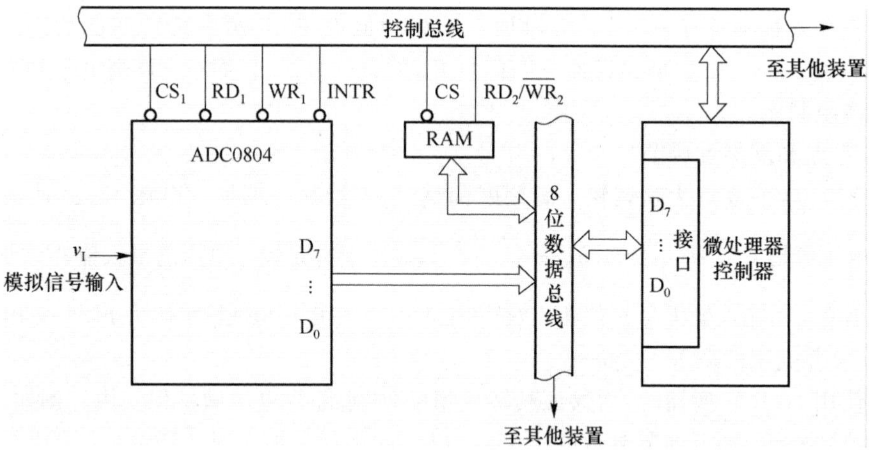

图 7-21 单通道微机化数据采集系统示意图

本章小结

1. A/D 和 D/A 转换器是现代数字系统的重要部件,应用日益广泛。

2. 倒 T 型电阻网络 D/A 转换器具有如下特点:电阻网络阻值仅有两种,即 R 和 $2R$;各 $2R$ 支路电流 I_i 与相应的 D_i 数码状态无关,是一定值;由于支路电流流向运放反相端时不存在传输时间，因而具有较高的转换速度。

3. 在权电流型 D/A 转换器中，由于恒流源电路和高速模拟开关的运用使其具有精度高、转换快的优点，双极型单片集成 D/A 转换器多采用此种类型电路。

4. 不同的 A/D 转换方式具有各自的特点，在要求转换速度高的场合，选用并行 A/D 转换器；在要求精度高的情况下，可采用双积分 A/D 转换器，当然也可选高分辨率的其他形式 A/D 转换器，但会增加成本。由于逐次比较型 A/D 转换器在一定程度上兼有以上两种转换器的优点，因此得到普遍应用。

5. A/D 转换器和 D/A 转换器的主要技术参数是转换精度和转换速度，在与系统连接后，转换器的这两项指标决定了系统的精度与速度。目前，A/D 与 D/A 转换器的发展趋势是高速度、高分辨率及易于与微型计算机接口，用以满足各个应用领域对信号处理的要求。

本章习题

7-1 D/A 转换有哪几种基本类型，各自的特点是什么？

7-2 有一理想指标的 5 位 D/A 转换器，满刻度模拟输出为 12 V，若数字量为 11001，采用下列编码方式时，其归一化表示法的 DAC 输出电压 V_O 分别为多少？

(1) 自然加权码；(2) 原码；(3) 反码；(4) 补码；(5) 偏移码。

7-3 5 位 T 形电阻 DAC 电路中，$V_{REF} = 20$ V，$R = R_f = 2$ kΩ，当数字量 $X_1X_2X_3X_4X_5 = 10101$ 时，输出电压 V_O 为多少？

7-4 10 位倒 T 形电阻 DAC 电路中，$V_{REF} = 18$ V，$R = 2$ kΩ，$R_f = 1$ kΩ，求：

(1) 输出电压 V_O 的变化范围；

(2) 若 10 位数字量 $X_1 \sim X_{10} = 0001011010$ 时，输出电压 V_O 的值。

7-5 有一个 D/A 转换器，最小分辨电压为 5 mV，满刻度电压为 10 V，试求该电路输入数字量应是多少？

7-6 T 形电阻 DAC 电路中，$n = 10$，满刻度电压 $V_{FSR} = V_{REF} = 5$ V，要求输出电压 $V_O = 4$ V，试问输入的二进制数 N 是多少？若其他条件不变，只增加 DAC 的位数，是否可以获得 20 V 输出电压，为什么？

7-7 5 位有舍有入并行比较 ADC 电路中，若 $V_{REF} = 31$ V，$R = 1$ kΩ，求：

(1) 当输入电压 $V_{in} = 18 \sim 89$ V 时，输出数字量 $X_1 \sim X_5$ 等于多少？

(2) 若已知 5 位数字量 $X_1 \sim X_5 = 11000$，此时的 V_{in} 和等效模拟输入 $\overline{V_{in}}$ 分别为多少？

(3) 若已知等效输入 $\overline{V_{in}} = 15$ V，求此时的 V_{in} 及 $X_1 \sim X_5$ 的值。

7-8 只舍不入 4 位并行比较 ADC 中，若 $V_{REF} = 16$ V，$R = 2$ kΩ，求：

(1) 当 $V_{in} = 12 \sim 85$ V 时，输出数字量 $X_1X_2X_3X_4$ 的值。

(2) 若已知输出数字量 $X_1X_2X_3X_4 = 1001$，此时输入模拟电压 V_{in} 和等效模拟输入 $\overline{V_{in}}$ 分别等于多少？

第8章 存 储 器

8.1 概 述

半导体存储器是一种能存储大量二值信息(或称为二值的数据)的半导体器件。

在电子计算机以及其他一些数字系统的工作过程中,都需要对大量的数据进行存储。因此,存储器也就成了这些数字系统不可缺少的组成部分。

由于计算机处理的数据量越来越大,运算速度越来越快,这就要求存储器具有更大的存储容量和更快的存取速度。通常都把存储量和存取速度作为衡量存储器性能的重要指标。目前动态存储器的容量已达 10^9 位/片。一些高速随机存储器的存取时间仅 10 ns 左右。

因为半导体存储器的存储单元数目极其庞大而器件的引脚数目有限,所以在电路结构上就不可能像寄存器那样把每个存储单元的输入和输出直接引出。为了解决这个矛盾,在存储器中给每个存储单元编了一个地址,只有被输入地址代码指定的那些存储单元才能与公共的输入/输出引脚接通,进行数据的读出或写入。

半导体存储器的种类很多,首先从存、取功能上可以分为只读存储器(Read-Only Memory,ROM)和随机存储器(Random Access Memory,RAM)两大类。

只读存储器在正常工作状态下只能从中读取数据,不能快速地随时修改或重新写入数据。ROM 的优点是电路结构简单,而且在断电以后数据不会丢失。它的缺点是只适用于存储那些固定数据的场合。只读存储器中又有掩模 ROM、可编程 ROM(Programmable Read Only Memory,PROM)和可擦除的可编程 ROM(Erasable Programmable Read Only Memory,EPROM)几种不同类型。掩模 ROM 中的数据在制作时已经确定,无法更改。PROM 中的数据可以由用户根据自己的需要写入,但一经写入以后就不能再修改了。EPROM 中的数据则不但可以由用户根据自己的需要写入,而且还能擦除重写,所以具有更大的使用灵活性。

随机存储器与只读存储器的根本区别在于,正常工作状态下就可以随时快速地向存储器里写入数据或从中读出数据。根据所采用的存储单元工作原理的不同,又将随机存储器分为静态存储器(Static Random Access Memory,SRAM)和动态存储器(Dynamic Random Aceess Memory,DRAM)。由于动态存储器存储单元的结构非常简单,所以它所能达到的集成度远高于静态存储器。但是动态存储器的存取速度不如静态存储器快。

另外,从制造工艺上又可以将存储器分为双极型和 MOS 型。鉴于 MOS 电路(尤其是 CMOS 电路)具有功耗低、集成度高的优点,所以目前大容量的存储器都是采用 MOS 工艺制作的。

8.2 只读存储器

在采用掩模工艺制作 ROM 时,其中存储的数据是由制作过程中使用的掩模板决定的。这种掩模板是按照用户的要求专门设计的。因此,掩模 ROM 在出厂时内部存储的数据就已经“固化”在里边了。

ROM 的电路结构包含存储矩阵、地址译码器和输出缓冲器三个组成部分,如图 8.1 所示。存储矩阵由许多存储单元排列而成。存储单元可以用二极管构成,也可以用双极型三极管或 MOS 管构成。每个单元能存放 1 位二值代码(0 或 1)。每一个或一组存储单元有一个对应的地址代码。

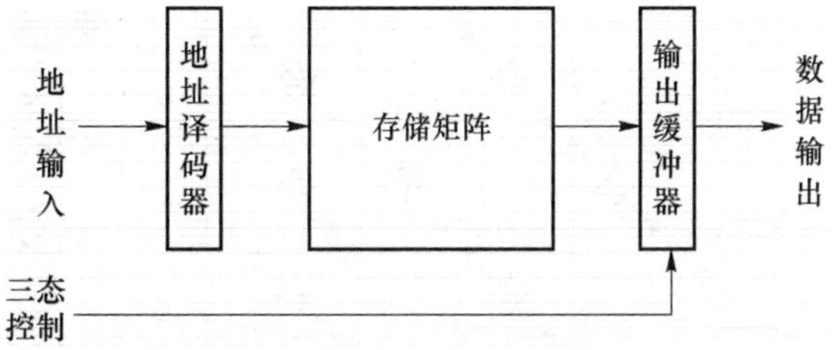

图 8-1 ROM 的电路结构框图

地址译码器的作用是将输入的地址代码译成相应的控制信号,利用这个控制信号从存储矩阵中将指定的单元选出,并把其中的数据送到输出缓冲器。

输出缓冲器的作用有两个,一是能提高存储器的带负载能力,二是实现对输出状态的三态控制,以便与系统的总线连接。

图 8-2 是具有 2 位地址输入码和 4 位数据输出的 ROM 电路,它的存储单元由二极管构成。它的地址译码器由 4 个二极管与门组成。2 位地址代码 A_1A_0 能给出 4 个不同的地址。地址译码器将这 4 个地址代码分别译成 $W_0 \sim W_3$ 4 根线上的高电平信号。存储矩阵实际上是由 4 个二极管或门组成的编码器,当 $W_0 \sim W_3$ 每根线上给出高电平信号时,都会在 $d_0 \sim d_3$ 4 根线上输出一个 4 位二值代码。通常将每个输出代码称为一个“字”,并将 $W_0 \sim W_3$ 称为字线,将 $d_0 \sim d_3$ 称为位线(或数据线),而 A_1 和 A_0 称为地址线。输出端的缓冲器用来提高带负载能力,并将输出的高、低电平变换为标准的逻辑电平。同时,通过给定 EN′信号实现对输出的三态控制。

在读取数据时,只要输入指定的地址码并令 $EN'=0$,则指定地址内各存储单元所存的数据便会出现在输出数据线上。例如,当 $A_1A_0=10$ 时,$W_2=1$,而其他字线均为低电平。由于只有 d_2 一根线与 W_2 间接有二极管,所以这个二极管导通后使 d_2 为高电平,而 d_0,d_1 和 d_3 为低电平。于是在数据输出端得到 $D_3D_2D_1D_0=0100$。全部 4 个地址内的存储内容列于表 8-1 中。

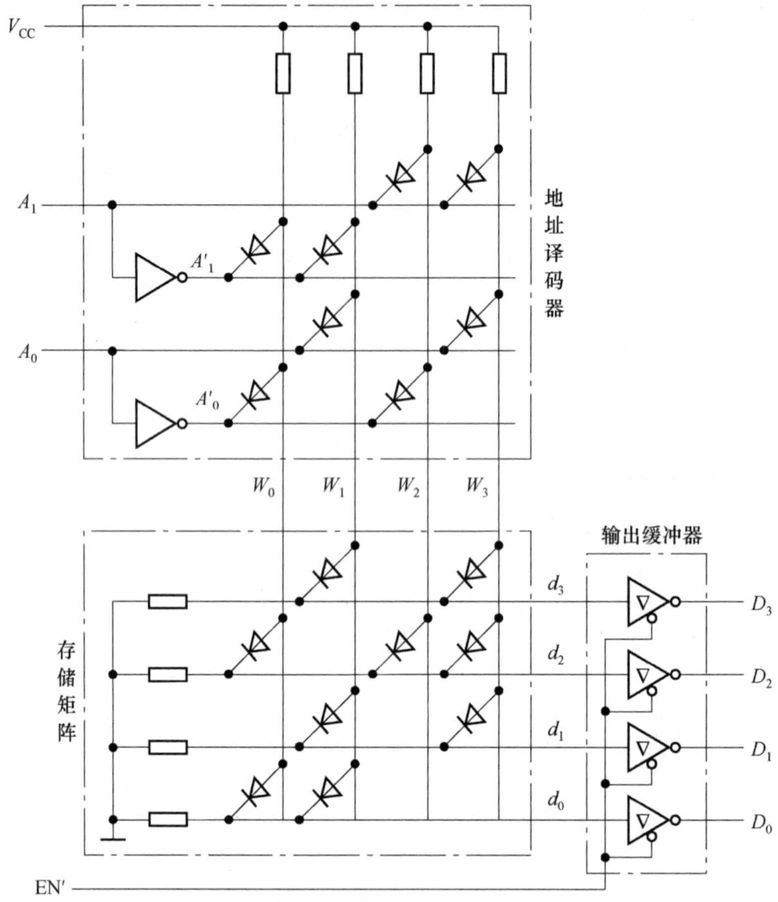

图 8-2 二极管 ROM 的电路结构图

表 8-1 图 8-2ROM 中的数据表

地址		数据			
A_1	A_0	D_3	D_2	D_1	D_0
0	0	0	1	0	1
0	1	1	0	1	1
1	0	0	1	0	0
1	1	1	1	1	0

不难看出，字线和位线的每个交叉点都是一个存储单元。交点处接有二极管时相当于存 1，没有接二极管时相当于存 0。交叉点的数目也就是存储单元数。习惯上用存储单元的数目表示存储器的存储量(或称容量)，并写成“(字数)×(位数)”的形式。例如，图 8-2 中 ROM 的存储量应表示成“4×4”位。

从图 8-2 中还可以看到，ROM 的电路结构很简单，所以集成度可以做得很高，而且一般都是批量生产，价格便宜。

采用 MOS 工艺制作 ROM 时，译码器、存储矩阵和输出缓冲器全用 MOS 管组成。图 8-2 给出了 MOS 管存储矩阵的原理图。在大规模集成电路中 MOS 管多做成对称结构，同时也为了画图的方便，一般都采用图中所用的简化画法。

图 8-3 中以 N 沟道增强型 MOS 管代替了图 8-2 中的二极管。字线与位线的交叉点上接有 MOS 管时相当于存 1，没有接 MOS 管时相当于存 0。

当给定地址代码后，经译码器译成 $W_0 \sim W_3$ 中某一根字线上的高电平，使接在这根字线上的 MOS 管导通，并使与这些 MOS 管漏极相连的位线为低电平，经输出缓冲器反相后，在数据输出端得到高电平，输出为 1。图 8-3 存储矩阵中所存的数据与表 8-1 中的数据相同。

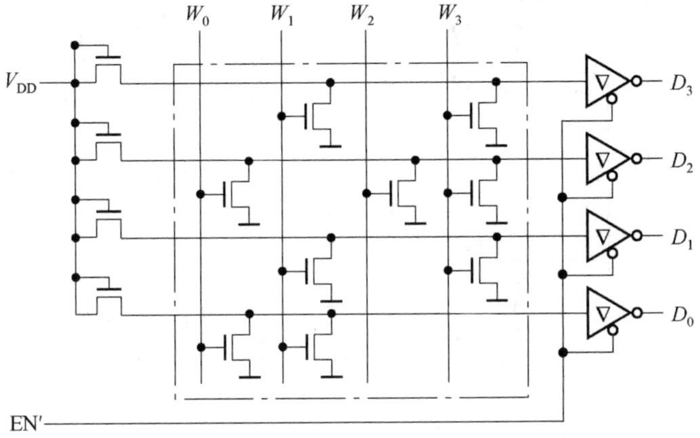

图 8-3 用 MOS 管构成的存储矩阵

8.2.1 可编程只读存储器

在开发数字电路新产品的工作过程中，设计人员经常需要按照自己的设想迅速得到存有所需内容的 ROM。这时可以通过将所需内容自行写入 PROM 而得到要求的 ROM。

PROM 的总体结构与掩模 ROM 一样，同样由存储矩阵、地址译码器和输出电路组成。不过在出厂时已经在存储矩阵的所有交叉点上全部制作了存储元件，即相当于在所有存储单元中都存入了 1。

图 8-4 是熔丝型 PROM 存储单元的原理图，它由一只三极管和串在发射极的快速熔断丝组成。三极管的 be 结相当于接在字线与位线之间的二极管。熔丝用很细的低熔点合金丝或多晶硅导线制成。在写入数据时只要设法将需要存入 0 的那些存储单元上的熔丝烧断就行了。因为这种熔丝在集成电路中所占的面积较大，所以后来又出现了所谓“反熔丝结构”的 PROMO。反熔丝结构 PROM 中的可编程连接点上不是熔丝，而是一个绝缘连接件(通常用特殊的绝缘材料或两个反相串

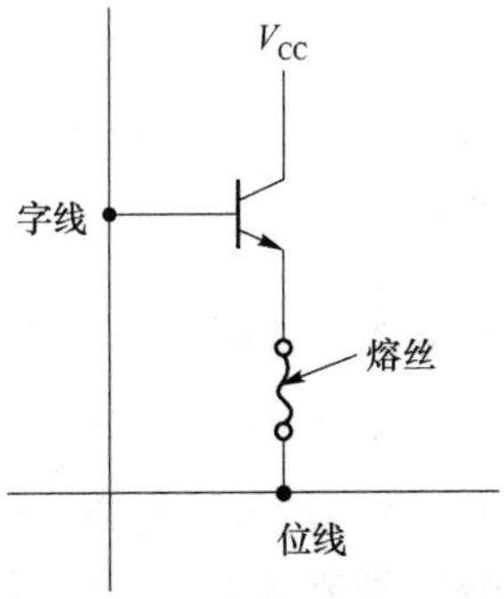

图 8-4 熔丝型 PROM 的存储单元

联的肖特基势垒二极管)。未编程时所有的连接件均不导通,而在连接件上施加编程电压以后,绝缘被永久性击穿,连接点的两根导线被接通。

图 8-5 是一个 16×8 位 PROM 的结构原理图。编程时首先应输入地址代码,找出要写入 0 的单元地址。然后使 V_{CC} 和选中的字线提高到编程所要求的高电平,同时在编程单元的位线上加入编程脉冲(幅度约 20 V,持续时间约十几微秒)。这时写入放大器 A_W 的输出为低电平、低内阻状态,有较大的脉冲电流流过熔丝,将其熔断。正常工作时读出放大器 A_R 输出的高电平不足以使 VD_Z 导通,A_R 不工作。

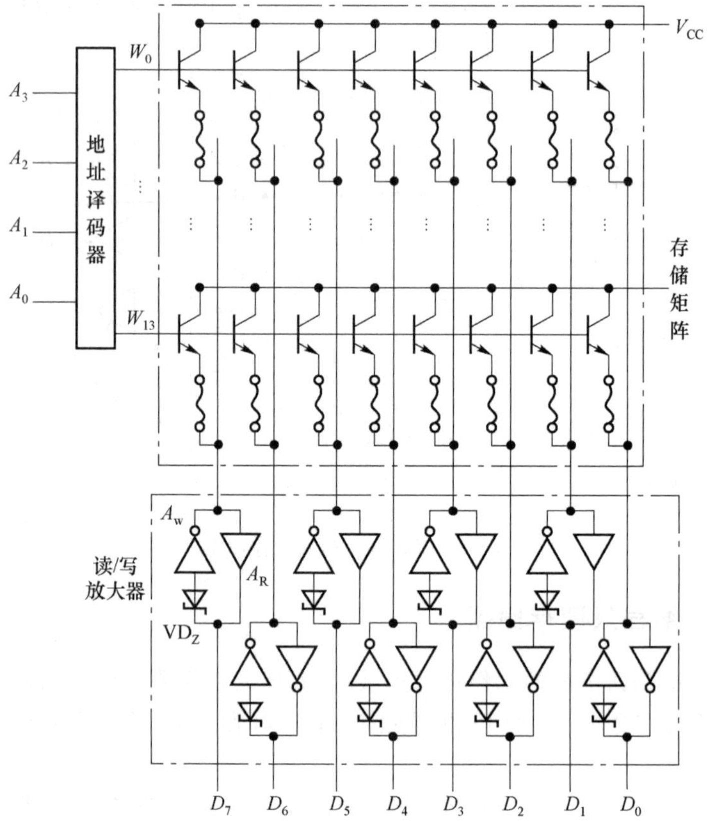

图 8-5 PROM 的结构原理图

可见,PROM 的内容一经写入以后,就不可能修改了,所以它只能写入一次。因此,PROM 仍不能满足研制过程中经常修改存储内容的需要。这就要求生产一种可以擦除重写的 ROM。

8.2.3 可擦除的可编程只读存储器

由于可擦除的可编程 ROM(EPROM)中存储的数据可以擦除重写,因而在需要经常修改 ROM 中内容的场合它便成为一种比较理想的器件。

最早研究成功并投入使用的 EPROM 是用紫外线照射进行擦除的,并被称为 EPROM。因此,现在一提到 EPROM 就是指的这种用紫外线擦除的可编程 ROM(Ultra-

Violet Erasable Programmable Read Only Memory,UVE-PROM)。

不久又出现了用电信号可擦除的可编程 ROM (Electrically Erasable Pro-grammable Read Only Memory,E^2 PROM)。后来又研制成功了新一代的电信号擦除的可编程 ROM——快闪存储器(Flash Memory)。

EPROM 与前面已经讲过的 PROM 在总体结构形式上没有多大区别,只是采用了不同的存储单元。EPROM 中采用叠栅注入 MOS 管(Stacked-gate Injuction Metal-Oxide-Semiconductor,SIMOS 管)制作的存储单元。

图 8-6 是 SIMOS 管的结构原理图和符号。它是一个 N 沟道增强型的 MOS 管,有两个重叠的栅极——控制栅 G_C 和浮置栅 G_f。控制栅 G_C 用于控制读出和写入,浮置栅 G_f 用于长期保存注入电荷。

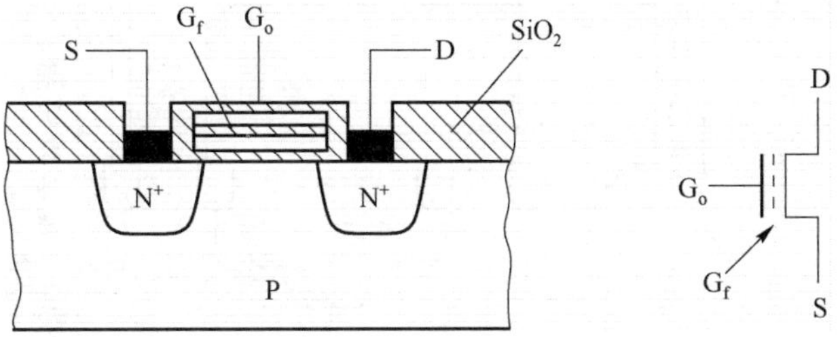

图 8-6 SIMOS 管的结构和符号

浮置栅上未注入电荷以前,在控制栅上加入正常的高电平能够使漏-源之间产生导电沟道,SIMOS 管导通。反之,在浮置栅上注入了负电荷以后,必须在控制栅上加入更高的电压才能抵消注入电荷的影响而形成导电沟道,因此在栅极加上正常的高电平信号时 SI-MOS 管将不会导通。

当漏-源间加以较高的电压(+20~+25 V)时,将发生雪崩击穿现象。如果同时在控制栅上加以高压脉冲(幅度约+25 V,宽度约 50ms),则在栅极电场的作用下,一些速度较高的电子便穿越 SiO_2 层到达浮置栅,被浮置栅俘获而形成注入电荷。浮置栅上注入了电荷的 SIMOS 管相当于写入了 1,未注入电荷的相当于存入了 0。漏极和源极间的高电压去掉以后,由于浮置栅被 SiO_2 绝缘层包围,注入到浮置栅上的电荷没有放电通路,所以能长久保存下来。在+125℃的环境温度下,70%以上的电荷能保存 10 年以上。

如果用一定波长的紫外线或 X 射线照射 SIMOS 管的栅极氧化层,则 SiO_2 层中将产生电子-空穴对,为浮置栅上的电荷提供泄放通道,使之放电,这个过程称为擦除。擦除时间约需 20~30 min。为便于擦除操作,在器件外壳上装有透明的石英盖板。在写好数据以后应使用不透明的胶带将石英盖板遮蔽,以防止数据丢失。

图 8-7 是用 SIMOS 管组成的 EPROM,写入数据时漏极和控制栅极的控制电路没有画出。这是一个 256×1 位的 EPROM,256 个存储单元排列成 16×16 矩阵。输入地址的高 4 位加到行地址译码器上,从 16 行存储单元中选出要读的一行。输入地址的低 4 位加到列地址译码器上,再从选中的一行存储单元中选出要读的一位。如果这时 $EN'=0$,则这一位数据便出现在输出端上。

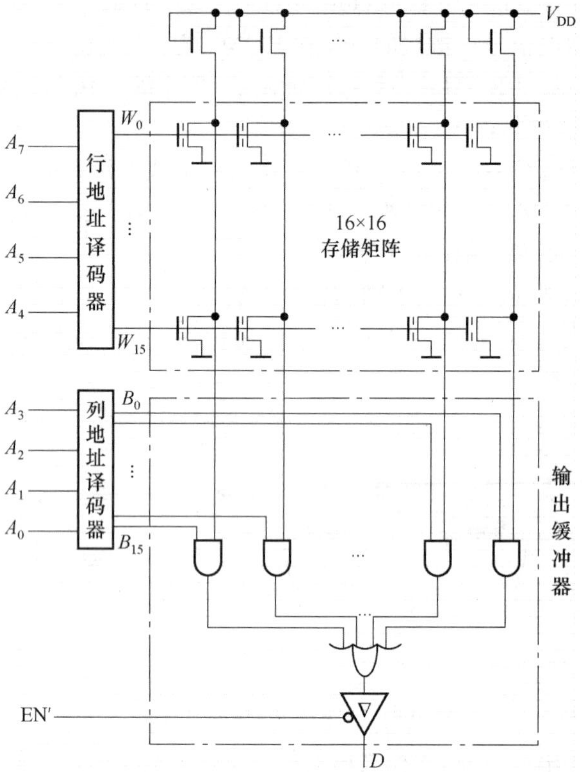

图 8-7　使用 SIMOS 管的 256×1 位 EPROM

EPROM 的编程(写入)需要使用编程器完成。“编程器是用于产生 EPROM 编程所需要的高压脉冲信号的装置。编程时将 EPROM 插在编程器上,并将准备写入 EPROM 的数据表装入编程器的随机存储器中,然后启动编程程序,编程器便将数据逐行地写入 EPROM 中。EPROM 的擦除在擦除器中进行。擦除器中的紫外线灯产生一定强度的紫外线,经过一定时间的照射后,即可将存储的数据擦除。

8.3　随机存储器

随机存储器也称随机读/写存储器(简称 RAM)。在 RAM 工作时可以随时从任何一个指定地址读出数据,也可以随时将数据写入任何一个指定的存储单元中去。它的最大优点是读写方便,使用灵活。但是,它也存在数据易失性的缺点(即一旦停电,所存储的数据将随之丢失)。RAM 又分为静态随机存储器(SRAM)和动态随机存储器(DRAM)两大类。

8.3.1　静态随机存储器

1. SRAM 的结构和工作原理

SRAM 电路通常由存储矩阵、地址译码器和读/写控制电路(也称输入/输出电路)三部分组成，如图 8-8 所示。

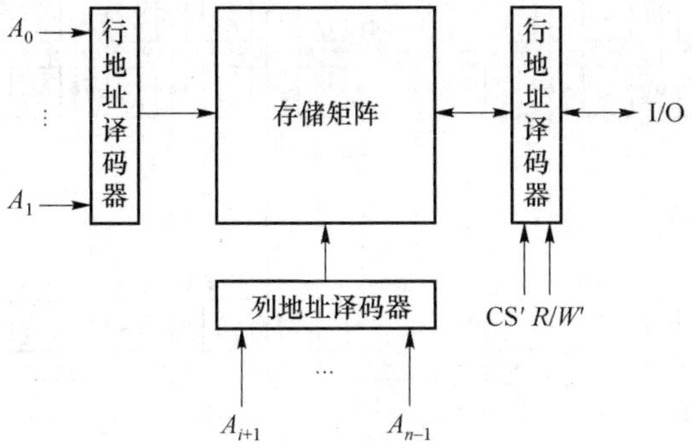

图 8-8 SRAM 的结构框图

存储矩阵由许多存储单元排列而成，每个存储单元能存储 1 位二值数据(1 或 0)，在译码器和读/写电路的控制下，既可以写入 1 或 0，又可以将存储的数据读出。

地址译码器一般都分成行地址译码器和列地址译码器两部分。行地址译码器将输入地址代码的若干位译成某一条字线的输出高、低电平信号，从存储矩阵中选中一行存储单元；列地址译码器将输入地址代码的其余几位译成某一根输出线上的高、低电平信号，从字线选中的一行存储单元中再选 1 位(或几位)，使这些被选中的单元经读/写控制电路与输入/输出端接通，以便对这些单元进行读、写操作。

读/写控制电路用于对电路的工作状态进行控制。当读/写控制信号 $R/W'=1$ 时，执行读操作，将存储单元里的数据送到输入/输出端上。当 $R/W'=0$ 时，执行写操作，加到输入/输出端上的数据被写入存储单元中。图中的双向箭头表示一组可双向传输数据的导线，它所包含的导线数目等于并行输入/输出数据的位数。多数 RAM 集成电路是用一根读/写控制线控制读/写操作的，但也有少数的 RAM 集成电路是用两个输入端分别进行读和写控制的。

在读/写控制电路上都设有片选输入端 CS′。当 CS′=0 时 RAM 为正常工作状态；当 CS′=1 时所有的输入/输出端均为高阻态。不能对 RAM 进行读/写操作。

图 8-9 是一个 1 024×4 位 RAM 的实例——2114 的结构框图，其中 4 096 个存储单元排列成 64 行×64 列的矩阵。10 位儿输入地址代码分成两组译码。$A_3 \sim A_8$ 6 位地址码加到行地址译码器上，用它的输出信号从 64 行存储单元中选出指定的一行。另外 4 位地址码加到列地址译码器上，利用它的输出信号再从已选中的一行里挑出要进行读/写的 4 个存储单元。

$I/O_1 \sim I/O_4$ 既是数据输入端又是数据输出端。读/写操作在 R/W' 和 CS′信号的控制下进行。当 CS′=0，且 $R/S'=1$ 时，读/写控制电路工作在读出状态。这时由地址译码器选中的 4 个存储单元中的数据被送到 $I/O_1 \sim I/O_4$。

当 CS′=0，且 $R/W=0$ 时，执行写入操作。这时读/写控制电路工作在写入工作状态，加到 $I/O_1 \sim I/O_4$ 端的输入数据便被写入指定的 4 个存储单元中去。

2114 采用高速 NMOS 工艺制作，使用单一的+5 V 电源，全部输入、输出逻辑电平均

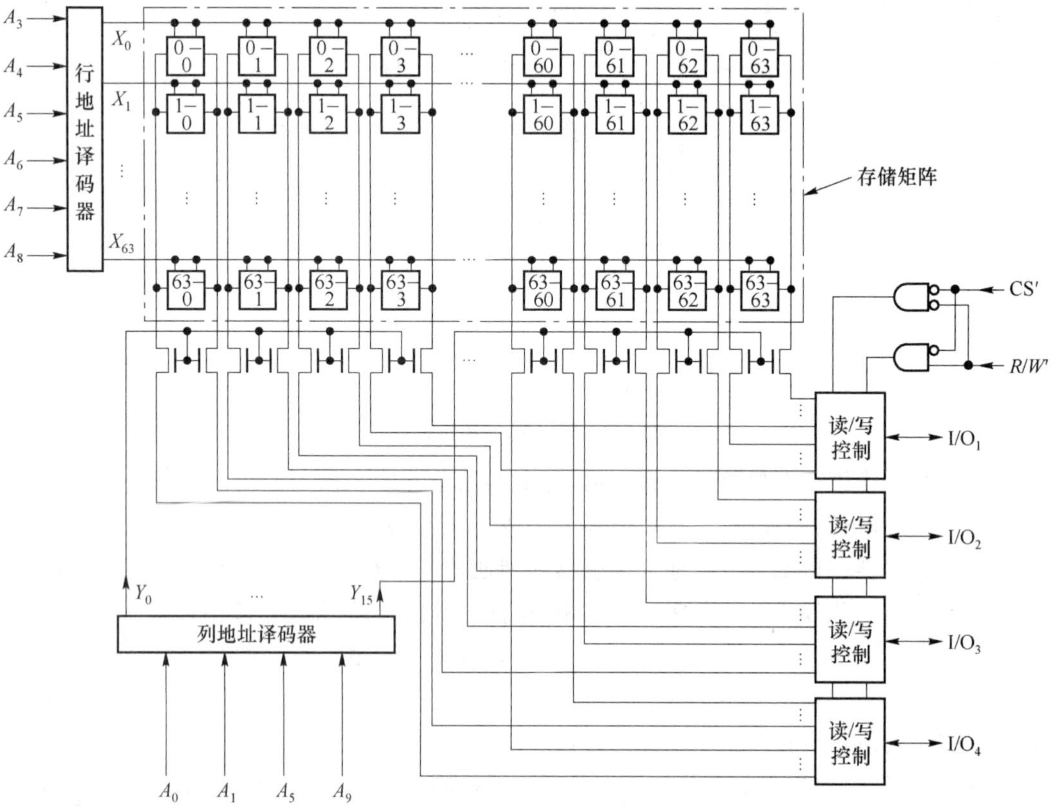

图 8-9　1 024×4 位 RAM(2114)的结构框图

与 TTL 电路兼容，完成一次读或写操作的时间为 100～200 ns。

若令 CS'＝1，则所有的 I/O 端均处于禁止态，将存储器内部电路与外部连线隔离。因此，可以直接将 I/O_1～I/O_4 与系统总线相连，或将多片 2114 的输入/输出端并联运用。

2. SRAM 的静态存储单元

静态存储单元是在 RS 锁存器的基础上附加门控管而构成的。因此，它是靠锁存器的自保功能存储数据的。

图 8-10 是用六只 N 沟道增强型 MOS 管组成的静态存储单元。其中的 VT_1～V_4 组成 RS 锁存器，用于记忆 1 位二值代码。VT_5 和 VT_6 是门控管，作模拟开关使用，以控制锁存器的 Q、Q'和位线 B_j、B_j'之间的联系。VT_5、VT_6 的开关状态由字线 X_i 的状态决定。$X_i=1$ 时 VT_5、VT_6 导通，锁存器的 Q 和 Q'端与位线 B_j、B_j'接通；$X_i=0$ 时 VT_5、VT_6 截止，锁存器与位线之间的联系被切断。VT_7、VT_8 是每一列存储单元公用的两个门控管，用于和读/写缓冲放大器之间的连接。VT_7、VT_8 的开关状态由列地址译码器的输出 Y_j 来控制，$Y_j=1$ 时导通，$Y_j=0$ 时截止。

存储单元所在的一行和所在的一列同时被选中以后，$X_i=1$，$Y_j=1$，VT_5，VT_6、VT_7、VT_8 均处于导通状态。Q 和 Q'与 B_j、B_j'接通。如果这时 CS'＝O，$R/W'=1$，则读/写缓冲放大器的 A_1 接通、A_2 和 A_3 截止，Q 端的状态经 A_1 送到 I/O 端，实现数据读

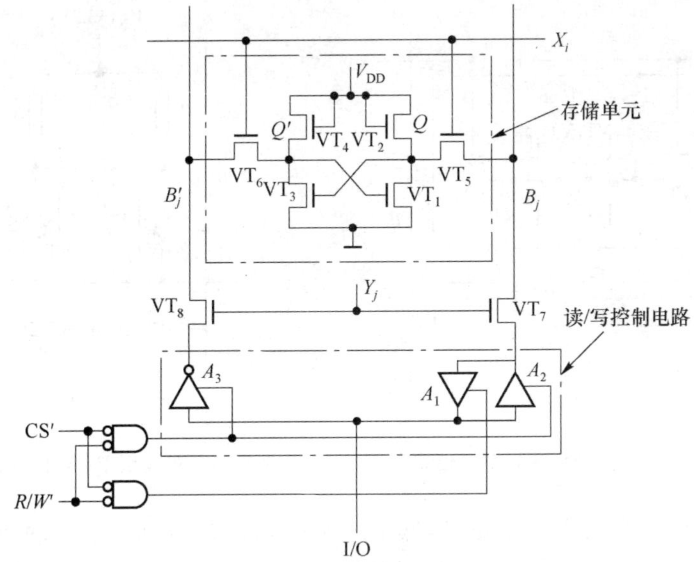

图 8-10 六管 NMOS 静态存储单元

出。若此时 $CS'=0$，$R/W'=0$，则 A_1 截止、A_2 和 A_3 导通，加到 I/O 端的数据被写入存储单元中。

由于 CMOS 电路具有微功耗的特点，尽管它的制造工艺比 NMOS 电路复杂，但在大容量的静态存储器中几乎都采用 CMOS 存储单元。图 8-10 它的结构形式与工作原理与图 8-11 相仿，所不同的是在 CMOS 静态存储单元中，两个反相器的负载管 VT_2 和 VT_4 改用了 P 沟道增强型 MOS 管。图中用栅极上的小圆圈表示 VT_2、VT_4 为 P 沟道 MOS 管，而栅极上没有小圆圈的为 N 沟道 MOS 管。

采用 CMOS 工艺的 SRAM 不仅正常工作时功耗很低，而且还能在降低电源电压的状态下保存数据，因此它可以在交流供电系统断电后用电池供电以继续保持存储器中的数据不致丢失，用这种方法弥补半导体随机存储器数据易失的缺点。例如，Intel 公司生产的超低功耗 CMOS 工艺的 SRAMS101L 用+5 V 电源供电，静态功耗仅 1～2 μW。如果将电源电压降至+2 V 使之处于低压保持状态，则功耗可降至 0.2μW。

双极型 SRAM 的静态存储单元也有各种不同的电路结构形式，大体上分属于射极读/写存储单元、集电极读/写存储单元和集成注入逻辑存储单元三种类型。其中用得较多的是射极读/写存储单元，主要用在一些高速系统（如 EGL 系统）当中。这种存储单元的工作速度很快，但功耗较大。

图 8-12 是射极读/写存储单元的一个典型电路，它是由两个双极型多发射极三极管 VT_1、VT_2 和两个集电极负载电阻 R_1、R_2 组成的锁存器。一对发射极 e_{11}、e_{21} 与行地址译码器的输出线（字线）X 相连，另一对发射极 e_{12}、e_{22} 接到互补的位线 B 和 B' 上。电源电压 V_{CC} 通常取 3～3.5 V，位线的偏置电压 V_{BB} 约 1.4 V。

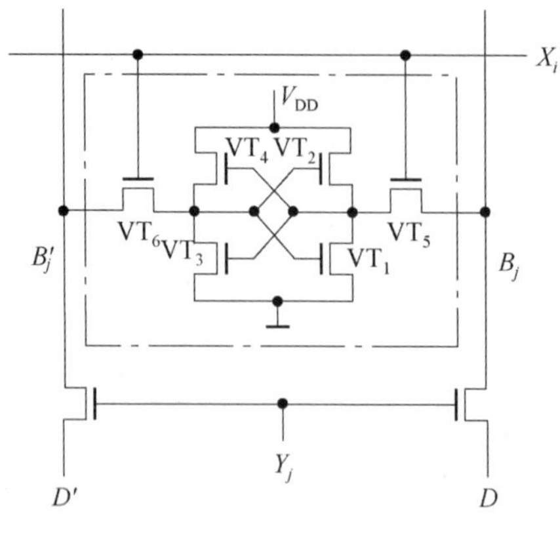

图 8-11 六管 CMOS 静态存储单元

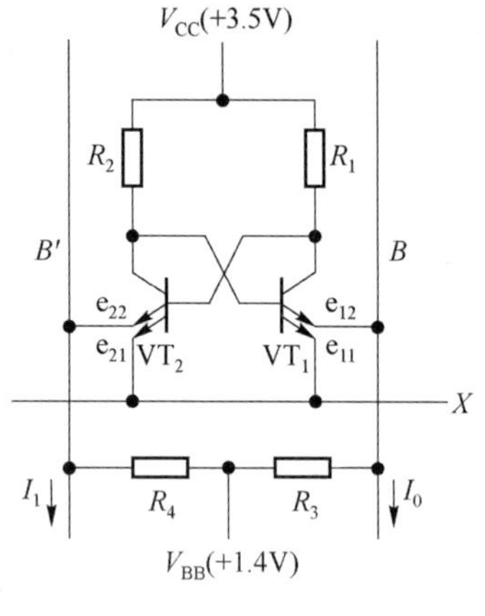

图 8-12 双极型 RAM 的静态存储单元

在保持状态下，字线 X 为低电平，低于 0.3 V，而位线 B 和 B' 为 1.4 V 左右，因此导通管的发射极电流由字线流出，而与位线相连的两个发射极 e_{12}、e_{22} 处于反向偏置状态，将存储单元与位线隔离。存储单元的状态可以是 VT_1 截止、VT_2 导通（定义为 1 状态），也可以是 VT_1 导通、VT_2 截止（定义为 0 状态）。

进行读出时，字线被提高至 +3 V，高于位线的 1.4 V，因而导通管的电流转而从位线流出。这时只需检测其中一根位线（B 或 B'）上是否有电流流出，便能判断存储单元原来的状态是 1 还是 0。例如，对位线 B' 的电流进行检测，如果存储单元为 1 状态，则 VT_2 导通，B' 线在读出时有电流 I_1 流出。如果存储单元是 0 状态，则 VT_1 导通，B' 线在读出时没有电流流出，$I_1=0$。将 B' 线上检测到的电流经读出放大器加以放大，就变成了高、低电平的输出电压信号了。

这种读出方式为非破坏性读出，即读出数据以后并不破坏存储单元原来的状态。假定存储单元原为 1 状态，则 VT_2 导通、VT_1 截止。因此，当字线上升为 3 V 时 e_{11}、e_{21} 必然截止，而 e_{22} 的电流流入位线 B'。若 VT_2 导通后 c-e 间的压降小于 0.3 V，那么 c_2 的电位（也就是 b_1 的电位）将低于 1.7 V，不足以使 e_{12} 导通，故 VT_1 保持原来的截止状态。当字线回到低电平以后，流经 e_{22} 的电流转向字线 X，并使 c_2 的电位跟随字线下降，锁存器继续保持 1 状态不变。

进行写入时首先也使字线变为 +3 V，如果要求写入 1，则加到存储器输入/输出端的信号经写入放大器转换后给出 $B=1$，$B'=0$ 的电压信号，使 VT_1 截止、VT_2 导通，锁存器被置 1。反之，如果要求写入 0，则给出 $B=0$，$B'=1$，将锁存器置 0。

8.3.2 动态随机存储器

1. DRAM 的动态存储单元

RAM 的动态存储单元是利用 MOS 管栅极电容可以存储电荷的原理制成的。由于存储单元的结构能做得非常简单，所以在大容量、高集成度的 RAM 中得到了普遍的应用。但由于栅极电容的容量很小（通常仅为几皮法），而漏电流又不可能绝对等于零，所以电荷保存的时间有限。为了及时补充漏掉的电荷以避免存储的信号丢失，必须定时地给栅极电容补充电荷，通常将这种操作称为刷新或再生。因此，DRAM 工作时必须辅以必要的刷新控制电路（控制电路通常是做在 DRAM 芯片内部的），同时也使操作复杂化了。尽管如此，DRAM 仍然是目前大容量 RAM 的主流产品。

早期采用的动态存储单元为四管电路或三管电路。这两种电路的优点是外围控制电路比较简单，读出信号也比较大，而缺点是电路结构仍不够简单，不利于提高集成度。单管动态存储单元是所有存储单元中电路结构最简单的一种。虽然它的外围控制电路比较复杂，但由于在提高集成度上所具有的优势，使它成为目前所有大容量 DRAM 首选的存储单元。

图 8-13 是单管动态 MOS 存储单元的电路结构图。存储单元由一只 N 沟道增强型 MOS 管 VT 和一个电容 C_S 组成。在进行写操作时，字线给出高电平，使 VT 导通，位线上的数据便经过 VT 被存入 C_S 中。

在进行读操作时，字线同样应给出高电平，并使 VT 导通。这时 C_S 经 VT 向位线上的电容 C_B 提供电荷，使位线获得读出的信号电平。设 C_S 上原来存有正电荷，电压 V_{CS} 为高电平，而位线电位 $V_B=0$，则执行读操作以后，位线电平将上升为

$$V_B=\frac{C_S}{C_S+C_B}=V_{CS}$$

因为在实际的存储器电路中位线上总是同时接有很多存储单元，使 $C_B>C_S$，所以位线上读出的电压信号很小。

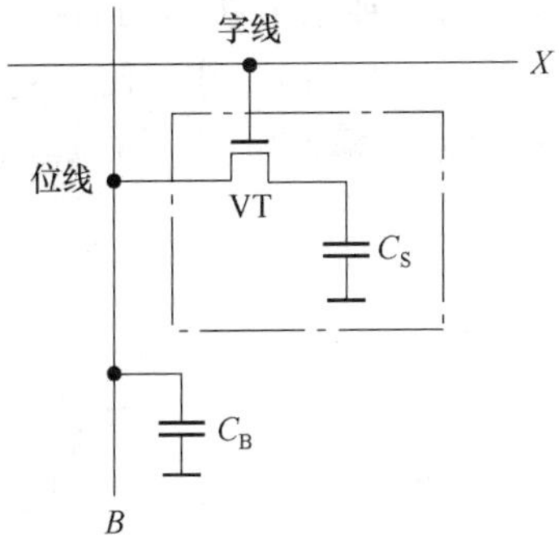

图 8-13　单管动态 MOS 存储单元

例如，读出操作以前 $V_{CS}=5$ V，$C_S/C_B=1/50$，则位线上的读出信号将仅有 0.1 V。而且在读出以后 C_S 上的电压也只剩下 0.1 V，所以这是一种破坏性读出。因此，需要在 DRAM 中设置灵敏的读出放大器，一方面将读出信号加以放大，另一方面将存储单元里原来存储的信号恢复。

2. 灵敏恢复/读出放大器

DRAM 中的单管动态存储单元也是按行、列排成矩阵式结构，并且在每根位线上接有灵敏恢复/读出放大器。图 8-14 是一个灵敏恢复/读出放大器的原理电路图，它包含一个由 $VT_1 \sim VT_4$ 组成的锁存器和三个控制管 VT_5、VT_6 和 VT_7。放大器的一个输出端与位线 B 和存储单元相连，另一个输出端接至一个虚单元上虚单元的存储电容 C_F 上存

入一个介于高、低电平之间的参考电平 V_R。

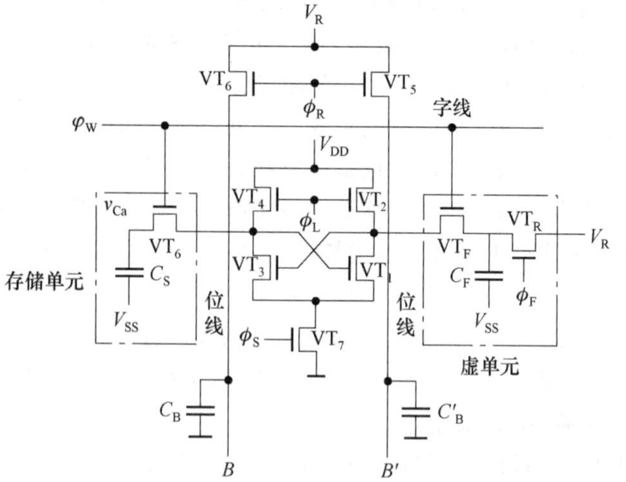

图 8-14　DRAM 中的灵敏恢复/读出放大器

图 8-15 中画了读出过程中 B、B' 和 V_{CS} 的电压波形。读出过程在一组生的时钟信号控制下进行。首先 φ_R、φ_F 给出正脉冲，使 VT_5、VT_6、VT_R 导通，位线 B，B' 和 C_F 均被充电至 V_R。当字线选通脉冲 φ_W 到达后，存储单元的开关管 VT_S 和虚单元的开关管 VT_F 同时都导通。如果 C_S 上没有存储电荷（记忆的是 0 状态），则 C_S 经 VT_S 向 C_S 放电，V_{CS} 上升而位线 B 的电位逐渐下降。当时钟信号机 φ_S 到达后，位线 B 和 B' 间的电位差被 VT_1 和 VT_3 组成的正反馈电路放大。最后 φ_L 脉冲使 VT_2 和 VT_4 导通，将 B' 提升到正常的逻辑高电平，而 B 下降到正常的逻辑低电平。在 φ_W 正脉冲消失以后，C_S 恢复为读出前的 0 状态。

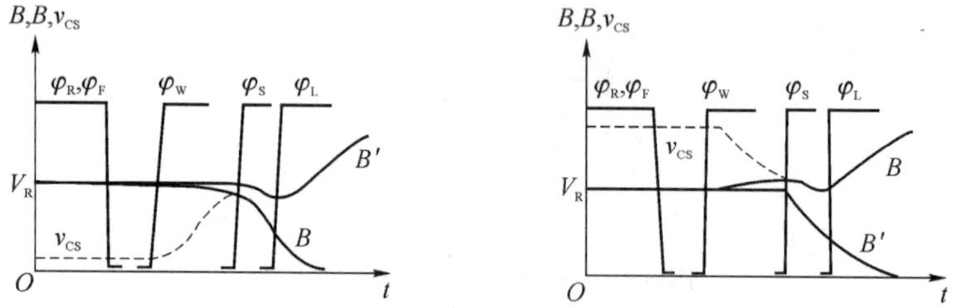

(a) 读出0的情况　　(b) 读出1的情况

图 8-15　灵敏恢复/读出放大器的读出过程

如果 φ_W 正脉冲到达时 C_S 上存有电荷，V_{CS} 为高电平（记忆的是 1 状态），则 C_S 经 VT_S 向 C_B 放电，使位线 B 的电位上升。在 φ_S 正脉冲到达后，B 和 B' 间的电位差被 VT_1 和 VT_3 组成的正反馈电路放大。然后在 φ_L 正脉冲到达后将 B 提升到正常的逻辑高电平而 B' 降低到正常的逻辑低电平。φ_W 回到低电平以后 V_{CS} 保持高电平，C_B 恢复为读出前的 1 状态，所存储的 1 得到刷新。

由此可见，使用了图 8-14 所示的灵敏恢复/读出放大器之后，在每次读出数据的同时也完成了对存储单元原来所存数据的刷新。因此，DRAM 中刷新操作是通过按行依次执行一次读操作来实现的。刷新时输出被置成高阻态。

3. DRAM 的总体结构

为了在提高集成度的同时减少器件引脚的数目，目前的大容量 DRAM 多半都采用 1 位输入、1 位输出和地址分时输入的方式。

图 8-16 是一个 64K×1 位 DRAM 总体结构的框图。从总体上讲，它仍然包含存储矩阵、地址译码器和输入/输出电路三个组成部分。

存储矩阵中的单元仍按行、列排列。为了压缩地址译码器的规模，经常将存储矩阵划分为若干块。例如，图 8-16 的例子中是将存储矩阵划分为(1)、(2)两个 128 行、256 列的矩阵。

在采用地址分时输入的 DRAM 中，地址代码是分两次从同一组引脚输入的。分时操作由 RAS′和 CAS′两个时钟信号来控制。首先令 RAS′ =0，输入地址代码的 $A_0 \sim A_7$ 位，然后令 CAS′ =0，再输入地址代码的 $A_8 \sim A_{15}$ 位。$A_0 \sim A_6$ 被送到行地址译码器并被锁存，A_7 送入对应的寄存器。行地址译码器的输出同时从存储矩阵(1)和存储矩阵(2)中各选中一行存储单元，然后再由 A_7 通过输入/输出电路从两行中选出一行。$A_8 \sim A_{15}$ 被送往列地址译码器，列地址译码器的输出从 256 列中选中一列。

当 WE′=1 时进行读操作，被输入地址代码选中单元中的数据经过输出锁存器、输出三态缓冲器到达数据输出端 D_{OUT}。当 WE′ = 0 时进行写操作，加到数据输入端 D_{IN} 的数据经过输入缓冲器写入由输入地址指定的单元中去。

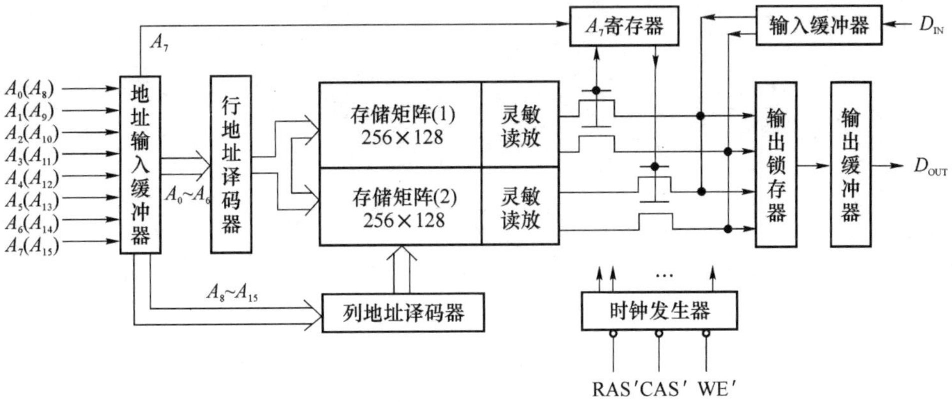

图 8-16 DRAM 的总体结构框图

第2篇　实　　验

实验一　门电路逻辑功能及测试/验证型

实验二　组合逻辑电路Ⅰ(半加器、全加器)/验证型

实验三　组合逻辑电路Ⅱ(译码器和数据选择器)/验证型

实验四　触发器/验证型

实验五　时序电路(计数器、移位寄存器)/验证型

实验六　组合逻辑电路的设计和逻辑功能验证/设计型

实验七　D/A和A/D转换器/设计型

实验八　555时基电路的应用/设计型

实验九　集成电路多种计数器综合应用/综合型

实验十　触发器及其应用

实验十一　移位寄存器及其应用

实验十二　中规模集成计数器的应用

实验一　门电路逻辑功能及测试

一、实验目的

(1) 熟悉门电路的逻辑功能、逻辑表达式、逻辑符号、等效逻辑图。
(2) 掌握数字电路实验箱及示波器的使用方法。
(3) 学会检测基本门电路的方法。

二、实验仪器及材料

(1) 仪器设备:双踪示波器、数字万用表、数字电路实验箱。
(2) 器件:

74LS00	二输入端四与非门	2片
74LS20	四输入端双与非门	1片
74LS86	二输入端四异或门	1片

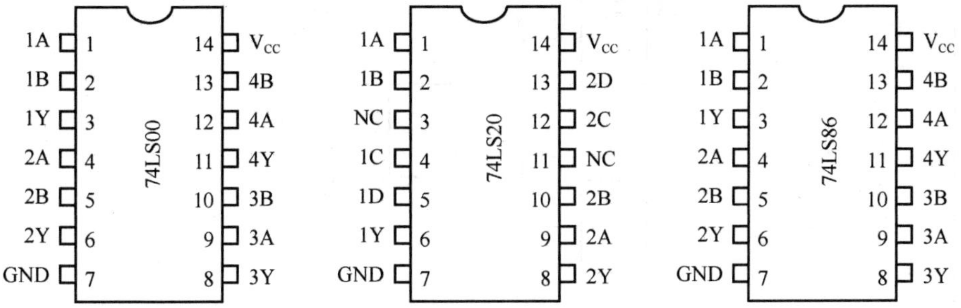

实验图 1-1　门电路逻辑功能及测试所用器件

三、预习要求

(1) 预习门电路相应的逻辑表达式。
(2) 熟悉所用集成电路的引脚排列及用途。

四、实验内容及步骤

实验前按数字电路实验箱使用说明书先检查电源是否正常,然后选择实验用的集成块芯片插入实验箱中对应的IC座，按自己设计的实验接线图接好连线。注意集成块芯片不能插反。线接好后经实验指导教师检查无误方可通电实验。实验中改动接线须先断开电源，接好线后再通电实验。

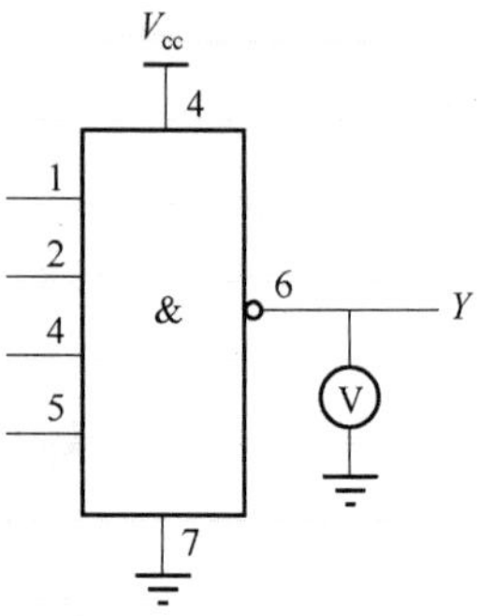

实验图 1-2　与非门电路

1. 与非门电路逻辑功能的测试

(1) 选用双四输入与非门74LS20一片，插入数字电路实验箱中对应的IC座，按实验图1-2接线、输入端1、2、4、5分别接到K_1～K_4的逻辑开关输出插口，输出端接电平显示发光二极管VD_1～VD_4任意一个。

(2) 将逻辑开关按实验表1-1的状态，分别测输出电压及逻辑状态。

实验表 1-1　与非门逻辑输入与输出

输入				输出	
1(K_1)	2(K_2)	4(K_3)	5(K_4)	Y	电压值/V
H	H	H	H		
L	H	H	H		
L	L	H	H		
L	L	L	H		
L	L	L	L		

2. 异或门逻辑功能的测试

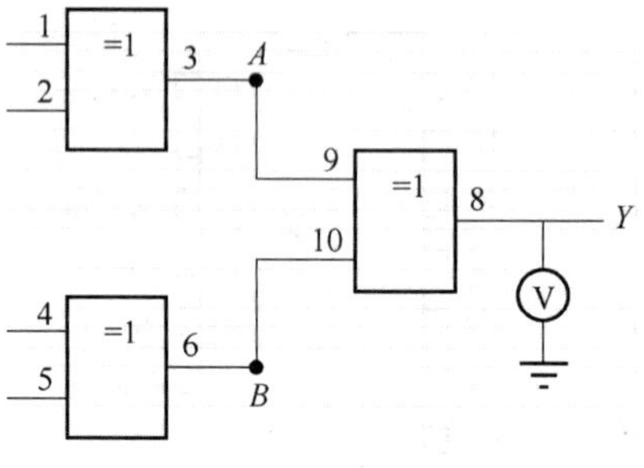

实验图 1-3　异或门电路

(1) 选二输入四异或门电路74LS86，按实验图1-3接线，输入端1、2、4、5接逻辑开关(K_1～K_4)，输出端A、B、Y接电平显示发光二极管。

(2) 将逻辑开关按实验表1-2的状态设置，将结果填入表中。

实验表 1-2　异或门逻辑输入与输出

输入				输出			
1(K_1)	2(K_2)	4(K_3)	5(K_4)	A	B	Y	电压/V
L	L	L	L				

续 表

输入				输出			
1(K_1)	2(K_2)	4(K_3)	5(K_4)	*A*	*B*	*Y*	电压/V
H	L	L	L				
H	H	L	L				
H	H	H	L				
H	H	H	H				
L	H	L	H				

3. 逻辑电路的逻辑关系测试

(1) 用74LS00按实验图1-4、1-5接线，将输入输出逻辑关系分别填入实验表1-3、1-4中。

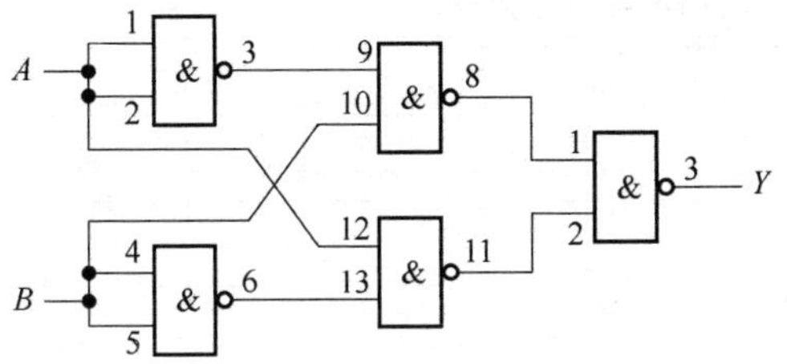

实验图1-4 74LS00电路一

实验表1-3 74LS00电路一输入输出逻辑关系

输入		输出
A	*B*	*Y*
L	L	
L	H	
H	L	
H	H	

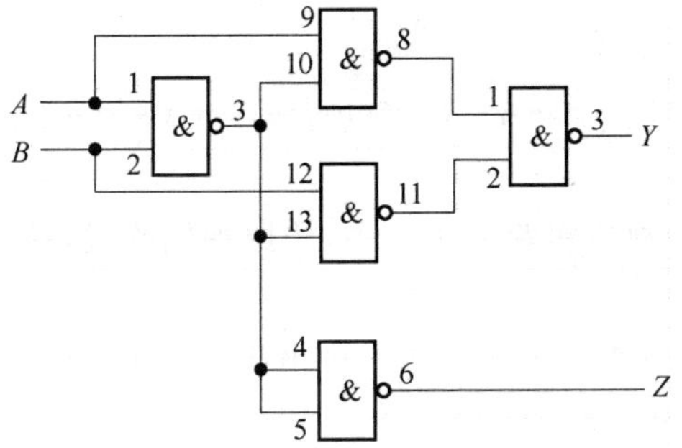

实验图1-5 74LS00电路二

实验表1-4 74LS00电路二输入输出逻辑关系

输入		输出	
A	*B*	*Y*	*Z*
L	L		
L	H		
H	L		
H	H		

(2) 写出上面两个电路逻辑表达式，并画出等效逻辑图。

4. 利用与非门控制输出(选做)

用一片74LS00按实验图1-6接线，S接任一电平开关，用示波器观察S对输出脉冲的控制作用。

5. 用与非门组成其他逻辑门电路，并验证其逻辑功能

(1) 组成与门电路

由与门的逻辑表达式 $Z=A\cdot B=\overline{\overline{A\cdot B}}$ 得知，可以用两个与非门组成与门，其中一个

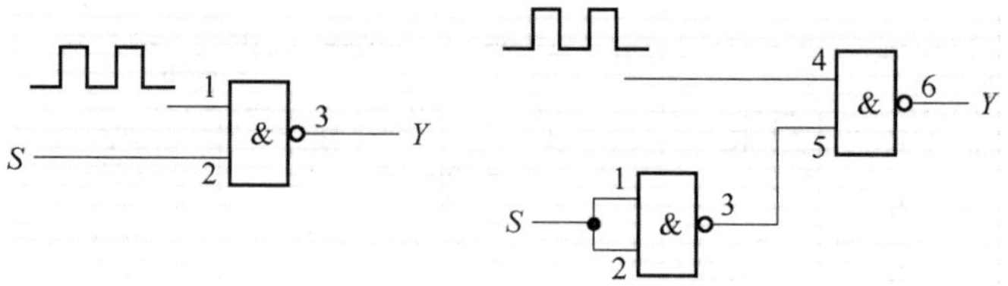

实验图 1-6　用与非门控制输出实验电路

与非门用作反相器。

① 将与门及其逻辑功能验证的实验原理图画在实验表 1-5 中，按原理图连线，检查无误后接通电源。

② 当输入端 A、B 为实验表 1-5 的情况时，分别测出输出端 Y 的电压或用 LED 发光管监视其逻辑状态，并将结果记录表中，测试完毕后断开电源。

实验表 1-5　用与非门组成与门电路实验数据

逻辑功能测试实验原理图	输入		输出 Y	
	A	B	电压	逻辑值

(2) 组成或门电路

根据 De. Morgan 定理，或门的逻辑函数表达式 $Z=A+B$ 可以写成 $Z=\overline{\overline{A}\cdot\overline{B}}$，因此，可以用 3 个与非门组成或门。

① 将或门及其逻辑功能验证的实验原理图画在实验表 1-6 中，按原理图连线，检查无误后接通电源。

② 当输入端 A、B 为实验表 1-6 的情况时，分别测出输出端 Y 的电压或用 LED 发光管监视其逻辑状态，并将结果记录表中，测试完毕后断开电源。

实验表 1-6　用与非门组成或门电路实验数据

逻辑功能测试实验原理图	输入		输出 Y	
	A	B	电压	逻辑值

(3) 组成或非门电路

或非门的逻辑函数表达式 $Z=\overline{A+B}$，根据 De. Morgan 定理，可以写成 $Z=\overline{A}\cdot\overline{B}=\overline{\overline{\overline{A}\cdot\overline{B}}}$，因此，可以用 4 个与非门构成或非门。

① 将或非门及其逻辑功能验证的实验原理图画在实验表 1-7 中，按原理图连线，检查无误后接通电源。

② 当输入端 A、B 为实验表 1-7 的情况时，分别测出输出端 Y 的电压或用 LED 发光管监视其逻辑状态，并将结果记录表中，测试完毕后断开电源。

实验表 1-7 用与非门组成或非门电路实验数据

逻辑功能测试实验原理图	输入		输出 Y	
	A	B	电压	逻辑值

(4) 组成异或门电路(选做)

异或门的逻辑表达式 $Z=A\overline{B}+\overline{A}B=\overline{\overline{A\overline{B}}\cdot\overline{\overline{A}B}}$，由表达式得知，我们可以用 5 个与非门组成异或门。但根据没有输入反变量的逻辑函数的化简方法，有 $\overline{A}\cdot B=(\overline{A}+\overline{B})\cdot B=\overline{A+B}\cdot B$，同理有 $A\overline{B}=A\cdot(\overline{A}+\overline{B})=A\cdot\overline{AB}$，因此 $Z=A\overline{B}+\overline{A}B=\overline{\overline{\overline{AB}B}\cdot\overline{\overline{AB}A}}$，可由 4 个与非门组成。

① 将异或门及其逻辑功能验证的实验原理图画在实验表 1-8 中，按原理图连线，检查无误后接通电源。

② 当输入端 A、B 为实验表 1-8 的情况时，分别测出输出端 Y 的电压或用 LED 发光管监视其逻辑状态，并将结果记录表中，测试完毕后断开电源。

实验表 1-8 用与非门组成异或门电路实验数据

逻辑功能测试实验原理图	输入		输出 Y	
	A	B	电压	逻辑值

五、实验报告

(1) 按各步聚要求填表并画逻辑图。

(2) 回答问题:

① 怎样判断门电路逻辑功能是否正常?

② 与非门一个输入接连续脉冲,其余端什么状态时允许脉冲通过?什么状态时禁止脉冲通过?

③ 异或门又称可控反相门,为什么?

实验二 组合逻辑电路Ⅰ(半加器、全加器)

一、实验目的

(1) 掌握组合逻辑电路的功能测试。

(2) 验证半加器和全加器的逻辑功能。

(3) 学会二进制数的运算规律。

二、实验仪器及材料

(1) 实验仪器设备:双踪示波器、数字万用表、数字电路实验箱。

(2) 器件:

74LS00	二输入端四与非门	3 片
74LS86	二输入端四异或门	1 片
74LS54	四组输入与或非门	1 片

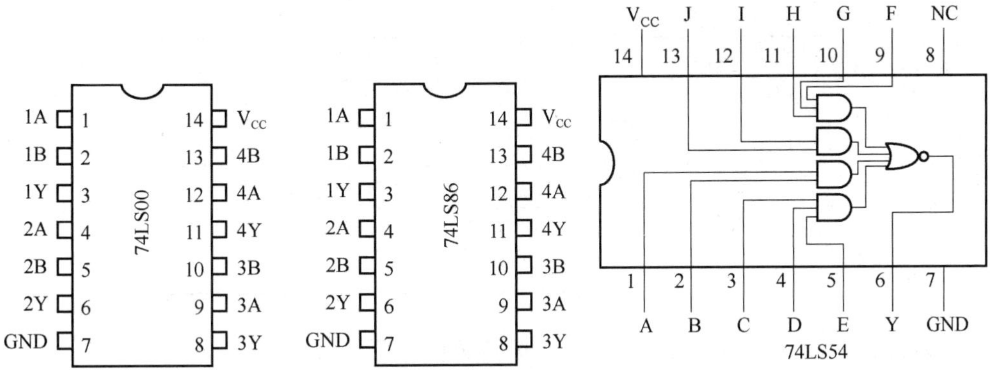

实验图 2-1 组合逻辑电路Ⅰ所用器件

三、预习要求

(1) 预习组合逻辑电路的分析方法。

(2) 预习用与非门和异或门构成的半加器、全加器的工作原理。

(3) 预习二进制数的运算。

四、实验内容及步骤

1. 组合逻辑电路功能测试

(1) 用 2 片 74LS00 组成实验图 2-2 所示逻辑电路。为便于接线和检查,在图中要注明芯片编号及各引脚对应的编号。

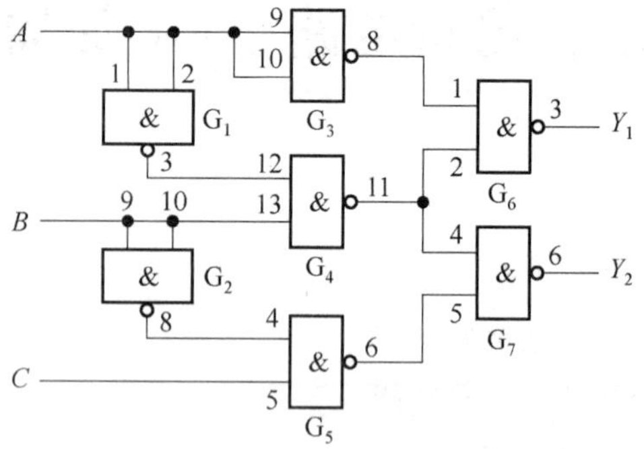

实验图 2-2　2 片 74LS00 组成的电路

(2) 先按实验图 2-2 写出 Y_2 的逻辑表达式并化简。

实验表 2-1　实验图 2-2 电路输入、输出逻辑关系

输入			输出	
A	B	C	Y_1	Y_2
0	0	0		
0	0	1		
0	1	1		
1	1	1		
1	1	0		
1	0	0		
1	0	1		
0	1	0		

(3) 图中 A、B、C 接逻辑开关,Y_1、Y_2 接发光管电平显示。

(4) 按实验表 2-1 要求,改变 A、B、C 输入的状态,填表写出 Y_1、Y_2 的输出状态。

(5) 将运算结果与实验结果进行比较。

2. 用异或门(74LS86)和与非门组成的半加器电路

根据半加器的逻辑表达式可知,半加器 Y 是 A、B 的异或,而进位 Z 是 A、B 相与,即半加器可用 1 个异或门和 2 个与非门组成一个电路,如实验图 2-3 所示。

(1) 在数字电路实验箱上插入异或门和与非门芯片。输入端 A、B 接逻辑开关 K,Y、Z 接发光管电平显示。

(2) 按实验表 2-2 要求改变 A、B 状态,填表并写出 y、z 逻辑表达式。

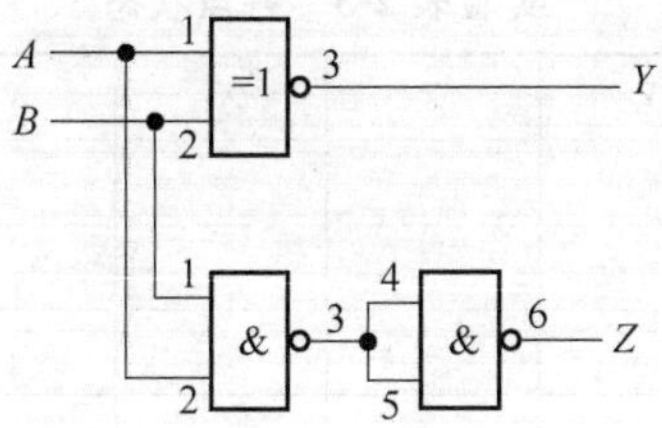

实验图 2-3 用 1 个异或门和 2 个与非门组成的电路

实验表 2-2 实验图 2-3 电路输入、输出逻辑关系

输入端	A	0	1	0	1
	B	0	0	1	1
输出端	Y				
	Z				

3. 全加器组合电路的逻辑功能测试

(1) 写出实验图 2-4 电路的逻辑表达式。

(2) 根据逻辑表达式列真值表。

(3) 根据真值表画出逻辑函数 S_1、C_1 的卡诺图。

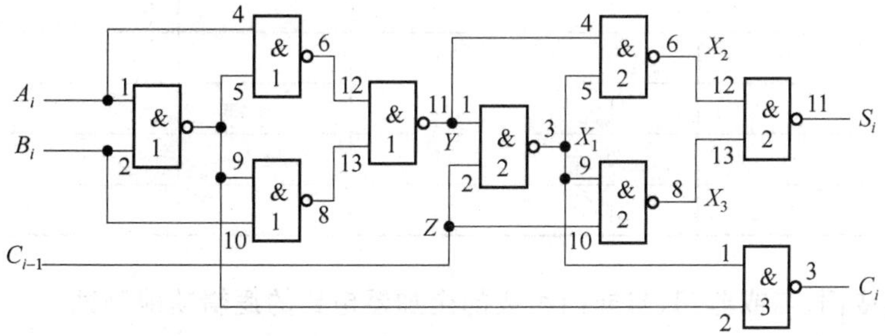

实验图 2-4 全加器组合电路

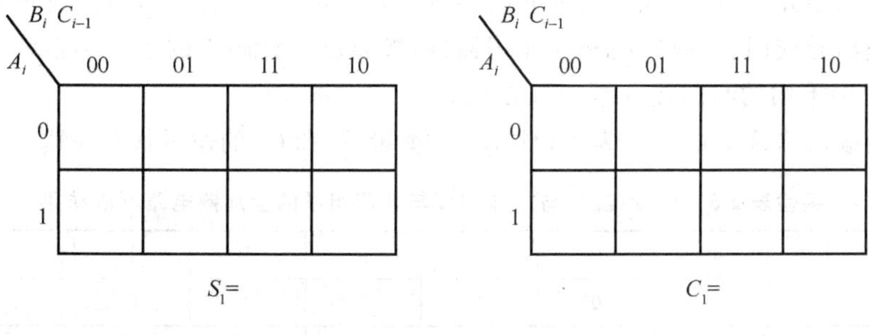

实验图 2-5 全加器组合电路真值表

(4) 填写实验表 2-3 各点状态。

实验表 2-3　各点状态

A_1	B_1	C_{1-1}	Y	Z	X_1	X_2	X_3	S_1	C_1
0	0	0							
0	1	0							
1	0	0							
1	1	0							
0	0	1							
0	1	1							
1	0	1							
1	1	1							

(5) 按原理图选择与非门并接线进行测试,将测试结果记入实验表 2-4,并与实验表 2-3 进行比较看逻辑功能是否一致。

实验表 2-4　全加器组合电路测试结果

A_1	B_1	C_{1-1}	C_1	S_1
0	0	0		
0	1	0		
1	0	0		
1	1	0		
0	0	1		
0	1	1		
1	0	1		
1	1	1		

4. 用异或门、与或非门、与非门组成的全加器电路的逻辑功能测试

全加器电路可以用两个半加器、两个与门和一个或门组成。在实验中,常用一片双异或门、一片与或非门和一片与非门来实现。

(1) 画出用异或门、与或非门和非门实现全加器的逻辑电路图,写出逻辑表达式。

(2) 找出异或门、与或非门和与非门器件,按自己设计画出的电路图接线,注意:接线时与或非门中不用的与门输入端应该接地。

(3) 当输入端 A_1、B_1、C_{1-1} 为下列情况时,测量 S_1 和 C_1 的逻辑状态并填入实验表 2-5。

实验表 2-5　用异或门、与或非门和与非门组成的全加器电路测试结果

输入端	A_1	0	0	0	0	1	1	1	1
	B_1	0	0	1	1	0	0	1	1
	C_{1-1}	0	1	0	1	0	1	0	1
输出端	S_1								
	C_1								

五、实验报告

(1) 整理实验数据、图表并对实验结果进行分析讨论。

(2) 总结全加器卡诺图的分析方法。

(3) 总结实验中出现的问题和解决的办法。

实验三　组合逻辑电路Ⅱ(译码器和数据选择器)

一、实验目的

(1) 熟悉集成数据选择器、译码器的逻辑功能及测试方法。

(2) 学会用集成数据选择器、译码器进行逻辑设计。

二、实验仪器及材料

(1) 实验仪器设备:双踪示波器、数字万用表、数字电路实验箱。

(2) 器件:

74LS139	2-4 线译码器	1 片
74LS153	双 4 选 1 数据选择器	1 片
74LS00	二输入端四与非门	1 片

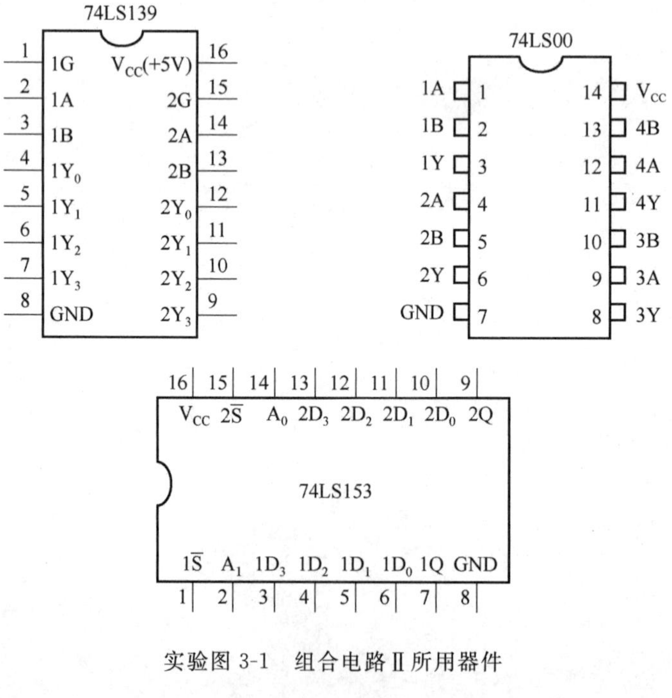

实验图 3-1　组合电路Ⅱ所用器件

三、实验内容及步骤

1. 译码器功能测试

将 74LS139 双 2-4 线译码器按实验图 3-2 分别输入逻辑电平,并填写实验表 3-1 输出状态。

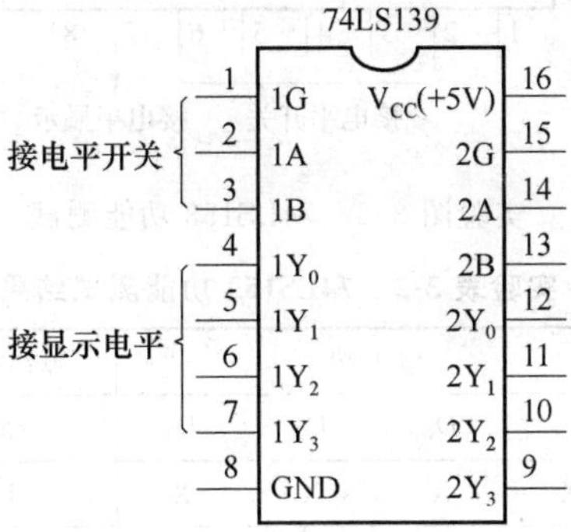

实验图 3-2　74LS139 功能测试

实验表 3-1　74LS139 功能测试结果

输入			输出			
使能	选择					
1G	1B	1A	Y_0	Y_1	Y_2	Y_3
H	X	X				
L	L	L				
L	L	H				
L	H	L				
L	H	H				

2. 译码器转换

将双 2-4 线译码器转换为 3-8 线译码器。

(1) 画出转换电路图。

(2) 在实验箱上接线并验证设计是否正确。

(3) 设计并填表写该 3-8 线译码器功能表。

3. 数据选择器的测试及应用

(1) 将双 4 选 1 数据选择器 74LS153 参照实验图 3-3 接线,测试其功能并填写实验表 3-2 功能表。

(2) 找到实验箱脉冲信号源中 S_c、S_1 两个不同频率的信号,接到数据选择器任意 2 个输入端,将选择端置位,使输出端可分别观察到 S_c、S_1 信号。

(3) 分析上述实验结果,总结数据选择器作用并画出波形。

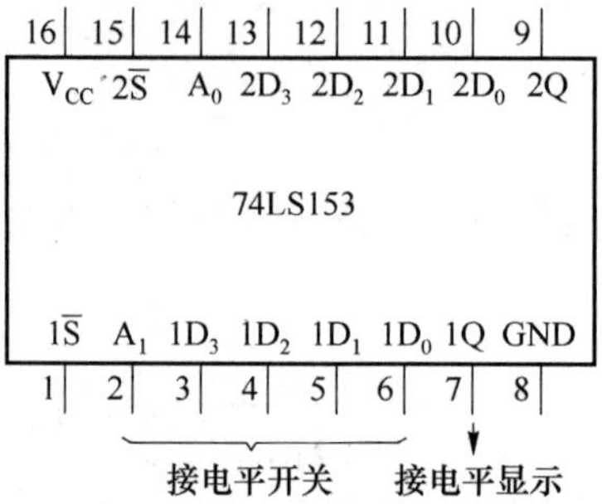

实验图 3-3　74LS153 功能测试

实验表 3-2　74LS153 功能测试结果

选择端		输入端				输出控制	输出
A_1	A_0	D_0	D_1	D_2	D_3	$\overline{S}$	Q
X	X	X	X	X	X	H	
L	L	L	X	X	X	L	
L	L	H	X	X	X	L	
L	H	X	L	X	X	L	
L	H	X	H	X	X	L	
H	L	X	X	L	X	L	
H	L	X	X	H	X	L	
H	H	X	X	X	L	L	
H	H	X	X	X	H	L	

四、实验报告

1. 画出实验要求的波形图。
2. 画出实验内容 2、3 的接线图。
3. 总结译码器和数据选择的使用体会。

实验四　触发器

一、实验目的

(1) 熟悉并掌握 *RS*、*D*、*JK* 触发器的特性和功能测试方法。

(2) 学会正确使用触发器集成芯片。

(3) 了解不同逻辑功能 FF 相互转换的方法。

二、实验仪器及材料

(1) 实验仪器设备:双踪示波器、数字万用表、数字电路实验箱。

(2) 器件:

74LS00	二输入端四与非门	1 片
74LS74	双 *D* 触发器	1 片
74LS76	双 *JK* 触发器	1 片

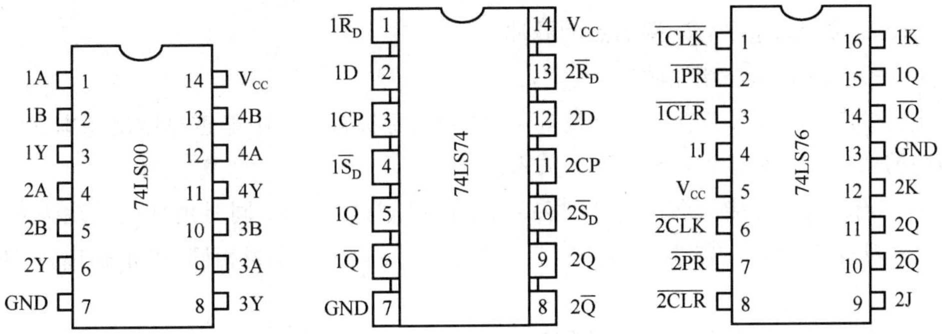

实验图 4-1　触发器实验所用器件

三、实验内容及步骤

1. 基本 *RS* 触发器功能测试

两个 TTL 与非门首尾相接构成的基本 *RS* 触发器的电路,如实验图 4-2 所示。

(1) 试按下面的顺序在 *S*、*R* 端加信号:

$\overline{S}_d=0$　　$\overline{R}_d=1$

$\overline{S}_d=1$　　$\overline{R}_d=1$

$\overline{S}_d=1$　　$\overline{R}_d=0$

$\overline{S}_d=1$　　$\overline{R}_d=1$

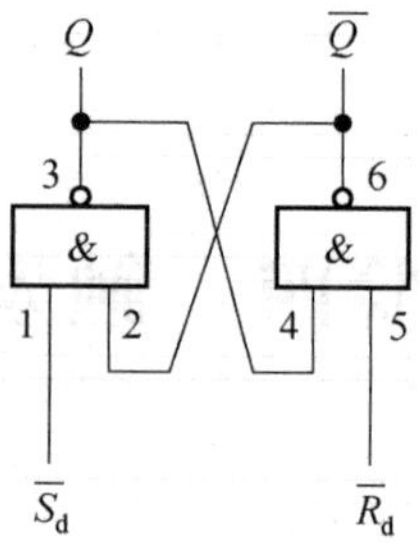

实验图 4-2　基本 *RS* 触发器电路

观察并记录触发器的 Q、$\overline{Q}$端的状态，将结果填入实验表 4-1 中，并说明在上述各种输入状态下，*RS* 执行的是什么逻辑功能？

实验表 4-1　基本 *RS* 触发器实验数据

$\overline{S}_d$	$\overline{R}_d$	Q	$\overline{Q}$	逻辑功能
0	1			
1	1			
1	0			
1	1			

(2) S_d 端接低电平，$\overline{R}_d$ 端加点动脉冲。

(3) S_d端接高电平，$\overline{R}_d$ 端加点动脉冲。

(4) 令$\overline{R}_d=\overline{S}_d$，$\overline{S}_d$ 端加脉冲。

记录并观察(2)、(3)、(4)三种情况下，Q、$\overline{Q}$端的状态。从中能否总结出基本 *RS* 的 Q 或$\overline{Q}$端的状态改变和输入端$\overline{S}_d$、$\overline{R}_d$ 的关系。

(5) 当$\overline{S}_d$、$\overline{R}_d$ 都接低电平时，观察 Q、$\overline{Q}$端的状态，当$\overline{S}_d$、$\overline{R}_d$ 同时由低电平跳为高电平时，注意观察 Q、$\overline{Q}$ 端的状态，重复 3～5 次看 Q、$\overline{Q}$ 端的状态是否相同，以正确理解“不定”状态的含义。

2. 维持-阻塞型 *D* 触发器功能测试

双 *D* 型正边沿维持-阻塞型触发器 74LS74 的逻辑符号如实验图 4-3 所示。

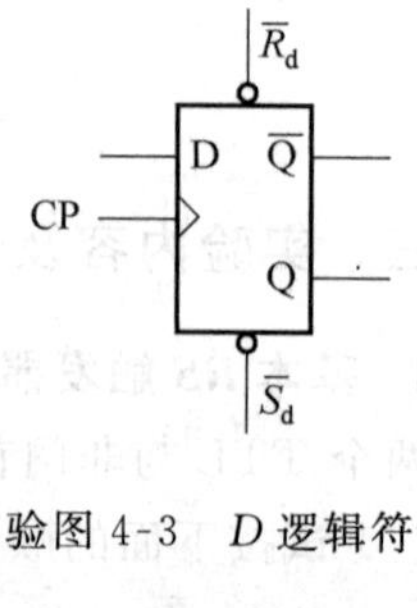

实验图 4-3　*D* 逻辑符号

图中$\overline{S}_d$、$\overline{R}_d$ 端为异步置 1 端，置 0 端(或称异步置位，复位端)，CP 为时钟脉冲端。

试按下面步骤做实验：

(1) 分别在$\overline{S}_d$、$\overline{R}_d$ 端加低电平，观察并记录 Q、$\overline{Q}$端的状态。

(2) 令$\overline{S}_d$、$\overline{R}_d$端为高电平，*D* 端分别接高、低电平，用点动脉冲作为 CP，观察并记录当

CP 为 0、↑、1、↓时 Q 端状态的变化。

(3) 当$\overline{S}_d=\overline{R}_d=1$、CP=0(或 CP=1)，改变 D 端信号，观察 Q 端的状态是否变化？

整理上述实验数据，将结果填入实验表 4-2 中。

(4) 令$\overline{S}_d=\overline{R}_d=1$，将 D 和$\overline{Q}$端相连，CP 加连续脉冲，用双踪示波器观察并记录 Q 相对于 CP 的波形。

实验表 4-2 维持-阻塞型 *D* 触发器实验数据

$\overline{S}_d$	$\overline{R}_d$	CP	D	Q^n	Q^{n+1}
0	1	X	X	0	
				1	
1	0	X	X	0	
				1	
1	1	↑	0	0	
				1	
1	1	↑	1	0	
				1	
1	1	0(1)	X	0	
				1	

CP 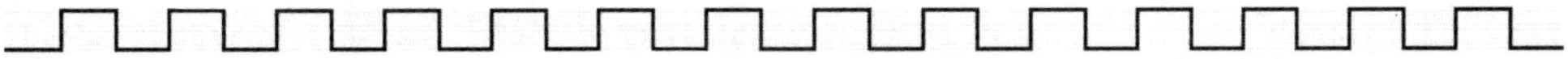

Q

3. 负边沿 *JK* 触发器功能测试

双 JK 负边沿触发器 74LS76 芯片的逻辑符号如实验图 4-4 所示。

自拟实验步骤，测试其功能，并将结果填入实验表 4-3 中，若令 $J=K=1$ 时，CP 端加连续脉冲，用双踪示波器观察 Q～CP 波形，试将 D 触发器的 D 和$\overline{Q}$端相连时观察 Q 端和 CP 的波形并与相比较，有何异同点？

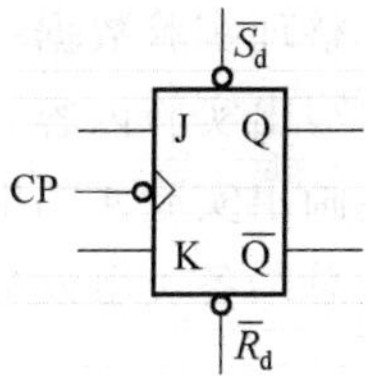

实验图 4-4 *JK* 逻辑符号

4. 触发器功能转换

(1) 将 D 触发器和 JK 触发器转换成 T 触发器，列出表达式，画出实验电路图。

(2) 接入连续脉冲，观察各触发器 CP 及 Q 端波形，比较两者关系。

$JK \Rightarrow T'$

CP 

Q

$D \Rightarrow T'$

CP 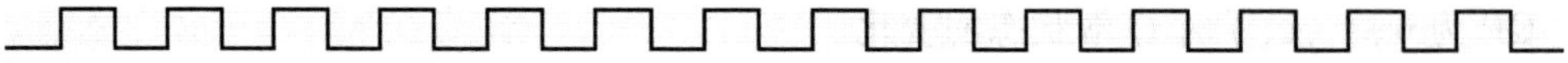

Q

(3)自拟实验数据表并填写。

实验表 4-3　负边沿 *JK* 触发器实验数据

$\overline{S}_d$	$\overline{R}_d$	CP	J	K	Q	Q^{n+1}
0	1	X	X	X	X	
1	0	X	X	X	X	
1	1	↓	0	X	0	
1	1	↓	1	X	0	
1	1	↓	X	0	1	
1	1	↓	X	1	1	

四、实验报告

1. 整理实验数据并填表。
2. 写出实验内容 3、4 的实验步骤及表达式。
3. 画出实验 4 的电路图及相应表格。
4. 总结各类触发器特点。

实验五　时序电路(计数器、移位寄存器)

一、实验目的

(1) 掌握常用时序电路分析,设计及测试方法。

(2) 训练独立进行实验的技能。

二、实验仪器及材料

(1) 实验仪器设备:双踪示波器、数字万用表、数字电路实验箱。

(2) 器件:

74LS112	双 JK 触发器	2 片
74LS175	四 D 触发器	1 片
74LS10	三输入端三与非门	1 片
74LS00	二输入端四与非门	1 片

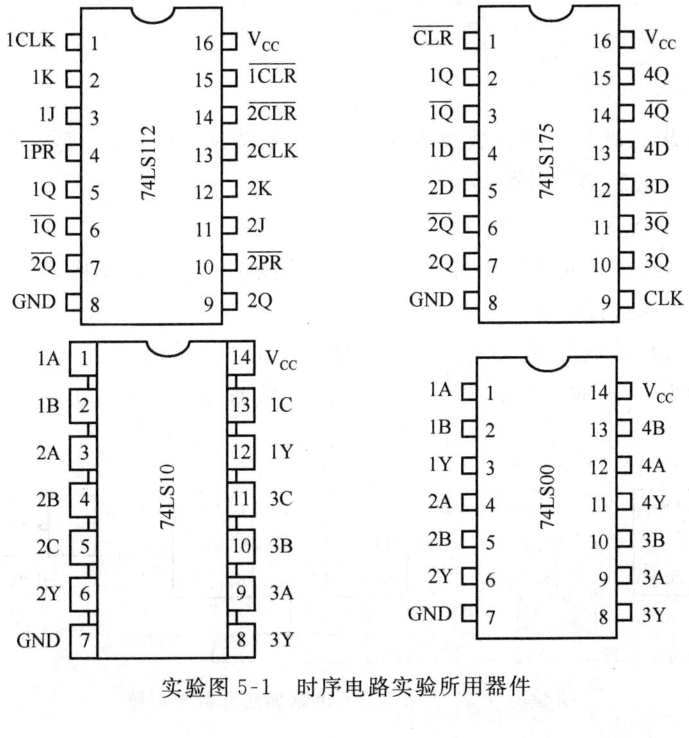

实验图 5-1　时序电路实验所用器件

三、实验内容及步骤

1. 异步二进制计数器

(1) 按实验图 5-2 接线，让 $J=K=1$。

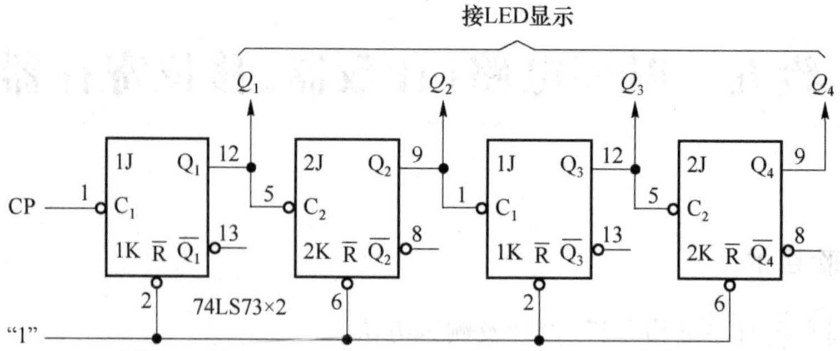

实验图 5-2　异步二进制计数器电路

(2) 由 CP 端输入单脉冲，测试并记录 $Q_1 \sim Q_4$ 端状态及波形。

CP 

Q_1

Q_2

Q_3

Q_4

(3) 试将异步二进制加法计数改为减法计数，参考加法计数器，要求实验并记录。

2. 异步二-十进制加法计数器

(1) 按实验图 5-3 接线。

Q_A、Q_B、Q_C、Q_D 4 个输出端分别接发光二极管显示，复位端 R 接入单脉冲，置位端 S 接高电平"1"，CP 端接连续脉冲。

(2) 在 CP 端接连续脉冲，观察 CP、Q_A、Q_B、Q_C、Q_D 的波形。

(3) 将实验图 5-3 改成一个异步二-十进制减法计数器，并画出 CP、Q_A、Q_B、Q_C、Q_D 的波形。

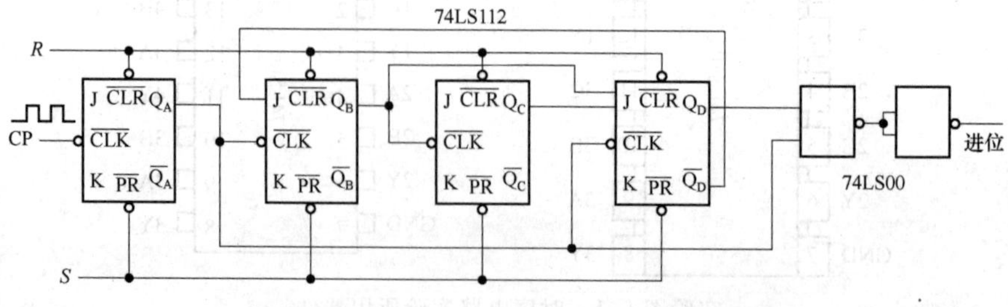

实验图 5-3　异步二-十进制加法计数器电路

3. 自循环移位寄存器——环形计数器

(1) 按实验图 5-4 接线，将 A、B、C、D 置为 1000，用单脉冲计数，记录各触发器状态。

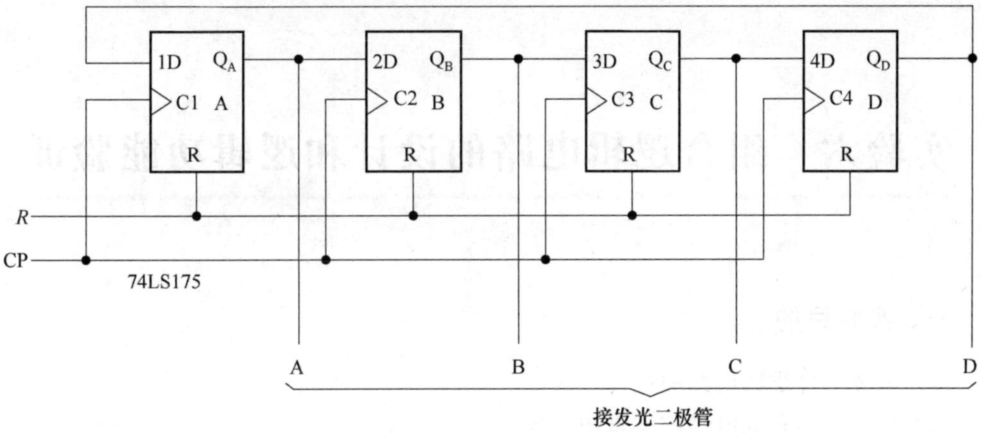

实验图 5-4　加 74LS10 前的电路

改为连续脉冲计数，并将其中一个状态为“0”的触发器置为“1”(模拟干扰信号作用的结果)，观察计数器能否正常工作，分析原因。

(2) 按实验图 5-5 接线，与非门用 74LS10 三输入端三与非门重复上述实验，对比实验结果，总结关于自启动的体会。

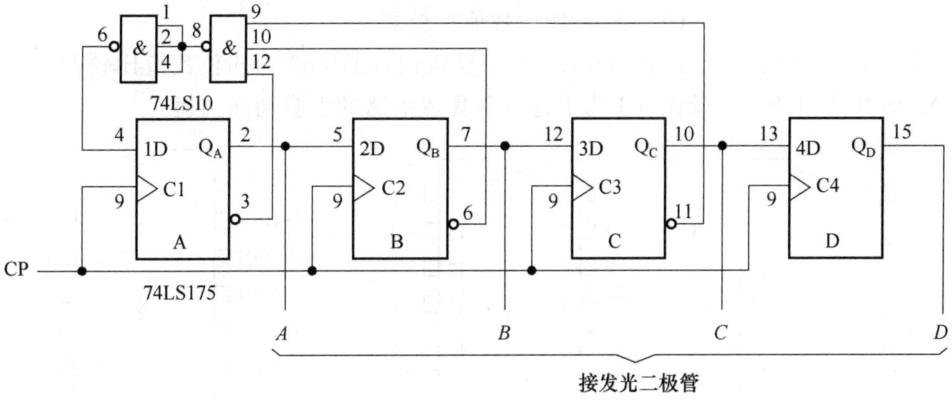

实验图 5-5　加用 74LS10 后的电路

四、实验报告

1. 画出实验内容要求的波形及记录表格。
2. 总结时序电路特点。

实验六　组合逻辑电路的设计和逻辑功能验证

一、实验目的

(1) 掌握组合逻辑电路的设计方法。

(2) 学会使用集成电路的逻辑功能表。

二、实验仪器及材料

(1) 实验仪器设备:数字电路实验箱、双踪示波器、数字万用表。

(2) 器件:

CD4081	双输入与门	1 片
CD4070	四异或门	2 片
CD4063	四位数值比较器	1 片

CD4081 为四双输入与门;CD4070 为四异或门,CD4063 为四位数值比较器,它们均为 CMOS 集成电路。实验图 6-1 为上述三种集成电路的引脚功能描述。

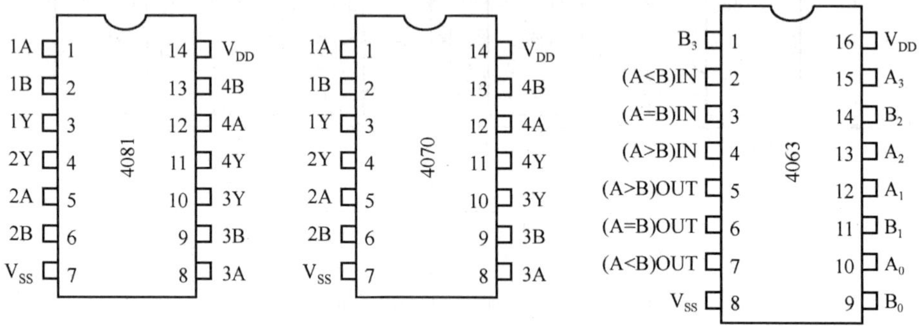

实验图 6-1　组合逻辑电路实验所用器件

三、注意事项及说明

(1) CMOS 门电路的电源电压为＋3～＋15 V,有些可达 18 V,实验前应先验证或调整正确,才可给门电路通电,本实验可选＋5 V 供电。

(2) 门电路的输出端不可直接并联,也不可直接联连电源＋5 V 和电源地,否则将造成门电路永久性损坏。

(3) CMOS 集成电路的多余输入端不可悬空。

(4) 实验时应认真检查，仅当各条连线全部正确无误时，方可通电。

四、实验内容、原理及步骤

(1) 设计一个一位比较器(大、同、小)的组合电路并验证其逻辑功能。

(2) 验证四位数值比较器的逻辑功能。

(3) 设计一个八位二进制奇偶检测器的组合电路并验证其逻辑功能。

(4) 设计一个两位二进制数比较器(大、同、小)的组合电路(选做)。

1. 一位(大、同、小)比较器的设计及其逻辑功能的验证

(1) 根据命题要求列真值表

设 A、B 为两个二进制数的某一位，即比较器的输入，M、G、L 为比较器的输出，分别表示两个二进制数比较后的大、同、小结果，其逻辑功能真值表见实验表 6-1。

(2) 写表达式

为了减少门电路的种类，根据实验表 6-1 的真值表，我们做如下运算：

同 $G=\overline{A}\,\overline{B}+AB=\overline{A\overline{B}+\overline{A}B}=\overline{A\oplus B}$

大 $M=A\overline{B}=A(A\overline{B}+\overline{A}B)=A(A\oplus B)$

小 $L=\overline{A}B=B(A\overline{B}+\overline{A}B)=B(A\oplus B)$

$X\oplus 1=\overline{X}$

(3) 画逻辑图

根据上述表达式，可用两个异或门和两个与门实现上述的大、同、小比较器，并将逻辑图画在实验表 6-1 右边的空白处。

(4) 实验验证

选 CD4081、CD4070 各一片，按所画逻辑原理图连线，检查无误后接通电源。当输入端 A、B 为实验表 6-1 的情况时，用 3 只 LED 发光管，分别监视输出端 M、G、L 的逻辑状态，验证逻辑功能的正确性。当输出高电平时，LED 发光管亮，表示逻辑值为“1”，当输出低电平时，LED 发光管灭，表示逻辑值为“0”，实验完毕后断开电源。

实验表 6-1 一位比较器真值表

输入		输出			说明	
A	B	M	G	L		
0	0	0	1	0	$A=B$	
0	1	0	0	1	$A<B$	
1	0	1	0	0	$A>B$	
1	1	0	1	0	$A=B$	

2. 四位数值比较器逻辑功能的验证

(1) 引脚和功能描述

CD4063 为 CMOS 四位二进制数值比较器集成电路，十六引脚双列直插式封装，所有功能引脚分三类:比较输入端、级联输入端和输出端。比较输入端实现本级两组四位二进制数的比较;级联输入端则是为实现多级芯片的相互级联所设,当仅使用一级比较时,可将 $A<B$、$A=B$ 和 $A>B$ 三个级联输入端,分别接"0""1""0";输出端则为两组四位二进制数的比较输出,有小、同(相等)和大 3 种结果。其引脚描述如实验图 6-1 所示,逻辑功能如实验表 6-2 所示。

(2) 按上述的引脚和功能描述,连接好验证四位数值比较器逻辑功能的实验电路,检查无误后接通电源。当输入为实验表 6-3 的情况时,用 3 只 LED 发光管,分别监视其输出端 L、G、M 的逻辑状态,验证逻辑功能的正确性。将结果记录到实验表 6-3 中,实验完毕后断开电源。

实验表 6-2 四位数值比较器简化逻辑功能表

输入							输出		
比较输入端				级联输入端					
A_3 B_3	A_2 B_2	A_1 B_1	A_0 B_0	$A<B$	$A=B$	$A>B$	$A<B$	$A=B$	$A>B$
$A_3>B_3$	X	X	X	X	X	X	L	L	H
$A_3=B_3$	$A_2>B_2$	X	X	X	X	X	L	L	H
$A_3=B_3$	$A_2=B_2$	$A_1>B_1$	X	X	X	X	L	L	H
$A_3=B_3$	$A_2=B_2$	$A_1=B_1$	$A_0>B_0$	X	X	X	L	L	H
$A_3=B_3$	$A_2=B_2$	$A_1=B_1$	$A_0=B_0$	L	L	H	L	L	H
$A_3=B_3$	$A_2=B_2$	$A_1=B_1$	$A_0=B_0$	L	H	L	L	H	L
$A_3=B_3$	$A_2=B_2$	$A_1=B_1$	$A_0=B_0$	H	L	L	H	L	L
$A_3=B_3$	$A_2=B_2$	$A_1=B_1$	$A_0<B_0$	X	X	X	H	L	L
$A_3=B_3$	$A_2=B_2$	$A_1=B_1$	X	X	X	X	H	L	L
$A_3=B_3$	$A_2=B_2$	X	X	X	X	X	H	L	L
$A_3=B_3$	X	X	X	X	X	X	H	L	L

实验表 6-3 四位数值比较器逻辑功能验证实验数据表

输入											输出		
比较输入端								级联输入端			L	G	M
A_3	A_2	A_1	A_0	B_3	B_2	B_1	B_0	$A<B$	$A=B$	$A>B$	$A<B$	$A=B$	$A>B$
0	0	0	0	1	0	1	0	0	1	0			
0	0	0	1	1	0	1	0	0	1	0			
0	0	1	0	1	0	1	0	0	1	0			
0	0	1	1	1	0	1	0	0	1	0			
0	1	0	0	1	0	1	0	0	1	0			
0	1	0	1	1	0	1	0	0	1	0			
0	1	1	0	1	0	1	0	0	1	0			
0	1	1	1	1	0	1	0	0	1	0			
1	0	0	0	1	0	1	0	0	1	0			
1	1	1	1	1	0	1	0	0	1	0			

3. 八位二进制奇偶检测器的设计及其逻辑功能验证

（1）原理描述

在数字通信系统中，由于系统噪声或外界干扰的存在，可能给信息代码的传送引入差错。为了发现并纠正错误，常采用奇偶校验码传送，在接收端再用奇偶检测器进行检测，以提高设备抗干扰能力和系统的可靠性。设 B_0、B_1、B_2、B_3、B_4、B_5、B_6、B_7 为八位二进制数，即奇偶检测器的输入，O 为奇偶检测器的奇输出，则检测器的输出函数为

$$O = B_0 + B_1 + B_2 + B_3 + B_4 + B_5 + B_6 + B_7$$

由表达式知，我们可用异或门实现上述的奇偶检测器，并将逻辑图画在实验表 6-4 右边的空白处。

（2）实验验证

选 CD4070 两片，按所画逻辑原理图连线，检查无误后接通电源。当输入端为实验表 6-4 中的情况时，用一只 LED 发光二极管，监视其输出端 O 逻辑状态，验证逻辑功能的正确性。并将结果记录到实验表 6-4 中，实验完毕后断开电源。

实验表 6-4　奇偶检测器逻辑功能验证实验数据表

输入								输出	说明
B_0	B_1	B_2	B_3	B_4	B_5	B_6	B_7	O	
0	0	0	0	0	0	0	1		
0	0	0	0	0	0	1	1		
0	0	0	0	0	1	1	1		
0	0	0	0	1	1	1	1		
0	0	0	1	1	1	1	1		
0	0	1	1	1	1	1	1		
0	1	1	1	1	1	1	1		
1	1	1	1	1	1	1	1		

4. 设计一个两位二进制数比较器（大、同、小）的组合电路（选做）

对两个两位无符号二进制数进行比较（大、同、小），根据比较结果，使相应的三个输出端中的一个输出为“1”。

（1）根据命题要求列真值表

假设第一个二进制数为 $A\,B$，第二个二进制数为 $C\,D$，即比较器的 4 个输入，又设 M、G、L 为比较器的输出，分别表示两个二进制数比较后的大、同、小结果，其逻辑功能真值表见实验表 6-5。

（2）写表达式

根据实验表 6-5 的真值表，对 G 采用公式法化简，对 M 和 L 采用卡诺图法化简得

$$G=\overline{A}\,\overline{B}\,\overline{C}\,\overline{D}+\overline{A}B\,\overline{C}D+A\,\overline{B}C\,\overline{D}+ABCD=(A\cdot C)(B\cdot D)$$

$$M=A\,\overline{C}+AB\,\overline{D}+B\,\overline{C}\,\overline{D}$$

$$L=\overline{A}C+\overline{B}CD+\overline{A}\,\overline{B}D$$

实验表 6-5　两位二进制数比较器逻辑功能真值表

输入				输出			说明
A	B	C	D	M	G	L	
0	0	0	0	0	1	0	$AB=CD$
0	0	0	1	0	0	1	$AB<CD$
0	0	1	0	0	0	1	$AB<CD$
0	0	1	1	0	0	1	$AB<CD$
0	1	0	0	1	0	0	$AB>CD$
0	1	0	1	0	1	0	$AB=CD$
0	1	1	0	0	0	1	$AB<CD$
0	1	1	1	0	0	1	$AB<CD$
1	0	0	0	1	0	0	$AB>CD$
1	0	0	1	1	0	0	$AB>CD$
1	0	1	0	0	1	0	$AB=CD$
1	0	1	1	0	0	1	$AB<CD$
1	1	0	0	1	0	0	$AB>CD$
1	1	0	1	1	0	0	$AB>CD$
1	1	1	0	1	0	0	$AB>CD$
1	1	1	1	0	1	0	$AB=CD$

(3) 画逻辑图

根据上述表达式,读者可自行画出比较器的逻辑图,并验证其逻辑功能。

五、实验报告和要求

根据实验结果,整理实验数据,写出实验报告,并思考下列问题:

(1) 怎样利用四位数值比较器芯片设计一简易电子密码锁?

(2) 怎样利用四位数值比较器及其辅助芯片设计一简易电梯升降自动判别电路?

实验七　D/A 和 A/D 转换器

一、实验目的

(1) 了解 D/A 和 A/D 转换器的基本结构和性能。

(2) 熟悉 D/A 和 A/D 转换器的典型应用。

二、实验仪器及材料

(1) 实验仪器设备：双踪示波器、数字万用表、数字电路实验箱。

(2) 器件：

DAC0832	1 片
ADC0809	1 片
μA741	1 片

三、实验原理

在数字电子技术很多应用场合往往需要把模拟量转换成数字量，或把数字量转成模拟量，完成这一转换功能的转换器有多种型号，使用者借助于手册提供的器件性能指标及典型应用电路，可正确使用这些器件。本实验采用大规模集成电路 DAC0832 实现 D/A（数/模）转换，ADC0809 实现 A/D（模/数）转换。

1. D/A 转换器 DAC0832

DAC0832 是采用 CMOS 工艺制成的电流输出型 8 位数/模转换器，引脚排列如实验图 7-1 所示，各引脚含义如下。

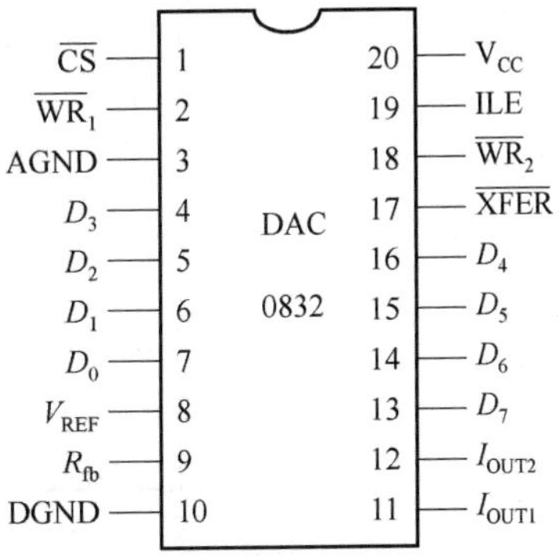

实验图 7-1　DAC0832 引脚排列图

$D_0 \sim D_7$：数字信号输入端，D_7—MSB，D_0—LSB。

ILE：输入寄存器允许，高电平有效。

CS：片选信号，低电平有效，与 ILE 信号合起来共同控制$\overline{WR_1}$是否起作用。

$\overline{WR_1}$：写信号 1，低电平有效，用来将数据总数的数据输入锁存于 8 位输入寄存器中，$\overline{WR_1}$有效时，必须使$\overline{CS}$和 ILE 同时有效。

$\overline{XFER}$：传送控制信号，低电平有效，用来控制$\overline{WR_2}$是否起作用。

$\overline{WR_2}$：写信号 2，低电平有效，用来将锁存于 8 位输入寄存器中的数字传送到 8 位 D/A 寄存器锁存起来，此时 XFER 应有效。

I_{OUT1}：D/A 输出电流 1，当输入数字量全为 1 时，电流值最大。

I_{OUT2}：D/A 输出电流 2。

R_{fb}：反馈电阻。DAC832 为电流输出型芯片，可外接运算放大器，将电流输出转换成电压输出，电阻 R_{fb} 是集成在内的运算放大器的反馈电阻，并将其一端引出片外，为在片外连接运算放大器提供方便。当 R_{fb} 的引出端(脚 9)直接与运算放大器的输出端相连接，如实验图 7-2 所示，而不另外串联电阻时，则输出电压如式(实验 7-1)所示。

$$V_O = \frac{V_{REF}}{2^n} = \sum_{i=0}^{n-1} d_i 2^i \qquad \text{(实验 7-1)}$$

V_{REF}：基准电压，通过它将外加高精度的电压源接至 T 型电压网络，电压范围为(−10～+10)V，也可以直接向其他 D/A 转换器的电压输出端。

V_{CC}：电源，电压范围(+5～+15)V。

AGND：模拟地。

DGND：数字地。

2. A/D 转换器 ADC0809

ADC0809 是采用 CMOS 工艺制成的 8 位逐次渐近型模/数转换器，引脚排列，如实验图 7-3 所示。各引脚含义如下。

IN_0～IN_7：8 路模拟量输入端。

A_2、A_1、A_0：地址输入端。

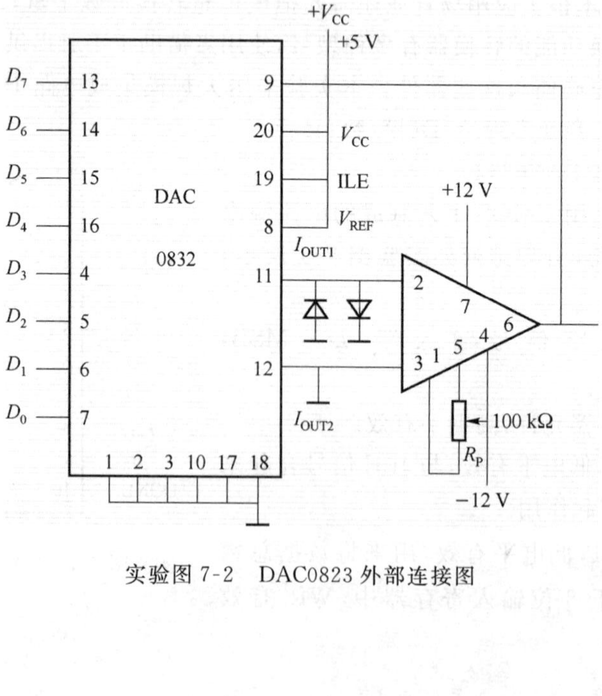

实验图 7-2 DAC0823 外部连接图

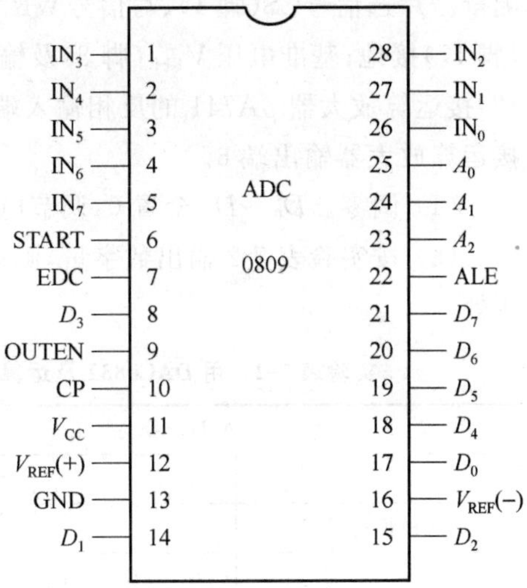

实验图 7-3　ADC0809 引脚排列图

ALE：地址锁存允许输入信号，应在此脚施加正脉冲，上升沿有效，此时锁存地址码，从而选通相应的模拟信号通道，以便进行 A/D 转换。

START：启动信号输入端，应在此脚施加正脉冲，当上升沿到达时，内部逐次逼近寄存器 START 复位，在下降沿到达后，开始 A/D 转换过程。

EOC：转换结束输出信号（转换结束标志），高电平有效，转换在进行中 EOC 为低电平，转换结束 EOC 自动变为高电平，标志 A/D 转换已结束。

OVTEN(OE)：输入允许信号，高电平有效，即 OE＝1 时，将输出寄存器中数据放到数据总线上。

CP：时钟信号输入端，外接时钟脉冲，时钟频率一般为 640 kHz。

V_{REF}（＋）、V_{REF}（－）：基准电压的正极和负极。一般 V_{REF}（＋）接＋5 V 电源，V_{REF}（－）接地。

D_7～D_0：数字信号输出端 D_7—MSB、D_0—LSB。

ADC0809 通过引脚 IN_0～IN_7 输入 8 路单边模拟输入电压，ALE 将 3 位地址线 A_2、A_1、A_0 进行锁存，然后由译码电路选通 8 路中某一路进行 A/D 转换，地址译码与输入选通关系如实验表 7-1 所示。

实验表 7-1　ADC0809 地址译码与输入选通关系

被选模拟通道	地址		
	A_2	A_1	A_0
IN_0	0	0	0
IN_1	0	0	1
IN_2	0	1	0
IN_3	0	1	1
IN_4	1	0	0
IN_5	1	0	0
IN_6	1	1	0
IN_7	1	1	1

四、实验内容及步骤

1. 用 DAC0832 及运算放大器 μA741 组成 D/A 转换电路

按实验图 7-2 连接实验电路，输入数字量由逻辑开关提供，输出模拟量用数字电压表测量。片选信号$\overline{CS}$(脚 1)、写信号$\overline{WR_1}$(脚 2)、写信号$\overline{WR_2}$(脚 18)、传送控制信号$\overline{XEFR}$(脚 17)接地;基准电压 V_{REF}(脚 8)及输入寄存器允许 ILE(脚 19)接+5V 电源;I_{OUT2}(脚 12)接运算放大器 μA741 的反相输入端 2 及同相输入端 3;R_{fb}(脚 9)通过电阻(或不通过)接运算放大器输出端 6。

(1) 调零。$D_0 \sim D_7$ 全置 0,调节电位器 R_P 使 μA741 输出为零。

(2) 按实验表 7-2 输出数字量,测量相应的输出模拟量 V_o,记入表中右方输出模拟电压处。

实验表 7-2 用 DAC0832 及运算放大器 μA741 组成 D/A 转换电路功能测试表

A/D 转换									D/A 转换
	输入数字量								输出模拟量 V_o/V
输入模拟量 V_i/V	输出数字量								
	D_7	D_6	D_5	D_4	D_3	D_2	D_1	D_0	
	0	0	0	0	0	0	0	0	
	0	0	0	0	0	0	0	1	
	0	0	0	0	0	0	1	0	
	0	0	0	0	0	1	0	0	
	0	0	0	0	1	0	0	0	
	0	0	0	1	0	0	0	0	
	0	0	1	0	0	0	0	0	
	0	1	0	0	0	0	0	0	
	1	0	0	0	0	0	0	0	
	1	1	1	1	1	1	1	1	

2. A/D 转换器

按实验图 7-4 连接电路,输入模拟量接 0～+5V 直流可调电源(自己设计),输出数字量接 0—1 指示器。

将三位地址线(脚 23、24、25)同时接地,因而选通模拟输入 IN_0(脚 26)通道进行 A/D 转换;时钟信号 CP(脚 10)用 f=1 kHz 连续脉冲源;启动信号 SRART(脚 6)和地址锁存信号 ALE(脚 22)相连于 P 点,接单次脉冲;参考电压 V_{REF}(+)(脚 12)接+5V 电源,V_{REF}(−)(脚 16)接地;输出允许信号 OE(脚 9)固定接高电平。

(1) 测试脚 6(START)、脚 22(ALE)、脚 7(EDC)的功能

测试脚 6、脚 7 连接于 P 点,接单次脉冲源,调节输入模拟量为某值,按一下 P 端单脉冲源按钮,相应的输出数字量便由 0—1 指示器显示出来,来完成一次 A/D 转换。

断开 P 点与单脉冲源间连线,将 ALE、START 与 EDC 端连接在一起如实验图 7-4 中虚线所示,则电路处于自动状态,观察 A/D 转换器的工作情况。

(2) 令电路片于自动转换状态

调节输入模拟量 V_i,记入实验表 7-2 在左方输入模拟电压处。

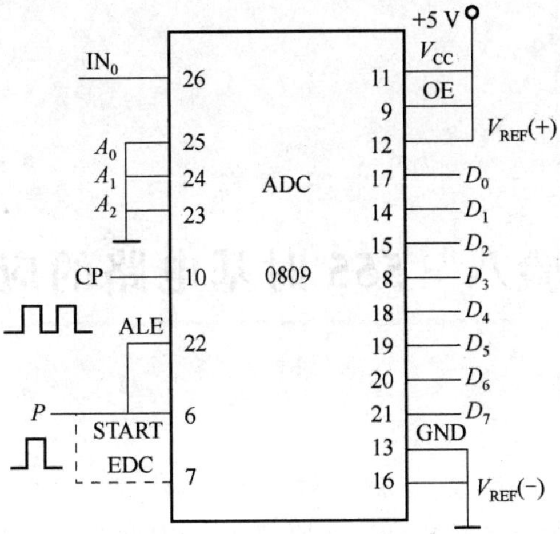

实验图 7-4　ADC0809 实验电路

五、实验报告

整理实验数据，分析实验结果。

六、预习要求

复习 D/A、A/D 转换器部分内容。

实验八　555 时基电路的应用

一、实验目的

（1）掌握 555 时基电路的结构和工作原理，学会对此芯片的正确使用。

（2）学会分析和测试用 555 时基电路构成的多谐振荡器、单稳态触发器、旋密特触发器等典型电路。

二、实验仪器及材料

（1）实验仪器设备：双踪示波器、数字万用表、数字电路实验箱。

（2）器件：

双时基电路	NE556（或 2 片 NE555）	1 片
二极管	1N4148	2 只
电位器	22 kΩ，1 kΩ	2 只
电阻、电容		若干
扬声器		1 支

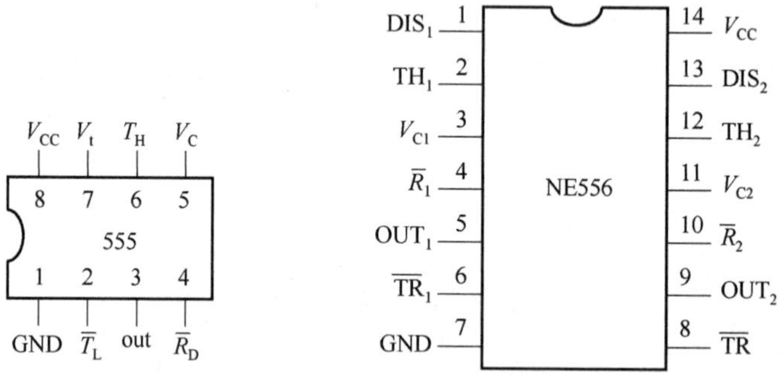

实验图 8-1　555 时基电路的应用实验所用的器件

三、实验原理

本实验所用的时基电路芯片为 NE556，同一芯片上集成了两个各自独立的 555 时基电路，实验图 8-1 中各管脚的功能简述如下。

TH：高电平触发端，当 TH 端电平大于 2/3V ，输出端 OUT 呈低电平，DIS 端导通。

$\overline{TR}$:低电平触发端,当$\overline{TR}$端电平小于1/3V时,OUT端呈现高电平,DIS端关断。

$\overline{R}$:复位端,$\overline{R}=0$,OUT端输出低电平,DIS端导通。

V_C:控制电压端:V_C接不同的电压值可以改变TH,$\overline{TR}$的触发电平值。

DIS:放电端,其导通或关断为RC回路提供了放电或充电的通路。

OUT:输出端。

V_{CC}:接正电源端。

GND:接地端。

556芯片的管脚功能如实验图8-2所示,内部结构简图如实验图8-3所示。

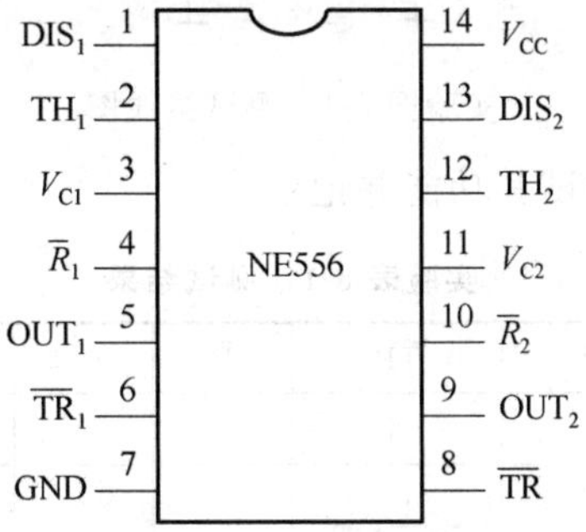

实验图8-2 556芯片管脚功能

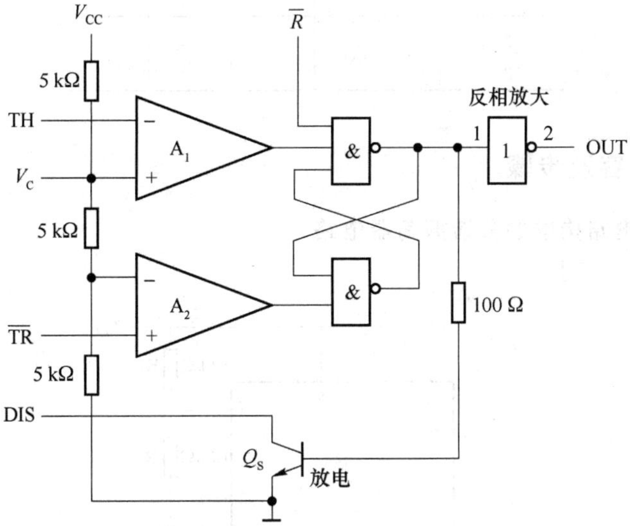

实验图8-3 时基电路内部结构图

(1) 按实验图8-4接线,可调电压取自电位器分压器。

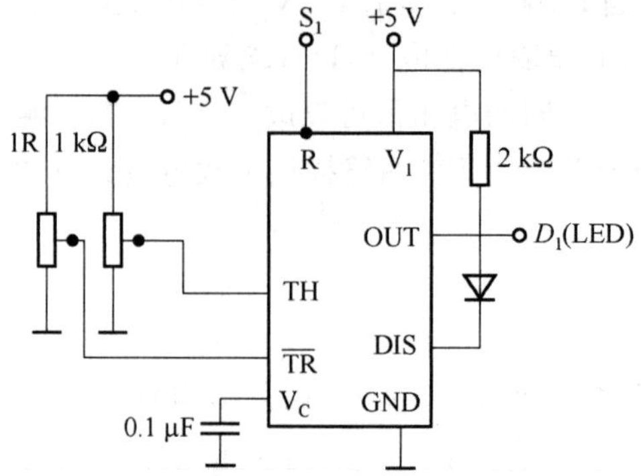

实验图 8-4　测试接线图

(2) 按实验表 8-1 逐项测试其功能并记录。

实验表 8-1　测试结果

TH	$\overline{TR}$	$\overline{R}$	OUT	DIS
X	X			
$<\frac{2}{3}V_{CC}$	$<\frac{1}{3}V_{CC}$			
$<\frac{2}{3}V_{CC}$	$<\frac{1}{3}V_{CC}$			
$<\frac{2}{3}V_{CC}$	$<\frac{1}{3}V_{CC}$			

四、实验内容及步骤

1. 555 时基电路构成的多谐振荡器电路

(1) 按实验图 8-5 接线。

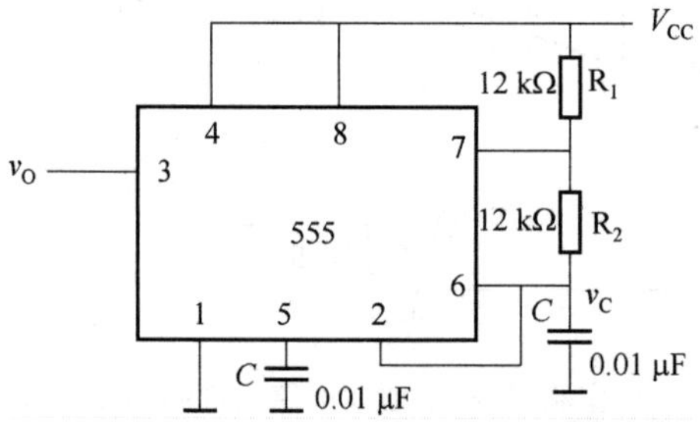

实验图 8-5　555 定时器构成的多谐振荡器

(2) 用示波器观察并测量 OUT 端波形的频率和理论估算值比较，算出频率的相对误差值。

(3) 若将电阻值改为 $R_1=15\ \text{k}\Omega$，$R_2=10\ \text{k}\Omega$，电容 C 不变，上述的数据有何变化？

(4) 根据上述电路的原理，充电回路的支路是 $R_1R_2C_1$，放电回路的支路是 R_2C_1，将电路略做修改，增加一个电位器 R_W 和两个引导二极管，构成实验图 8-6 所示的占空比可调的多谐振荡器。其点空比 $q=\frac{R_1}{R_1+R_2}$，调节 R_W 的阻值，可改变 q 值。

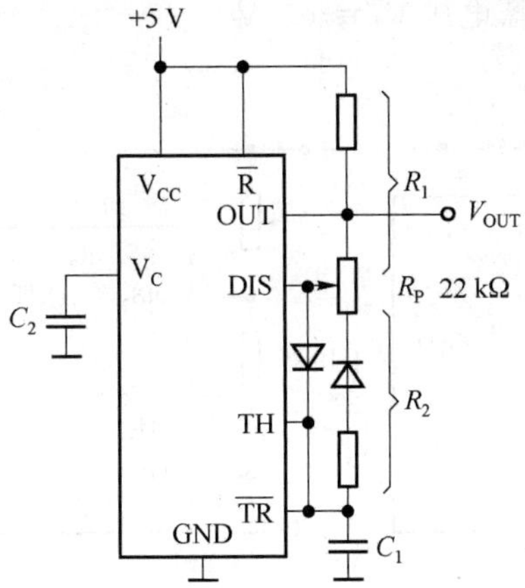

实验图 8-6　占空比可调多谐振荡器电路

合理选择元件参数(电位器选用 22 kΩ)，使电路的占空比 $q=0.2$，且正脉冲宽度为 0.2 ms。

调试电路，测出所用元件的数值，估算电路的误差。

2. 555 构成的单稳态触发器

(1) 按实验图 8-7 接线，图中 $R_2=10$ kΩ，$C_1=1$ μF 输入频率约为 10 kHz 左右的方波时，用在器示波器观察 OUT 端相对于 V_1 的波形，并测出输出脉冲的宽度 T_W。

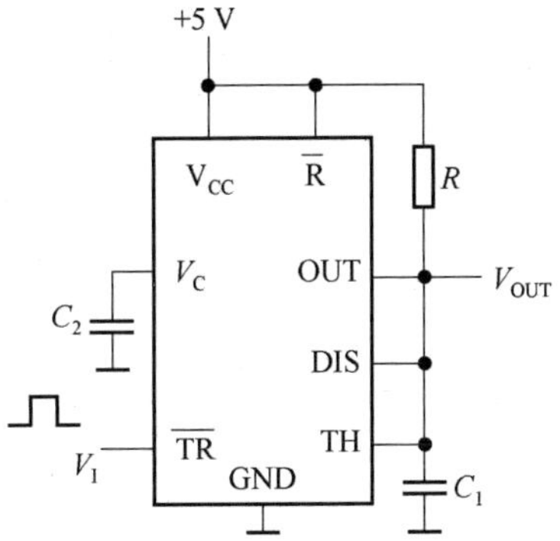

实验图 8-7　单稳态触发器

(2) 调节 V_1R 频率，分析并记录观察到的 OUT 端波形的变化。

(3) 若输出脉冲 $T_W=20$ μs，怎样调整电路参数，记录各有关参数值。

3. 应用电路

实验图 8-8 所用 555 的两个时基电路构成低频对高频调制的救护车警铃电路。

(1) 参考实验内容 2 确定实验图 8-8 中未定元件参数

(2) 按实验图 8-8 接线,注意扬声器先不接。

(3) 用示波器观察输出波形并记录。

(4) 接上扬声器,调整参数声响效果满意。

(5) 本实验所使用的电器电压 $V_0=+5$ V。

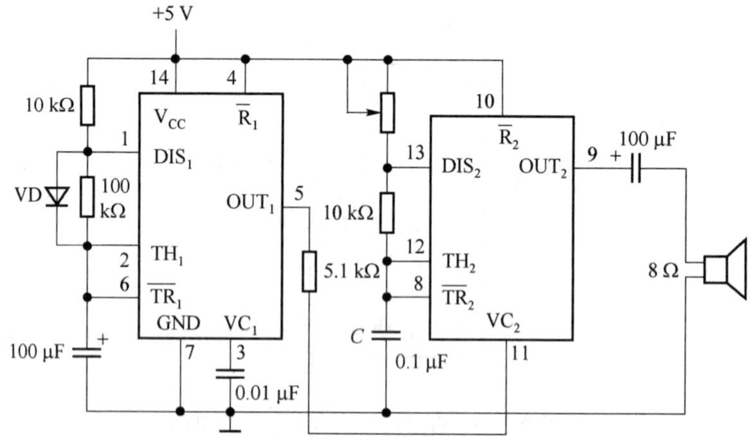

实验图 8-8　救护车警铃电路

五、实验报告

(1) 按实验内容的要求整理实验数据。

(2) 按实验内容的要求计算出相关电路的元器件参数。

(3) 画出实验内容 2、3 中的相应波形。

实验九　集成电路多种计数器综合应用

一、实验目的

(1) 熟悉集成计数器逻辑功能和各控制端作用。

(2) 掌握计数器使用方法。

二、实验仪器及材料

(1) 实验仪器设备:双踪示波器、数字万用表、数字电路实验箱。

(2) 器件:

二-五-十进制计数器	74LS290	2 片
共阴 LED 数字显示管		2 只

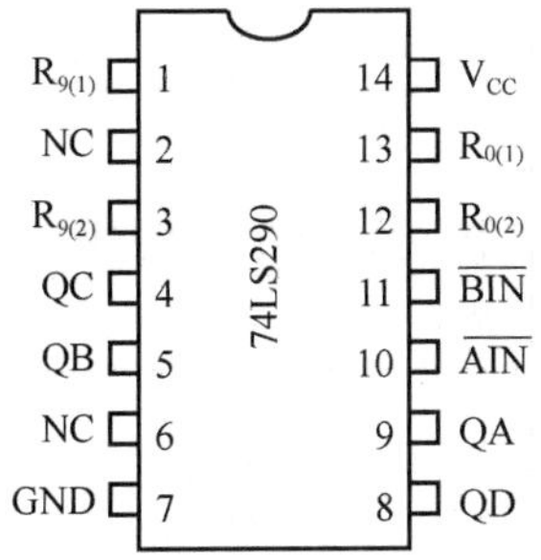

实验图 9-1　集成电路多种计数器综合应用所用器件

三、实验内容及步骤

1. 集成计数器 74LS290 功能测试

74LS290 是二-五-十进制异步计数器,逻辑简图如实验图 9-2 所示。

74LS290 具有下述功能:

(1) 直接置 0($R_{0(1)}$,$R_{0(2)}=1$),直接置 1($S_{0(1)}$,$S_{0(2)}=1$);

(2) 二进制计数(CP_1 输入 Q_A 输出);

(3) 五进制计数(CP_1 输入 $Q_AQ_BQ_C$ 输出);

(4) 十进制计数(两种接法如实验图 9-3(a)(b)所示)。

按芯片引脚图分别测试上述功能,并填入实验表 9-1～9-3 中。

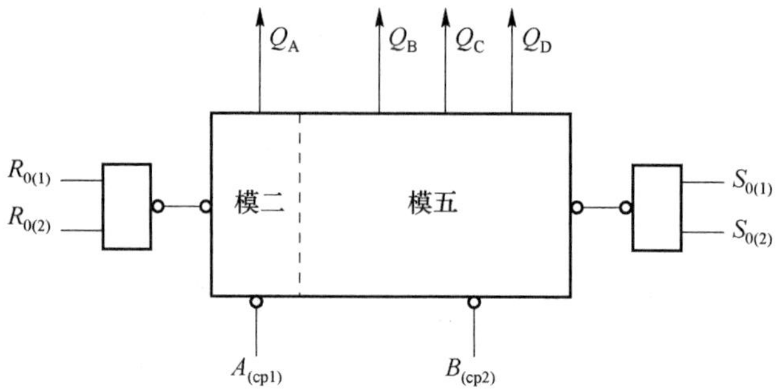

实验图 9-2　74LS290 逻辑图

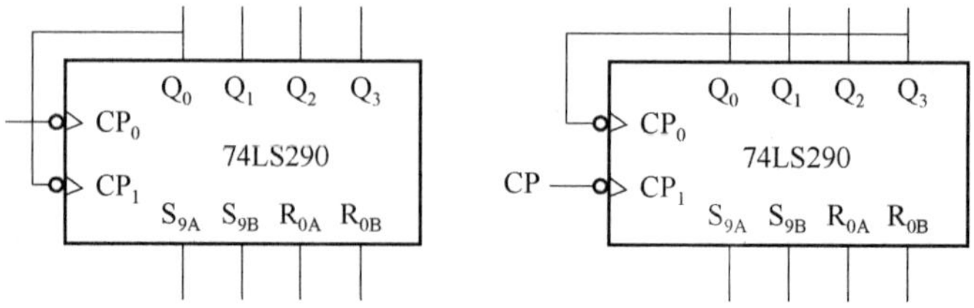

(a)　(b)

实验图 9-3　十进制计数器

2. 计数器级连

分别用 2 片 74LS290 计数器级连成二-五混合进制、十进制计数器。

(1) 画出连线电路图。

(2) 按图接线,并将输出端接到 LED 数码显示器的相应输入端,用单脉冲作为输入脉冲验证设计是否正确。

(3) 画出四位十进制计数器连接图并总结多级计数级连规律。

实验表 9-1　功能表

$R_{0(1)}R_{0(2)}S_{0(1)}S_{0(2)}$	输出			
	Q_D	Q_G	Q_B	Q_A
H H L X				
H H X L				
X X H H				
X L X L				
L X X L				
X L L X				

实验表 9-2　二-五混合时制

计数	输出			
	Q_A	Q_D	Q_G	Q_B
0				
1				
2				
3				
4				
5				
6				
7				
8				
9				

实验表 9-3　十进制

计数	输出			
	Q_D	Q_G	Q_B	Q_A
0				
1				
2				
3				
4				
5				
6				
7				
8				
9				

3. 任意进制计数器设计方法

采用脉冲反馈法(称复位法或置位法),可用 74LS290 组成任意(M)计数器,实验图 9-4 是用 74LS290 实现模 7 计数器的两种方案,图(a)采用复位法,即计到 M 异步置 0,图(b)采用置位法,即计数计到 $M-1$ 异步置 0。

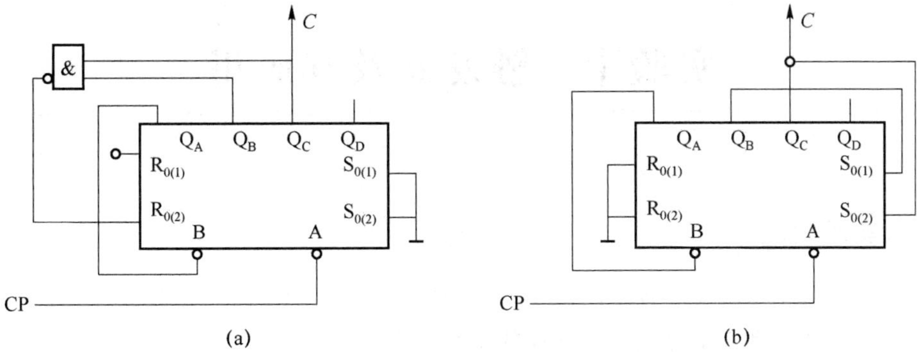

实验图 9-4　74LS290 实现七进制计数方法

当实现十以上进制的计数器时可将多片级连使用。

实验图 9-5 是四十五进制计数的一种方案,输出为 8421 BCD 码。

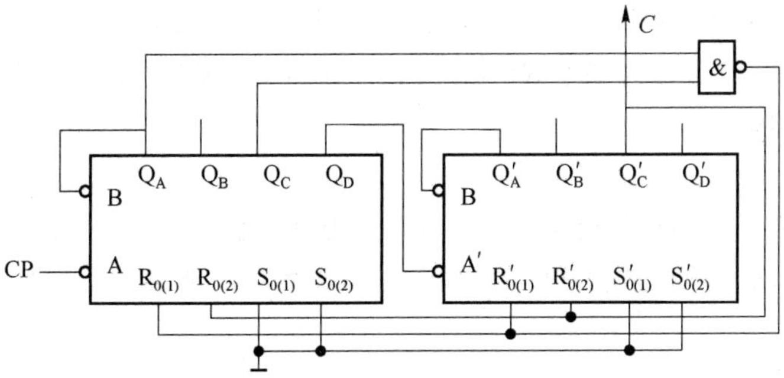

实验图 9-5　四十五进制计数电路

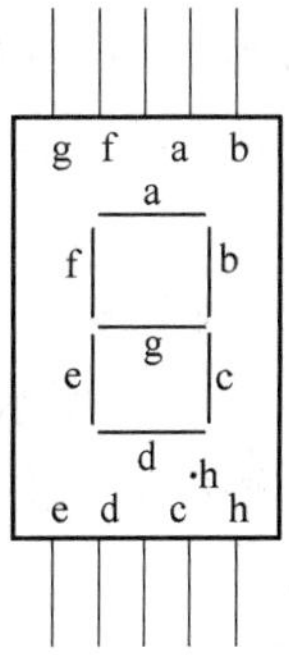

实验图 9-6　LED 七段显示引脚图

(1) 按实验图 9-5 接线,并将输出接到 LED 显示器上验证。

(2) 设计一个六十进制计数器并接线验证。

(3) 记录上述实验各级同步波形。

四、实验报告

(1) 整理实验内容和各实验数据。

(2) 画出实验内容 1、2 所要求的电路图及波形图。

(3) 总结集成芯片应用。

实验十　触发器及其应用

一、实验目的

(1) 掌握基本 RS 触发器、JK 触发器、D 触发器和 T 触发器的逻辑功能。

(2) 熟悉各类触发器之间逻辑功能的相互转换方法。

二、实验原理

触发器具有两个稳定状态，用以表示逻辑状态“1”和“0”，在一定的外加信号的作用下，可以从一个稳定状态转变为另一个稳定状态，它是一个具有记忆功能的二进制信息存储器件，是组成时序逻辑电路的基本逻辑单元。按逻辑功能的不同特点，触发器可分 RS、JK、D、T 触发器；按电路结构不同，又可分为基本 RS 触发器、同步 RS 触发器、主从型触发器、维持阻塞型触发器和边沿型触发器等。

1. RS 触发器

实验图 10-1 所示电路为由两个“与非”门交叉耦合而成的基本 RS 触发器，它是无时钟控制低电平直接触发的触发器，有直接置位、复位的功能，是组成各种功能触发器的最基本单元。

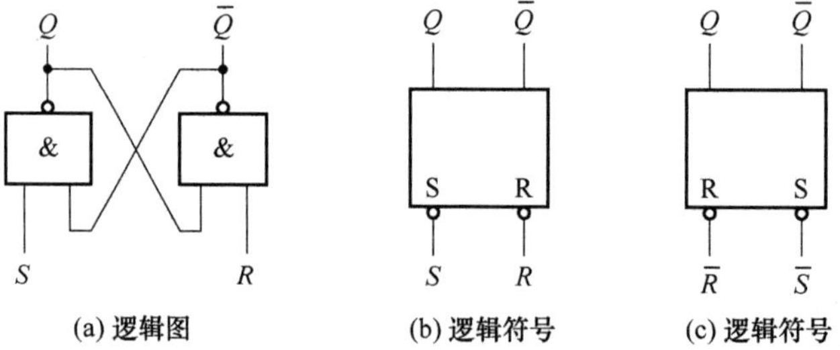

实验图 10-1　基本 RS 触发器

2. JK 触发器

JK 触发器是一种逻辑功能完善、通用性强的集成触发器，在结构上可分为主从型 JK 触发器和边沿型 JK 触发器，在产品中应用较多的是下降边沿触发的边沿型 JK 触发器。JK 触发器的逻辑符号如实验图 10-2 所示，它有三种不同功能的输入端。第一种是直接置位、复位输入端，用$\overline{R_D}$和$\overline{S_D}$表示。当$\overline{R_D}=1$、$\overline{S_D}=0$或$\overline{R_D}=0$、$\overline{S_D}=1$时，触发器将不受其他输入端状态影响，使触发器强迫置“1”(或置“0”)，如果不强迫触发器置“1”(或置“0”)，则$\overline{R_D}$、$\overline{S_D}$都应置高电平。第二种是时钟脉冲输入端，用来控制触发器触发翻转(或称为状态更新)，用 CP 表示(在国家标准符号中称为控制输入端，用 C 表示)，逻辑符号中 CP 端处若有小圆圈，则表示触发器在时钟脉冲下降沿(或负边沿)发生翻转，若无小圆圈，则表示触发器在时钟脉冲上升沿(或正边沿)发生翻转。第三种是数据输入端，它是触发器状态更新的依据，用 J、K 表示。JK 触发器的特征方程为

$$Q^{n+1}=J\overline{Q^n}+\overline{K}Q^nQ^n=J\overline{Q^n}+\overline{K}Q^n$$

本实验采用 74LS112 型双 JK 触发器，下降边沿触发的边沿触发器，即在 CP 脉冲下降沿(“1→0”)触发翻转。触发器的次态 Q^{n+1} 取决于它的状态方程，可见它具有置 1、置 0、保持和翻转四种功能。其引脚排列如实验图 10-2 所示，其真值表见实验表 10-1。

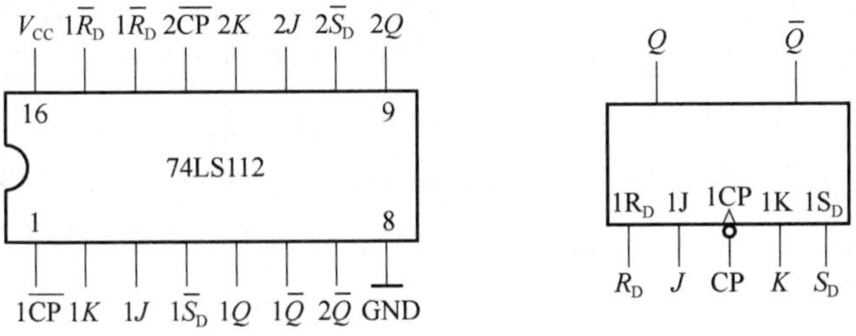

(a) 管脚排列　　(b) 逻辑符号

实验图 10-2　74LS112 管脚排列图

实验表 10-1　*JK* 触发器真值表

输　入					输　出	
$\overline{S_D}$	$\overline{R_D}$	CP	J	K	Q^{n+1}	$\overline{Q^{n+1}}$
0	1	×	×	×	1	0
1	0	×	×	×	0	1
0	0	×	×	×	φ	φ
1	1	↓	0	0	Q^n	$\overline{Q^n}$
1	1	↓	1	0	1	0
1	1	↓	0	1	0	1
1	1	↓	1	1	$\overline{Q^n}$	Q^n
1	1	↑	×	×	Q^n	$\overline{Q^n}$

注：“×”表示任意态；“↓”表示高到低电平跳变；“↑”表示低到高电平跳变；“Q”表示现态；“Q^{n+1}”表示次态；“φ”表示保持。

3. *D* 触发器

在输入信号为单端的情况下，D 触发器用起来极为方便，其特征方程为 $Q^{n+1}=D$。其

状态的更新发生在 CP 脉冲的上升边沿，触发器的状态取决于 CP 脉冲到来之前 D 端的状态。D 触发器应用很广，具有计算、记忆和分频功能。本实验中采用 74LS74 双 D 触发器，其引脚排列如实验图 10-3 所示。

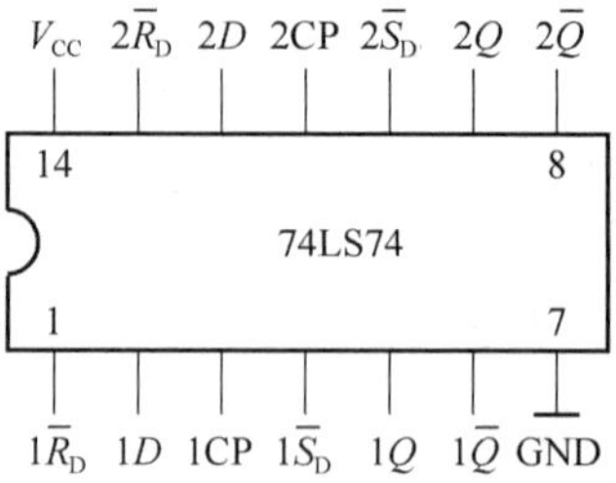

实验图 10-3　74LS74 管脚排列图

74LS74 型双 D 触发器，是上升边沿触发的边沿触发器。实验表 10-2 为其功能表。它采用维持阻塞结构，是上升边沿触发的边沿触发器，即在 CP 脉冲上升沿（"0→1"）触发翻转。触发器的次态取决于 CP 脉冲的上升来到之前 D 的状态，即 $Q^{n+1}=D$。由于电路具有维持阻塞作用，所以在 CP=1 期间，D 端的状态变化不会影响触发器输出的状态。$\overline{R_D}$、$\overline{S_D}$分别是直接置"0"和置"1"端。当不需要直接置"0"和置"1"时，$\overline{R_D}$、$\overline{S_D}$都应置高电平。

实验表 2　D 触发器真值表

输　入				输　出	
$\overline{S_D}$	$\overline{R_D}$	CP	D	Q^{n+1}	$\overline{Q^{n+1}}$
0	1	×	×	1	0
1	0	×	×	0	1
0	0	×	×	φ	φ
1	1	↑	1	1	0
1	1	↑	0	0	1
1	1	↓	×	Q^n	$\overline{Q^n}$

4. 触发器之间的转换

在集成触发器的产品中，虽然每一种触发器都有固定的逻辑功能，但可以利用转换的方法得到其他功能的触发器。如果把 JK 触发器的 JK 端连在一起（称为 T 端）就构成 T 触发器，其状态方程为

$$Q^{n+1}=T\overline{Q^n}+\overline{T}Q^n$$

在 CP 脉冲作用下，当 $T=0$ 时，$Q^{n+1}=Q^n$；$T=1$ 时，$Q^{n+1}=\overline{Q^n}$。工作在 $T=1$ 时的 JK 触发器称为 T 触发器，即每来一个 CP 脉冲，触发器便翻转一次。同样，若把 D 触发器的 $\overline{Q}$ 端和 D 端相连，便转换成 T' 触发器。T 和 T' 触发器应用广泛。

三、实验仪器及设备

(1) 数字逻辑实验箱 1台

(2) 元器件:

74LS00 1片

74LS112 4片

74LS74 1片

导线若干

四、实验内容

1. 基本 *RS* 触发器的逻辑功能测试

按实验图 10-1 用与非门构成基本 *RS* 触发器,输入端$\overline{R}$、$\overline{S}$接逻辑开关,输出端 Q、$\overline{Q}$接电平指示器(发光二极管),按实验表 10-3 要求测试逻辑功能,观察并记录输出端 Q 的状态变化,总结基本 *RS* 触发器的逻辑功能。

实验表 10-3 基本 *RS* 触发器的逻辑功能测试

输入			输出
R	S	Q^n	Q^{n+1}
0	0	0	
		1	
0	1	0	
		1	
1	0	0	
		1	
1	1	0	
		1	

2. 集成双 *JK* 触发器 74LS112 的逻辑功能测试

(1) 测试$\overline{R_D}$、$\overline{S_D}$的复位、置位功能

任取 74LS112 芯片中一组 *JK* 触发器,$\overline{R_D}$、$\overline{S_D}$、J、K 端接逻辑开关,CP 端接单次脉冲源,Q、$\overline{Q}$端接电平指示器,参照实验表 10-4 要求改变$\overline{R_D}$、$\overline{S_D}$(J、K、CP 处于任意状态),并在$\overline{R_D}=1$、$\overline{S_D}=0$ 或$\overline{R_D}=0$、$\overline{S_D}=1$ 作用期间任意改变 J、K 及 CP 的状态,观察 Q、$\overline{Q}$状态,记录实验结果。

实验表 10-4 *JK* 触发器异步复位和置位端的测试

CP	J	K	$\overline{R_D}$	$\overline{S_D}$	Q^{n+1}
×	×	×	0	1	
×	×	×	1	0	

(2) 测试 JK 触发器的逻辑功能

在$\overline{R_D}=1$、$\overline{S_D}=1$ 的情况下，按实验表 10-5 要求改变 J、K、CP 状态，观察 Q、$\overline{Q}$状态变化，观察触发器状态更新是否发生在 CP 脉冲的下降沿(即 CP 由 1→0)记录到实验表 10-5。

实验表 10-5　*JK* 触发器的逻辑功能

J	K	CP	Q^{n+1}		功能说明
			$Q^n=0$	$Q^n=1$	
0	0	0→1			
		0→0			
0	1	0→1			
		0→0			
1	0	0→1			
		0→0			
1	1	0→1			
		0→0			

3. 测试双 *D* 触器 74LS74 的逻辑功能

(1) 测试$\overline{R_D}$、$\overline{S_D}$的功能

测试方法同实验内容 2 的(1)。

(2) 测试 D 触发器的逻辑功能

按实验表 10-6 要求进行测试，并观察触发器状态更新的是否发生在 CP 脉冲的上升沿(即由 0→1)，记录并分析实验结果，判断是否与 D 触发器的工作原理一致。

实验表 10-6　*D* 触发器的逻辑功能

D	CP	Q^{n+1}		功能说明
		$Q^n=0$	$Q^n=1$	
0	0→1			
	1→0			
1	0→1			
	1→0			

4. 触发器的功能转换

(1) 将 JK 触发器转换成 D、T 和 T'触发器，并测试其功能。

(2) 将 D 触发器的 D 端和 $\overline{Q}$ 端相连，就转换为计数触发器 T'。CP 端加点动正脉冲，观察 Q 端翻转次数和 CP 端输入脉冲个数之间的关系，把结果填入实验表 10-7 中。其特性方程为：$Q^{n+1}=\overline{Q^n}$。

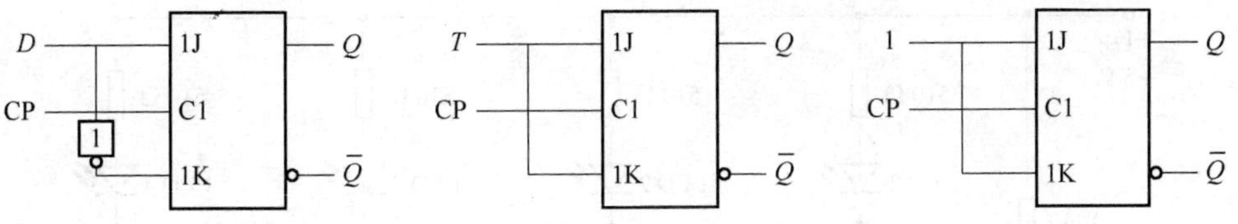

(a) D 触发器　　(b) T 触发器　　(c) T' 触发器

实验图 10-4　JK 触发器转换成 D 触发器、T 触发器和 T' 触发器

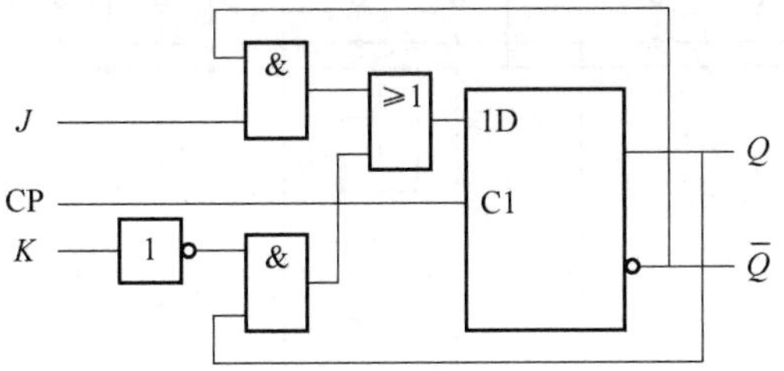

(a) JK 触发器

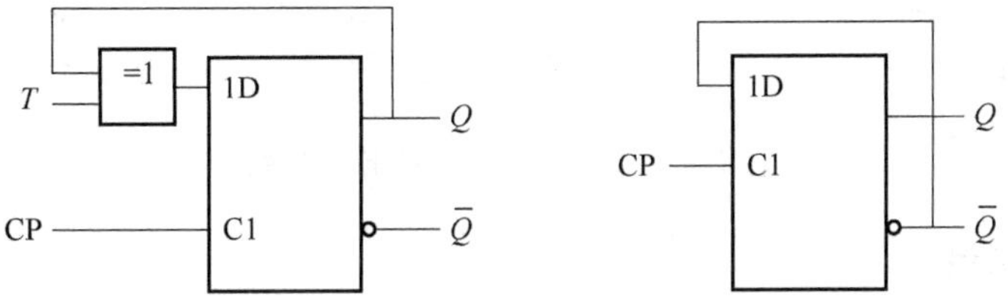

(b) T 触发器　　(c) T' 触发器

实验图 10-5　D 触发器转换成 JK 触发器、T 触发器和 T' 触发器

实验表 10-7　D 触发器转化成 T' 触发器

CP	0	1		2		3		4		5	
		0→1	1→0	0→1	1→0	0→1	1→0	0→1	1→0	0→1	1→0
Q^{n+1}	0										

5. 竞赛抢答电路

电路如实验图 10-6 所示。图中 FF_1～FF_4 为四 D 四个边沿 JK 触发器 74LS112，图中 S_1、S_2、S_3 和 S_4 为四个抢答开关，S_R 为主持人控制的复位开关。抢答前主持人操作开关 S_R 使抢答有效显示灯 LED_1～LED_4 熄灭，当 S_1、S_2、S_3 和 S_4 四人中有人抢答有效时，其对应的显示灯 LED 亮，此时其余的开关 S 不起作用，即其对应的显示灯 LED 灭。G_1 为双 4 输入与非门 74LS20，G_2 为双六反相器 74LS04。连接电路并进行操作，观测抢答器的工作情况。

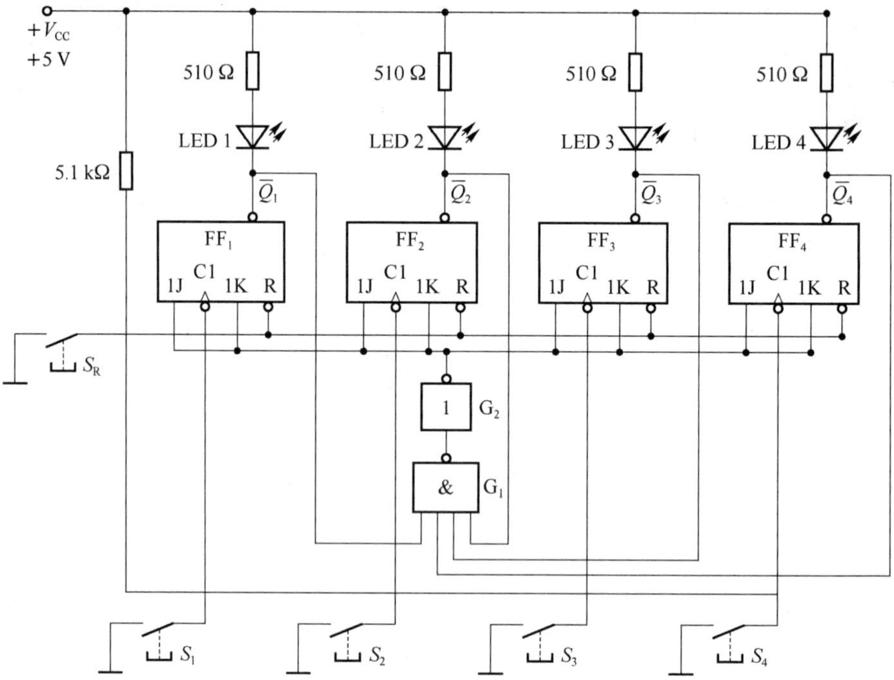

实验图 10-6　四人智力抢答电路

五、预习要求

(1) 复习基本 *RS* 触发器、*JK* 触发器、*D* 触发器的逻辑功能。

(2) 熟悉触发器功能测试表格。

(3) 掌握 *JK* 触发器和 *D* 触发器的真值表及其转换的基本方法。

六、实验报告

(1) 整理实验表格。

(2) 总结触发器功能及测试方法。

(3) 总结触发器之间的转换方法,画出实验中触发器转换原理图。

(4) 分析抢答器的工作原理。

实验十一　移位寄存器及其应用

一、实验目的

(1) 掌握中规模 4 位双向移位寄存器逻辑功能及使用方法。

(2) 熟悉移位寄存器的应用:实现数据的串行、并行转换和构成环形计数器。

二、实验原理

(1) 移位寄存器是一个具有移位功能的寄存器,是指寄存器中所存的代码能够在移位脉冲的作用下依次左移或右移。既能左移又能右移的称为双向移位寄存器,只需要改变左、右移的控制信号便可实现双向移位要求。根据移位寄存器存取信息的方式不同分为:串入串出、串入并出、并入串出、并入并出四种形式。

本实验选用的 4 位双向通用移位寄存器 74LS194,其逻辑符号及引脚排列如实验图 11-1 所示。其中 A、B、C、D 为并行输入端,Q_0、Q_1、Q_2、Q_3 为并行输出端,D_{SR} 为右移串行输入端,D_{SL} 为左移串行输入端;S_1、S_2 为操作模式控制端,$\overline{CR}$为直接异步清零端,CP 为时钟脉冲输入端。

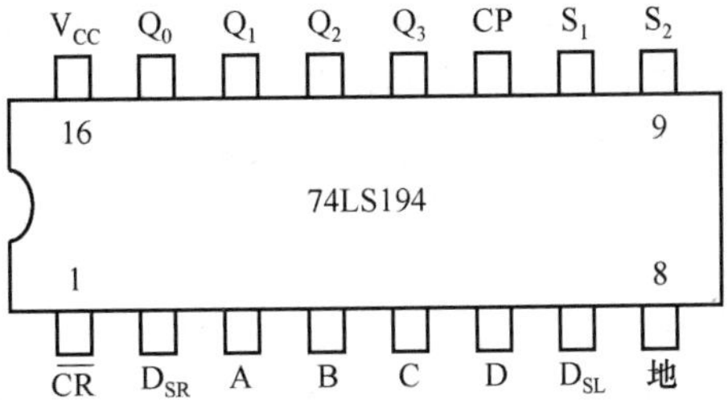

实验图 11-1　74LS194 逻辑符号及引脚排列图

74LS194 有 5 种不同操作模式:即并行送数寄存,右移(方向由 $Q_0 \to Q_3$),左移(方向由 $Q_3 \to Q_0$),保持及清零。S_1、S_2 和$\overline{CR}$端的控制作用如实验表 11-1 所示。

实验表 11-1　74LS194 的 5 种不同操作模式

功能	输入										输出			
	CP	$\overline{CR}$	S_1	S_2	D_{SR}	D_{SL}	A	B	C	D	Q_0	Q_1	Q_2	Q_3
清除	0	×	×	×	×	×	×	×	×	×	0	0	0	0
送数	↑	1	1	1	×	×	a	b	c	d	a	b	c	d
右移	↑	1	0	1	D_0	×	×	×	×	×	D_R	Q_0	Q_1	Q_2
左移	↑	1	1	0	×	D_L	×	×	×	×	Q_1	Q_2	Q_3	Q_L
保持	↑	1	0	0	×	×	×	×	×	×	Q_0^n	Q_1^n	Q_2^n	Q_3^n
保持	↓	1	×	×	×	×	×	×	×	×	Q_0^n	Q_1^n	Q_2^n	Q_3^n

(2) 移位寄存器应用很广，可构成移位寄存器型计数器、顺序脉冲发生器、串行累加器，可用作数据转换，即把串行数据转换为并行数据或把并行数据转换为串行数据等。本实验主要讨论移位寄存器用作环形计数器和数据的串、并行转换。

① 环形计数器：把移位寄存器的输出反馈到它的串行输入端，就可以进行循环移位，如实验图 11-2 所示，把输出端 Q_3 和右移串行输入端 D_{SR} 相连接，设初始状态 $Q_0Q_1Q_2Q_3=1000$，则在时钟脉冲作用下 $Q_0Q_1Q_2Q_3$ 依次变为 0100→0010→0001→1000 如实验表 11-2 所示，可见它是一个具有 4 个有效状态的计数器，这种类型的计数器通常称为环形计数器。实验图 11-2 电路可以由各个输出端输出在时间上有先后顺序的脉冲，因此也可作为顺序脉冲发生器。如果将输出 Q_0 与左移串行输入端 D_{SL} 相连接，即可达左移循环移位。

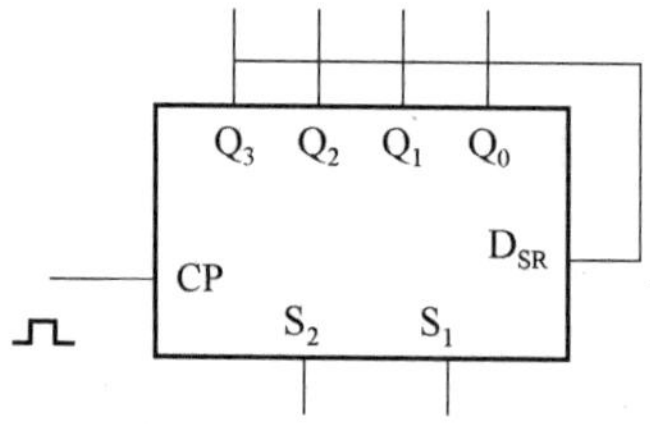

实验图 11-2　环形计数器

实验表 11-2　态序表

CP	Q_0	Q_1	Q_2	Q_3
0	1	0	0	0
1	0	1	0	0
2	0	0	1	0
3	0	0	0	1

② 扭环形计数器：将单向移位寄存器的串行输入端和串行反向输出端连接在一起即构成扭环形计数器，如实验图 11-3 所示。

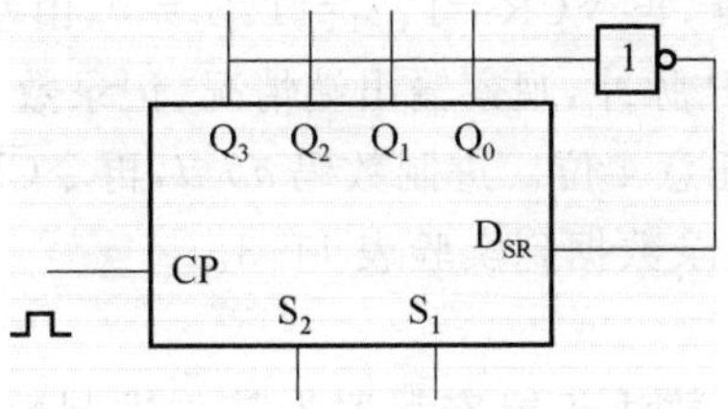

实验图 11-3 扭环形计数器

三、实验仪器及设备

(1) 数字逻辑实验箱 1 台。

(2) 元器件:74LSl94、74LS00 各 1 片,导线若干。

四、实验内容

1. 测试 74LSl94 的逻辑功能

$\overline{CR}$、S_1、S_2、D_{SR}、D_{SL}、A、B、C、D 分别接逻辑开关,Q_0、Q_1、Q_2、Q_3 接发光二极管,CP 接单次脉冲,按实验表 11-3 所示的输入状态逐项进行测试。

实验表 11-3 74LS194 逻辑功能

$\overline{CR}$	S_1	S_2	CP	D_{SL}	D_{SR}	A	B	C	D	Q_0	Q_1	Q_2	Q_3
0	×	×	×	×	×	×	×	×	×				
1	1	1	↑	×	×	0	1	0	1				
1	0	1	↑	×	0	×	×	×	×				
1	0	1	↑	×	1	×	×	×	×				
1	0	1	↑	×	0	×	×	×	×				
1	0	1	↑	×	0	×	×	×	×				
1	1	0	↑	1	×	×	×	×	×				
1	1	0	↑	0	×	×	×	×	×				
1	1	0	↑	1	×	×	×	×	×				
1	1	0	↑	0	×	×	×	×	×				
1	0	0	×	×	×	×	×	×	×				

(1) 清除:令 0,其他输入均为任意态,这时寄存器输出 Q_0、Q_1、Q_2、Q_3 应均为 0,清除后,置$\overline{CR}=1$。

(2) 送数:令$\overline{CR}=S_1=S_2=1$,送入任意 4 位二进制数,如 $A\ B\ C\ D=abcd$,加 CP 脉冲,观察 CP=0、CP 由 0→1、CP 由 1→0 三种情况下寄存器输出状态的变化,观察寄存器输出状态变化是否发生在 CP 脉冲的上升沿。

(3) 右移:清零后,令$\overline{CR}=1$、$S_1=0$、$S_2=1$,由右移输入端 D_{SR} 送入二进制数码如 0100,由 CP 端连续加 4 个脉冲,观察输出情况,记录数据到实验表 11-3。

(4) 左移：先清零或预置，再令$\overline{CR}=1$、$S_1=1$、$S_2=0$，由左移输入端D_{SR}送入二进制数码(如 1111)，连续加 4 个 CP 脉冲，观察输出端情况，记录数据到表 5-10。

(5) 保持：寄存器预置任意 4 位二进制数码 $abcd$，再令$\overline{CR}=1$、$S_3=1$、$S_2=0$，加 CP 脉冲，观察寄存器输出状态，记录数据到实验表 11-3。

2. 环形计数器

自拟实验线路用并行送数法予置寄存器为某二进制数码(如 0100)，然后进行右移(左移)循环，观察寄存器输出端状态的变化，自拟表格并记录数据。

3. 扭环形计数器

自拟实验线路用并行送数法预置寄存器为某二进制数码，然后进行右移(左移)循环，观察寄存器输出端状态的变化，自拟表格并记录数据。

五、预习要求

熟悉 74LS194 逻辑功能及引脚排列。

六、实验报告

(1) 总结移位寄存器 74LS194 的逻辑功能。

(2) 画出 4 位环形计数器的接线线路图及状态转换图。

实验十二　中规模集成计数器的应用

一、实验目的

(1) 熟悉中规模集成电路计数器的功能及应用。

(2) 进一步熟悉数字逻辑实验箱中的译码显示功能。

二、实验原理

计数器是一种中规模集成电路,其种类有很多。如果按照触发器翻转的次序分类,可分为同步计数器和异步计数器两种;如果按照计数数字的增减可分为加法计数器、减法计数器和可逆计数器三种;如果按照计数器进位规律又可分为二进制计数器、十进制计数器、可编程 N 进制计数器等多种。

常用计数器均有典型产品,不需自己设计,只要合理选用即可。

本实验选用四位二进制同步计数器 74LS161 作计数器,该计数器外加适当的反馈电路可以构成十六进制以内的任意进制计数器。实验图 12-1 是它的引脚排布,它除了具有二进制加法计数功能外,还具有预置数、清零、保持的功能。图中 $\overline{LD}$ 是预置数控制端,D_0、D_1、D_2、D_3 是预置数据输入端,$\overline{C_r}$ 是清零端,CT_T、CT_P 是计数器使能控制端,C_0 是进位信号输出端,它的主要功能如下。

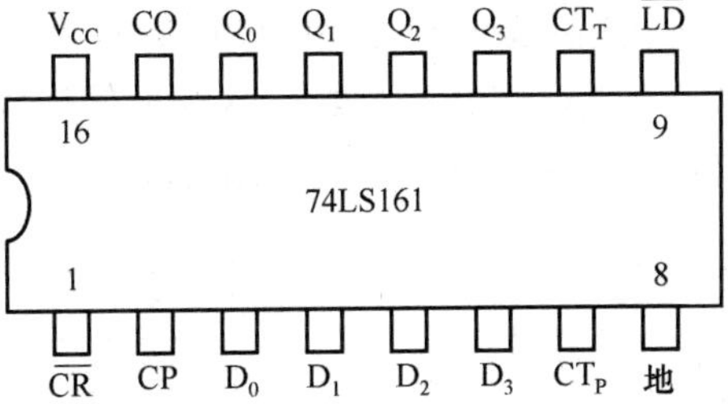

实验图 12-1　74LS161 的引脚排布

(1) 异步清零功能

若 $\overline{C_r}=0$(输出低电平),则输出 $Q_0Q_1Q_2Q_3=0000$,与其他输入信号无关,也不需要 CP 脉冲的配合,所以称为"异步清零"。

(2) 同步并行置数功能

在$\overline{C_r}=1$且$\overline{LD}=0$的条件下，当CP上升沿到来后，触发器$Q_0Q_1Q_2Q_3$同时接收$D_0D_1D_2D_3$输入端的并行数据。由于数据进入计数器需要CP脉冲的作用，所以称为“同步置数”，由于4个触发器同时置入，又称为“并行”。

(3) 保持功能

在$\overline{C_r}=\overline{LD}=1$的条件下，$CT_r$、$CT_P$两个使能端只要有一个低电平，计数器将处于数据保持状态，与CP及$D_0D_1D_2D_3$输入无关。

(4) 计数功能

当$C_r=\overline{LD}=CT_T=CT_P=1$时，电路为四位二进制加法计数器。在CP脉冲作用下，电路按自然二进制递加，状态变化在0000～1111间循环。74LS161的功能表详如实验表12-1所示。

实验表 12-1 74LS161 的功能表

清零	预置	使能		时钟	预置数据				输出			
$\overline{C_r}$	$\overline{LD}$	CT_T	CT_P	CP	D_0	D_1	D_2	D_3	Q_0	Q_1	Q_2	Q_3
0	×	×	×	×	×	×	×	×	0	0	0	0
1	0	×	×	↑	D_0	D_1	D_2	D_3	Q_0	Q_1	Q_2	Q_3
1	1	0	×	×	×	×	×	×	保持			
1	1	×	0	×	×	×	×	×	保持			
1	1	1	1	↑	×	×	×	×	计数			

本实验所需计数器是十进制计数器，必须对74LS161外加适当的反馈电路构成十进制计数器，状态变化在0000～1001间循环。

用反馈的方法构成十进制计数器一般有两种形式，即反馈置零法和反馈置数法。反馈置零法是利用清除端$\overline{C_r}$构成，即：当$Q_3Q_2Q_1Q_0=1010$(十进制数10)时，通过反馈线强制计数器清零，如实验图12-2(a)所示。由于该电路会出现瞬间1010状态，会引起译码电路的误动作，因此很少被采用。反馈置数法是利用预置数端$\overline{LD}$构成，把计数器输入端$D_0D_1D_2D_3$全部接地，当计数器计到1001(十进制数9)时，利用Q_3Q_0反馈线使预置端$\overline{LD}=0$，则当第十个CP到来时，计数器将$D_0D_1D_2D_3=0$置入计数器，这样迫使计数器重新从零计数，克服反馈置零法的缺点。利用预置端$\overline{LD}$构成的计数器电路如实验图12-2(b)所示。

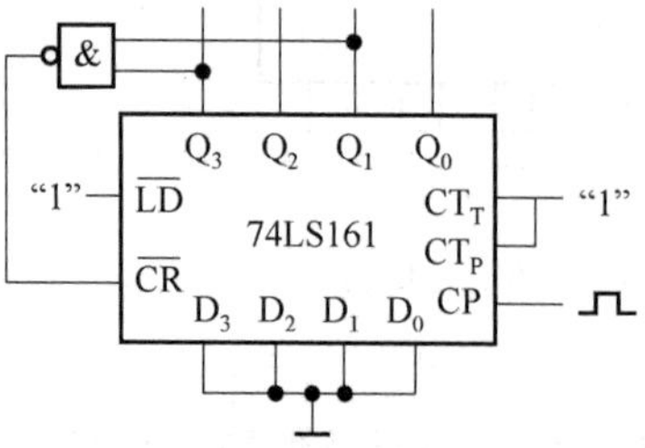

(a) 反馈置零法

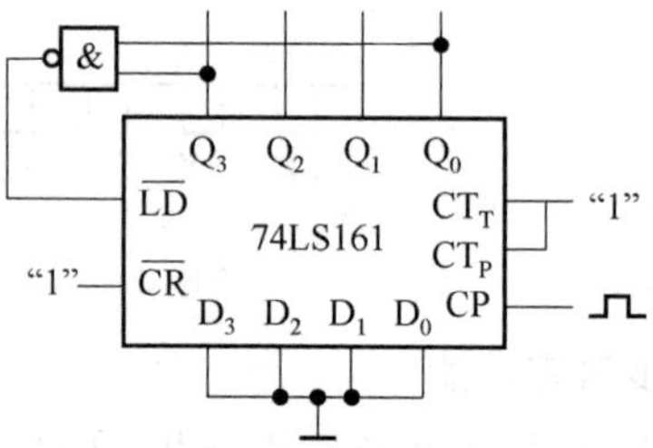

(b) 反馈置数法

实验图 12-2 用74LS161构成十进制计数器

以上介绍的是一片计数器工作的情况。在实际应用中,往往需要用多片计数器构成多位计数器。下面介绍计数器的级联方法,级联可分串行进位和并行进位两种。二位十进制串行进位计数器的级联电路如实验图 12-3 所示,其缺点是速度较慢。二位十进制并行进位(也称超前进位)计数器的级联电路如实验图 12-4 所示,后者的进位速度比前者大大提高。

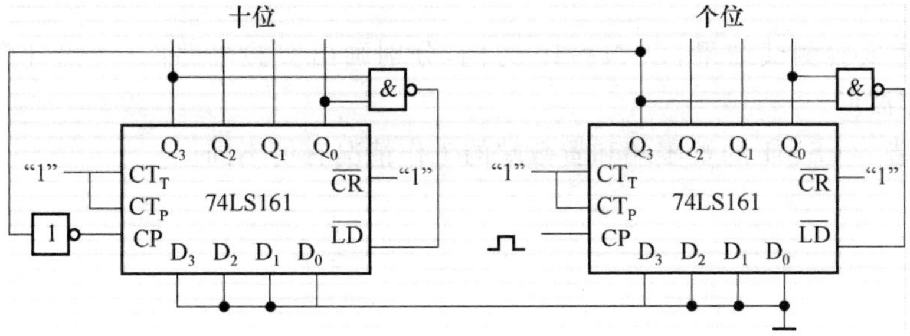

实验图 12-3　串行进位式二位十进制计数器

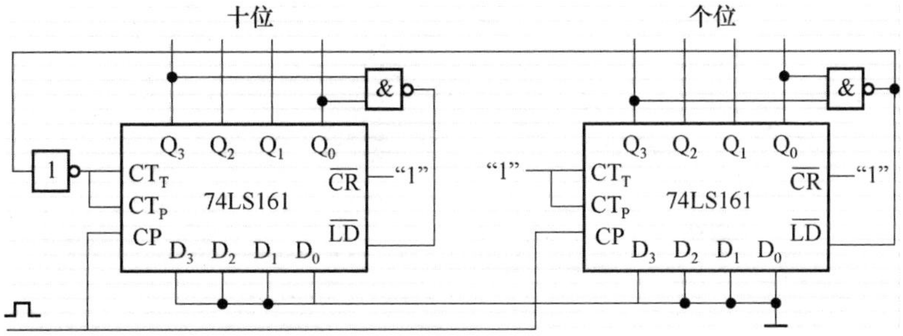

实验图 12-4　并行进位式二位十进制计数器

三、实验仪器及设备

(1) 数字逻辑实验箱 1 台。

(2) 元器件:计数器(74LS161×2,74LS00×1),导线若干。

四、实验内容

(1) 测试 74LS161 的逻辑功能(计数、清除、置数、使能及进位等)。CP 选用手动单次脉冲或 1 Hz 正方波。输出接发光二极管 LED 显示。

(2) 用 74LS161 及辅助门电路实现十进制计数器,设计相应电路,自行拟出实验步骤。分别安装并观察计数器的功能(用实验箱上的 LED 译码显示电路显示)。

① 利用 74LS161 的异步清零端实现十进制计数器;

② 利用 74LS161 的同步置数端实现从 0000 开始的十进制计数器;

③ 利用 74LS161 的同步置数端实现到 1111 结束的十进制计数器;

④ 利用 74LS161 的同步置数端实现 0001 到 1010 的十进制计数器。

(3) 设计并组装六十进制计数器。要求当十位计数器数字为 6 时,显示器无显示。

五、预习要求

(1) 预习中规模集成计数器 74LS161 逻辑功能及使用方法。

(2) 画出用 74LS161 及辅助门电路实现十进制计数器的实验电路图。

六、实验报告

(1) 整理实验测试结果,以 $N=10$ 为例,分别画出实验电路图,列出计数状态顺序表,画出工作波形。

(2) 总结 74LS161 的置零端和置数端的工作情况有何不同。